中 国 国 家 标 准 汇 编

2018 年修订-31

中国标准出版社　编

中国标准出版社

北　京

图书在版编目(CIP)数据

中国国家标准汇编:2018年修订.31/中国标准出版社编.—北京:中国标准出版社,2020.6
ISBN 978-7-5066-9601-2

Ⅰ.①中… Ⅱ.①中… Ⅲ.①国家标准-汇编-中国-2018 Ⅳ.①T-652.1

中国版本图书馆CIP数据核字(2020)第069785号

中国标准出版社出版发行
北京市朝阳区和平里西街甲2号(100029)
北京市西城区三里河北街16号(100045)

网址 www.spc.net.cn
总编室:(010)68533533 发行中心:(010)51780238
读者服务部:(010)68523946

中国标准出版社秦皇岛印刷厂印刷
各地新华书店经销

*

开本 880×1230 1/16 印张 34 字数 1 022 千字
2020年6月第一版 2020年6月第一次印刷

*

定价 220.00 元

出 版 说 明

《中国国家标准汇编》是一部大型综合性国家标准全集。自 1983 年起,每年按国家标准顺序号分册汇编出版,分为"制定"卷和"修订"卷两种形式。

"制定"卷收入上一年度我国发布的、新制定的国家标准,视篇幅分成若干分册,封面和书脊上注明"20××年制定"字样及分册号,分册号一直连续。各分册中的标准是按照标准编号顺序连续排列的,如有标准顺序号缺号的,除特殊情况注明外,暂为空号。

"修订"卷收入上一年度我国发布的、被修订的国家标准,视篇幅分设若干分册,但与"制定"卷分册号无关联,仅在封面和书脊上注明"20××年修订-1,-2,-3,……"字样。"修订"卷各分册中的标准,仍按标准编号顺序排列(但不连续);如有遗漏的,均在当年最后一分册中补齐。需提请读者注意的是,个别非顺延前年度标准编号的新制定国家标准没有收入在"制定"卷中,而是收入在"修订"卷中。

读者购买每年出版的《中国国家标准汇编》"制定"卷和"修订"卷则可收齐由我社出版的上一年度制定和修订的全部国家标准。

2018 年我国制修订国家标准共 2 684 项。本分册为《中国国家标准汇编》"2018 年修订-31",收入新制修订的国家标准 30 项。

中国标准出版社

2020 年 3 月

目　　录

GB/T 22517.7—2018　体育场地使用要求及检验方法　第7部分:网球场地 …… 1
GB/T 22533—2018　鲜园参分等质量 …… 21
GB/T 22534—2018　保鲜人参分等质量 …… 31
GB/T 22535—2018　活性参分等质量 …… 43
GB/T 22536—2018　生晒参分等质量 …… 53
GB/T 22537—2018　大力参分等质量 …… 69
GB/T 22538—2018　红参分等质量 …… 79
GB/T 22539—2018　糖参分等质量 …… 95
GB/T 22540—2018　蜜制人参分等质量 …… 105
GB/T 22576.1—2018　医学实验室　质量和能力的要求　第1部分:通用要求 …… 117
GB/T 22586—2018　电子学特性测量　超导体在微波频率下的表面电阻 …… 163
GB/T 22594—2018　水处理剂　密度测定方法通则 …… 197
GB/T 22670—2018　变频器供电三相笼型感应电动机试验方法 …… 205
GB/T 22856—2018　莨绸 …… 255
GB/T 22859—2018　染色桑蚕捻线丝 …… 263
GB/T 22861—2018　精粗梳交织及半精梳毛织品 …… 277
GB/T 22875—2018　纸尿裤和卫生巾用高吸收性树脂 …… 291
GB/T 23003—2018　信息化和工业化融合管理体系　评定指南 …… 313
GB/T 23103—2018　太阳伞 …… 340
GB/T 23147—2018　晴雨伞 …… 352
GB/T 23227—2018　卷烟纸、成形纸、接装纸、具有间断或连续透气区的材料以及具有不同透气带的材料　透气度的测定 …… 369
GB/T 23322—2018　纺织品　表面活性剂的测定　烷基酚和烷基酚聚氧乙烯醚 …… 393
GB/T 23332—2018　加湿器 …… 423
GB/T 23338—2018　内燃机　增压空气冷却器　技术条件 …… 447
GB/T 23339—2018　内燃机　曲轴　技术条件 …… 457
GB/T 23340—2018　内燃机　连杆　技术条件 …… 477
GB/T 23341.1—2018　涡轮增压器　第1部分:一般技术条件 …… 487
GB/T 23341.2—2018　涡轮增压器　第2部分:试验方法 …… 499
GB/T 23456—2018　磷石膏 …… 521
GB/T 23471—2018　浸渍纸层压秸秆复合地板 …… 527

ICS 97.220.10
Y 55

中华人民共和国国家标准

GB/T 22517.7—2018

体育场地使用要求及检验方法
第7部分:网球场地

Technical requirements and test methods for sports field—
Part 7: Tennis

2018-03-15 发布 2018-10-01 实施

中华人民共和国国家质量监督检验检疫总局
中国国家标准化管理委员会 发布

前言

GB/T 22517《体育场地使用要求及检验方法》由以下部分组成：

——第1部分：体育木地板场地；

——第2部分：游泳场地；

——第3部分：棒球、垒球场地；

——第4部分：合成面层篮球场地；

——第6部分：田径场地；

——第7部分：网球场地；

——第10部分：壁球场地；

——第11部分：曲棍球场地。

……

本部分为GB/T 22517的第7部分。

本部分按照GB/T 1.1—2009给出的规则起草。

本部分由国家体育总局提出并归口。

本部分起草单位：中国网球协会、北京华安联合认证检测中心有限公司、上海华维体育场馆工程有限公司、北京山金园林绿化工程技术有限公司、北京新创博体育设施工程有限公司、北京绿地新源体育发展有限公司、华体集团有限公司。

本部分主要起草人：李玲蔚、卿尚霖、魏郁彧、刘海鹏、王燕京、柴勇、殷永祥、康建和、柳东哲、郭寒。

引　言

为了与国际网球联合会的规定保持一致，本部分中关于网球场地和场地固定物的尺寸要求，在采用国际单位制的同时，保留了部分英制单位，并用括号标明，放在国际单位制单位之后。

体育场地使用要求及检验方法 第7部分：网球场地

1 范围

GB/T 22517 的本部分规定了网球场地的分类、通用要求、丙烯酸网球场地性能要求、天然草网球场地性能要求、红土网球场地性能要求、检验方法及合格判定规则。

本部分适用于竞赛用丙烯酸网球场地、红土网球场地及天然草网球场地。

2 规范性引用文件

下列文件对于本文件的应用是必不可少的。凡是注日期的引用文件，仅注日期的版本适用于本文件。凡是不注日期的引用文件，其最新版本(包括所有的修改单)适用于本文件。

JGJ/T 131 体育场馆声学设计及测量规程

JGJ 153 体育场馆照明设计及检测标准

QB/T 2443 钢卷尺

3 术语和定义

下列术语和定义适用于本文件。

3.1

端线 base line

场地长轴方向两端的界线。

3.2

边线 side line

场地短轴方向两边的界线。

3.3

主打区 principal playing area；PPA

场地边线和端线之内的区域。

3.4

全打区 total playing area；TPA

包含主打区及主打区外一定范围缓冲区的区域。

3.5

场地固定物 permanent fixtures

网柱、球网、地锚、单打支柱，场地四周的挡网、看台、固定的或可移动的座位、广告牌以及安放在挡网内场地周围和上方的物体。

4 场地分类

4.1 根据场地面层材料分为：

a) 丙烯酸网球场地；

b) 红土网球场地；

c) 天然草网球场地。

4.2 根据地面速率分为5类，见表1。

表1 网球场地地面速率分类表

场地类型	地面速率
慢速场地	≤29
中-慢速场地	30～34
中速场地	35～39
中-快速场地	40～44
快速场地	≥45

5 通用要求

5.1 朝向

室外场地长轴应为南北方向，根据具体位置可北偏东或北偏西，偏斜数值宜不超过表2中所示值。

表2 网球场地长轴朝向偏斜数值

朝向	偏斜数值			
北纬	16°～25°	26°～35°	36°～45°	46°～55°
北偏东	0°	0°	5°	10°
北偏西	15°	15°	10°	5°

5.2 规格尺寸、划线

5.2.1 主打区

5.2.1.1 单打场地长度应为23.774 m(78 feet)、宽度应为8.230 m(27 feet)，见图1。

单位为米

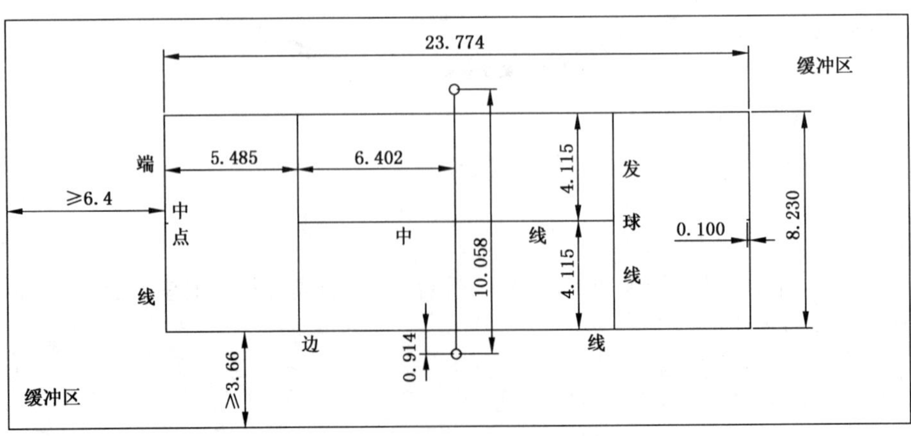

图1 单打网球场地示意图

5.2.1.2 双打场地长度应为 23.774 m(78 feet)、宽度应为 10.973 m(36 feet),见图 2。

单位为米

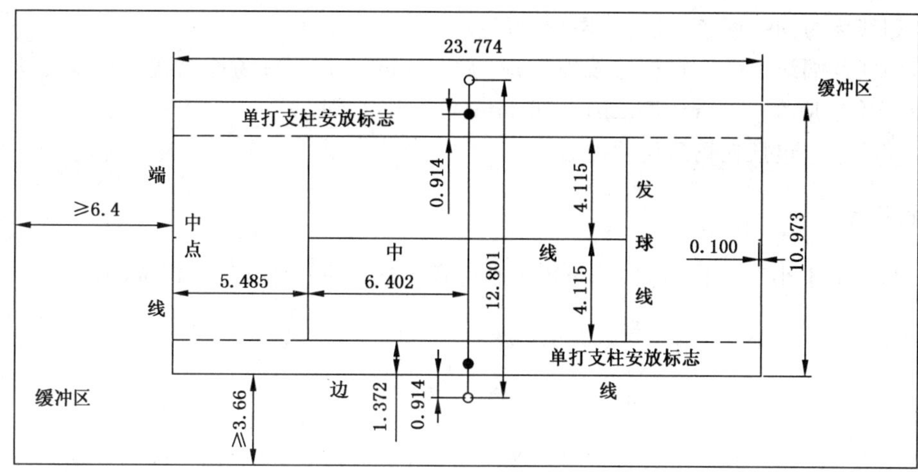

图 2 双打网球场地示意图

5.2.2 全打区

5.2.2.1 四周设置看台的中心比赛场地,从场地边线至看台的距离应不小于 4.57 m(15 feet),从场地端线至看台的距离应不小于 8.23 m(27 feet)。

5.2.2.2 除中心比赛场地外,其他比赛场地从边线到看台的距离应不小于 3.66 m(12 feet),从端线至看台的距离应不小于 6.40 m(21 feet)。

5.2.2.3 相邻两片比赛场地主打区间的距离应不小于 7.32 m(24 feet)。

5.2.3 尺寸公差

场地中小于 5 m 的尺寸,公差应为 5 mm,其他规格尺寸公差应为规定值的 0.1%。与球网有关的尺寸,公差可增加 10 mm,见表 3。

表 3 网球场地尺寸公差

单位为米

尺寸名称	标准长度	尺寸公差	长度范围
双打边线间距	10.973	0.011	10.962～10.984
单打与同侧双打边线间距	1.372	0.005	1.367～1.377
单打边线至端线中点标志线间距	4.115	0.005	4.110～4.120
单打边线间距	8.233	0.008	8.225～8.241
单打边线至发球中线间距	4.115	0.005	4.110～4.120
球网至端线间距	11.887	0.022	11.865～11.909
球网至发球线间距	6.401	0.016	6.385～6.417
两条端线间距	23.774	0.024	23.750～23.798
发球线间距	12.802	0.013	12.789～12.815
球网长度	12.802	0.023	12.779～12.825
双打场地对角线长度	26.184	0.026	26.158～26.210
双打边线至同侧网柱中心点间距	0.914	0.005	0.909～0.919
单打边线至同侧单打支柱中心点间距	0.914	0.005	0.909～0.919

5.2.4 划线

5.2.4.1 所有划线应为同一颜色,且与面层颜色形成反差,宜为白色。

5.2.4.2 发球中线及端线上的中点标志线宽度应为 50 mm(2 inch);场地端线宽度应不大于 100 mm(4 inch);其他线宽度应在 25 mm(1 inch)~50 mm(2 inch)之间。

5.2.4.3 所有划线均应包括在场地尺寸内。

5.2.5 场地净空高度

场地净空高度应不小于 9.14 m(30 feet),中心比赛场地应不小于 12.19 m(40 feet)。

5.3 场地固定物

5.3.1 网柱

5.3.1.1 网柱或双打场地中单打支柱的高度应为 1.07 m(3 feet,6 inch),高于网绳顶端的部分应不大于 25 mm(1 inch)。

5.3.1.2 网柱边长或直径应不大于 152 mm(6 inch),网柱中心与同侧场地边线间的距离应为 0.914 m(3 feet)。

5.3.1.3 双打场地中单打支柱的边长或直径应不大于 76 mm(3 inch),单打支柱的中心与单打场地边线间的距离应为 0.914 m(3 feet)。

5.3.2 球网

5.3.2.1 球网顶端绳索或钢丝绳的直径应不大于 8 mm(1/3 inch)。

5.3.2.2 绳索或钢丝绳要用一条网带包裹,网带宽度为 50 mm(2 inch)~63.5 mm(2.5 inch)。

5.3.2.3 球网中心高度应为 0.914 m(3 feet),用宽度不大于 50 mm(2 inch)的中心网带向下绷紧固定。

5.3.2.4 网眼尺寸应为 45 mm×45 mm。

5.3.2.5 球网的抗张力应至少为 1 226 N,球网合股线的抗张力宜在 824 N~1 383 N 之间。

5.3.2.6 网带和中心网带应为白色。

5.3.2.7 地锚应与场地表面齐平。

5.3.3 围网

5.3.3.1 室外场地宜在全打区外侧修建围网。

5.3.3.2 围网及围网上的门应使用防腐并具有缓冲性能的材料制成。

5.3.3.3 围网高度应不小于 3.048 m(10 feet)。

5.3.3.4 网眼尺寸宜为 45 mm×45 mm 或 50 mm×50 mm。

5.3.3.5 门应从场内向场外开启,宽度应使轮椅或场地维护设备顺利通过。

5.3.3.6 围网颜色应为深色。

5.3.4 其他

5.3.4.1 网球馆围墙应坚固、平整,有突起部分应采取防撞措施。两侧墙壁底部向上 2.438 m(8 feet),场地两端墙壁底部向上 3.658 m(12 feet)的范围内应采用较深颜色;围墙上部和顶棚宜使用浅色。

5.3.4.2 网球馆门和门框应与墙平齐,门应从场内向场外开启。

5.4 照明

5.4.1 网球场地的人工照明灯具布置及照明标准值应符合 JGJ 153 的相关要求。

5.4.2 自然采光的网球馆,应采取措施降低和避免自然光产生的高亮度和阴影形成强烈对比。

5.5 声学

网球场馆建筑声学、扩声及噪声性能应符合 JGJ/T 131 的相关要求。

6 丙烯酸网球场地性能要求

6.1 场地外观

6.1.1 场地表面应颜色均匀,无明显色差。

6.1.2 场地面层应粘接牢固,无断裂、起泡、起鼓、脱皮、空鼓现象。

6.2 平整度

用 2 m 直尺测量,场地表面任何位置凹凸应不大于 3 mm。

6.3 坡度

6.3.1 单片场地应在同一个斜面上。

6.3.2 场地坡度方向宜从边线向边线倾斜,且不大于 1.0%。

6.3.3 从边线到边线向同一方向倾斜的场地应不大于 2 片。

6.3.4 从端线到端线向同一方向倾斜的场地应不大于 1 片。

6.4 球反弹率

标准网球自由下落于网球场地上的反弹高度与下落于混凝土面层上的反弹高度之比应不小于 80%。

6.5 滑动性能

滑动阻力宜为 60 BPN～100 BPN。

6.6 地面速率

宜为 30～44。

6.7 排水设施

6.7.1 宜设置在场地周边。

6.7.2 室内场地排水沟应设沟盖板。

6.8 场地基础

6.8.1 底层应密实、坚固、稳定,并无裂缝、无空鼓、不起沙。

6.8.2 基础表面平整度、坡度应与场地面层要求一致。

7 天然草网球场地性能要求

7.1 草坪外观

7.1.1 草坪应颜色均匀,无病、虫害特征。

7.1.2 草坪覆盖率应不小于95%。

7.1.3 草坪中杂草数量(向上生长茎的数)应小于0.05%。

7.2 草苗高度

养护时草苗高度应不大于20 mm,比赛时草苗高度应为2 mm～10 mm。

7.3 球场面积

根据高磨损区草坪休养的需要,应适当扩大场地面积,并埋设预备网柱基座。

7.4 平整度

用3 m直尺测量,场地表面任何位置凹凸应不大于6 mm。

7.5 坡度

单片场地应在同一斜面上,坡度应不大于0.6%。

7.6 球反弹率

标准网球自由下落于网球场地上的反弹高度与下落于混凝土面层上的反弹高度之比应不小于80%。

7.7 地面速率

宜不小于40。

7.8 给水设施

场地应配置适合的给水设施,可以采用地上全自动喷灌系统或手动喷洒设备。喷头等障碍物不应设置在场地内。

7.9 排水性能

雨后2 h,应无可见积水。

8 红土网球场地性能要求

8.1 土质类型

应采用石粉、复合红土等。

8.2 场地外观

8.2.1 场地应颜色均匀,无明显色差。

8.2.2 场地表面应均匀覆盖滑动颗粒,粒径应不大于0.3 mm。

8.3 平整度

用3 m直尺测量,场地表面任何位置凹凸应不大于6 mm。

8.4 场地坡度

单片场地应在同一斜面上,坡度应不大于0.6%。

8.5 球反弹率

网球自由下落于网球场地上的反弹高度与下落于混凝土面层上的反弹高度之比应不小于80%。

8.6 地面速率

宜不大于29。

8.7 给水设施

应配置适合的给水设施。地上喷洒系统应达到最大的降水均匀度,并应避免浇水过程冲刷场地面层材料。地下给水系统适用于石粉材料的快干型网球场地,应实现水份自动调控。

8.8 场地基础

8.8.1 砂土网球场基础结构应为一至两层级配碎石,厚度应为100 mm～150 mm。碎石粒径与级配比例应满足场地面层铺装要求的稳定性。

8.8.2 场地基础应考虑渗水和排水的要求。

9 检验方法

9.1 测试要求

9.1.1 条件允许时,场地性能均应在场地面层铺装稳定以后进行现场检测。

9.1.2 应记录检测时的环境温度、相对湿度、气压、面层种类、面层干湿状态及测试用球情况。

9.1.3 除非有特定要求,均应保持测试表面为干燥状态。

9.1.4 地面速率测试应保持测试用网球温度在10 ℃～30 ℃之间,超出范围时应立即停止检测。

9.2 场地朝向

依据场地定位图纸,用精度为±2″的经纬仪或更高精度仪器现场测量。

9.3 规格尺寸

用符合QB/T 2443规定的Ⅰ级钢卷尺或精度不低于±10 mm/km的其他测距仪器现场测量。

9.4 场地固定物

9.4.1 网柱、球网、中心网带、地锚等产品应查验其合格证书及使用说明书。

9.4.2 用符合QB/T 2443规定的Ⅰ级钢卷尺或精度不低于±10 mm/km的其他测距仪器现场测量。

9.5 照明

按照JGJ 153规定的方法进行检测。

9.6 声学

按照JGJ/T 131规定的方法进行检测。

9.7 面层材料及外观

9.7.1 丙烯酸网球场地:现场观察、触摸,检查场地完好情况。

9.7.2 红土网球场地:现场观察,并在场地内随机选取10个位置,用孔径不大于0.3 mm的筛网检查场地表面滑动砂粒的粒径。

9.7.3 天然草网球场地外观按下列方法检测：

a) 颜色及病、虫害特征：现场观察；

b) 草坪覆盖率：测量裸地面积，以总面积减去裸地面积的差除以总面积，即得到草坪覆盖率；

c) 杂草数量：在场地上取 0.1 m×0.1 m 的样方，数出杂草和所有草茎的数量，以杂草数除以所有草茎的数量，计算其百分比；

d) 草苗高度：用钢板尺测量。

9.8 平整度

9.8.1 检测设备：丙烯酸网球场地使用尺长精度为±1 mm、底面平直无缺陷的 2 m 直尺及精度为±1 mm 的塞尺现场测量；红土、天然草网球场地使用尺长精度为±1 mm、底面平直无缺陷的 3 m 直尺及精度为±1 mm 的塞尺现场测量。

9.8.2 检测方法：在靠近端线外的 A、A1 区，B、B1 区各取 3 个点，在 C、C1、D、D1 区各取 2 个点，将 3 m 直尺轻放于被选点之上，用塞尺测量最大局部凹凸，见图 3。

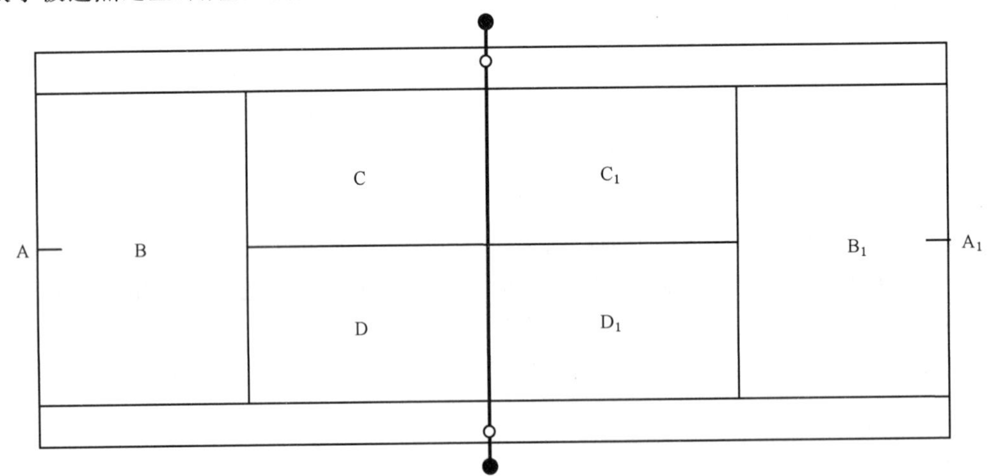

图 3 平整度检测点位示意图

9.9 坡度

9.9.1 应使用精度为±1 mm 的水准仪或更高精度仪器现场检测。

9.9.2 测量每片场地边线或端线上 3 组点的标高及距离，按式(1)计算每组点的坡度。

$$P=\frac{h}{L}\times 100\% \qquad (1)$$

式中：

P ——横向或纵向坡度，%；

h ——每组两点的高差，单位为米(m)；

L ——场地的长度或宽度，单位为米(m)。

9.9.3 横向坡度或纵向坡度的结果应取各测量结果平均值的绝对值。

9.10 球反弹率

按照附录 A 的方法进行测试和计算。

9.11 地面速率

按照附录 B 的方法进行测试和计算。

9.12 滑动性能

每片场地中随机选取 3 点,按照附录 C 的方法进行测试和计算。

9.13 排水性能

雨后 2 h 或打开给水设施对场地喷淋 20 min 后,观察场地积水情况。

9.14 排水设施、场地基础及给水设施

9.14.1 目测,查验场地给、排水设施安装情况。

9.14.2 查看场地基础、给水设施、排水设施竣工资料。

10 合格判定规则

10.1 当检验结果有不合格项时,应对该项不合格点复检 1 次,复检结果仍不合格,则判该项不合格。

10.2 不同面层类型的网球场地所有检测项目均符合第 5 章~第 8 章要求,可判为相应面层场地合格。

附　录　A
（规范性附录）
球反弹率的测试

A.1　原理

测定球反弹率的目的是确定网球场地面层的回弹能力。用网球自由下落到面层后回弹的高度与其在刚性混凝土面层上回弹的高度之比，来描述场地面层的回弹性能。

A.2　检测方法

A.2.1　检测点位置应至少包括使用率高、中、低的不同位置及场地划线上，见图 A.1 所示。如果场地有连接或特殊构造也应在相应位置进行检测。

A.2.2　将网球从不低于(1.27±0.01)m 的高度自由下落，测量网球在场地面层和刚性混凝土面层上弹起的高度。每个检测点应进行 5 次测量，并计算其平均值。

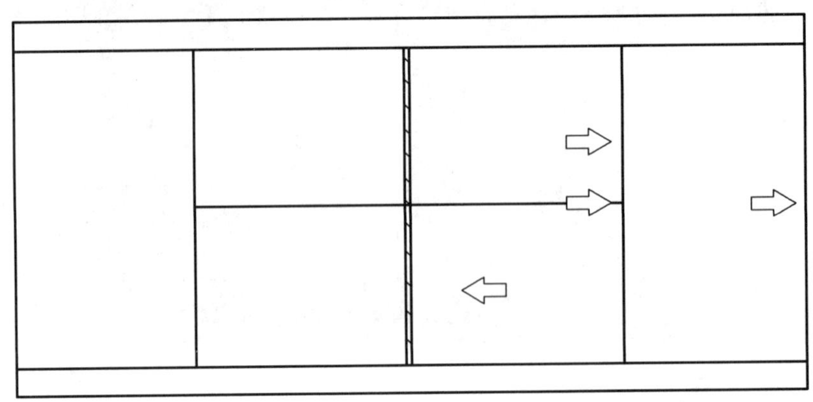

图 A.1　球反弹率、地面速率检测位置及方向示意图

A.3　结果计算

按式(A.1)计算球反弹率。

$$BR=\frac{h_1}{h_2}\times 100\% \qquad \cdots\cdots(A.1)$$

式中：

BR ——球反弹率，%；

h_1 ——网球在场地面层的回弹高度，单位为米(m)；

h_2 ——网球在刚性混凝土面层上的回弹高度，单位为米(m)。

附 录 B
（规范性附录）
地面速率的测试

B.1 原理

地面速率用于测量球和地面间的摩擦作用，这是影响网球从场地面层反弹的速度及角度最显著的特性。其原理是将网球以某一角度击打到地面之后，测量网球入射和回弹的速度及角度的变化。

B.2 检测装置

检测装置见图B.1，包括：

a） 网球投射设备：在投射过程中，网球的旋转应不超过3圈/s。应特别检查球离开投射器时的状态（如使用频闪式摄影仪），以确保投射出的球的旋转速度不超过3圈/s；

b） 观测设备：能够监测到网球的发射到测试表面及反弹后球的轨迹，并计算出球的水平和垂直速度，最大不确定度为±0.05 m/s；

c） 至少3个标准的检测用网球；

d） 表面温度计：分度值为0.1 ℃，量程为0 ℃～50 ℃。

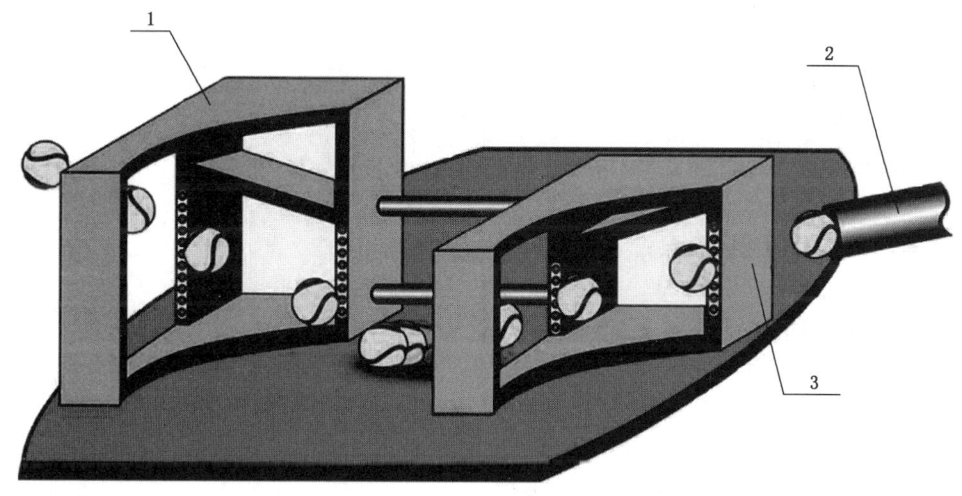

说明：

1——激光光电装置，测量反弹球的角度和速度；

2——网球投射装置，球的旋转速度不大于3圈/s；

3——激光光电装置，测量入射球的角度和速度。

图B.1 地面速率检测装置示意图

B.3 检测方法

B.3.1 检测点位置如图A.1所示，应至少包括使用率高、中、低的不同位置及场地划线上。

B.3.2 调节网球投射设备，将球以(16±2)°的角度和(30±2)m/s速度投出。将网球向场地或检测样本投射 3 次，但不记录数据。目的是使每个球都能从储存一段时间而形成的“永久形变”中恢复过来。

B.3.3 如果因检测造成地面损坏，可以每次检测时移动一下设备，变换网球的落点。

B.3.4 应将 3 个球分别按相同的顺序向样本地面投射 3 次，共进行 9 次检测。记录网球落地之前和之后的速度和角度。所有检测要在 1 h 内完成，以最大限度地降低环境条件带来的影响。

B.3.5 天然草场地，网球的投射方向为场地长轴方向。

B.3.6 每次投射网球前，先使用表面温度计测试网球表面温度。当温度在 10 ℃～30 ℃，可进行测试，否则应更换网球或停止测试。

B.4 检测结果的计算

按式(B.1)～式(B.4)计算各点检测值。各点检测值的算术平均值即为该场地地面速率值：

$$e=\frac{V_{fy}}{V_{iy}} \qquad \cdots\cdots(B.1)$$

$$\mu=\frac{V_{ix}-V_{fx}}{V_{iy}(1+e)} \qquad \cdots\cdots(B.2)$$

$$e_T=e+c(23-T) \qquad \cdots\cdots(B.3)$$

$$\mathrm{CPR}=100(1-\mu)+a(b-e_T) \qquad \cdots\cdots(B.4)$$

式中：

V_{ix} ——球的水平入射速度，单位为米每秒(m/s)；

V_{iy} ——球的垂直入射速度，单位为米每秒(m/s)；

V_{fx} ——球的水平反弹速度，单位为米每秒(m/s)；

V_{fy} ——球的垂直反弹速度，单位为米每秒(m/s)；

e ——回弹系数；

μ ——摩擦系数；

T ——检测时球的平均温度，单位为摄氏度(℃)；

c ——温度系数(0.003)；

e_T ——温度调整后的回弹系数；

a ——速度感知常数(150)；

b ——各类型面层的平均回弹系数(0.81)；

CPR——地面速率。

附 录 C
（规范性附录）
滑动阻力的测试

C.1 检测装置

使用便携式阻力测试仪进行检测，见图 C.1。

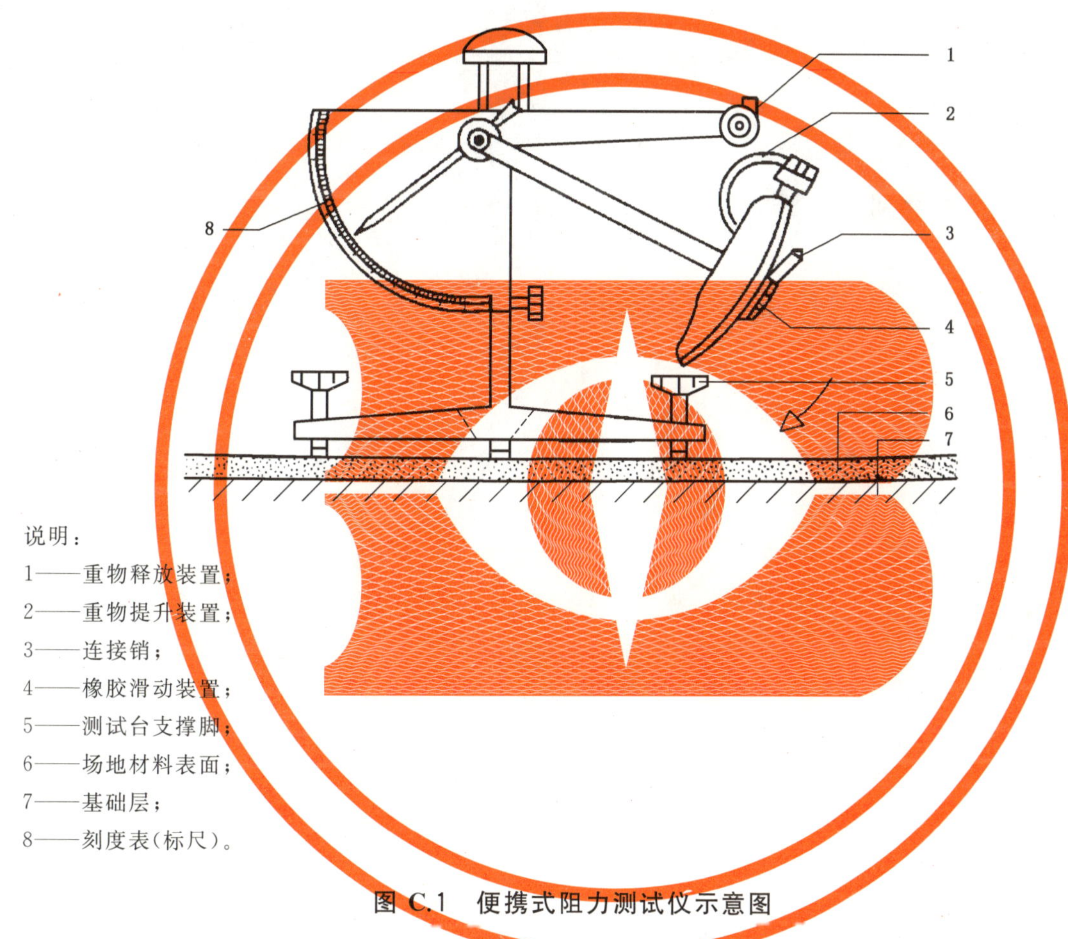

说明：

1——重物释放装置；
2——重物提升装置；
3——连接销；
4——橡胶滑动装置；
5——测试台支撑脚；
6——场地材料表面；
7——基础层；
8——刻度表(标尺)。

图 C.1 便携式阻力测试仪示意图

C.2 检测方法

调整检测装置，使各个方向都趋于水平。调节摆锤高度，使得当用手将摆锤沿摆动弧线移动到最高点时摆锤下悬挂的物体离检测样本的距离为(125±1)mm。让摆锤做 3 次适应性摆动，但不记录读数。

让摆锤摆动一次，记录刻度表显示的读数。重复这一步骤获取 5 个读数。

注 1：如果检测装置直接放在检测样本之上，注意避免检测过程中设备的底座陷入面层，在现场进行的测量也是这样。因为不断摆动的摆锤会对设备底座产生越来越大的向下力，这可能会造成路径长度读数误差。

注 2：如果地面有某种方向性的特征，如有一层覆盖物，或者为了排水而设计有斜面，那么则需注意按能最大和最小反映摩擦的方向重复这一检测以获得一组读数。

注 3：由于方向性特征(如使用织物地面)造成的最大检测数值差异最好不超过 10%。

C.3 结果计算

C.3.1 形态特征一致的面层,计算5次测量滑动阻力的平均值。

C.3.2 有方向性形态特征的地面,以不同方向的最大和最小滑动阻力的平均值,计算防滑性能的差异。

参 考 文 献

[1] International Tennis Federation.Rules of tennis[EB/OL].London,ITF Ltd,2015[2016-04-15].http://www.itftennis.com/media/221030/221030.pdf.

[2] International Tennis Federation.ITF approved tennis balls,classified surfaces & recognised courts 2016 - a Guide to products and test methods[EB/OL].London,ITF Ltd,2016[2016-04-15].http://www.itftennis.com/media/224137/224137.pdf.

ICS 65.020.01
B 30

中华人民共和国国家标准

GB/T 22533—2018
代替 GB/T 22533—2008

鲜园参分等质量

Grade quality of cultivated ginseng

2018-06-07 发布　　　　2018-10-01 实施

国家市场监督管理总局
中国国家标准化管理委员会　发布

前　言

本标准按照 GB/T 1.1—2009 给出的规则起草。

本标准代替 GB/T 22533—2008《鲜园参分等质量》，与 GB/T 22533—2008 相比，除编辑性修改外，主要技术内容变化如下：

——删除了 GB/T 5009.11、GB/T 5009.12、GB/T 5009.13、GB/T 5009.15、GB/T 5009.17、GB/T 5009.19、GB/T 5009.20、GB/T 5009.22、GB/T 5009.36、GB/T 5009.103、GB/T 5009.104、GB/T 5009.110、GB/T 5009.136、GB/T 5009.145 十四个规范性引用文件，增加了 GB 2760、GB 2762、GB 2763、GB/T 18765—2015、GB/T 26792 五个规范性引用文件(见第 2 章，2008 年版的第 2 章)；

——删除了成品鲜园参、人参芽苞、边条人参主根长、原料鲜园参的术语(见 2008 年版的 3.1.1、3.4、3.15、3.17)；

——增加了人参主根长的术语(见 3.8)；

——将术语成品鲜园参、边条人参、普通人参、红皮(水锈)分别修改为鲜园参、边条园参、普通园参、水锈(见 3.1、3.2、3.3、3.12，2008 年版的 3.1.1、3.2、3.3、3.12)；

——修改了部分英文对应词(见 3.1、3.3、3.4、3.5、3.6、3.7、3.9、3.10、3.13、3.14、3.15、3.16，2008 年版的 3.1、3.3、3.4、3.5、3.6、3.7、3.8、3.9、3.12、3.13、3.14、3.16)；

——删除了边条园参、普通园参中混等的规格(2008 年版的 4.1.1.1 中表 1，2008 年版的 4.1.2.1 中表 2)；

——特等边条园参主根长修改为 12 cm(见 4.1.1.1 中表 1，2008 年版的 4.1.1.1 中表 1)；

——删除了人参皂苷 Rg_1、Re、Rb_1 的薄层鉴别(2008 年版的 4.2 序号 1)；

——增加了人参皂苷 Rf、拟人参皂苷 F_{11} 定性鉴别(见 4.2 序号 1)；

——删除卫生指标中各项具体指标，采用引用标准方式表述(见 2008 年版的 4.3)；

——删除了附录 A 鲜人参总皂苷含量的测定方法(2008 年版的附录 A)；

——增加了附录 A 人参皂苷 Rf、拟人参皂苷 F_{11} 的定性鉴别(见附录 A)。

本标准由全国参茸产品标准化技术委员会(SAC/TC 403)提出并归口。

本标准起草单位：吉林人参研究院、吉林省参茸办公室、国家参茸产品质量监督检验中心、中国农业科学院特产研究所、康美新开河(吉林)药业有限公司、本溪龙宝参茸集团有限公司、辽宁祥云药业有限公司、长白山皇封参业股份有限公司、珲春华瑞参业生物工程有限公司、通化福参源特产产品有限公司、杭州胡庆余堂国药号有限公司、辽宁天士力参茸股份有限公司、吉林省标准研究院、抚松县参王植保有限公司、吉林农业大学。

本标准起草人：曹志强、冯家、仲伟同、武伦鹏、王英平、李学军、孙孝贤、曾祥云、高庆海、金立华、王俊良、杨仲英、叶正良、韩士冬、韩春峰、高宇光、许永华、徐怀友、潘晓鹏、张红杰、许世泉、王明芝、马友德、崔丽丽、李乃军。

本标准所代替标准的历次版本发布情况为：

——GB/T 22533—2008。

鲜园参分等质量

1 范围

本标准规定了鲜园参产品的术语和定义、技术要求、检验方法、检验规则、标志、标签和包装以及运输和贮存。

本标准适用于鲜园参的分等和检验。

2 规范性引用文件

下列文件对于本文件的应用是必不可少的。凡是注日期的引用文件，仅注日期的版本适用于本文件。凡是不注日期的引用文件，其最新版本（包括所有的修改单）适用于本文件。

GB/T 191 包装储运图示标志

GB 2760 食品安全国家标准 食品添加剂使用标准

GB 2762 食品安全国家标准 食品中污染物限量

GB 2763 食品安全国家标准 食品中农药最大残留量限量

GB 7718 食品安全国家标准 预包装食品标签通则

GB/T 18765—2015 野山参鉴定及分等质量

GB/T 26792 高效液相色谱仪

中华人民共和国药典（2015年版第四部）

3 术语和定义

下列术语和定义适用于本文件。

3.1

鲜园参 cultivated ginseng

人工栽培的新鲜人参。

3.2

边条园参 biantiao ginseng

人参中具有三长（芦长、主根长、支根长）的人参。

注：俗称“边条人参”。

3.3

普通园参 common ginseng

支根多呈丛状，具有三多（支根多、须根多、不定根多）的人参。

注：俗称“普通人参”。

3.4

人参芦 ginseng rhizome

人参主根上部的根茎。

3.5

人参艼　ginseng adventitious root

生长于根茎上的不定根。

3.6

人参主根　ginseng main root

人参根茎的主体部分。

3.7

人参主根长　length of ginseng main root

人参肩部到支根上部的长度。

3.8

人参支根　ginseng lateral root

生长于人参主根下端较粗的分根。

3.9

人参须根　ginseng fibrous root

生长在人参主根、支根和不定根上的根。

3.10

疤痕　scar

人参根因病、虫、鼠害及机械损伤和人为损伤等原因留下的痕迹。

3.11

破肚　body cracking

生长过程中主根开裂的现象。

3.12

水锈　rusty root

人参表皮呈现铁锈颜色的现象。

3.13

浆气　serosity

新鲜人参特有的体态光滑、圆润，质地饱满，汁液充盈的状态。

3.14

跑浆　lost serosity

鲜人参存放时间过长，其主体变软的现象。

3.15

腿粗　diameter of ginseng lateral root

人参支根的直径。

4　技术要求

4.1　规格与等级

4.1.1　边条鲜园参规格与等级

4.1.1.1　边条鲜园参规格等级分类

边条鲜园参的规格等级分类应满足表 1 的规定。

表 1 边条鲜园参规格等级分类表

规 格	支数 支/500 g	单支重 g	主根长 cm
特 等	<3	≥167	≥12
一 等	≤4	≥125	≥10
二 等	≤6	≥83	≥10
三 等	≤9	≥55	≥9
四 等	≤11	≥45	≥8
五 等	≤14	≥35	≥7
六 等	≤20	≥25	≥6
七 等	≤40	≥12.5	≥5
八 等	41～100	≥5	≥5

4.1.1.2 **边条鲜园参等级**

4.1.1.2.1 人参主根呈长圆柱形，人参芦长，主根长，支根长，无分支或有 2 个～3 个分支，人参芦人参须根基本齐全，浆气足、饱满。无疤痕、水锈、杂质、泥土、不腐烂。

4.1.1.2.2 目测人参艼重不得超过 20%，超过者降为下一等，腿粗者降为下一等。

4.1.1.2.3 少芦、断支、疤痕严重、水锈严重、浆气不足者、有破肚和跑浆现象的均为八等。

4.1.2 **普通鲜园参规格与等级**

4.1.2.1 **普通鲜园参规格与等级分类**

普通鲜园参的规格等级分类应满足表 2 的规定。

表 2 普通鲜园参规格等级分类表

规 格	支数 支/500 g	单支重 g
特 等	≤5	100～150
一 等	≤8	≥62.5
二 等	≤12	≥41.5
三 等	≤16	≥31.3
四 等	≤20	≥25
五 等	≤40	≥12.5
六 等	≤100	≥5

4.1.2.2 **普通鲜园参等级**

4.1.2.2.1 人参主根呈圆柱形，有分支、须芦齐全、浆气足、饱满、无疤痕、水锈、杂质、泥土。

4.1.2.2.2 特等、一等、二等人参艼不得超过 20%，超过者降一级，腿粗者降为下一等。

4.1.2.2.3 少芦、断支、疤痕严重、水锈严重、浆气不足者、有破肚和跑浆现象的均为六等。

4.2 理化指标

鲜园参的理化指标应满足表3的规定。

表3 鲜园参理化指标

序号	项目	指标
1	人参皂苷 Rf、拟人参皂苷 F_{11} 鉴别	供试品色谱图中在与阳性对照品色谱图中人参皂苷 Rf 特征峰相同的出峰时间有明显的色谱峰；在与阴性对照品色谱图中拟人参皂苷 F_{11} 特征峰相同的出峰时间无色谱峰
2	人参皂苷 Rb_1 %	≥0.20
3	人参皂苷 $Re+Rg_1$ %	≥0.30
4	人参总皂苷 %	≥2.50
注：上述指标均按干燥品计算。		

4.3 卫生指标

卫生指标应符合 GB 2760、GB 2762、GB 2763 等食品安全国家标准及相关国家法律法规规定。

5 检验方法

5.1 抽样方法

按照《中华人民共和国药典》(2015年版第四部)通则0211的规定执行。

5.2 规格等级检查

5.2.1 随机抽取样品10支，用标准米尺分别测量直径和长度，求其平均值；用感量为0.1 g的天平称量单支重，求其平均值。

5.2.2 在自然光线下，将样品放置白色搪瓷盘中，用目力在室内无阳光直射处观察。

5.3 理化指标检查

5.3.1 人参皂苷 Rf、拟人参皂苷 F_{11} 的定性鉴别

应符合附录A的规定。

5.3.2 人参皂苷 Rb_1 的含量测定

应符合 GB/T 18765—2015 中附录A的规定。

5.3.3 人参皂苷 $Re+Rg_1$ 的含量测定

应符合 GB/T 18765—2015 中附录A的规定。

5.3.4 人参总皂苷的含量测定

应符合 GB/T 18765—2015 中附录 B 的规定。

6 检验规则

6.1 基本要求

产品应由生产厂家检验部门对产品理化指标和卫生指标进行检验，均合格后方可出厂销售；作为原料收购时应有收购厂家检验部门对卫生指标进行检验，合格后方可收购使用。

6.2 判定规则

6.2.1 根据 4.2 理化指标判定，有一项不合格的可对留样进行复检或在同批产品中加 1 倍抽取样品进行复检，仍有一项不合格，则判定该批产品不合格。

6.2.2 根据 4.3 卫生指标判定，有一项不合格的可对留样进行复检或在同批产品中加 1 倍抽取样品进行复检，仍有一项不合格，则判定该批产品不合格。

6.2.3 理化指标判定和卫生指标判定均合格的产品，在进行规格等级判定时，不符合本标准规定的某一规格等级规定时，可按本标准规定的下一规格等级要求进行检验。

7 标志、标签和包装

7.1 标志

包装贮运图示标志按照 GB/T 191 的规定执行。

7.2 标签

除按照 GB 7718 执行外，还应标注原料产地，如是地理标志产品，应粘贴地理标志产品保护专用标志。

7.3 包装

包装应用防潮、无毒、无异味的材料包装，包装材料应符合卫生要求。

8 运输和贮存

8.1 运输

运输的交通工具应清洁、卫生、干燥、无异味；运输时应防雨、防潮、防曝晒，小心轻放；不得与有毒、易污染物品混装、混运。

8.2 贮存

鲜园参应贮存堆放在清洁卫生、通风、无异味的库房中。库房内温度应保持在 0 ℃～5 ℃，相对湿度 60％以上，定期检查鲜园参的贮存情况，及时倒垛。

附 录 A
（规范性附录）
人参皂苷 Rf、拟人参皂苷 F_{11} 的定性鉴别检测方法

A.1 原理

高效液相色谱法系采用高压输液泵将规定的流动相泵入装有填充剂的色谱柱，对供试品进行分离测定的方法。注入的供试品，由流动相带入色谱柱内，各组分在柱内被分离，并进入检测器检测，由积分仪或数据处理系统记录和处理色谱信号。

A.2 试剂

A.2.1 水：一级水。

A.2.2 甲醇：走色谱时用色谱纯试剂、其他用分析纯试剂。

A.2.3 乙腈：色谱纯试剂。

A.2.4 正丁醇：分析纯试剂。

A.3 仪器

A.3.1 高效液相色谱仪：符合 GB/T 26792 的规定。

A.3.2 柱：反相液相色谱柱。

A.3.3 检测器：VWD 检测器和 ELSD 检测器。

A.3.4 分析天平：感量为 0.01 mg。

A.3.5 回流提取装置：提取瓶规格为 250 mL。

A.3.6 微孔滤膜：孔径为 0.45 μm 的有机相。

A.3.7 移液管：容量 1 mL。

A.4 样品

A.4.1 阳性对照品溶液的制备

称取人参皂苷 Rf 对照品约 2 mg，精确到 0.01 mg，用移液管量取 1 mL 色谱甲醇加入，摇匀，即得。

A.4.2 阴性对照品溶液的制备

称取拟人参皂苷 F_{11} 对照品约 2 mg，精确到 0.01 mg，用移液管量取 1 mL 色谱甲醇加入，摇匀，即得。

A.4.3 供试品溶液的制备

称取本品粉末 1 g，加甲醇 25 mL，加热回流 1 h，滤过，滤液蒸干，加水 20 mL 使溶解，加水饱和正丁醇混匀后提取 2 次，每次 25 mL，合并正丁醇提取液，用水洗涤 2 次，每次 10 mL，分取正丁醇液，蒸干，残渣加甲醇 5 mL 使溶解，摇匀，用 0.45 μm 微孔滤膜过滤，即得。

A.5 高效液相色谱仪分析

仪器使用条件见表 A.1。

表 A.1 仪器使用条件

检测品种	人参皂苷 Rf 检测	拟人参皂苷 F_{11} 检测
色谱柱	十八烷基硅烷键合硅胶 250 mm×4.6 mm,5 μm	十八烷基硅烷键合硅胶 250 mm×4.6 mm,5 μm
温度	40 ℃	40 ℃
等度流动相	30%乙腈、70%水	30%乙腈、70%水
流速	1.0 mL/min	1.0 mL/min
进样量	10 μL～20 μL	10 μL～20 μL
检测器	VWD 检测器	ELSD 检测器
检测器载气流速	—	2.7 L/min
漂移管温度	—	105 ℃
检测波长	203 nm	—
自动进样器温度	室温	室温

A.6 测定

吸取上述阳性对照品溶液、阴性对照品溶液、供试品溶液，按 A.5 条件分别注入液相色谱仪，记录色谱图。

A.7 分析

供试品色谱图，在与阳性对照品色谱图中特征峰相同的出峰时间，有明显的色谱峰；在与阴性对照品色谱图中特征峰相同的出峰时间，无色谱峰。

ICS 65.020.01
B 30

中华人民共和国国家标准

GB/T 22534—2018
代替 GB/T 22534—2008

保鲜人参分等质量

Grade quality of fresh-keeping ginseng

2018-06-07 发布　　2018-10-01 实施

国家市场监督管理总局
中国国家标准化管理委员会　发布

前　　言

本标准按照 GB/T 1.1—2009 给出的规则起草。

本标准代替 GB/T 22534—2008《保鲜人参分等质量》。

本标准与 GB/T 22534—2008 相比，除编辑性修改外，主要技术内容变化如下：

——删除 GB/T 2828.1、GB/T 5009.11、GB/T 5009.12、GB/T 5009.13、GB/T 5009.15、GB/T 5009.17、GB/T 5009.19、GB/T 5009.20、GB/T 5009.29、GB/T 5009.31、GB/T 5009.34、GB/T 5009.36、GB/T 5009.103、GB/T 5009.104、GB/T 5009.110、GB/T 5009.136、GB/T 5009.145、GB/T 22532 十八个规范性引用文件；新增 GB 2760、GB 2762、GB 2763、GB/T 6682、GB/T 26792、GB 5009.4—2016 六个规范性引用文件（见第 2 章，2008 年版的第 2 章）；

——删除保鲜边条人参、保鲜普通人参、生物保鲜边条人参、生物保鲜普通人参、生物保鲜野山参、生物保鲜移山参、保鲜剂的术语（见 2008 年版的 3.1.1、3.1.2、3.2.1、3.2.2、3.2.3、3.2.4、3.7）；

——增加冷冻保鲜人参、人参主根的术语（见 3.3、3.8）；

——修改保鲜人参、生物保鲜人参、芦头的术语（见 3.1、3.2、3.5，2008 年版的 3.1、3.2、3.4）；

——修改部分英文对应词；

——将生物保鲜野山参规格中特一级、特二级、特三级三个规格合并为一个规格特级，重量指标为 $M \geqslant 60$（见表 3，2008 年版的表 3）；

——删除生物保鲜人参等级中关于产品状态的描述（见 2008 年版的表 8）；

——删除酸不溶性灰分，人参皂苷 Rg_1、Re、Rb_1 的薄层鉴别（见 2008 年版的表 9 中序号 1、2）；

——增加人参皂苷 Rf、拟人参皂苷 F_{11} 定性鉴别（见表 9 中序号 2）；

——删除卫生指标中各项具体指标，采用引用标准方式表述（见 2008 年版的 4.3）；

——删除附录 A 保鲜人参总皂苷含量测定的方法（见 2008 年版的附录 A）；

——增加附录 A 人参皂苷 Rf、拟人参皂苷 F_{11} 的定性鉴别（见附录 A）。

本标准由全国参茸产品标准化技术委员会(SAC/TC 403)提出并归口。

本标准起草单位：吉林人参研究院、国家参茸产品质量监督检验中心、吉林省参茸办公室、中国农业科学院特产研究所、杭州胡庆余堂国药号有限公司、辽宁天士力参茸股份有限公司、康美新开河（吉林）药业有限公司、本溪龙宝参茸集团有限公司、辽宁祥云药业有限公司、长白山皇封参业股份有限公司、珲春华瑞参业生物工程有限公司、通化福参源特产产品有限公司、吉林省标准研究院、抚松县参王植保有限公司、吉林出入境检验检疫局技术中心、辽宁省药物研究院。

本标准起草人：曹志强、仲伟同、冯家、武伦鹏、王英平、杨仲英、叶正良、李学军、孙孝贤、曾祥云、高庆海、金立华、王俊良、迟美丽、李蕾、徐芳菲、杜跃中、董英杰、韩春峰、谢丽娟、逄世峰、张红杰、马友德、王岸英、姜雁秋。

本标准所代替标准的历次版本发布情况为：

—— GB/T 22534—2008 。

保鲜人参分等质量

1 范围

本标准规定了保鲜人参产品的术语和定义、技术要求、检验方法、检验规则、标志、标签和包装以及运输和贮存。

本标准适用于保鲜人参的分等和检验。

2 规范性引用文件

下列文件对于本文件的应用是必不可少的。凡是注日期的引用文件，仅注日期的版本适用于本文件。凡是不注日期的引用文件，其最新版本(包括所有的修改单)适用于本文件。

GB/T 191 包装储运图示标志

GB 2760 食品安全国家标准 食品添加剂使用标准

GB 2762 食品安全国家标准 食品中污染物限量

GB 2763 食品安全国家标准 食品中农药最大残留限量

GB 5009.4—2016 食品安全国家标准 食品中灰分的测定

GB/T 6682 分析实验室用水规格和试验方法

GB 7718 食品安全国家标准 预包装食品标签通则

GB/T 18765—2015 野山参鉴定及分等质量

GB/T 22533 鲜园参分等质量

GB/T 26792 高效液相色谱仪

中华人民共和国药典(2015 年版第四部)

3 术语和定义

下列术语和定义适用于本文件。

3.1

保鲜人参 fresh-keeping ginseng

以鲜人参为原料，洗刷后经过保鲜处理的人参产品。

3.2

生物保鲜人参 alive-keeping ginseng

以鲜人参为原料，洗刷后经过生物保鲜处理的产品。

3.3

冷冻保鲜人参 frozen alive-keeping ginseng

以鲜人参为原料，洗刷后经过冷冻处理，并经冷冻贮藏的产品。

3.4

疤痕 scar

人参根因病、虫、鼠害及机械损伤和人为损伤等原因留下的痕迹。

3.5

人参芦　ginseng rhizome

人参主根上部的根茎。

3.6

人参芽苞　dormant bud

人参芦头上的越冬芽。

3.7

芽苞完好　completely good dormant bud

休眠芽(生长点)没有病害、机械损伤和人为损坏。

3.8

人参主根　ginseng main root

人参根茎的主体部分。

4　技术要求

4.1　规格与等级

4.1.1　规格

4.1.1.1　生物、冷冻保鲜人参规格

4.1.1.1.1　生物、冷冻保鲜边条人参规格

生物、冷冻保鲜边条人参的规格应满足表1的要求。

表1　生物、冷冻保鲜边条人参规格

规格	支数 支/500 g	单支重 g	体长 cm
特级	<3	>167	≥18
一级	≤4	≥125	≥17
二级	≤6	≥83	≥17
三级	≤9	≥55	≥16
四级	≤11	≥45	≥14

4.1.1.1.2　生物、冷冻保鲜普通人参规格

生物、冷冻保鲜普通人参的规格应满足表2的要求。

表 2　生物、冷冻保鲜普通人参规格

规 格	单支重 m g	主根长 cm
特 级	140＜m	≥7
一 级	120＜m≤140	
二 级	100＜m≤120	
三 级	80＜m≤100	
四 级	60＜m≤80	
五级	40＜m≤60	

4.1.1.1.3　生物、冷冻保鲜野山参规格

生物、冷冻保鲜野山参规格应满足表 3 的要求。

表 3　生物、冷冻保鲜野山参规格

规格	重量 m g
特 级	60≤m
一 级	45≤m＜60
二 级	35≤m＜45
三 级	25≤m＜35
四 级	18≤m＜25
五 级	12≤m＜18
六 级	5≤m＜12
七 级	m＜5

4.1.1.1.4　生物、冷冻保鲜移山参规格

生物、冷冻保鲜移山参规格应满足表 4 的要求。

表 4　生物、冷冻保鲜移山参规格

级 别	重量 m g
一 级	100≤m
二 级	80≤m＜100
三 级	60≤m＜80
四 级	40≤m＜60
五 级	20≤m＜40
六 级	10≤m＜20
七 级	m＜10

4.1.1.2 保鲜人参规格

4.1.1.2.1 保鲜边条人参规格

保鲜边条人参规格应满足表 5 的要求。

表 5 保鲜边条人参规格

规 格	单支重 g	体长 cm
特 级	>167	≥18
一 级	≥125	≥17
二 级	≥83	≥17
三 级	≥55	≥16

4.1.1.2.2 保鲜普通人参规格

保鲜普通人参规格应满足表 6 的要求。

表 6 保鲜普通人参规格

规 格	单支重 m g	主根长 cm
特级	$160 \leqslant m$	≥7
一级	$140 \leqslant m < 160$	
二级	$120 \leqslant m < 140$	
三级	$100 \leqslant m < 120$	
四级	$80 \leqslant m < 100$	
五级	$60 \leqslant m < 80$	
六级	$40 \leqslant m < 60$	

4.1.2 等级

4.1.2.1 生物、冷冻保鲜人参等级

生物、冷冻保鲜人参等级除应满足 GB/T 22533、GB/T 18765—2015 等标准中对人参的等级规定外，还应满足表 7 的要求。

表 7 生物、冷冻保鲜人参等级

项目	特等	一等
芦头	有完整的芦头，鲜人参芦头上不得有残茎	
芽苞	人参芽苞完好	
表皮	没有损伤	
主根	人参主根呈长圆柱形、没有损伤	

表 7（续）

项目	特等	一等
支根	呈长圆柱形、没有损伤	
须根	齐全	较齐全
表面	黄白色	
疤痕、水锈	无	轻度有
杂质	无	

4.1.2.2 保鲜人参等级

保鲜人参等级除应满足 GB/T 22533 中对人参的等级规定外，还应满足表 8 的要求。

表 8 保鲜人参等级

项目	特等	一等
芦头	有完整的芦头，鲜人参芦头上不得有残茎	
主根	人参主根呈长圆柱形	
支根	呈长圆柱形、没有损伤	
表面	黄白色	
疤痕、水锈	无	轻度有
杂质	无	

4.2 理化指标

保鲜人参的理化指标应满足表 9 的要求。

表 9 保鲜人参理化指标

序号	项目	指标
1	总灰分 %	≤5.0
2	人参皂苷 Rf 、拟人参皂苷 F_{11} 鉴别	供试品色谱图中在与阳性对照品色谱图中人参皂苷 Rf 特征峰相同的出峰时间有明显的色谱峰；在与阴性对照品色谱图中拟人参皂苷 F_{11} 特征峰相同的出峰时间无色谱峰
3	人参皂苷 Rb_1 %	≥0.20
4	人参皂苷 $Re+Rg_1$ %	≥0.25
5	人参总皂苷 %	≥2.50
注：本表内指标均按干燥品计算。		

4.3 卫生指标

卫生指标应符合 GB 2760、GB 2762、GB 2763 等食品安全国家标准及相关国家法律法规规定。

4.4 保鲜剂

应符合 GB 2760 的规定。

5 检验方法

5.1 抽样方法

按照《中华人民共和国药典》2015 年版四部通则 0211 的规定执行。

5.2 规格等级检查

5.2.1 随机抽取样品 10 支，用标准米尺分别测量直径和长度，求其平均值；用感量为 0.1 g 的天平称量单支重，求其平均值。

5.2.2 在自然光线下，将样品放置于白色搪瓷盘中，用目力在室内无阳光直射处观察（空心、芦头应掰开检查）。

5.3 理化指标检查

5.3.1 总灰分

按照 GB 5009.4—2016 第一法中 5.3.2 淀粉类食品的规定执行。

5.3.2 人参皂苷 Rf、拟人参皂苷 F_{11} 的定性鉴别

应符合附录 A 的规定。

5.3.3 人参皂苷 Rb_1 的含量测定

应符合 GB/T 18765—2015 附录 A 的规定。

5.3.4 人参皂苷 $Re+Rg_1$ 的含量测定

应符合 GB/T 18765—2015 附录 A 的规定。

5.3.5 人参总皂苷的含量测定

应符合 GB/T 18765—2015 附录 B 的规定。

6 检验规则

6.1 检验分类

产品应按批提交检验，检验分为出厂检验和型式检验。

6.2 出厂检验

产品应由生产厂家检验部门对产品总灰分、人参皂苷 Rf、拟人参皂苷 F_{11} 定性鉴别，人参皂苷 Rb_1 含量，人参皂苷 $Re+Rg_1$ 含量，人参总皂苷含量，以及卫生指标进行检验。

6.3 型式检验

有下列情况之一时应进行型式检验：

a) 新产品或者产品转厂生产的试制定型鉴定；
b) 正式生产后，原材料变化或更改工艺设计影响产品质量和性能时；
c) 正常生产，按周期要求；
d) 停产一年以上(含一年)，恢复生产时；
e) 出厂检验结果与上次型式检验有较大差异时；
f) 国家质量监督机构或其他行政管理部门提出进行型式检验要求时；
g) 用户提出进行型式检验的要求时。

6.4 判定规则

6.4.1 理化指标中有一项不合格可对留样进行复检或在同批产品中加1倍抽取样品进行复检，仍有一项不合格，则判定该批产品不合格。

6.4.2 卫生指标(微生物指标除外)中有一项不合格可对留样进行复检或在同批产品中加1倍抽取样品进行复检，仍有一项不合格，则判定该批产品不合格。卫生指标中微生物检验有一项不合格不得复检，判为不合格。

6.4.3 理化指标判定和卫生指标判定均合格的产品，在进行规格等级判定时，不符合本标准规定的某一规格等级规定时，可按本标准规定的下一规格等级要求进行判定。

7 标志、标签和包装

7.1 标志

包装贮运图示标志按照 GB/T 191 的规定执行。

7.2 标签

除按照 GB 7718 执定外，还应标注原料产地，如是地理标志产品，应粘贴地理标志产品保护专用标志。

7.3 包装与装箱

7.3.1 包装

7.3.1.1 包装材料应符合卫生要求，并具有防潮、无毒、无异味功能。生物保鲜人参的包装应根据生产厂家技术要求执行。

7.3.1.2 保鲜人参内包装用尼龙聚乙烯复合膜袋抽空密封，或用聚乙烯复合膜袋内加 30 mL ～ 60 mL 保鲜剂密封，生物保鲜人参内盒采用无毒 PVC 夹层盒，不加防腐剂。

7.3.1.3 保鲜人参外包装用聚乙烯尼龙复合膜彩袋或纸套盒包装，每袋或每盒装 1 支 ～ 2 支保鲜人参，盒内附说明书。袋外或盒外印有注册商标、品名，规格、标准编号、厂名、厂址、邮编、电话、生产日期、保质期和简要说明。

7.3.2 装箱

用瓦楞纸箱，密封。箱外印有品名、规格、数量、贮存条件、运输条件、厂名、厂址、邮编、电话、出厂日期、产品条码、防雨、防潮、轻放标志。

8 运输和贮存

8.1 运输

运输的交通工具应清洁、卫生、干燥、无异味；运输时应防雨、防潮、防曝晒，小心轻放；不得与有毒、易污染物品混装、混运，保鲜人参应采用冷藏车运输。

8.2 贮存

成品保鲜人参应贮存在清洁卫生、干燥、通风、防潮、无异味的库房中。生物保鲜人参要在保鲜库房内贮存，库房内温度 0 ℃ ～ 4 ℃，相对湿度 70％ 以上，定期检查保鲜参的贮存情况。

附 录 A
（规范性附录）
人参皂苷 Rf、拟人参皂苷 F_{11} 的定性鉴别检测方法

A.1 原理

高效液相色谱法系采用高压输液泵将规定的流动相泵入装有填充剂的色谱柱，对供试品进行分离测定的方法。注入的供试品，由流动相带入色谱柱内，各组分在柱内被分离，并进入检测器检测，由积分仪或数据处理系统记录和处理色谱信号。

A.2 试剂

A.2.1 水：GB/T 6682，一级水。

A.2.2 甲醇：走色谱时用色谱纯试剂、其他用分析纯试剂。

A.2.3 乙腈：色谱纯试剂。

A.2.4 正丁醇：分析纯试剂。

A.3 仪器

A.3.1 高效液相色谱仪：符合 GB/T 26792 的规定。

A.3.2 柱：反相液相色谱柱。

A.3.3 检测器：VWD 检测器和 ELSD 检测器。

A.3.4 分析天平：感量为 0.01 mg 。

A.3.5 回流提取装置：提取瓶规格为 250 mL。

A.3.6 微孔滤膜：孔径为 0.45 μm 的有机相。

A.3.7 移液管：容量 1 mL。

A.4 样品

A.4.1 阳性对照品溶液的制备

称取人参皂苷 Rf 对照品约 2 mg，精确到 0.01 mg，用移液管量取 1 mL 色谱甲醇加入，摇匀，即得。

A.4.2 阴性对照品溶液的制备

称取拟人参皂苷 F_{11} 对照品约 2 mg，精确到 0.01 mg，用移液管量取 1 mL 色谱甲醇加入，摇匀，即得。

A.4.3 供试品溶液的制备

称取本品粉末 1 g，加甲醇 25 mL，加热回流 1 h，滤过，滤液蒸干，加水 20 mL 使溶解，加水饱和正丁醇混匀后提取 2 次，每次 25 mL，合并正丁醇提取液，用水洗涤 2 次，每次 10 mL，分取正丁醇液，蒸

干，残渣加甲醇 5 mL 使溶解，摇匀，用 0.45 μm 微孔滤膜过滤，即得。

A.5 高效液相色谱仪分析

仪器使用条件见表 A.1。

表 A.1 仪器使用条件

检测品种	人参皂苷 Rf 检测	拟人参皂苷 F_{11} 检测
色谱柱	十八烷基硅烷键合硅胶 250 mm×4.6 mm，5 μm	十八烷基硅烷键合硅胶 250 mm×4.6 mm，5 μm
温度	40 ℃	40 ℃
等度流动相	30% 乙腈、70% 水	30% 乙腈、70% 水
流速	1.0 mL/min	1.0 mL/min
进样量	10 μL～ 20 μL	10 μL～ 20 μL
检测器	VWD 检测器	ELSD 检测器
检测器载气流速	—	2.7 L/min
漂移管温度	—	105 ℃
检测波长	203nm	—
自动进样器温度	室温	室温

A.6 测定

吸取上述阳性对照品溶液、阴性对照品溶液、供试品溶液，按 A.5 条件分别注入液相色谱仪，记录色谱图。

A.7 分析

供试品色谱图，在与阳性对照品色谱图中特征峰相同的出峰时间，有明显的色谱峰；在与阴性对照品色谱图中特征峰相同的出峰时间，无色谱峰。

ICS 65.020.01
B 30

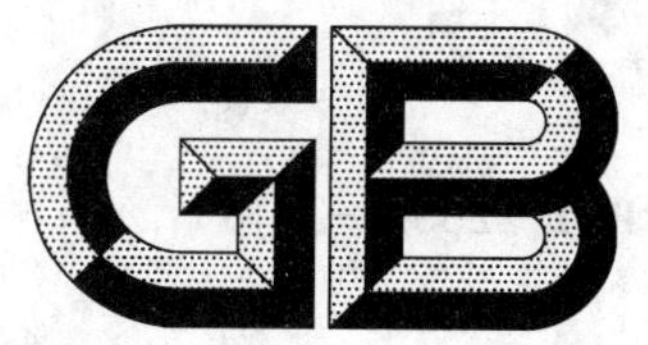

中华人民共和国国家标准

GB/T 22535—2018
代替 GB/T 22535—2008

活性参分等质量

Grade quality of lyophilized ginseng

2018-06-07 发布

2018-10-01 实施

国家市场监督管理总局
中国国家标准化管理委员会 发布

前　言

本标准按照 GB/T 1.1—2009 给出的规则起草。

本标准代替 GB/T 22535—2008《活性参分等质量》。

本标准与 GB/T 22535—2008 相比,除编辑性修改外主要技术内容修改如下:

——删除 GB/T 2828.1、GB/T 5009.11、GB/T 5009.12、GB/T 5009.13、GB/T 5009.15、GB/T 5009.17、GB/T 5009.19、GB/T 5009.20、GB/T 5009.22、GB/T 5009.34、GB/T 5009.36、GB/T 5009.103、GB/T 5009.104、GB/T 5009.110、GB/T 5009.136、GB/T 5009.145 十六个规范性引用文件;增加 GB 2760、GB 2762、GB 2763、GB/T 6682、GB/T 26792、GB 5009.3—2016、GB 5009.4—2016、GB/T 18765—2015 八个规范性引用文件;

——修改活性参、人参主根的术语(见 3.1、3.6,2008 年版的 3.1、3.6);

——修改部分英文对应词;

——删除活性参二级、四级、六级的规格(见 2008 年版的表 1);

——删除活性参片规格中单片重的指标(见 2008 年版的表 3);

——将水分含量限定修改为≤9.0%(见表 5 序号 1,2008 年版的表 5 序号 1);

——删除酸不溶性灰分,人参皂苷 Rg_1、Re、Rb_1 的薄层鉴别(见 2008 年版的表 5 序号 2、3);

——增加人参皂苷 Rf、拟人参皂苷 F_{11} 定性鉴别(见表 5 序号 3);

——将人参总皂苷含量限定修改为≥2.00%(见表 5 序号 6,2008 年版的表 5 序号 5);

——删除卫生指标中各项具体指标,采用引用标准方式表述(见 2008 年版的 4.3);

——删除附录 A 活性参总皂苷含量的测定方法(见 2008 年版的附录 A);

——增加附录 A 人参皂苷 Rf、拟人参皂苷 F_{11} 的定性鉴别(见附录 A)。

本标准由全国参茸产品标准化技术委员会(SAC/TC 403)提出并归口。

本标准起草单位:吉林省参茸办公室、吉林人参研究院、国家参茸产品质量监督检验中心、中国农业科学院特产研究所、辽宁天士力参茸股份有限公司、康美新开河(吉林)药业有限公司、本溪龙宝参茸集团有限公司、辽宁祥云药业有限公司、吉林参行天下野山参研发中心、长白山皇封参业股份有限公司、珲春华瑞参业生物工程有限公司、通化福参源特产产品有限公司、杭州胡庆余堂国药号有限公司、吉林省标准研究院、吉林省长白山人参有限公司、香港李熊记有限公司。

本标准起草人:冯家、曹志强、仲伟同、武伦鹏、王英平、张玉岭、李学军、孙孝贤、曾祥云、高庆海、金立华、王俊良、杨仲英、李国士、佟爱仔、马正赫、张红杰、杨文志、李蕾、徐芳菲、冯冰、王淑范、闫梅霞、马浴缤、高宇。

本标准所代替标准的历次版本发布情况为:

——GB/T 22535—2008。

活性参分等质量

1 范围

本标准规定了活性参产品的术语和定义、技术要求、检验方法、检验规则、标志、标签和包装以及运输和贮存。

本标准适用于活性参的分等和检验。

2 规范性引用文件

下列文件对于本文件的应用是必不可少的。凡是注日期的引用文件，仅注日期的版本适用于本文件。凡是不注日期的引用文件，其最新版本(包括所有的修改单)适用于本文件。

GB/T 191 包装储运图示标志

GB 2760 食品安全国家标准 食品添加剂使用标准

GB 2762 食品安全国家标准 食品中污染物限量

GB 2763 食品安全国家标准 食品中农药最大残留限量

GB 5009.3—2016 食品安全国家标准 食品中水分的测定

GB 5009.4—2016 食品安全国家标准 食品中灰分的测定

GB/T 6682 分析实验室用水规格和试验方法

GB 7718 食品安全国家标准 预包装食品标签通则

GB/T 18765—2015 野山参鉴定及分等质量

GB/T 26792 高效液相色谱仪

中华人民共和国药典(2015年版第四部)

3 术语和定义

下列术语和定义适用于本文件。

3.1

活性参 lyophilized ginseng

以鲜人参为原料，采用真空冷冻干燥技术加工的产品。

注：俗称冻干参。

3.2

活性参片 lyophilized ginseng slice

以鲜人参为原料，切片后冷冻干燥的一类产品。

3.3

抽沟 groove

因浆气不足或跑浆而导致干货表面不平整的现象。

3.4

断边 incomplete edge

边缘不完整的参片。

3.5

人参芦　ginseng rhizome

人参主根上部的根茎。

3.6

人参主根　ginseng main root

人参根茎以下的主体部分。

3.7

人参主根长　length of ginseng main root

人参肩部到支根上部的长度。

3.8

人参支根　ginseng lateral root

生长于人参主根下端较粗的分根。

3.9

芦头　rhizome

人参主根上部的根茎。

3.10

疤痕　scar

人参根因病、虫、鼠害及机械损伤和人为损伤等原因留下的痕迹。

3.11

须条　ginseng lateral root

人参的支根。

3.12

断面　transect

参体横断面角质，外白内红。

4　技术要求

4.1　规格与等级

4.1.1　活性参规格与等级

4.1.1.1　活性参规格

活性参的规格应满足表1的要求。

表1　活性参规格

规　格	单支重 g	主根长 cm
一级	≥40.0	≥10.0
二级	≥30.0	≥8.0
三级	≥20.0	≥7.5
原料级	<20.0	<7.5

4.1.1.2 活性参等级

活性参的等级应满足表 2 的要求。

表 2 活性参等级

项目	特等	一等
芦头	完整	完整
主根	呈长圆柱形	
支根	有分支,大的支根无断裂	大的支根有轻度断裂
表面	白色或淡黄白色,无抽沟	白色或淡黄白色,有抽沟
须条	完整	
断面	白色,粉性,细腻,疏松状	
质地	质轻、酥脆	
气、味	具人参特有香气,味甘、微苦	
破损、疤痕	无	有
虫蛀、霉变、杂质	无	

4.1.2 活性参片规格与等级

4.1.2.1 活性参片规格

活性参片的规格应满足表 3 的要求。

表 3 活性参片规格

规格	直径 cm
一级	≥2.5
二级	≥2.0
三级	≥1.5
原料级	<1.5

4.1.2.2 活性参片等级

活性参片的等级应满足表 4 的要求。

表 4 活性参片等级

项目	特等	一等
表面	白色或淡黄白色,无抽沟	白色或淡黄白色,有抽沟
断面	白色,粉性,细腻,疏松状	
质地	质轻、酥脆	
气、味	具人参特有香气,味甘、微苦	
破损、疤痕	无	有断边
虫蛀、霉变、杂质	无	

4.2 理化指标

活性参的理化指标应满足表5的规定。

表5 活性参理化指标

序号	项目	指标
1	水分(质量分数) %	≤9.0
2	总灰分(质量分数) %	≤5.0
3	人参皂苷Rf、拟人参皂苷 F_{11} 鉴别	供试品色谱图中在与阳性对照品色谱图中人参皂苷Rf特征峰相同的出峰时间有明显的色谱峰;在与阴性对照品色谱图中拟人参皂苷 F_{11} 特征峰相同的出峰时间无色谱峰
4	人参皂苷 Rb_1(质量分数) %	≥0.20
5	人参皂苷 $Re+Rg_1$(质量分数) %	≥0.25
6	人参总皂苷(质量分数) %	≥2.00
注:本表内除水分、总灰分鉴别外,其余指标均按干燥品计算。		

4.3 卫生指标

卫生指标应符合GB 2760、GB 2762、GB 2763等食品安全国家标准及相关国家法律法规规定。

5 检验方法

5.1 抽样方法

按照《中华人民共和国药典》2015年版四部通则0211的规定执行。

5.2 规格等级检查

5.2.1 随机抽取样品10支、10片,用标准米尺分别测量直径和长度,求其平均值;用感量为0.1 g的天平称量单支重,求其平均值。

5.2.2 在自然光线下,将样品放置于白色搪瓷盘中,用目力在室内无阳光直射处观察(空心、芦头应掰开检查)。

5.3 理化指标检查

5.3.1 水分测定

按照GB 5009.3—2016中第一法的规定执行。

5.3.2 总灰分测定

按照 GB 5009.4—2016 中第一法中 5.3.2 淀粉类食品的规定执行。

5.3.3 人参皂苷 Rf、拟人参皂苷 F_{11} 的定性鉴别

按照附录 A 的规定执行。

5.3.4 人参皂苷 Rb_1 的含量测定

按照 GB/T 18765—2015 中附录 A 的规定执行。

5.3.5 人参皂苷 $Re+Rg_1$ 的含量测定

按照 GB/T 18765—2015 中附录 A 的规定执行。

5.3.6 人参总皂苷的含量测定

按照 GB/T 18765—2015 中附录 B 的规定执行。

6 检验规则

6.1 检验分类

产品应按批提交检验，检验分为出厂检验和型式检验。

6.2 出厂检验

产品应由生产厂家检验部门对产品水分，总灰分，人参皂苷 Rf、拟人参皂苷 F_{11} 定性鉴别，人参皂苷 Rb_1 含量，人参皂苷 $Re+Rg_1$ 含量，人参总皂苷含量，以及卫生指标进行检验。

6.3 型式检验

型式检验项目为第 4 章要求的全部项目，有下列情况之一时应进行型式检验：

a) 新产品或者产品转厂生产的试制定型鉴定；
b) 正式生产后，原材料变化或更改工艺设计影响产品质量和性能时；
c) 正常生产，按周期要求；
d) 停产一年以上（含一年），恢复生产时；
e) 出厂检验结果与上次型式检验有较大差异时；
f) 国家质量监督机构或其他行政管理部门提出进行型式检验要求时；
g) 用户提出进行型式检验的要求时。

6.4 判定规则

6.4.1 理化指标中有一项不合格可对留样进行复检或在同批产品中加 1 倍抽取样品进行复检，仍有一项不合格，则判定该批产品不合格。

6.4.2 卫生指标中有一项不合格可对留样进行复检或在同批产品中加 1 倍抽取样品进行复检，仍有一项不合格，则判定该批产品不合格。

6.4.3 理化指标判定和卫生指标判定均合格的产品，在进行规格等级判定时，不符合本标准规定的某一规格等级规定时，可按本标准规定的下一规格等级要求进行判定。等级判定时如不符合最低等级，则

作为原料级不得作为产品生产。

7 标志、标签和包装

7.1 标志

包装储运图示标志按照 GB/T 191 的规定执行。

7.2 标签

除按照 GB 7718 规定执行外，还应标注原料产地。

7.3 包装

包装应用防潮、无毒、无异味的材料密闭包装，包装材料应符合卫生要求。外包装用瓦楞纸箱。箱外印有品名、规格、数量、贮存条件、运输条件、厂名、厂址、邮编、电话、出厂日期、产品条码、防雨、防潮、轻放等标志。

8 运输和贮存

8.1 运输

运输的交通工具应清洁、卫生、干燥、无异味；运输时应防雨、防潮、防曝晒，小心轻放；不得与有毒、易污染物品混装、混运。

8.2 贮存

成品活性参应贮存在清洁卫生、阴凉干燥、通风、防潮、防虫蛀、无异味的库房中，定期检查活性参的贮存情况。

附 录 A
（规范性附录）
人参皂苷 Rf、拟人参皂苷 F_{11} 的定性鉴别检测方法

A.1 原理

高效液相色谱法系采用高压输液泵将规定的流动相泵入装有填充剂的色谱柱，对供试品进行分离测定的方法。注入的供试品，由流动相带入色谱柱内，各组分在柱内被分离，并进入检测器检测，由积分仪或数据处理系统记录和处理色谱信号。

A.2 试剂

A.2.1 水：GB/T 6682，一级水。
A.2.2 甲醇：走色谱时用色谱纯试剂、其他用分析纯试剂。
A.2.3 乙腈：色谱纯试剂。
A.2.4 正丁醇：分析纯试剂。

A.3 仪器

A.3.1 高效液相色谱仪：符合 GB/T 26792 的规定。
A.3.2 柱：反相液相色谱柱。
A.3.3 检测器：VWD 检测器和 ELSD 检测器。
A.3.4 分析天平：感量为 0.01 mg。
A.3.5 回流提取装置：提取瓶规格为 250 mL。
A.3.6 微孔滤膜：孔径为 0.45 μm 的有机相。
A.3.7 移液管：容量 1 mL。

A.4 样品

A.4.1 阳性对照品溶液的制备

称取人参皂苷 Rf 对照品约 2 mg，精确到 0.01 mg，用移液管量取 1 mL 色谱甲醇加入，摇匀，即得。

A.4.2 阴性对照品溶液的制备

称取拟人参皂苷 F_{11} 对照品约 2 mg，精确到 0.01 mg，用移液管量取 1 mL 色谱甲醇加入，摇匀，即得。

A.4.3 供试品溶液的制备

称取本品粉末 1 g，加甲醇 25 mL，加热回流 1 h，滤过，滤液蒸干，加水 20 mL 使溶解，加水饱和正丁醇混匀后提取 2 次，每次 25 mL，合并正丁醇提取液，用水洗涤 2 次，每次 10 mL，分取正丁醇液，蒸干，残渣加甲醇 5 mL 使溶解，摇匀，用 0.45 μm 微孔滤膜过滤，即得。

A.5 高效液相色谱仪分析

仪器使用条件见表 A.1。

表 A.1 仪器使用条件

检测品种	人参皂苷 Rf 检测	拟人参皂苷 F_{11} 检测
色谱柱	十八烷基硅烷键合硅胶 250 mm×4.6 mm,5 μm	十八烷基硅烷键合硅胶 250 mm×4.6 mm,5 μm
温度	40 ℃	40 ℃
等度流动相	30%乙腈、70%水	30%乙腈、70%水
流速	1.0 mL/min	1.0 mL/min
进样量	10 μL～20 μL	10 μL～20 μL
检测器	VWD 检测器	ELSD 检测器
检测器载气流速	—	2.7 L/min
漂移管温度	—	105 ℃
检测波长	203 nm	—
自动进样器温度	室温	室温

A.6 测定

吸取上述阳性对照品溶液、阴性对照品溶液、供试品溶液，按 A.5 条件分别注入液相色谱仪，记录色谱图。

A.7 分析

供试品色谱图，在与阳性对照品色谱图中特征峰相同的出峰时间，有明显的色谱峰；在与阴性对照品色谱图中特征峰相同的出峰时间，无色谱峰。

ICS 65.020.01
B 30

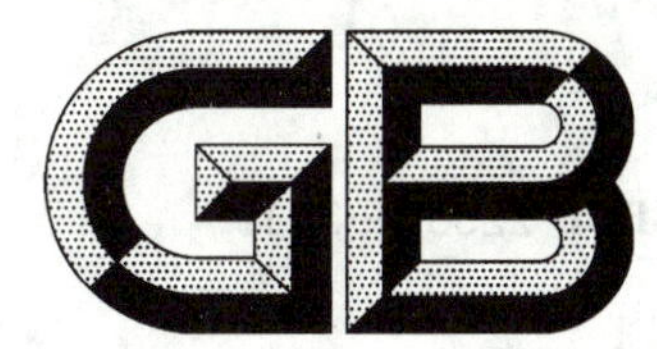

中华人民共和国国家标准

GB/T 22536—2018
代替 GB/T 22536—2008

生晒参分等质量

Grade quality of dried ginseng

2018-06-07 发布　　　　2018-10-01 实施

国家市场监督管理总局
中国国家标准化管理委员会　发布

前　言

本标准按照 GB/T 1.1—2009 给出的规则起草。

本标准代替 GB/T 22536—2008《生晒参分等质量》。本标准与 GB/T 22536—2008 相比，除编辑性修改外，主要技术内容变化如下：

——删除了 GB/T 2828.1、GB/T 5009.11、GB/T 5009.12、GB/T 5009.13、GB/T 5009.15、GB/T 5009.17、GB/T 5009.19、GB/T 5009.20、GB/T 5009.22、GB/T 5009.34、GB/T 5009.36、GB/T 5009.103、GB/T 5009.104、GB/T 5009.110、GB/T 5009.136、GB/T 5009.145 十六个规范性引用文件；增加了 GB 2760、GB 2762、GB 2763、GB/T 6682、GB/T 26792、GB 5009.3—2016、GB 5009.4—2016、GB/T 18765—2015 八个规范性引用文件(见第 2 章)；

——增加了人参主根长、水锈的术语(见 3.9、3.16)；

——删除了表皮颜色、红皮、杂夹、虫蛀、霉变、原料生晒参的术语(见 2008 年版的 3.9、3.16、3.17、3.18、3.19、3.21)；

——修改了生晒参、边条生晒参、普通生晒参、全须边条生晒参、全须普通生晒参、白干参、皮尾参、白混须、白直须、人参主根的术语(见 3.1、3.1.1、3.1.2、3.2.1、3.2.2、3.3、3.5、3.6、3.7、3.8)；

——修改部分英文对应词；

——调整全须边条生晒参、边条生晒参、全须生晒参、生晒参、白干参、白曲参的规格(见 4.1.1.1、4.1.2.1、4.1.3.1、4.1.4.1、4.1.6.1、4.1.7.1)；

——增加了生晒参片等级中质地和气味的描述(见 4.1.5.2)；

——增加了白混须规格与等级的描述(见 4.1.9)；

——删除了白混须产品规格与等级(见 2008 年版的 4.1.9)；

——删除了酸不溶性灰分，人参皂苷 Rg_1、Re、Rb_1 的薄层鉴别(见 2008 年版的 4.2)；

——增加了人参皂苷 Rf、拟人参皂苷 F_{11} 定性鉴别(见 4.2)；

——删除卫生指标中各项具体指标，采用引用标准方式表述(见 2008 年版的 4.3)；

——删除了附录 A　生晒参总皂苷含量的测定方法(见 2008 年版的附录 A)；

——增加了附录 A 人参皂苷 Rf、拟人参皂苷 F_{11} 的定性鉴别(见附录 A)。

本标准由全国参茸产品标准化技术委员会(SAC/TC 403)提出并归口。

本标准起草单位：国家参茸产品质量监督检验中心、吉林人参研究院、吉林省参茸办公室、中国农业科学院特产研究所、康美新开河(吉林)药业有限公司、本溪龙宝参茸集团有限公司、辽宁祥云药业有限公司、吉林参行天下野山参研发中心、长白山皇封参业股份有限公司、珲春华瑞参业生物工程有限公司、通化福参源特产产品有限公司、杭州胡庆余堂国药号有限公司、辽宁天士力参茸股份有限公司、浙江寿仙谷医药股份有限公司、吉林省标准研究院、香港李熊记有限公司。

本标准主要起草人：仲伟同、曹志强、冯家、武伦鹏、王英平、李学军、孙孝贤、曾祥云、高庆海、金立华、王俊良、杨仲英、叶正良、李明焱、李震熊、金恩华、马浴缤、娄子恒、冯冰、刘强、佐月、张红杰、崔丽丽、郭德山、张燕超。

本标准所代替标准的历次版本发布情况为：

——GB/T 22536—2008。

生晒参分等质量

1 范围

本标准规定了生晒参产品的术语和定义、技术要求、检验方法、检验规则、标志、标签和包装以及运输和贮存。

本标准适用于生晒参的分等和检验。

2 规范性引用文件

下列文件对于本文件的应用是必不可少的。凡是注日期的引用文件，仅注日期的版本适用于本文件。凡是不注日期的引用文件，其最新版本(包括所有的修改单)适用于本文件。

GB/T 191 包装储运图示标志

GB 2760 食品安全国家标准 食品添加剂使用标准

GB 2762 食品安全国家标准 食品中污染物限量

GB 2763 食品安全国家标准 食品中农药最大残留量限量

GB 5009.3—2016 食品安全国家标准 食品中水分的测定

GB 5009.4—2016 食品安全国家标准 食品中灰分的测定

GB/T 6682 分析实验室用水规格和试验方法

GB 7718 食品安全国家标准 预包装食品标签通则

GB/T 18765—2015 野山参鉴定及分等质量

GB/T 26792 高效液相色谱仪

中华人民共和国药典(2015年版第四部)

3 术语和定义

下列术语和定义适用于本文件。

3.1

生晒参 dried ginseng

以鲜园参为原料刷洗除须后，晒干或烘干而成的产品。

3.1.1

边条生晒参 biantiao dried ginseng

以鲜边条参为原料刷洗除须后，晒干烘干而成的产品。

3.1.2

普通生晒参 common dried ginseng

以普通鲜园参为原料刷洗除须后，晒干或烘干而成的产品。

3.2

全须生晒参 dried ginseng with full roots

芦、体、须完整的生晒参产品。

3.2.1

全须边条生晒参 biantiao dried ginseng with full roots

以鲜边条参为原料刷洗后，晒干或烘干而成的产品。

3.2.2

全须普通生晒参　common dried ginseng with full roots

以普通鲜园参为原料刷洗后,晒干或烘干而成的产品。

3.3

白干参　dried ginseng without epidermis

以鲜人参为原料刷洗除须去表皮后,晒干或烘干而成的产品。

3.4

白曲参　bending dried ginseng

以鲜人参为原料,刷洗后除去毛须,晒干或烘干至半干时,用棉线将人参绑成曲状,继续干燥而成的产品。

3.5

皮尾参　greyish-brown dried ginseng

以鲜人参为原料,刷洗后下去分支,晒干或烘干而成的人参产品,表面灰棕色,断面黄白色。

3.6

白混须　dried ginseng mixed fibrous rootlets

以鲜人参支根和须根为原料,晒干或烘干而成的产品。

3.7

白直须　dried ginseng straight fibrous rootlets

以鲜人参支根和须根为原料,干燥并经过捋顺整理成捆的产品。

3.8

人参主根　ginseng main root

人参根茎的主体部分。

3.9

人参主根长　length of ginseng main root

人参肩部到支根上部的长度。

3.10

人参支根　ginseng lateral root

生长于人参主根下端较粗的分根。

3.11

人参须根　ginseng fibrous root

生长在人参主根、支根和不定根上的根。

3.12

不定根　ginseng adventitious root

从根茎上长出的根。

注：俗称“艼”。

3.13

树脂道分泌物　phloem secretions of dried ginseng

生晒参横向切面的韧皮部可见到黄棕色点状或块状物。

3.14

绑尾　tied to the roots of ginseng

用白线将人参侧根和须缠绕固定。

3.15

疤痕　scar

人参根因病、虫、鼠害及机械损伤和人为损伤等原因留下的痕迹。

3.16

水锈　rusty root

人参表皮呈现铁锈颜色的现象。

3.17

生晒参片　dried ginseng slice

生晒参经过软化切成的薄片，重新干燥而成的制品。

4　技术要求

4.1　规格与等级

4.1.1　全须边条生晒参规格与等级

4.1.1.1　全须边条生晒参规格

全须边条生晒参的规格应满足表1的要求。

表1　全须边条生晒参规格

规　格	支数 支/500 g	单支重 g	主根长 cm
10支	≤10	≥50.0	≥10
15支	≤14	≥33.3	≥9
20支	≤20	≥25.0	≥8
30支	≤30	≥16.7	≥7
40支	≤40	≥12.5	≥7
50支	≤50	≥10.0	≥7
60支	≤60	≥8.3	≥7
80支	≤80	≥6.2	≥7

4.1.1.2　全须边条生晒参等级

全须边条生晒参的等级应满足表2的要求。

表 2 全须边条生晒参等级

项目	特等	一等	二等
主根	呈圆柱形		
支根	有明显支根 2 个～3 个，且粗细较均匀		分支 1 个～4 个，粗细不均
芦须	芦头和人参须根齐全	芦头和人参须根较齐全	芦头和人参须根残缺
表面	黄白色或灰黄色，无水锈，无抽沟	黄白色或灰黄色，轻度水锈、抽沟	黄白色或灰黄色，明显水锈、抽沟
断面	断面淡黄白色，呈粉性，树脂道明显		
质地	较硬、有粉性、无空心		
气味	特异香气、味微苦、甘		
破损、疤痕	无	轻度	明显
虫蛀、霉变、杂质	无		

4.1.2 边条生晒参规格与等

4.1.2.1 边条生晒参规格

边条生晒参的规格应满足表 3 的要求。

表 3 边条生晒参规格

规格	支数 支/500 g	单支重 g	主根长 cm
10 支	≤10	≥50.0	≥10
15 支	≤15	≥33.3	≥9
20 支	≤20	≥25.0	≥8
30 支	≤30	≥16.7	≥7
35 支	≤35	≥14.3	≥7
40 支	≤40	≥12.5	≥7
60 支	≤60	≥8.3	≥7
80 支	≤80	≥6.2	≥7

4.1.2.2 边条生晒参等级

边条生晒参的等级应满足表 4 的要求。

表 4　边条生晒参等级

项目	特等	一等	二等
主根	呈圆柱形		
表面	黄白色或灰黄色,无水锈,无抽沟	黄白色或灰黄色,轻度水锈、抽沟	黄白色或灰黄色,明显水锈、抽沟
断面	断面淡黄白色,呈粉性,树脂道明显		
质地	较硬、有粉性、无空心		
气味	特异香气、味微苦、甘		
破损、疤痕	无	轻度	明显
虫蛀、霉变、杂质	无		

4.1.3　全须生晒参规格与等级

4.1.3.1　全须生晒参规格

全须生晒参的规格应满足表 5 的要求。

表 5　全须生晒参规格

规格	支数 支/500g	单支重 g
10 支	≤10	≥50.0
15 支	≤15	≥33.3
20 支	≤20	≥25.0
25 支	≤25	≥20.0
30 支	≤30	≥16.7
40 支	≤40	≥12.5
50 支	≤50	≥10.0
60 支	≤60	≥8.3

4.1.3.2　全须生晒参等级

全须生晒参的等级应满足表 6 的要求。

表 6　全须生晒参等级

项目	特等	一等	二等
主根	呈纺锤形		
芦须	芦头和人参须根齐全	芦头和人参须根较齐全	芦头和人参须根严重残缺
支根	不绑尾或轻绑尾、绑尾者不准夹小参或参须		
表面	黄白色或灰黄色，无水锈、抽沟	黄白色或灰黄色，轻度水锈、抽沟	黄白色或灰黄色，明显水锈、抽沟
断面	断面淡黄白色，呈粉性		
质地	较硬、有粉性、无空心		
气味	特异香气、味微苦、甘		
破损、疤痕	无	轻度	明显
虫蛀、霉变、杂质	无		

4.1.4　生晒参规格与等级

4.1.4.1　生晒参规格

生晒参的规格应满足表 7 的要求。

表 7　生晒参规格

规　格	支数 支/500 g	单支重 g
10 支	≤10	≥50.0
15 支	≤15	≥33.3
20 支	≤20	≥25.0
25 支	≤25	≥20.0
30 支	≤30	≥16.7
40 支	≤40	≥12.5
50 支	≤50	≥10.0
60 支	≤60	≥8.3

4.1.4.2　生晒参等级

生晒参的等级应满足表 8 的要求。

表 8 生晒参等级

项目	特等	一等	二等
主根	呈圆柱形		
表面	黄白色或灰黄色，无水锈，无抽沟	黄白色或灰黄色，轻度水锈、抽沟	黄白色或灰黄色，明显水锈，有抽沟
断面	断面淡黄白色，呈粉性		
质地	较硬、有粉性		
气味	特异香气、味微苦、甘		
破损、疤痕	无	轻度	有
虫蛀、霉变、杂质	无		

4.1.5 生晒参片规格与等级

4.1.5.1 生晒参片规格

生晒参片的规格应满足表 9 的要求。

表 9 生晒参片规格

规　格	片厚 mm	直径 mm
一级	1～2	≥15
二级	1～2	≥12
三级	1～2	≥10

4.1.5.2 生晒参片等级

生晒参片的等级应满足表 10 的要求。

表 10 生晒参片等级

项目	特等	一等	二等
形状	圆形或椭圆形		
	整齐，薄厚均匀，无裂片，无碎片	较整齐，薄厚略均匀，无裂片、无碎片	不整齐，薄厚不均匀，有轻度碎片
颜色	外表皮淡黄白色或灰黄色，切面淡黄白色或类白色		
质地	体轻、质脆		
气味	特异香气、味微苦、甘		
虫蛀、霉变、杂质	无		

4.1.6 白干参产品规格与等级

4.1.6.1 白干参产品规格

白干参产品的规格应满足表 11 的要求。

表 11 白干参产品规格

规格	支数 支/500 g	单支重 g
40 支	≤40	≥12.5
50 支	≤50	≥10.0
60 支	≤60	≥8.3
80 支	≤80	≥6.3

4.1.6.2 白干参产品等级

白干参产品的等级应满足表 12 的要求。

表 12 白干参产品等级

<table>
<tr><th></th><th>特等</th><th>一等</th><th>二等</th></tr>
<tr><td>主根</td><td colspan="3">呈圆柱形</td></tr>
<tr><td>表面</td><td>色白,光滑,无抽沟,表皮残留小于 5%</td><td>色白,较光滑,有轻度抽沟,表皮残留小于 5%</td><td>白色或淡黄白色,不光滑,有抽沟,表皮残留小于 5%</td></tr>
<tr><td>质地</td><td colspan="2">坚实,有粉性、无空心</td><td>较坚实</td></tr>
<tr><td>气味</td><td colspan="3">气香、味甘、微苦</td></tr>
<tr><td>疤痕、水锈</td><td>无</td><td>轻度</td><td>有</td></tr>
<tr><td>虫蛀、霉变、杂质</td><td colspan="3">无</td></tr>
</table>

4.1.7 白曲参产品规格与等级

4.1.7.1 白曲参产品规格

白曲参产品的规格应满足表 13 的要求。

表 13 白曲参产品规格

规　格	支数 支/500 g	单支重 g
10 支	≤10	≥50.0
15 支	≤15	≥33.3
20 支	≤20	≥25.0
30 支	≤30	≥16.7
40 支	≤40	≥12.5

4.1.7.2 白曲参产品等级

白曲参产品的等级应满足表14的要求。

表14 白曲参产品等级

	特等	一等	二等
主根	呈绑制的弯曲形,带棉线		
表面	色白,光滑,无抽沟	色白,较光滑,有轻度抽沟	白色或淡黄白色,不光滑,有抽沟
质地	坚实,有粉性、无空心		较坚实
气味	气香、味甘、微苦		
疤痕、水锈	无	轻度	有
虫蛀、霉变、杂质	无		

4.1.8 皮尾参规格与等级

该产品为混等,干货,根呈圆柱形,条状,不分规格,去毛须。表面灰棕色,断面黄白色。气香味苦。无杂质、虫蛀、霉变。

4.1.9 白混须规格与等级

白混须的规格与等级应满足表15的要求。

表15 白混须规格与等级

项目	一等	二等
长度 X cm	≥10.0	10.0>X≥5.0
形状、颜色、气味	根须呈长条型或弯曲状,表面断面均为黄白色,气香味苦	根须呈长条型或弯曲状,表面黄白色或灰黄色,断面黄白色,气香味苦
整齐度	参条大小均匀	参条大小不均匀
水锈、表皮	无水锈、破皮	可有水锈、破皮
杂质、虫蛀、霉变	无	

4.1.10 白直须产品规格与等级

白直须产品的规格与等级应满足表16的要求。

表 16 白直须产品规格与等级

项目	特等	一等
长度 X cm	≥13.3	13.3>X≥8.3
外观、颜色、味	干货，根须呈条状。表面、断面均为黄白色。气香味苦	
整齐度	参条大小均匀	参条大小不均匀
水锈、表皮	无水锈、破皮	轻度水锈、断支
杂质、虫蛀、霉变	无	

4.2 理化指标

生晒参的理化指标应满足表 17 的要求。

表 17 生晒参理化指标

序号	项目	指标
1	水分 %	≤12.0
2	总灰分 %	≤5.0
3	人参皂苷 Rf、拟人参皂苷 F_{11} 鉴别	供试品色谱图中在与阳性对照品色谱图中人参皂苷 Rf 特征峰相同的出峰时间有明显的色谱峰；在与阴性对照品色谱图中拟人参皂苷 F_{11} 特征峰相同的出峰时间无色谱峰
4	人参皂苷 Rb_1 %	≥0.20
5	人参皂苷 Re+Rg_1 %	≥0.30
6	人参总皂苷 %	≥2.5
注：本表内除水分、总灰分、鉴别外，其他指标均按干燥品计算。		

4.3 卫生指标

卫生指标应符合 GB 2760、GB 2762、GB 2763 等食品安全国家标准及相关国家法律法规规定。

5 检验方法

5.1 抽样方法

按照《中华人民共和国药典》(2015 年版第四部)通则 0211 的规定执行。

5.2 规格等级检查

5.2.1 随机抽取样品 10 支、10 片，用标准米尺分别测量直径和长度，求其平均值；用感量为 0.1 g 的天平称量单支重，求其平均值。

5.2.2 在自然光线下，将样品放置于白色搪瓷盘中，用目力在室内无阳光直射处观察（生心、空心、芦头应掰开检查）。

5.3 理化指标检查

5.3.1 水分检查

按照 GB 5009.3—2016 中第一法的规定执行。

5.3.2 总灰分检查

按照 GB 5009.4—2016 中第一法中 5.3.2 淀粉类食品的规定执行。

5.3.3 人参皂苷 Rf、拟人参皂苷 F_{11} 的定性鉴别

应符合附录 A 的规定。

5.3.4 人参皂苷 Rb_1 的含量测定

应符合 GB/T 18765 中附录 A 的规定。

5.3.5 人参皂苷 Re+Rg_1 的含量测定

应符合 GB/T 18765 中附录 A 的规定。

5.3.6 人参总皂苷的含量测定

应符合 GB/T 18765 中附录 B 的规定。

6 检验规则

6.1 检验分类

产品应按批提交检验，检验分为出厂检验和型式检验。

6.2 出厂检验

产品应由生产厂家检验部门对产品水分，总灰分，人参皂苷 Rf、拟人参皂苷 F_{11} 定性鉴别，人参皂苷 Rb_1 含量，人参皂苷 Re+Rg_1 含量，人参总皂苷含量以及卫生指标进行检验。

6.3 型式检验

有下列情况之一时应进行型式检验：

a） 新产品或者产品转厂生产的试制定型鉴定；

b） 正式生产后，原材料变化或更改工艺设计影响产品质量和性能时；

c） 正常生产，按周期要求；

d） 停产一年以上（含一年），恢复生产时；

e） 出厂检验结果与上次型式检验有较大差异时；

f) 国家质量监督机构或其他行政管理部门提出进行型式检验要求时；

g) 用户提出进行型式检验的要求时。

6.4 判定规则

6.4.1 理化指标中有一项不合格的可对留样进行复检或在同批产品中加1倍抽取样品进行复检，仍有一项不合格，则判定该批产品不合格。

6.4.2 卫生指标中有一项不合格的可对留样进行复检或在同批产品中加1倍抽取样品进行复检，仍有一项不合格，则判定该批产品不合格。

6.4.3 理化指标判定和卫生指标判定均合格的产品，在进行规格等级判定时，不符合本标准规定的某一规格等级规定时，可按本标准规定的下一规格等级要求进行判定。

7 标志、标签和包装

7.1 标志

包装储运图示标志按照GB/T 191中的规定执行。

7.2 标签

除按照GB 7718中规定执行外，还应标注原料产地。

7.3 包装

包装应用防潮、无毒、无异味的材料密闭包装，包装材料应符合卫生要求。外包装用瓦楞纸箱。箱外印有品名、规格、数量、贮存条件、运输条件、厂名、厂址、邮编、电话、出厂日期、产品条码、防雨、防潮、轻放等标志。

8 运输和贮存

8.1 运输

运输的交通工具应清洁、卫生、干燥、无异味；运输时应防雨、防潮、防曝晒，小心轻放；不得与有毒、易污染物品混装、混运。

8.2 贮存

成品生晒参应贮存在清洁卫生、阴凉干燥（温度不超过20℃、相对湿度不高于75%）、通风、防潮、防虫蛀、无异味的库房中，定期检查生晒参的贮存情况。

附 录 A
（规范性附录）
人参皂苷 Rf、拟人参皂苷 F_{11} 的定性鉴别检测方法

A.1 原理

高效液相色谱法系采用高压输液泵将规定的流动相泵入装有填充剂的色谱柱，对供试品进行分离测定的方法。注入的供试品，由流动相带入色谱柱内，各组分在柱内被分离，并进入检测器检测，由积分仪或数据处理系统记录和处理色谱信号。

A.2 试剂

A.2.1 水：GB/T 6682，一级水。
A.2.2 甲醇：走色谱时用色谱纯试剂，其他用分析纯试剂。
A.2.3 乙腈：色谱纯试剂。
A.2.4 正丁醇：分析纯试剂。

A.3 仪器

A.3.1 高效液相色谱仪：符合 GB/T 26792 的规定。
A.3.2 柱：反相液相色谱柱。
A.3.3 检测器：VWD 检测器和 ELSD 检测器。
A.3.4 分析天平：感量为 0.01 mg。
A.3.5 回流提取装置：提取瓶规格为 250 mL。
A.3.6 微孔滤膜：孔径为 0.45 μm 的有机相。
A.3.7 移液管：容量 1 mL。

A.4 样品

A.4.1 阳性对照品溶液的制备

称取人参皂苷 Rf 对照品约 2 mg，精确到 0.01 mg，用移液管量取 1 mL 色谱甲醇加入，摇匀，即得。

A.4.2 阴性对照品溶液的制备

称取拟人参皂苷 F_{11} 对照品约 2 mg，精确到 0.01 mg，用移液管量取 1 mL 色谱甲醇加入，摇匀，即得。

A.4.3 供试品溶液的制备

称取本品粉末 1 g，加甲醇 25 mL，加热回流 1 h，滤过，滤液蒸干，加水 20 mL 使溶解，加水饱和正丁醇混匀后提取 2 次，每次 25 mL，合并正丁醇提取液，用水洗涤 2 次，每次 10mL，分取正丁醇液，蒸干，残渣加甲醇 5 mL 使溶解，摇匀，用 0.45 μm 微孔滤膜过滤，即得。

A.5 高效液相色谱仪分析

仪器使用条件见表 A.1。

表 A.1 仪器使用条件

检测品种	人参皂苷 Rf 检测	拟人参皂苷 F_{11} 检测
色谱柱	十八烷基硅烷键合硅胶 250 mm×4.6 mm,5 μm	十八烷基硅烷键合硅胶 250 mm×4.6 mm,5 μm
温度	40 ℃	40 ℃
等度流动相	30% 乙腈、70%水	30% 乙腈、70% 水
流速	1.0 mL/min	1.0 mL/min
进样量	10 μL～20 μL	10 μL～20 μL
检测器	VWD 检测器	ELSD 检测器
检测器载气流速	—	2.7 L/min
漂移管温度	—	105 ℃
检测波长	203 nm	—
自动进样器温度	室温	室温

A.6 测定

吸取上述阳性对照品溶液、阴性对照品溶液、供试品溶液，按 A.5 条件分别注入液相色谱仪，记录色谱图。

A.7 分析

供试品色谱图，在与阳性对照品色谱图中特征峰相同的出峰时间，有明显的色谱峰；在与阴性对照品色谱图中特征峰相同的出峰时间，无色谱峰。

ICS 65.020.01
B 30

中华人民共和国国家标准

GB/T 22537—2018
代替 GB/T 22537—2008

大力参分等质量

Grade quality of boiled ginseng

2018-06-07 发布　　2018-10-01 实施

国家市场监督管理总局
中国国家标准化管理委员会　发布

前　言

本标准按照 GB/T 1.1—2009 给出的规则起草。

本标准代替 GB/T 22537—2008《大力参分等质量》。本标准与 GB/T 22537—2008 相比，除编辑性修改外，主要技术内容变化如下：

——修改了部分规范性引用文件；

——删除了人参支根、芦全和大力参片的术语（见 2008 年版的 3.3、3.5、3.8）；

——修改了大力参、人参主根的术语（见 3.1、3.2，2008 年版的 3.1、3.2）；

——修改了部分英文对应词；

——对大力参规格中 35 支单支重指标由 14.2 改为 14，45 支单支重指标由 11.1 改为 11（见 4.1.1.1，2008 年版的 4.1.1.1）；

——将大力参规格和等级要求，由“一等品、二等品、三等品”改为“特等、一等、二等”（见 4.1.1.2，2008 年版的 4.1.1.2）；

——增加了大力参 16 支的规格及等级中对芦的描述（见 4.1.1.1）；

——修改了大力参片规格中的片厚和最窄直径指标（见 4.1.2.1，2008 年版的 4.1.2.1）；

——删除了酸不溶性灰分，人参皂苷 Rg_1、Re、Rb_1 的薄层鉴别（见 2008 年版的 4.2）；

——将人参总皂苷含量限定修改为≥2.00%（见 4.2）；

——删除卫生指标中指标，采用引用标准方式表述（见 4.3.1 和 4.3.2）；

——增加了人参皂苷 Rf、拟人参皂苷 F_{11} 定性鉴别（见 5.3.3）；

——删除了附录 A 大力参总皂苷含量测定的方法（见 2008 年版的附录 A）；

——增加了附录 A 人参皂苷 Rf、拟人参皂苷 F_{11} 的定性鉴别检测方法。

本标准由全国参茸产品标准化技术委员会（SAC/TC 403）提出并归口。

本标准起草单位：吉林人参研究院、吉林省参茸办公室、国家参茸产品质量监督检验中心、吉林农业大学、本溪龙宝参茸集团有限公司、辽宁祥云药业有限公司、吉林参行天下野山参研发中心、长白山皇封参业股份有限公司、珲春华瑞参业生物工程有限公司、通化福参源特产产品有限公司、杭州胡庆余堂国药号有限公司、辽宁天士力参茸股份有限公司、康美新开河（吉林）药业有限公司、吉林省标准研究院、香港李熊记有限公司。

本标准起草人：曹志强、冯家、仲伟同、武伦鹏、王英平、孙孝贤、曾祥云、高庆海、金立华、王俊良、杨仲英、张玉岭、李学军、李震熊、张瑞、蔡树群、陈晓林、李蕾、谢丽娟、李刚、刘岩峰、韩春峰、马泓冰、康辰凯、高宇光。

本标准所代替标准的历次版本发布情况为：

——GB/T 22537—2008。

大力参分等质量

1 范围

本标准规定了大力参产品的术语和定义、技术要求、检验方法、检验规则、标志、标签和包装、运输、贮存。

本标准适用于大力参的分等和检验。

2 规范性引用文件

下列文件对于本文件的应用是必不可少的。凡是注日期的引用文件，仅注日期的版本适用于本文件。凡是不注日期的引用文件，其最新版本(包括所有的修改单)适用于本文件。

GB/T 191 包装储运图示标志

GB 2760 食品安全国家标准 食品添加剂使用标准

GB 2762 食品安全国家标准 食品中污染物限量

GB 2763 食品安全国家标准 食品中农药最大残留量限量

GB 5009.3—2016 食品安全国家标准 食品中水分的测定

GB 5009.4—2016 食品安全国家标准 食品中灰分的测定

GB/T 6682 分析实验室用水规格和试验方法

GB 7718 食品安全国家标准 预包装食品标签通则

GB/T 18765—2015 野山参鉴定及分等质量

GB/T 26792 高效液相色谱仪

中华人民共和国药典(2015年版第四部)

3 术语和定义

下列术语和定义适用于本文件。

3.1

大力参 boiled ginseng

以鲜人参为原料，水洗后下须，烫制或蒸制，凉水浸制后干燥的人参产品。

注：俗称烫通参。

3.2

人参主根 ginseng main root

人参根茎的主体部分。

3.3

人参芦 ginseng rhizome

人参主根上部的根茎。

3.4

断面 transect

参体横断面角质，外白内红。

3.5

疤痕　scar

人参根因病、虫、鼠害及机械损伤和人为损伤等原因留下的伤疤。

4　技术要求

4.1　规格与等级

4.1.1　大力参规格与等级

4.1.1.1　大力参规格

大力参的规格应满足表1的要求。

表1　大力参规格

规格	支数 支/500 g	单支重 g
16支	≤16	≥31
25支	≤25	≥20
35支	≤35	≥14
45支	≤45	≥11
55支	≤55	≥9

4.1.1.2　大力参等级

大力参的等级应满足表2的要求。

表2　大力参等级

项目	特等	一等	二等
主根	呈圆柱型		
表面	白色，无抽沟	白色，淡黄白色，略有抽沟	白色，淡黄白色，略有抽沟
芦	完整	完整	部分缺失
断面	光滑，角质状，棕红色或淡棕色，无生心		
滋气味	气香，味甘、微苦		
破损、疤痕	无	轻度	明显
虫蛀、霉变、杂质	无		

4.1.2　大力参片规格与等级

4.1.2.1　大力参片规格

大力参片的规格应满足表3的要求。

表 3 大力参片规格

规格	片厚 mm	最窄处直径 mm
特级	1～2	≥15
一级	1～2	≥12
二级	1～2	≥10

4.1.2.2 大力参片等级

大力参片的等级应满足表 4 的要求。

表 4 大力参片等级

项目	特等	一等	二等
形状	椭圆形或长椭圆形		
	整齐，薄厚均匀，无裂片、无碎片	较整齐，薄厚略均匀，无裂片、无碎片	不整齐，薄厚不均匀，有轻度碎片
颜色	片边缘白色或淡黄白色，心部棕红色或淡棕色		
虫蛀、霉变、杂质	无		

4.2 理化指标

大力参的理化指标应满足见表 5 的要求。

表 5 大力参理化指标

序号	项目	指标
1	水分 %	≤12.00
2	总灰分 %	≤5.00
3	人参皂苷 Rf、拟人参皂苷 F_{11} 鉴别	供试品色谱图中在与阳性对照品色谱图中人参皂苷 Rf 特征峰相同的出峰时间有明显的色谱峰；在与阴性对照品色谱图中拟人参皂苷 F_{11} 特征峰相同的出峰时间无色谱峰
4	人参皂苷 Rb_1 %	≥0.20
5	人参皂苷 Re+Rg_1 %	≥0.25
6	人参总皂苷 %	≥2.00
注：本表内指标均按干燥品计算。		

4.3 卫生指标

卫生指标应符合 GB 2760、GB 2762、GB 2763 等食品安全国家标准及相关国家法律法规规定。

5 检验方法

5.1 抽样方法

按照《中华人民共和国药典》(2015 年版第四部)通则 0211 的规定执行。

5.2 规格等级检查

5.2.1 随机抽取样品 10 支、10 片,用标准米尺分别测量直径和长度,求其平均值;用感量为 0.1 g 的天平称量单支重,求其平均值。

5.2.2 在自然光线下,将样品放置白色搪瓷盘中,用目力在室内无阳光直射处观察(生心、空心、芦头应掰开检查)。

5.3 理化指标检查

5.3.1 水分

水分检查按照 GB 5009.3—2016 中第一法的规定检测。

5.3.2 总灰分

总灰分检查按照 GB 5009.4—2016 中第一法 中 5.3.2 的规定检测。

5.3.3 人参皂苷 Rf、拟人参皂苷 F_{11} 的定性鉴别

符合附录 A 的规定。

5.3.4 人参皂苷 Rb_1 的含量测定

应符合 GB/T 18765—2015 中附录 A 的规定。

5.3.5 人参皂苷 Re+Rg_1 的含量测定

应符合 GB/T 18765—2015 中附录 A 的规定。

5.3.6 人参总皂苷的含量测定

应符合 GB/T 18765—2015 中附录 B 的规定。

6 检验规则

6.1 检验分类

产品应按批提交检验,检验分为出厂检验和型式检验。

6.2 出厂检验

产品应由生产厂家检验部门对产品水分,总灰分,人参皂苷 Rf、拟人参皂苷 F_{11}定性鉴别,人参皂苷 Rb_1 含量,人参皂苷 $Re+Rg_1$ 含量,人参总皂苷含量,以及卫生指标进行检验。

6.3 型式检验

有下列情况之一时,应进行型式检验:

a) 新产品或者产品转厂生产的试制定型鉴定;

b) 正式生产后,原材料变化或更改工艺设计影响产品质量和性能时;

c) 正常生产,按周期要求;

d) 停产一年以上(含一年),恢复生产时;

e) 出厂检验结果与上次型式检验有较大差异时;

f) 国家质量监督机构或其他行政管理部门提出进行型式检验要求时;

g) 用户提出进行型式检验的要求时。

6.4 判定规则

6.4.1 理化指标中有一项不合格的可对留样进行复检或在同批产品中加倍抽取样品复检一次,仍有一项不合格,则判定该批产品不合格。

6.4.2 卫生指标中有一项不合格的可对留样进行复检或在同批产品中加倍抽取样品复检一次,仍有一项不合格,则判定该批产品不合格。

6.4.3 理化指标判定和卫生指标判定均合格的产品,在进行规格等级判定时,不符合本标准规定的某一规格等级规定时,可按本标准规定的下一规格等级要求进行判定。

7 标志、标签和包装

7.1 标志

包装储运图示标志按照 GB/T 191 的规定执行。

7.2 标签

除按照 GB 7718 的规定执行外,还应标注原料产地。

7.3 包装

包装应用防潮、无毒、无异味的材料密闭包装,包装材料应符合卫生要求。外包装用瓦楞纸箱。箱外印有品名、规格、数量、贮存条件、运输条件、厂名、厂址、邮编、电话、出厂日期、产品条码、防雨、防潮、轻放等标志。

8 运输、贮存

8.1 运输

运输的交通工具应清洁、卫生、干燥、无异味;运输时应防雨、防潮、防曝晒,小心轻放;不得与有毒、易污染物品混装、混运。

8.2 贮存

成品大力参应贮存在清洁卫生、阴凉干燥（温度不超过 20 ℃、相对湿度不高于 65％）、通风、防潮、防虫蛀、无异味的库房中，定期检查大力参的贮存情况。

附　录　A
（规范性附录）
人参皂苷 Rf、拟人参皂苷 F_{11} 的定性鉴别检测方法

A.1　原理

高效液相色谱法系采用高压输液泵将规定的流动相泵入装有填充剂的色谱柱，对供试品进行分离测定的方法。注入的供试品，由流动相带入色谱柱内，各组分在柱内被分离，并进入检测器检测，由积分仪或数据处理系统记录和处理色谱信号。

A.2　试剂

A.2.1　水：GB/T 6682，一级水。

A.2.2　甲醇：走色谱时用色谱纯试剂、其他用分析纯试剂。

A.2.3　乙腈：色谱纯试剂。

A.2.4　正丁醇：分析纯试剂。

A.3　仪器

A.3.1　高效液相色谱仪：符合 GB/T 26792 的规定。

A.3.2　柱：反相液相色谱柱。

A.3.3　检测器：VWD 检测器和 ELSD 检测器。

A.3.4　分析天平：感量为 0.01 mg。

A.3.5　回流提取装置：提取瓶规格为 250 mL。

A.3.6　微孔滤膜：孔径为 0.45 μm 的有机相。

A.3.7　移液管：容量 1 mL。

A.4　样品

A.4.1　阳性对照品溶液的制备

称取人参皂苷 Rf 对照品约 2 mg，精确到 0.01 mg，用移液管量取 1 mL 色谱甲醇加入，摇匀，即得。

A.4.2　阴性对照品溶液的制备

称取拟人参皂苷 F_{11} 对照品约 2 mg，精确到 0.01 mg，用移液管量取 1 mL 色谱甲醇加入，摇匀，即得。

A.4.3　供试品溶液的制备

称取本品粉末 1 g，加甲醇 25 mL，加热回流 1 h，滤过，滤液蒸干，加水 20 mL 使溶解，加水饱和正丁醇混匀后提取 2 次，每次 25 mL，合并正丁醇提取液，用水洗涤 2 次，每次 10 mL，分取正丁醇液，蒸

干,残渣加甲醇 5 mL 使溶解,摇匀,用 0.45 μm 微孔滤膜过滤,即得。

A.5 高效液相色谱仪分析

仪器使用条件见表 A.1。

表 A.1 仪器使用条件

检测品种	人参皂苷 Rf 检测	拟人参皂苷 F_{11} 检测
色谱柱	十八烷基硅烷键合硅胶 250 mm×4.6 mm,5 μm	十八烷基硅烷键合硅胶 250 mm×4.6 mm,5 μm
温度	40 ℃	40 ℃
等度流动相	30% 乙腈、70% 水	30% 乙腈、70% 水
流速	1.0 mL/min	1.0 mL/min
进样量	10 μL~ 20 μL	10 μL~ 20 μL
检测器	VWD 检测器	ELSD 检测器
检测器载气流速	—	2.7 L/min
漂移管温度	—	105 ℃
检测波长	203 nm	—
自动进样器温度	室温	室温

A.6 测定

吸取上述阳性对照品溶液、阴性对照品溶液、供试品溶液,按 A.5 条件分别注入液相色谱仪,记录色谱图。

A.7 分析

供试品色谱图,在与阳性对照品色谱图中特征峰相同的出峰时间,有明显的色谱峰;在与阴性对照品色谱图中特征峰相同的出峰时间,无色谱峰。

ICS 65.020.01
B 30

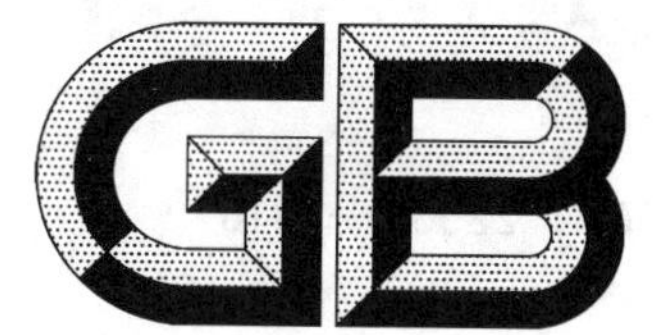

中华人民共和国国家标准

GB/T 22538—2018
代替 GB/T 22538—2008

红参分等质量

Grade quality of red ginseng

2018-06-07 发布　　2018-10-01 实施

国家市场监督管理总局
中国国家标准化管理委员会　发布

前言

本标准按照 GB/T 1.1—2009 给出的规则起草。

本标准代替 GB/T 22538—2008《红参分等质量》。本标准与 GB/T 22538—2008 相比，除编辑性修改外，主要技术内容变化如下：

——修改部分规范性引用文件；

——增加模压红混须、抽沟、小货的术语，删除虫蛀、霉变、混货、原料红参的术语，修改红参、普通红参、边条红参、光泽度、红直须、红混须的术语，并修改部分英文对应词；

——删除普通红参规格中 8 支、12 支的规格及主根长的指标；删除边条红参规格中原料红参的规格；

——增加普通红参中 10 支的规格指标；增加边条红参规格中 20 支的规格指标；增加模压红参规格中 8 条的规格及模压红混须的等级要求；增加全须红参规格中 20 支的规格要求；

——调整边条红参的主根长、普通红参的单支重、模压红参整体长、全须红参主根长、红参片的片厚；

——删除酸不溶性灰分，人参皂苷 Rg_1、Re、Rb_1 的薄层鉴别；

——增加人参皂苷 Rf、拟人参皂苷 F_{11} 定性鉴别；

——将人参总皂苷含量限定修改为≥2.00％；

——删除卫生指标中各项具体指标，采用引用标准方式表述；

——删除了附录 A 鲜人参总皂苷含量的测定方法；

——增加了附录 A 人参皂苷 Rf、拟人参皂苷 F_{11} 的定性鉴别。

本标准由全国参茸产品标准化技术委员会(SAC/TC 403)提出并归口。

本标准起草单位：吉林省参茸办公室、吉林人参研究院、国家参茸产品质量监督检验中心、中国农业科学院特产研究所、辽宁祥云药业有限公司、吉林参行天下野山参研发中心、长白山皇封参业股份有限公司、珲春华瑞参业生物工程有限公司、通化福参源特产产品有限公司、杭州胡庆余堂国药号有限公司、辽宁天士力参茸股份有限公司、康美新开河(吉林)药业有限公司、本溪龙宝参茸集团有限公司、浙江寿仙谷医药股份有限公司、杭州方回春堂集团有限公司、抚松县参王植保有限公司、吉林省标准研究院。

本标准起草人：冯家、曹志强、仲伟同、武伦鹏、王英平、曾祥云、高庆海、金立华、王俊良、杨仲英、张玉岭、李学军、孙孝贤、李明焱、郭怡飚、娄子恒、庞佳莹、迟美丽、韩士冬、徐芳菲、冯冰、魏春燕、张红杰、张燕超、冯志伟。

本标准所代替标准的历次版本发布情况为：

——GB/T 22538—2008。

红参分等质量

1 范围

本标准规定了红参产品的术语和定义、技术要求、检验方法、检验规则、标志、标签和包装以及运输和贮存。

本标准适用于红参的分等和检验。

2 规范性引用文件

下列文件对于本文件的应用是必不可少的。凡是注日期的引用文件，仅注日期的版本适用于本文件。凡是不注日期的引用文件，其最新版本(包括所有的修改单)适用于本文件。

GB/T 191 包装储运图示标志

GB 2760 食品安全国家标准 食品添加剂使用标准

GB 2762 食品安全国家标准 食品中污染物限量

GB 2763 食品安全国家标准 食品中农药最大残留量限量

GB 5009.3—2016 食品安全国家标准 食品中水分的测定

GB 5009.4—2016 食品安全国家标准 食品中灰分的测定

GB/T 6682 分析实验室用水规格和试验方法

GB 7718 食品安全国家标准 预包装食品标签通则

GB/T 18765—2015 野山参鉴定及分等质量

GB/T 26792 高效液相色谱仪

中华人民共和国药典(2015 年版第四部)

3 术语和定义

下列术语和定义适用于本文件。

3.1

红参 red ginseng

以 5 年及 5 年以上鲜人参(*Panax ginseng* C.A.Mey.)为原料，经过刷洗、蒸制、干燥的人参产品。

3.2

普通红参 common red ginseng

支根多呈丛状的一类产品。

3.3

边条红参 biantiao red ginseng

具有三长(芦长、主根长、支根长)的一类产品。

3.4

全须红参 red ginseng with full roots

芦、体、须完整的一类产品。

3.5

模压红参　molding red ginseng

以红参为原料，经过软化、压制成形的单支或多支的产品。

3.5.1

切参　cutting red ginseng

红参切除芦头、支根、仅留部分主根，经过模压的产品。

3.6

人参芦　ginseng rhizome

人参主根上部的根茎。

3.7

人参主根　ginseng main root

人参根茎的主体部分。

3.8

人参支根　ginseng lateral root

生长于人参主根下端较粗的分根。

3.9

人参主根长　length of ginseng main root

人参肩部到支根上部的长度。

3.10

人参芋　ginseng adventitious root

生长于根茎上的不定根。

3.11

人参须根　ginseng fibrous root

生长在人参主根、支根和不定根上的根。

3.12

红中尾　thicker rootlets of red ginseng

较粗的红参支根及不定根。

3.13

红参芋　red ginseng adventitious root

按照红参工艺加工的人参芋。

3.14

红直须　red ginseng straight fibrous rootlets

商品多捆成小把，且直径低于 2 mm 的红参支根。

3.15

红混须　red ginseng mixed fibrous rootlets

商品未经捋顺整理、打捆，且直径低于 2 mm 的红参支根。

3.16

红弯须　red ginseng curved fibrous rootlets

直径低于 2 mm，长度不超过 30 mm 呈条形弯曲状的红参须根。

3.17

模压红混须　molding red ginseng mixed fibrous rootlets

以红混须为原料，经过软化、定量、压制成形的产品。

3.18

红参片 red ginseng slice

红参主根,经过软化切成的薄片。

3.19

干浆参 light and groove shrinking red ginseng

体质轻泡,瘪瘦,或多抽沟的红参干货。

3.20

疤痕 scar

人参根因病、虫、鼠害及机械损伤和人为损伤等原因留下的痕迹。

3.21

破肚 body cracking

生长过程中主根开裂的现象。

3.22

粘连 adhesion

模压红参加工时参与参之间粘连在一起的现象。

3.23

生心 hard part red ginseng

红参内部的白色或黄色硬心。

3.24

夹杂 inclusion besides main roots

模压红参配重时因重量不足而人为加入的支根、不定根、小红参或根茎。

3.25

芦头全 complete rhizome

模压红参压块后每支红参必须具有完整的根茎。

3.26

空心 void inside-red ginseng

红参内部的空隙。

3.27

黄皮 yellow epidermis of red ginseng

红参表面出现较厚的黄色表皮。

3.28

质地 texture of red ginseng

红参坚实,断面角质样。

3.29

气味 aroma and taste of red ginseng

红参特有的香气。

3.30

光泽 natural luster of red ginseng

红参表面上具有的自然光泽。

3.31

抽沟 groove

因浆气不足或跑浆而导致干货表面不平整的现象。

3.32

小货 petty goods

模压红参中规格为80条以下的产品。

4 技术要求

4.1 规格与等级

4.1.1 普通红参规格与等级

4.1.1.1 普通红参规格

普通红参的规格应满足表1的要求。

表1 普通红参规格

规格	支数 支/500 g	单支重 g
10支	≤10	≥50.0
15支	≤15	≥33.0
20支	≤20	≥25.0
32支	≤32	≥15.0
48支	≤48	≥10.0
64支	≤64	≥7.0
80支	≤80	≥6.0
小货	>80	<6.0

4.1.1.2 普通红参等级

普通红参的等级应满足表2的要求。

表2 普通红参等级

<table>
<tr><th>项目</th><th>特等</th><th>一等</th><th>二等</th></tr>
<tr><td>主根</td><td colspan="3">呈圆柱形</td></tr>
<tr><td>支根</td><td colspan="3">多个分支</td></tr>
<tr><td rowspan="2">表面</td><td colspan="2">表面半透明,红棕色,有自然光泽</td><td>红棕色无光泽</td></tr>
<tr><td>无抽沟、无黄皮</td><td>抽沟、黄皮不超过主根的1/3</td><td>有抽沟、有黄皮</td></tr>
<tr><td>质地</td><td colspan="3">坚实、角质样、无生心、个别空心</td></tr>
<tr><td>气味</td><td colspan="3">气微香而特异,味甘,微苦</td></tr>
<tr><td>破损、病疤</td><td>无</td><td>≤15%</td><td>>15%</td></tr>
<tr><td>虫蛀、霉变、杂质</td><td colspan="3">无</td></tr>
</table>

4.1.2 边条红参规格与等级

4.1.2.1 边条红参规格

边条红参的规格应满足表 3 的要求。

表 3 边条红参规格

规格	支数 支/500 g	单支重 g	主根长 cm
8 支	≤8	≥62.5	≥6
10 支	≤10	≥50.0	≥6
12 支	≤12	≥41.7	≥6
16 支	≤16	≥31.2	≥5
20 支	≤20	≥25.0	≥5
25 支	≤25	≥20.0	≥5
35 支	≤35	≥14.2	≥5
45 支	≤45	≥11.1	≥5
55 支	≤55	≥9.1	≥5
80 支	≤80	≥6.2	≥5
小货	>80	<6.2	≥5

4.1.2.2 边条红参等级

边条红参的等级应满足表 4 的要求。

表 4 边条红参等级

<table>
<tr><th>项目</th><th>特等</th><th>一等</th><th>二等</th></tr>
<tr><td>主根</td><td colspan="3">芦长，体长，支根长长，呈长圆柱形</td></tr>
<tr><td rowspan="2">支根</td><td colspan="3">无分支或 2 个～3 个分支</td></tr>
<tr><td>粗细均匀</td><td colspan="2">粗细较均匀</td></tr>
<tr><td rowspan="2">表面</td><td colspan="2">表面半透明，红棕色，有自然光泽</td><td>红棕色无光泽</td></tr>
<tr><td>无抽沟、无黄皮</td><td>抽沟、黄皮不超过 1/3</td><td>有抽沟、有黄皮</td></tr>
<tr><td>质地</td><td colspan="2">质硬而脆，断面平坦，角质样</td><td>坚实，偶有生心、空心</td></tr>
<tr><td>气味</td><td colspan="3">气微香而特异，味甘、微苦</td></tr>
<tr><td>破损、病疤</td><td>无</td><td>≤15%</td><td>>15%</td></tr>
<tr><td>虫蛀、霉变、杂质</td><td colspan="3">无</td></tr>
</table>

4.1.3 模压红参规格与等级

4.1.3.1 模压红参规格

模压红参的规格应满足表5的要求。

表5 模压红参规格

规格	支数 支/600 g	单支重 g	整体长 cm
8条	10	55～70	≥11
10条	14	37～55	≥11
15条	19	27～37	≥10
20条	28	19～27	≥8
30条	38	14～19	≥8
40条	48	11～14	≥8
50条	58	10～11	≥8
60条	68	8～10	≥8
70条	78	7～8	≥7
80条	88	6～7	≥7
小货	89～108	≤6	≥6
大尾	240～260	≥2.3	3.5～7
中尾	260～280	2～2.3	2.0～3.5
切参一	≤47	≥11	3～5
切参二	48～66	7～10	3～5

模压红参规格除600 g外，尚有500 g、400 g、200 g、150 g、100 g、75 g、50 g、37.5 g、双支、单支等小包装，每一规格支数按600 g规格相应减少，大尾30 g包装。

4.1.3.2 模压红参等级

模压红参的等级应满足表6的要求。

表6 模压红参等级

项目	特等	一等	二等
疤痕	≤10%(主根)	≤20%	≤30%
破肚	无	≤10%	≤20%
粘连	无	无	≤30%
生心、夹杂	无		
芦头全	完整	部分完整	部分完整
空心	无	无	≤10%

4.1.4 全须红参规格与等级

4.1.4.1 全须红参规格

全须红参的规格应满足表 7 的要求。

表 7 全须红参规格

规格		支数 支/500 g	单支重 g	主根长 cm	支根
边条参	8 支	≤8	≥62.5	≥6	2～3 分支
	10 支	≤10	≥50.0	≥6	
	12 支	≤12	≥41.7	≥6	
	16 支	≤16	≥31.2	≥5	
	20 支	≤20	≥25.0	≥5	
	25 支	≤25	≥20.0	≥5	
	35 支	≤35	≥14.2	≥5	
	45 支	≤45	≥11.1	≥5	
	55 支	≤55	≥9.1	≥5	
	80 支	≤80	≥6.2	≥5	
普通参	20 支	≤20	≥25	—	—
	32 支	≤32	≥15.6	—	—
	48 支	≤48	≥10.4	—	—
	64 支	≥64	≥7.8	—	—
	80 支	≥20	≥6.2	—	—

4.1.4.2 全须红参等级

全须红参的等级应满足表 8 的要求。

表 8 全须红参等级

项目	特等	一等	二等
主根	呈圆柱形		
支根	芦头人参须根齐全	芦头人参须根较齐全	芦头人参须根残缺
表面	红棕色或淡棕色，有光泽		无光泽
	无抽沟、无黄皮或有皮有肉	略有抽沟、轻度黄皮或有皮有肉	有抽沟、有黄皮
质地	断面角质样、坚实、无生心		坚实、有生心
气味	气微香而特异，味甘，微苦		
破损、病疤	无	轻度	有
虫蛀、霉变、杂质	无		

4.1.5 红参片规格与等级

4.1.5.1 红参片规格

红参片的规格应满足表 9 的要求。

表 9 红参片规格

规 格	片厚 mm	直径 mm
一 级	0.5～2.0	≥15
二 级	0.5～2.0	≥12
三 级	0.5～2.0	≥10

4.1.5.2 红参片等级

红参片的等级应满足表 10 的要求。

表 10 红参片等级

<table>
<tr><th>项目</th><th>特等</th><th>一等</th><th>二等</th></tr>
<tr><td rowspan="2">形状</td><td colspan="3">类圆形或椭圆形、无生心、碎片</td></tr>
<tr><td>整齐，薄厚均匀</td><td>较整齐，薄厚略均匀</td><td>不整齐，薄厚不均匀</td></tr>
<tr><td rowspan="2">颜色</td><td colspan="2">红棕色或淡棕色</td><td>红棕色或淡棕色、色泽较差</td></tr>
<tr><td>无黄皮</td><td>轻度黄皮</td><td>有黄皮</td></tr>
<tr><td>虫蛀、霉变、杂质</td><td colspan="3">无</td></tr>
</table>

4.1.6 其他红参加工产品的规格与等级

其他红参加工产品的规格与等级应满足表 11 。

表 11 其他红参加工产品规格与等级

规格	长度 cm	等级要求
红中尾 （包括红参艼）	—	干货，根须呈长条形，红棕色，有光泽，呈半透明，角质状，气香，味甘，微苦，无虫蛀、霉变、碎参腿、杂质等，按外观是否有黄皮，病疤等可分一，二等
红直须一级	≥13.3	干货，根须呈长条形，粗细均匀，绑把。无夹杂，红棕色或橙红色，有光泽，呈半透明角质状，气香，味甘、微苦，个别有极轻微水锈，无干浆、毛须、虫蛀、霉变、杂质
红直须二级	8.3～13.3	干货，根须呈长条形，粗细略均匀，绑把、无夹杂，红棕色或棕黄色，有光泽，呈半透明角质状，气香，味甘、微苦，个别有轻微水锈，无干浆、毛须、虫蛀、霉变、杂质
红混须	混货	干货，根须呈长条形或弯曲状。红棕色或橙红色，有光泽，半透明状。气香，味甘、微苦，参须长短不分，无碎末、虫蛀、霉变、杂质

表 11（续）

规格	长度 cm	等级要求
模压红混须	立体方块状	表面平整，红棕色，有光泽。内部根须呈弯曲状，质硬。气微香而特异，味甘、微苦。无碎落、虫蛀、霉变、杂质
红弯须	混货	干货，根须呈条形弯曲状，粗细不均。红棕色或棕黄色，有光泽，呈半透明状。不碎，气香，味甘、微苦，无碎末、杂质、虫蛀、霉变
干浆参	混货	干货，根呈圆柱形，体质轻泡，瘪瘦，或多抽沟。表面棕黄色或黄白色，味甘、微苦。无杂质、虫蛀、霉变

4.2 理化指标

红参的理化指标应满足表 12 的要求。

表 12 红参理化指标

序号	项目	指标
1	水分 %	≤12.00
2	总灰分 %	≤5.00
3	人参皂苷 Rf、拟人参皂苷 F_{11} 鉴别	供试品色谱图，在与阳性对照品色谱图中人参皂苷 Rf 特征峰相同的出峰时间，有明显的色谱峰；在与阴性对照品色谱图中拟人参皂苷 F_{11} 特征峰相同的出峰时间，无色谱峰
4	人参皂苷 Rb_1 %	≥0.20
5	人参皂苷 $Re+Rg_1$ %	≥0.25
6	人参总皂苷 %	≥2.00
注：本表内除水分、总灰分、鉴别外，其他指标均按干燥品计算。		

4.3 卫生指标

卫生指标应符合 GB 2760、GB 2762、GB 2763 等食品安全国家标准及相关国家法律法规规定。

5 检验方法

5.1 抽样方法

按照《中华人民共和国药典》（2015 年版第四部）通则 0211 的规定执行。

5.2 规格等级检查

5.2.1 随机抽取样品 10 支、10 片，用标准米尺分别测量直径和长度，求其平均值；用感量为 0.1 g 的天平称量单支重，求其平均值。

5.2.2 在自然光线下，将样品放置于白色搪瓷盘中，用目力在室内无阳光直射处观察（生心、空心、芦头应掰开检查）。

5.3 理化指标检查

5.3.1 水分检查

按照 GB 5009.3—2016 中第一法的规定检测。

5.3.2 总灰分检查

按照 GB 5009.4—2016 中第一法中 5.3.2 淀粉类食品的规定检测。

5.3.3 人参皂苷 Rf、拟人参皂苷 F_{11} 的定性鉴别

应符合附录 A 的规定。

5.3.4 人参皂苷 Rb_1 的含量测定

应符合 GB/T 18765—2015 中附录 A 的规定。

5.3.5 人参皂苷 Re、Rg_1 的含量测定

应符合 GB/T 18765—2015 中附录 A 的规定。

5.3.6 人参总皂苷的含量测定

应符合 GB/T 18765—2015 中附录 B 的规定。

6 检验规则

6.1 检验分类

产品应按批提交检验，检验分为出厂检验和型式检验。

6.2 出厂检验

产品应由生产厂家检验部门对产品水分，总灰分，人参皂苷 Rf、拟人参皂苷 F_{11} 定性鉴别，人参皂苷 Rb_1 含量，人参皂苷 Re+Rg_1 含量，人参总皂苷含量，以及卫生指标进行检验。

6.3 型式检验

有下列情况之一时应进行型式检验：

a) 新产品或者产品转厂生产的试制定型鉴定；

b) 正式生产后，原材料变化或更改工艺设计影响产品质量和性能时；

c) 正常生产，按周期要求；

d) 停产一年以上（含一年），恢复生产时；

e) 出厂检验结果与上次型式检验有较大差异时；

f) 国家质量监督机构或其他行政管理部门提出进行型式检验要求时；

g) 用户提出进行型式检验的要求时。

6.4 判定规则

6.4.1 理化指标中有一项不合格可对留样进行复检或在同批产品中加1倍抽取样品进行复检,仍有一项不合格,则判定该批产品不合格。

6.4.2 卫生指标(微生物指标除外)中有一项不合格可对留样进行复检或在同批产品中加1倍抽取样品进行复检,仍有一项不合格,则判定该批产品不合格。卫生指标中微生物检验有一项不合格不得复检,判为不合格。

6.4.3 理化指标判定和卫生指标判定均合格的产品,在进行规格等级判定时,不符合本标准规定的某一规格等级规定时,可按本标准规定的下一规格等级要求进行判定。

7 标志、标签和包装

7.1 标志

包装储运图示标志按照 GB/T 191 中的规定执行。

7.2 标签

除按照 GB 7718 中的规定执行外,还应标注原料产地。

7.3 包装

包装应用防潮、无毒、无异味的材料密闭包装,包装材料应符合卫生要求。外包装用瓦楞纸箱。箱外印有品名、规格、数量、贮存条件、运输条件、厂名、厂址、邮编、电话、出厂日期、产品条码、防雨、防潮、轻放等标志。

8 运输和贮存

8.1 运输

运输的交通工具应清洁、卫生、干燥、无异味;运输时应防雨、防潮、防曝晒,小心轻放;不得与有毒、易污染物品混装、混运。

8.2 贮存

成品红参应贮存在清洁卫生、阴凉干燥(温度不超过 20 ℃,相对湿度不高于 75 %)、通风、防潮、防虫蛀、无异味的库房中,定期检查红参的贮存情况。

附　录　A
（规范性附录）
人参皂苷 Rf、拟人参皂苷 F_{11} 的定性鉴别检测方法

A.1　原理

高效液相色谱法系采用高压输液泵将规定的流动相泵入装有填充剂的色谱柱，对供试品进行分离测定的方法。注入的供试品，由流动相带入色谱柱内，各组分在柱内被分离，并进入检测器检测，由积分仪或数据处理系统记录和处理色谱信号。

A.2　试剂

A.2.1　水：GB/T 6682，一级水。
A.2.2　甲醇：走色谱时用色谱纯试剂，其他用分析纯试剂。
A.2.3　乙腈：色谱纯试剂。
A.2.4　正丁醇：分析纯试剂。

A.3　仪器

A.3.1　高效液相色谱仪：符合 GB/T 26792 的规定。
A.3.2　柱：反相液相色谱柱。
A.3.3　检测器：VWD 检测器和 ELSD 检测器。
A.3.4　分析天平：感量为 0.01 mg 。
A.3.5　回流提取装置：提取瓶规格为 250 mL。
A.3.6　微孔滤膜：孔径为 0.45 μm 的有机相。
A.3.7　移液管：容量 1 mL。

A.4　样品

A.4.1　阳性对照品溶液的制备

称取人参皂苷 Rf 对照品约 2 mg，精确到 0.01 mg，用移液管量取 1 mL 色谱甲醇加入，摇匀，即得。

A.4.2　阴性对照品溶液的制备

称取拟人参皂苷 F_{11} 对照品约 2 mg，精确到 0.01 mg，用移液管量取 1 mL 色谱甲醇加入，摇匀，即得。

A.4.3　供试品溶液的制备

称取本品粉末 1 g，加甲醇 25 mL，加热回流 1 h ，滤过，滤液蒸干，加水 20 mL 使溶解，加水饱和正丁醇混匀后提取 2 次，每次 25 mL，合并正丁醇提取液，用水洗涤 2 次，每次 10 mL ，分取正丁醇液，蒸干，残渣加甲醇 5 mL 使溶解，摇匀，用 0.45 μm 微孔滤膜过滤，即得。

A.5 高效液相色谱仪分析

仪器使用条件见表 A.1。

表 A.1 仪器使用条件

检测品种	人参皂苷 Rf 检测	拟人参皂苷 F_{11} 检测
色谱柱	十八烷基硅烷键合硅胶 250 mm×4.6 mm,5 μm	十八烷基硅烷键合硅胶 250 mm×4.6 mm,5 μm
温度	40 ℃	40 ℃
等度流动相	30% 乙腈、70% 水	30% 乙腈、70% 水
流速	1.0 mL/min	1.0 mL/min
进样量	10 μL～20 μL	10 μL～20 μL
检测器	VWD 检测器	ELSD 检测器
检测器载气流速	—	2.7 L/min
漂移管温度	—	105 ℃
检测波长	203 nm	—
自动进样器温度	室温	室温

A.6 测定

吸取上述阳性对照品溶液、阴性对照品溶液、供试品溶液，按 A.5 条件分别注入液相色谱仪，记录色谱图。

A.7 分析

供试品色谱图，在与阳性对照品色谱图中特征峰相同的出峰时间，有明显的色谱峰；在与阴性对照品色谱图中特征峰相同的出峰时间，无色谱峰。

ICS 65.020.01
B 30

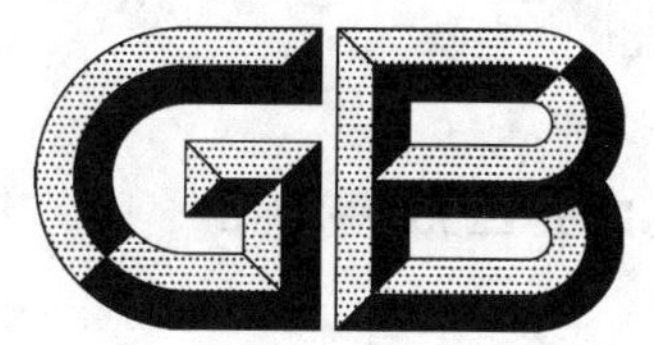

中华人民共和国国家标准

GB/T 22539—2018
代替 GB/T 22539—2008

糖参分等质量

Grade quality of sugar ginseng

2018-06-07 发布 2018-10-01 实施

国家市场监督管理总局
中国国家标准化管理委员会 发布

前言

本标准按照GB/T 1.1—2009给出的规则起草。

本标准代替GB/T 22539—2008《糖参分等质量》。本标准与GB/T 22539—2008相比，除编辑性修改外，主要技术内容变化如下：

——删除了GB 317、GB/T 2828.1、GB/T 5009.8、GB/T 5009.11、GB/T 5009.12、GB/T 5009.13、GB/T 5009.15、GB/T 5009.17、GB/T 5009.19、GB/T 5009.20、GB/T 5009.34、GB/T 5009.36、GB/T 5009.103、GB/T 5009.104、GB/T 5009.110、GB/T 5009.136、GB/T 5009.145十七个规范性引用文件；增加了GB 2760、GB 2762、GB 2763、GB 5009.3—2016、GB 5009.4—2016、GB/T 6682、GB/T 26792、GB/T 18765—2015、CFDA(BJY201701)九个规范性引用文件(见第2章，2008年版的第2章)；

——删除了红皮的术语(见2008年版的3.5)；

——修改了糖参、轻糖直须、返糖的术语(见3.1、3.2、3.5，2008年版的3.1、3.2、3.6)；

——修改了部分英文对应词(见3.1、3.2、3.3、3.5、3.6、3.7，2008年版的3.1、3.2、3.3、3.6、3.7、3.8)；

——删除了加工糖参用糖的要求(见2008年版的4.2)；

——删除了酸不溶性灰分，人参皂苷 Rg_1、Re、Rb_1 的薄层鉴别(见2008年版的4.3序号2、序号3)；

——增加了人参皂苷Rf、拟人参皂苷 F_{11} 定性鉴别(见4.2序号3)；

——增加了人参皂苷 Rb_1、Re、Rg_1 的含量测定(见4.2序号4、序号5)；

——将总还原糖含量限定修改为≥50%(见4.2序号7，2008年版的4.3序号5)；

——删除卫生指标中各项具体指标，采用引用标准方式表述(见2008年版的4.4)；

——删除了附录A糖参总皂苷含量的测定方法(见2008年版的附录A)；

——增加了附录A人参皂苷Rf、拟人参皂苷 F_{11} 的定性鉴别(见附录A)。

本标准由全国参茸产品标准化技术委员会(SAC/TC 403)提出并归口。

本标准起草单位：吉林省参茸办公室、吉林人参研究院、国家参茸产品质量监督检验中心、中国农业科学院特产研究所、长白山皇封参业股份有限公司、珲春华瑞参业生物工程有限公司、通化福参源特产产品有限公司、杭州胡庆余堂国药号有限公司、辽宁天士力参茸股份有限公司、康美新开河(吉林)药业有限公司、本溪龙宝参茸集团有限公司、辽宁祥云药业有限公司、吉林参行天下野山参研发中心、吉林省标准研究院、香港李熊记有限公司。

本标准起草人：冯家、曹志强、仲伟同、武伦鹏、王英平、高庆海、金立华、王俊良、杨仲英、叶正良、李学军、孙孝贤、曾祥云、李国士、迟美丽、刘岩峰、陈晓林、刘强、康辰凯、王和宇、郭畅冰、高宇光、金恩华、马双欣。

本标准所代替标准的历次版本发布情况为：

——GB/T 22539—2008。

糖参分等质量

1 范围

本标准规定了糖参产品的术语和定义、技术要求、检验方法、检验规则、标志、标签和包装以及运输和贮存。

本标准适用于糖参的分等和检验。

2 规范性引用文件

下列文件对于本文件的应用是必不可少的。凡是注日期的引用文件，仅注日期的版本适用于本文件。凡是不注日期的引用文件，其最新版本(包括所有的修改单)适用于本文件。

GB/T 191 包装储运图示标志

GB 2760 食品安全国家标准 食品添加剂使用标准

GB 2762 食品安全国家标准 食品中污染物限量

GB 2763 食品安全国家标准 食品中农药最大残留量限量

GB 5009.3—2016 食品安全国家标准 食品中水分的测定

GB 5009.4—2016 食品安全国家标准 食品中灰分的测定

GB/T 6682 分析实验室用水规格和试验方法

GB 7718 食品安全国家标准 预包装食品标签通则

GB/T 18765—2015 野山参鉴定及分等质量

GB/T 26792 高效液相色谱仪

中华人民共和国药典(2015 年版第四部)

CFDA《红参药材及饮片中总还原糖检查项补充检验方法》(BJY201701)

3 术语和定义

下列术语和定义适用于本文件。

3.1

糖参 sugar ginseng

清洗干净的鲜人参通过排针、顺针，浸糖，干燥等工艺加工制成的人参产品。

3.2

轻糖直须 sugar ginseng rootlets

鲜人参须浸糖，干燥制成的产品。

3.3

人参芦 ginseng rhizome

人参主根上部的根茎。

3.4

人参整体长 total length of ginseng

人参产品的总体长度。

3.5

返糖 separate out sugar

糖参表面析出糖晶体的现象。

3.6

浮糖 residual sugar

糖参表面残留糖浆的现象。

3.7

皱纹 wrinkle

糖参表面出现的凹凸状现象。

4 技术要求

4.1 规格与等级

4.1.1 糖参规格与等级

糖参的规格与等级应满足表1的要求。

表1 糖参规格等级

项目	特等	一等
人参整体长度 cm	≥8	≥5
外观	根呈长圆柱形，芦齐全	根呈长圆柱形，芦不全
颜色	表面白色	表面黄白色
主体、支根、断面	体充实、支根均匀、断面白色	粗细不匀，断面白色
表面	无返糖、浮糖	略有返糖、浮糖
气味、杂质、虫蛀、霉变	味甜，微苦，无杂质、虫蛀、霉变	

4.1.2 轻糖直须规格与等级

轻糖直须规格与等级应满足表2的要求。

表2 轻糖直须规格等级

项目	特等	一等
整体长度 cm	≥13.0	<13.0
外观	干货，根须呈长条形	
颜色	黄白色半透明	
主体、质地	粗细均匀、质充实	条不均匀，质充实
表面	无返糖	略有返糖、皱纹、干浆
气味、杂质、虫蛀、霉变	味甜，微苦，无杂质、虫蛀、霉变	

4.2 理化指标

糖参的理化指标应满足表3的要求。

表3 糖参理化指标

序号	项目	指标
1	水分 %	≤12.0
2	总灰分 %	≤5.0
3	人参皂苷 Rf、拟人参皂苷 F_{11} 鉴别	供试品色谱图中在与阳性对照品色谱图中人参皂苷 Rf 特征峰相同的出峰时间有明显的色谱峰；在与阴性对照品色谱图中拟人参皂苷 F_{11} 特征峰相同的出峰时间无色谱峰
4	人参皂苷 Rb_1 %	≥0.10
5	人参皂苷 Re+Rg_1 %	≥0.15
6	人参总皂苷 %	≥0.50
7	总还原糖 %	≥50.00
注：本表内除水分、总灰分鉴别外，其他指标均按干燥品计算。		

4.3 卫生指标

卫生指标应符合 GB 2760、GB 2762、GB 2763 等食品安全国家标准及相关国家法律法规规定。

5 检验方法

5.1 抽样方法

按照《中华人民共和国药典》(2015年版第四部)通则0211的规定执行。

5.2 规格等级检查

5.2.1 随机抽取样品10支，用标准米尺分别测量直径和长度，求其平均值；用感量为0.1 g的天平称量单支重，求其平均值。

5.2.2 在自然光线下，将样品放置于白色搪瓷盘中，用目力在室内无阳光直射处观察(生心、空心、芦头应掰开检查)。

5.3 理化指标检查

5.3.1 水分检查

按照 GB 5009.3—2016 中第一法的规定检测。

5.3.2 总灰分检查

按照 GB 5009.4—2016 中第一法中 5.3.2 淀粉类食品的规定检测。

5.3.3 人参皂苷 Rf、拟人参皂苷 F_{11} 的定性鉴别

应符合附录 A 的规定。

5.3.4 人参皂苷 Rb_1 的含量测定

应符合 GB/T 18765—2015 中附录 A 的规定。

5.3.5 人参皂苷 Re、Rg_1 的含量测定

应符合 GB/T 18765—2015 中附录 A 的规定。

5.3.6 人参总皂苷的含量测定

应符合 GB/T 18765—2015 中附录 B 的规定。

5.3.7 总还原糖的检测

按照 CFDA (BJY201701)中的规定检测。

6 检验规则

6.1 检验分类

产品应按批提交检验,检验分为出厂检验和型式检验。

6.2 出厂检验

产品应由生产厂家检验部门对产品水分,总灰分,人参皂苷 Rf、拟人参皂苷 F_{11} 定性鉴别,人参皂苷 Rb_1 含量,人参皂苷 Re+Rg_1 含量,人参总皂苷含量,以及卫生指标进行检验。

6.3 型式检验

有下列情况之一时应进行型式检验:

a) 新产品或者产品转厂生产的试制定型鉴定;

b) 正式生产后,原材料变化或更改工艺设计影响产品质量和性能时;

c) 正常生产,按周期要求;

d) 停产一年以上(含一年),恢复生产时;

e) 出厂检验结果与上次型式检验有较大差异时;

f) 国家质量监督机构或其他行政管理部门提出进行型式检验要求时;

g) 用户提出进行型式检验的要求时。

6.4 判定规则

6.4.1 理化指标中有一项不合格的可对留样进行复检或在同批产品中加 1 倍抽取样品进行复检,仍有一项不合格,则判定该批产品不合格。

6.4.2 卫生指标中有一项不合格的可对留样进行复检或在同批产品中加 1 倍抽取样品进行复检,仍有

一项不合格，则判定该批产品不合格。

6.4.3 理化指标判定和卫生指标判定均合格的产品，在进行规格等级判定时，不符合本标准规定的某一规格等级规定时，可按本标准规定的下一规格等级要求进行判定。

7 标志、标签和包装

7.1 标志

包装储运图示标志按照 GB/T 191 中的规定执行。

7.2 标签

除按照 GB 7718 中的规定执行外，还应标注原料产地。

7.3 包装

包装应用防潮、无毒、无异味的材料密闭包装，包装材料应符合卫生要求。外包装用瓦楞纸箱。箱外印有品名、规格、数量、贮存条件、运输条件、厂名、厂址、邮编、电话、出厂日期、产品条码、防雨、防潮、轻放等标志。

8 运输和贮存

8.1 运输

运输的交通工具应清洁、卫生、干燥、无异味；运输时应防雨、防潮、防曝晒，小心轻放；不得与有毒、易污染物品混装、混运。

8.2 贮存

成品糖参应贮存在清洁卫生、阴凉干燥(温度不超过 20 ℃、相对湿度不高于 65%)、通风、防潮、防虫蛀、无异味的库房中，定期检查糖参的贮存情况。

附 录 A
（规范性附录）
人参皂苷 Rf 、拟人参皂苷 F_{11} 的定性鉴别检测方法

A.1 原理

高效液相色谱法系采用高压输液泵将规定的流动相泵入装有填充剂的色谱柱，对供试品进行分离测定的方法。注入的供试品，由流动相带入色谱柱内，各组分在柱内被分离，并进入检测器检测，由积分仪或数据处理系统记录和处理色谱信号。

A.2 试剂

A.2.1 水：GB/T 6682，一级水。

A.2.2 甲醇：走色谱时用色谱纯试剂、其他用分析纯试剂。

A.2.3 乙腈：色谱纯试剂。

A.2.4 正丁醇：分析纯试剂。

A.3 仪器

A.3.1 高效液相色谱仪：符合 GB/T 26792 的规定。

A.3.2 柱：反相液相色谱柱。

A.3.3 检测器：VWD 检测器和 ELSD 检测器。

A.3.4 分析天平：感量为 0.01 mg 。

A.3.5 回流提取装置：提取瓶规格为 250 mL。

A.3.6 微孔滤膜：孔径为 0.45 μm 的有机相。

A.3.7 移液管：容量 1 mL 。

A.4 样品

A.4.1 阳性对照品溶液的制备

称取人参皂苷 Rf 对照品约 2 mg，精确到 0.01 mg，用移液管量取 1 mL 色谱甲醇加入，摇匀，即得。

A.4.2 阴性对照品溶液的制备

称取拟人参皂苷 F_{11} 对照品约 2 mg，精确到 0.01 mg，用移液管量取 1 mL 色谱甲醇加入，摇匀，即得。

A.4.3 供试品溶液的制备

称取本品粉末 1 g，加甲醇 25 mL，加热回流 1 h ，滤过，滤液蒸干，加水 20 mL 使溶解，加水饱和正丁醇混匀后提取 2 次，每次 25 mL，合并正丁醇提取液，用水洗涤 2 次，每次 10 mL ，分取正丁醇液，蒸

干,残渣加甲醇 5 mL 使溶解,摇匀,用 0.45 μm 微孔滤膜过滤,即得。

A.5 高效液相色谱仪分析

仪器使用条件见表 A.1。

表 A.1 仪器使用条件

检测品种	人参皂苷 Rf 检测	拟人参皂苷 F_{11} 检测
色谱柱	十八烷基硅烷键合硅胶 250 mm×4.6 mm,5 μm	十八烷基硅烷键合硅胶 250 mm×4.6 mm,5 μm
温度	40 ℃	40 ℃
等度流动相	30% 乙腈、70% 水	30% 乙腈、70% 水
流速	1.0 mL/min	1.0 mL/min
进样量	10 μL～20 μL	10 μL～20 μL
检测器	VWD 检测器	ELSD 检测器
检测器载气流速	—	2.7 L/min
漂移管温度	—	105 ℃
检测波长	203 nm	—
自动进样器温度	室温	室温

A.6 测定

吸取上述阳性对照品溶液、阴性对照品溶液、供试品溶液,按 A.5 条件分别注入液相色谱仪,记录色谱图。

A.7 分析

供试品色谱图,在与阳性对照品色谱图中特征峰相同的出峰时间,有明显的色谱峰;在与阴性对照品色谱图中特征峰相同的出峰时间,无色谱峰。

ICS 65.020.01
B 30

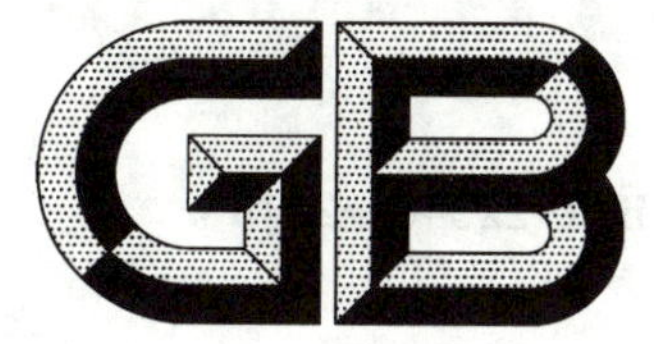

中华人民共和国国家标准

GB/T 22540—2018
代替 GB/T 22540—2008

蜜制人参分等质量

Grade quality of honeyed ginseng

2018-06-07 发布　　2018-10-01 实施

国家市场监督管理总局
中国国家标准化管理委员会　发布

前 言

本标准按照 GB/T 1.1—2009 给出的规则起草。

本标准代替 GB/T 22540—2008《蜜制人参分等质量》。本标准与 GB/T 22540—2008 相比,除编辑性修改外,主要技术内容变化如下:

——删除 GB/T 2828.1、GB/T 5009.7、GB/T 5009.11、GB/T 5009.12、GB/T 5009.13、GB/T 5009.15、GB/T 5009.17、GB/T 5009.19、GB/T 5009.20、GB/T 5009.29、GB/T 5009.31、GB/T 5009.34、GB/T 5009.36、GB/T 5009.103、GB/T 5009.104、GB/T 5009.110、GB/T 5009.136、GB/T 5009.145 十八个规范性引用文件;增加 GB 2760、GB 2762、GB 2763、GB/T 6682、GB/T 26792、GB 5009.3—2016、GB 5009.4—2016、GB/T 18765—2015、CFDA(BJY201701)九个规范性引用文件;

——删除人参须、芦齐全、皱纹、边缘不齐的术语(见 2008 年版的 3.8、3.9、3.10);

——增加红参蜜片、抽沟的术语(见 3.3、3.9);

——修改蜜制人参、人参主根的术语(见 3.1、3.5,2008 年版的 3.1、3.4);

——修改部分英文对应词;

——删除加工蜜制人参、人参蜜片用蜂蜜的要求(见 2008 年版的 4.2);

——调整蜜制人参产品规格中重量的指标(见 4.1.1.1 表 1,2008 年版的 4.1.1.1 表 1);

——删除鲜人参蜜片规格中重量的指标(见 2008 年版的 4.1.2.1 表 3);

——调整鲜人参蜜片规格中片厚的指标(见 4.1.2.1 表 3,2008 年版的 4.1.2.1 表 3);

——删除酸不溶性灰分,人参皂苷 Rg_1、Re、Rb_1 的薄层鉴别(见 2008 年版的 4.3 序号 2、3);

——增加人参皂苷 Rg_1、Re、Rb_1、Rf、拟人参皂苷 F_{11} 定性鉴别(见 4.2 序号 3);

——将总还原糖含量限定修改为≥40%(见 4.2 序号 5,2008 年版的 4.3 序号 5);

——删除卫生指标中各项具体指标,采用引用标准方式表述(见 2008 年版的 4.4);

——增加食品添加剂的指标(见 4.4);

——删除附录 A“蜜制人参总皂苷含量的测定方法”(见 2008 年版的附录 A);

——增加附录 A“人参皂苷 Rf、拟人参皂苷 F_{11} 的定性鉴别”(见附录 A)。

本标准由全国参茸产品标准化技术委员会(SAC/TC 403)提出并归口。

本标准起草单位:吉林人参研究院、国家参茸产品质量监督检验中心、吉林省参茸办公室、中国农业科学院特产研究所、珲春华瑞参业生物工程有限公司、通化福参源特产产品有限公司、杭州胡庆余堂国药号有限公司、辽宁天士力参茸股份有限公司、康美新开河(吉林)药业有限公司、本溪龙宝参茸集团有限公司、辽宁祥云药业有限公司、吉林参行天下野山参研发中心、长白山皇封参业股份有限公司、吉林省标准委员会、辽宁省药物研究院。

本标准起草人:曹志强、仲伟同、冯家、武伦鹏、王英平、金立华、王俊良、杨仲英、叶正良、李学军、孙孝贤、曾祥云、高庆海、陈晓林、董英杰、张引、韩春峰、郭德山、金恩华、刘岩峰、王国明、白龙律、王悦、庞佳莹、宋莹莹。

本标准所代替标准的历次版本发布情况为:

——GB/T 22540—2008。

蜜制人参分等质量

1 范围

本标准规定了蜜制人参产品的术语和定义、技术要求、检验方法、检验规则、标志、标签和包装以及运输和贮存。

本标准适用于蜜制人参的分等和检验。

2 规范性引用文件

下列文件对于本文件的应用是必不可少的。凡是注日期的引用文件,仅注日期的版本适用于本文件。凡是不注日期的引用文件,其最新版本(包括所有的修改单)适用于本文件。

GB/T 191 包装储运图示标志

GB 2760 食品安全国家标准 食品添加剂使用标准

GB 2762 食品安全国家标准 食品中污染物限量

GB 2763 食品安全国家标准 食品中农药最大残留量限量

GB 5009.3—2016 食品安全国家标准 食品中水分的测定

GB 5009.4—2016 食品安全国家标准 食品中灰分的测定

GB/T 6682 分析实验室用水规格和试验方法

GB 7718 食品安全国家标准 预包装食品标签通则

GB/T 18765—2015 野山参鉴定及分等质量

GB/T 26792 高效液相色谱仪

中华人民共和国药典(2015 年版第四部)

CFDA 红参药材及饮片中总还原糖检查项补充检验方法(BJY201701)

3 术语和定义

下列术语和定义适用于本文件。

3.1

蜜制人参 honeyed ginseng

蜂蜜作为辅料,加工而成的人参产品。

3.2

鲜人参蜜片 honeyed soak ginseng slice

鲜人参洗刷后,将主根切成薄片,用热水轻烫或短时蒸制,浸蜜,干燥,加工制成的人参产品。

3.3

红参蜜片 honeyed soak red ginseng slice

以红参片为原料,经过软化,浸蜜,干燥,加工制成的人参产品。

3.4

人参芦 ginseng rhizome

人参主根上部的根茎。

3.5

人参主根　ginseng main root

人参根茎的主体部分。

3.6

人参整体长　total length of ginseng

人参产品的总体长度。

3.7

人参支根　ginseng lateral root

生长于人参主根下端较粗的分根。

3.8

人参须根　ginseng fibrous root

生长在人参主根、支根和不定根上的根。

3.9

抽沟　groove

蜜制人参加工过程中，由于排、顺针以及浸蜜时间和浓度的关系导致的现象。

3.10

白心　hard part inside honeyed ginseng

鲜人参蜜片加工过程中，人参片内部出现生心的现象。

4　技术要求

4.1　规格与等级

4.1.1　蜜制人参产品规格与等级

4.1.1.1　蜜制人参产品规格

蜜制人参产品的规格应满足表1的要求。

表1　蜜制人参产品规格

规格	支数	重量 g
单支	1支	≥10
双支	2支	≥30
四支	4支	≥50

4.1.1.2　蜜制人参产品等级

蜜制人参产品的等级应满足表2的要求。

表 2 蜜制人参产品等级

项目	特等	一等
整体长度 X cm	≥15	10≤X<15
外观	根呈长圆柱形，体软，芦、须齐全	根呈长圆柱形，体软，芦、须不全
颜色	浅黄或棕红色	
主根、支根	主根充实、支根均匀	主根少有干瘪，支根均匀
表面	无返蜜、无破损、无抽沟	
气味、杂质、虫蛀、霉变	味甜、微苦，无杂质、虫蛀、霉变	

4.1.2 鲜人参蜜片规格与等级

4.1.2.1 鲜人参蜜片规格

鲜人参蜜片的规格应满足表 3 的要求。

表 3 鲜人参蜜片规格

规格	直径 X mm	片厚 mm
特级	≥20.0	1.0～3.0
一级	10.0<X<20.0	1.0～3.0

4.1.2.2 鲜人参蜜片等级

鲜人参蜜片的等级应满足表 4 的要求。

表 4 鲜人参蜜片等级

项目	特等	一等
外观	圆片或椭圆片，外观光亮， 边缘整齐	圆片或椭圆片，外观光亮， 边缘不整齐
颜色	浅黄或棕红色半透明片	
片厚、白心	参片薄厚均匀，没有白心	参片薄厚不均匀，或有白心
表面	表面没有积蜜，不粘手	
气味、杂质、虫蛀、霉变	味甘微苦，无杂质、虫蛀、霉变	

4.1.3 红参蜜片规格与等级

4.1.3.1 红参蜜片规格

红参蜜片的规格应满足表 5 的要求。

表 5 红参蜜片规格

规格	直径 X mm	片厚 mm
特级	≥20.0	1.0～3.0
一级	10.0<X<20.0	1.0～3.0

4.1.3.2 红参蜜片等级

红参蜜片的等级应满足表 6 的要求。

表 6 红参蜜片等级

项目	特等	一等
外观	圆片或椭圆片，外观光亮，边缘整齐	圆片或椭圆片，外观光亮，边缘不整齐
颜色	棕红色半透明片	
片厚、白心	参片薄厚均匀，没有白心	
表面	表面没有积蜜，不粘手	
气味、杂质、虫蛀、霉变	味甘微苦，无杂质、虫蛀、霉变	

4.2 理化指标

蜜制人参理化指标应满足表 7 的要求。

表 7 蜜制人参理化指标

序号	项目	指标
1	水分 %	20.0～35.0
2	总灰分 %	≤5.0
3	人参皂苷 Re、Rg_1、Rb_1、Rf、拟人参皂苷 F_{11} 鉴别	供试品色谱图中在与阳性对照品色谱图中人参皂苷 Re、Rg_1、Rb_1、Rf 特征峰相同的出峰时间有明显的色谱峰；在与阴性对照品色谱图中拟人参皂苷 F_{11} 特征峰相同的出峰时间无色谱峰
4	人参总皂苷 %	≥0.80
5	总还原糖 %	≥40.00
注：本表内除水分、总灰分鉴别外，其他指标均按干燥品计算。		

4.3 卫生指标

卫生指标应符合 GB 2760、GB 2762、GB 2763 等食品安全国家标准及相关国家法律法规规定。

4.4 食品添加剂

4.4.1 食品添加剂的使用应符合 GB 2760 中的规定。

4.4.2 食品添加剂的质量应符合相关的安全标准和有关规定。

5 检验方法

5.1 抽样方法

按照《中华人民共和国药典》2015 年版四部中通则 0211 的规定执行。

5.2 规格等级检查

5.2.1 随机抽取样品 10 支、10 片,用标准米尺分别测量直径和长度,求其平均值;用感量为 0.1 g 的天平称量单支重,求其平均值。

5.2.2 在自然光线下,将样品放置于白色搪瓷盘中,用目力在室内无阳光直射处观察(生心、空心、芦头应掰开检查)。

5.3 理化指标检查

5.3.1 水分检查

按照 GB 5009.3—2016 第一法中的规定检测。

5.3.2 总灰分检查

按照 GB 5009.4—2016 第一法中 5.3.2 淀粉类食品的规定检测。

5.3.3 人参皂苷 Re、Rg_1、Rb_1、Rf、拟人参皂苷 F_{11} 定性鉴别

应符合附录 A 的规定。

5.3.4 人参总皂苷的含量测定

应符合 GB/T 18765—2015 中附录 B 的规定。

5.3.5 人参总还原糖的检测

按照 CFDA(BJY201701)中的规定检测。

6 检验规则

6.1 检验分类

产品应按批提交检验,检验分为出厂检验和型式检验。

6.2 出厂检验

产品应由生产厂家检验部门对产品水分，总灰分，人参皂苷 Rf、拟人参皂苷 F_{11} 定性鉴别，人参皂苷 Rb_1 含量，人参皂苷 $Re+Rg_1$ 含量，人参总皂苷含量，以及卫生指标进行检验。

6.3 型式检验

有下列情况之一时应进行型式检验：

a) 新产品或者产品转厂生产的试制定型鉴定；

b) 正式生产后，原材料变化或更改工艺设计影响产品质量和性能时；

c) 正常生产，按周期要求；

d) 停产一年以上（含一年），恢复生产时；

e) 出厂检验结果与上次型式检验有较大差异时；

f) 国家质量监督机构或其他行政管理部门提出进行型式检验要求时；

g) 用户提出进行型式检验的要求时。

6.4 判定规则

6.4.1 理化指标中有一项不合格可对留样进行复检或在同批产品中加 1 倍抽取样品进行复检，仍有一项不合格，则判定该批产品不合格。

6.4.2 卫生指标（微生物指标除外）中有一项不合格可对留样进行复检或在同批产品中加 1 倍抽取样品进行复检，仍有一项不合格，则判定该批产品不合格。卫生指标中微生物检验有一项不合格不得复检，判为不合格。

6.4.3 理化指标判定和卫生指标判定均合格的产品，在进行规格等级判定时，不符合本标准规定的某一规格等级规定时，可按本标准规定的下一规格等级要求进行判定。

7 标志、标签和包装

7.1 标志

包装储运图示标志按照 GB/T 191 中的规定执行。

7.2 标签

除按照 GB 7718 中的规定执行外，还应标注原料产地。

7.3 包装

包装应用防潮、无毒、无异味的材料密闭包装，包装材料应符合卫生要求。外包装用瓦楞纸箱。箱外印有品名、规格、数量、贮存条件、运输条件、厂名、厂址、邮编、电话、出厂日期、产品条码、防雨、防潮、轻放等标志。

8 运输、贮存

8.1 运输

运输的交通工具应清洁、卫生、干燥、无异味；运输时应防雨、防潮、防曝晒，小心轻放；不得与有毒、易污染物品混装、混运。

8.2 贮存

成品蜜制人参应贮存在清洁卫生、阴凉干燥(温度不超过 20 ℃、相对湿度不高于 65%)、通风、防潮、防虫蛀、无异味的库房中,定期检查蜜制人参的贮存情况。

附 录 A
（规范性附录）
人参皂苷 Re、Rg_1、Rb_1、Rf、拟人参皂苷 F_{11} 的定性鉴别检测方法

A.1 原理

高效液相色谱法系采用高压输液泵将规定的流动相泵入装有填充剂的色谱柱，对供试品进行分离测定的方法。注入的供试品，由流动相带入色谱柱内，各组分在柱内被分离，并进入检测器检测，由积分仪或数据处理系统记录和处理色谱信号。

A.2 试剂

A.2.1 水：GB/T 6682，一级水。

A.2.2 甲醇：走色谱时用色谱纯试剂、其他用分析纯试剂。

A.2.3 乙腈：色谱纯试剂。

A.2.4 正丁醇：分析纯试剂。

A.3 仪器

A.3.1 高效液相色谱仪：符合 GB/T 26792 的规定。

A.3.2 柱：反相液相色谱柱。

A.3.3 检测器：VWD 检测器和 ELSD 检测器。

A.3.4 分析天平：感量为 0.01 mg 。

A.3.5 回流提取装置：提取瓶规格为 250 mL。

A.3.6 微孔滤膜：孔径为 0.45 μm 的有机相。

A.3.7 移液管：容量 1 mL。

A.4 样品

A.4.1 阳性对照品溶液的制备

称取人参皂苷 Re、Rg_1、Rb_1、Rf 对照品约 2 mg，精确到 0.01 mg，用移液管量取 1 mL 色谱甲醇加入，摇匀，即得。

A.4.2 阴性对照品溶液的制备

称取拟人参皂苷 F_{11} 对照品约 2 mg，精确到 0.01 mg，用移液管量取 1 mL 色谱甲醇加入，摇匀，即得。

A.4.3 供试品溶液的制备

称取本品粉末 1 g ，加甲醇 25 mL ，加热回流 1 h ，滤过，滤液蒸干，加水 20 mL 使溶解，加水饱和正丁醇混匀后提取 2 次，每次 25 mL ，合并正丁醇提取液，用水洗涤 2 次，每次 10 mL ，分取正丁醇液，蒸干，残渣加甲醇 5 mL 使溶解，摇匀，用 0.45 μm 微孔滤膜过滤，即得。

A.5 高效液相色谱仪分析

仪器梯度洗脱条件见表 A.1。

表 A.1 仪器梯度洗脱条件

检测品种	人参皂苷 Rf 检测	拟人参皂苷 F_{11} 检测
色谱柱	十八烷基硅烷键合硅胶 250 mm×4.6 mm,5 μm	十八烷基硅烷键合硅胶 250 mm×4.6 mm,5 μm
温度	40 ℃	40 ℃
流动相	梯度:见表 A.2	等度:30% 乙腈、70% 水
流速	1.0 mL/min	1.0 mL/min
进样量	10 μL～20 μL	10 μL～20 μL
检测器	VWD 检测器	ELSD 检测器
检测器载气流速	—	2.7 L/min
漂移管温度	—	105 ℃
检测波长	203 nm	—
自动进样器温度	室温	室温

人参皂苷 Rf 梯度洗脱条件见表 A.2。

表 A.2 人参皂苷 Rf 梯度洗脱条件

时间 min	乙腈 %	水 %
0～30	19	81
30～35	19→30	81→70
35～75	30	70
75～78	19	81

A.6 测定

吸取上述阳性对照品溶液、阴性对照品溶液、供试品溶液，按 A.5 条件分别注入液相色谱仪，记录色谱图。

A.7 分析

供试品色谱图，在与阳性对照品色谱图中特征峰相同的出峰时间，有明显的色谱峰；在与阴性对照品色谱图中特征峰相同的出峰时间，无色谱峰。

ICS 03.120.10;11.100.01
C 30

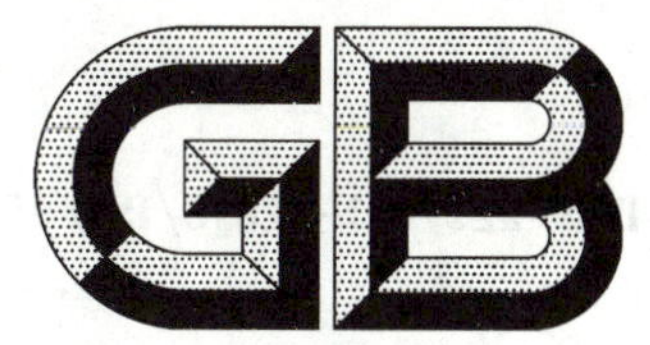

中华人民共和国国家标准

GB/T 22576.1—2018/ISO 15189:2012
代替 GB/T 22576—2008

医学实验室 质量和能力的要求
第1部分:通用要求

Medical laboratories—Requirements for quality and competence—
Part 1:General requirements

(ISO 15189:2012,Medical laboratories—Requirements for quality and competence,IDT)

2018-12-28 发布

2019-07-01 实施

国家市场监督管理总局
中国国家标准化管理委员会 发布

前　言

GB/T 22576《医学实验室　质量和能力的要求》计划由下列部分组成：

——第 1 部分：通用要求；

——第 2 部分：临床血液学检验领域的要求；

——第 3 部分：尿液检验领域的要求；

——第 4 部分：临床化学检验领域的要求；

——第 5 部分：临床免疫学检验领域的要求；

——第 6 部分：临床微生物学检验领域的要求；

——第 7 部分：输血医学领域的要求；

——第 8 部分：细胞病理学检查领域的要求；

——第 9 部分：组织病理学检查领域的要求；

——第 10 部分：分子生物学检验领域的要求；

——第 11 部分：实验室信息系统的要求。

本部分为 GB/T 22576 的第 1 部分。

本部分按照 GB/T 1.1—2009 给出的规则起草。

本部分代替 GB/T 22576—2008《医学实验室　质量和能力的专用要求》。与 GB/T 22576—2008 相比，主要技术变化如下：

——修改了标准名称，删去原名称中"专用"；

——修改了范围，扩展了标准的用途；

——增加了术语：警示区间、结果的自动选择和报告结果、能力、文件化程序、实验室间比对、不符合、床旁检验、过程、质量、质量指标、质量方针、质量目标、周转时间、确认、验证（见第 3 章）；

——删除了术语：测量准确度、实验室能力、测量、量、溯源性、测量正确度、测量不确定度；

——增加了"管理承诺"、细化了"实验室主任"的职责等内容（见 4.1，2008 年版 4.1）；

——修改了"服务协议"（见 4.4，2008 年版 4.4）；

——修改了"记录控制"增加了列举的内容（见 4.13，2008 年版 4.13）；

——修改了"评估和审核"，并增加了"用户反馈的评审""风险管理""外部机构的评审"等内容（见 4.14，2008 年版 4.14）；

——修改了"实验室设备、试剂和耗材"增加了对"试剂和耗材"的管理要求（见 5.3，2008 年版 5.3）；

——修改了"检验前过程"并扩展了内容（见 5.4，2008 年版 5.4）；

——修改了"检验过程"并扩展了内容（见 5.5，2008 年版 5.5）；

——修改了"检验结果质量的保证"并扩展和细化了内容（见 5.6，2008 年版 5.6）；

——修改了"检验后过程"并扩展了内容（见 5.7，2008 年版 5.7）；

——修改了"结果报告"，拆分部分内容形成"结果发布"（见 5.8、5.9，2008 年版 5.8）；

——增加了"实验室信息管理"（见 5.10）；

——删除了附录 B"实验室信息系统保护的建议"和附录 C"实验室医学伦理学"，将部分相关内容置入标准正文中；

——增加了附录 B（资料性附录）本部分与上一版标准章条的对照。

本部分使用翻译法等同采用 ISO 15189:2012《医学实验室　质量和能力的要求》。

与本部分中规范性引用的国际文件有一致性对应关系的我国文件如下：

——GB/T 20000.1—2014 标准化工作指南 第1部分:标准化和相关活动的通用术语(ISO/IEC Guide 2:2004,MOD)

——GB/T 27000—2006 合格评定 词汇和通用原则(ISO/IEC 17000:2004,IDT)

本部分做了下列编辑性修改:

——为与现有标准系列一致,将标准名称改为《医学实验室 质量和能力的要求 第1部分:通用要求》。

请注意本文件的某些内容可能涉及专利。本文件的发布机构不承担识别这些专利的责任。

本部分由全国医用临床检验实验室和体外诊断系统标准化技术委员会(SAC/TC 136)归口。

本部分起草单位:北京市医疗器械检验所、中国合格评定国家认可中心、国家卫生计生委临床检验中心、中国人民解放军总医院。

本部分主要起草人:贺学英、翟培军、胡冬梅、陈文祥、郭健、邓新立、丛玉隆。

本部分所代替标准的历次版本发布情况为:

——GB/T 22576—2008。

引　言

本部分以 GB/T 27025 和 ISO 9001 为基础，提出了针对医学实验室[1]能力与质量的专用要求。众所周知，在该领域，不同国家对部分或所有专业人士及其行为与职责有其专门的法规或要求。

医学实验室的服务对患者医疗保健是必要的，因而要满足所有患者及负责患者医疗保健的临床人员的需求。这些服务包括受理申请，患者准备，患者识别，样品采集、运送、保存，临床样品的处理和检验及结果的解释、报告以及提出建议；此外，还要考虑医学实验室工作的安全性和伦理学问题。

只要国家法律法规和相关标准要求许可，期望医学实验室的服务包括进行诊断和患者管理，还包括会诊病例中患者的检验和积极参与疾病预防。每个实验室宜为其专业人员提供适宜的教育和科研的机会。

本部分适用于目前公认的医学实验室服务领域内的所有学科；在其他服务领域和学科内，如临床生理学、医学影像学和医学物理学的同类工作也可适用。此外，对医学实验室能力进行承认的机构可将本部分作为其工作的基础。如一个实验室寻求认可，宜首先选择依据 ISO/IEC 17011 运作并考虑医学实验室专用要求的认可机构。

本部分并不意图用作认证目的，尽管医学实验室符合本部分的要求意味着实验室满足持续发布有效技术结果所必需的技术能力和质量管理体系要求。第 4 章的管理要求以适用于医学实验室操作的语言表述，并满足 ISO 9001 的原则，与其相关要求相一致。

本部分全文都有与医学实验室活动相关的环境要求，特别是在 5.2.2、5.2.6、5.3、5.4、5.5.1.4 和 5.7 中。

1)　在其他语言中，使用的可能是与英语"clinical laboratories"相对应的等效术语。

医学实验室　质量和能力的要求
第1部分:通用要求

1　范围

GB/T 22576 的本部分规定了医学实验室质量和能力的要求。

本部分适用于医学实验室建立质量管理体系和评估自己的能力,也可用于实验室客户、监管机构和认可机构确认或承认医学实验室的能力。

注:国际、国家或地区法规或要求也可能适用于本部分的特定内容。

2　规范性引用文件

下列文件对于本文件的应用是必不可少的。凡是注日期的引用文件,仅注日期的版本适用于本文件。凡是不注日期的引用文件,其最新版本(包括所有的修改单)适用于本文件。

GB/T 27025—2008　检测和校准实验室能力的通用要求(ISO/IEC 17025:2005,IDT)

ISO/IEC 17000　合格评定　词汇和通用原则(Conformity assessment—Vocabulary and general principles)

ISO/IEC 指南 2　标准化和相关活动　通用词汇(Standardization and related activities—General vocabulary)

ISO/IEC 指南 99　国际计量学词汇　基本和通用概念及相关术语[International vocabulary of metrology—Basic and general concepts and associated terms (VIM)]

3　术语和定义

ISO/IEC 17000、ISO/IEC 指南 2 和 ISO/IEC 指南 99 界定的以及下列术语和定义适用于本文件。

3.1

认可　accreditation

权威机构对一个组织有能力执行特定工作给出正式承认的过程。

3.2

警示区间　alert interval

危急区间　critical interval

表明患者存在伤害或死亡直接风险的警戒警示(危急)试验的检验结果区间。

注1:此区间可以是仅规定一个阈值的开区间。

注2:实验室为其患者和用户制定合适的警戒警示试验列表。

3.3

结果的自动选择和报告结果　automated selection and reporting of results

患者检验结果送至实验室信息系统并与实验室规定的接受标准比较,在此过程中,在规定标准内的结果自动输入到规定格式的患者报告中,无需任何外加干预。

3.4

生物参考区间　biological reference interval

参考区间　reference interval

取自生物学生物参考人群的值分布的规定区间。

示例：假定健康的男性和女性人群血清钠离子浓度值的中间95%生物学生物参考区间为135 mmol/L～145 mmol/L。

注1：参考区间一般定义为中间95%区间，特定情况下，其他宽度或非对称定位的参考区间可能更为适宜。

注2：参考区间可能会取决于原始样品种类和所用的检验程序。

注3：某些情况下，只有一个生物学生物参考限才是重要的，如上限 x，此时相应的参考区间即是小于或等于 x。

注4："正常范围""正常值"及"临床范围"等术语意义不清，因此不建议使用。

3.5

能力　competence

经证实的应用知识和技能的本领。

注：在本部分中，所定义的能力的概念是通用的。在ISO其他的文件中，本词汇的使用可能更加具体。

[ISO 9000:2005，定义 3.1.6]

3.6

文件化程序　documented procedure

被文件化、实施和维持的、完成一项活动或一个过程的规定途径。

注1：一个文件化程序的要求可以在一个或一个以上的文件中描述。

注2：改写ISO 9000:2005，定义3.4.5。

3.7

检验　examination

以确定一个特性的值或特征为目的的一组操作。

注1：在某些学科(如微生物学)，一项检验就是多项试验、观察或测量的总体活动。

注2：确定一个特性的值的实验室检验称为定量检验；确定一个特性的特征的实验室检验称为定性检验。

注3：实验室检验也常称为检测或试验。

3.8

实验室间比对　interlaboratory comparison

按照预先规定的条件，由两个或多个实验室对相同或类似的物品进行测量或检测的组织、实施和评价。

[GB/T 27043—2012，定义 3.4]

3.9

实验室主任　laboratory director

对实验室负有责任并拥有权力的一人或多人。

注1：本部分所指的一人或多人统称为实验室主任。

注2：国家、地区和地方法规对资质和培训的要求可适用。

3.10

实验室管理层　laboratory management

指导和管理实验室活动的一人或多人。

注：术语"实验室管理层"与ISO 9000:2005中的"最高管理者"同义。

3.11

医学实验室　medical laboratory

临床实验室　clinical laboratory

以提供人类疾病诊断、管理、预防和治疗或健康评估的相关信息为目的，对来自人体的材料进行生物学、微生物学、免疫学、化学、血液免疫学、血液学、生物物理学、细胞学、病理学、遗传学或其他检验的实验室,该类实验室也可提供涵盖其各方面活动的各方面的咨询服务,包括结果解释和进一步的适当检查的建议。

注:这些检验也包括确定、测量或其他描述各种物质或微生物存在与否的程序。

3.12

不符合 nonconformity

未满足要求。

[ISO 9000:2005,定义 3.6.2]

注:常用的其他术语包括:事故、不良事件、差错、事件等。

3.13

即时检验 point-of-care-testing;POCT

近患检验 near-patient testing

在患者附近或其所在地进行的、其结果可能导致患者的处置发生改变的检验。

[GB/T 29790—2013,定义 3.1]

3.14

检验后过程 post-examination processes

分析后阶段 postanalytical phase

检验之后的过程,包括结果审核、临床材料保留和储存、样品(和废物)处置,以及检验结果的格式化、发布、报告和留存等。

3.15

检验前过程 pre-examination processes

分析前阶段 preanalytical phase

按时间顺序自医生申请至分析检验启动的过程,包括检验申请、患者准备和识别、原始样品采集、运送和实验室内传递等。

3.16

原始样品 primary sample

标本 specimen

为检验、研究或分析一种或多种量或特性而取出的认为可代表全部的一独立部分的体液、呼出气、毛发或组织等。

注 1:全球协调工作组(GHTF)在其协调指导文件中用"specimen"表示医学实验室检验用生物源样品。

注 2:在某些国际标准化组织(ISO)和欧洲标准化委员会(CEN)文件中,"标本"定义为"来自人体的生物样品"。

注 3:在某些国家,用"标本"代替原始样品(或其分样品),指准备送至实验室或实验室收到的供检验用的样品。

3.17

过程 process

将输入转化为输出的相互关联或相互作用的一组活动。

注 1:一个过程的输入通常是其他过程的输出。

注 2:改写 ISO 9000:2005,定义 3.4.1。

3.18

质量 quality

一组固有特性满足要求的程度。

注 1:术语"质量"可使用形容词例如差、好或优秀来修饰。

注 2:"固有的"(其反义是"赋予的")是指本来就有的,尤其是那种永久的特性。

[ISO 9000:2005,定义 3.1.1]

3.19

质量指标　quality indicator

一组内在特征满足要求的程度的度量。

注1：质量的测量指标可表示为，例如，产出百分数（在规定要求内的百分数）、缺陷百分数（在规定要求外的百分数）、百万机会缺陷数（DPMO）或六西格玛级别。

注2：质量指标可测量一个机构满足用户需求的程度和所有运行过程的质量。

例：若“要求”为实验室接收的所有尿液样品未被污染，则收到被污染的尿液样品占收到的所有尿液样品（此过程的固有特性）的百分数就是此过程质量的一个度量。

3.20

质量管理体系　quality management system

在质量方面指挥和控制组织的管理体系。

注1：本定义中的术语“质量管理体系”涉及以下活动：通用管理活动，资源供给与管理、检验前、检验和检验后过程，评估和持续改进。

注2：改写ISO 9000：2005，定义3.2.3。

3.21

质量方针　quality policy

由实验室管理层正式发布的关于质量方面的实验室宗旨和方向。

注1：通常质量方针与组织的总方针相一致并为制定质量目标提供框架。

注2：改写ISO 9000：2005，定义3.2.4。

3.22

质量目标　quality objective

在质量方面所追求的目的。

注1：质量目标通常依据实验室的质量方针制定。

注2：通常对组织的相关职能和层次分别规定质量目标。

注3：改写ISO 9000：2005，定义3.2.5。

3.23

受委托实验室　referral laboratory

样品被送检的外部实验室。

注：受委托实验室是实验室管理层选择转送样品或分样品供检验，或当无法实施常规检验时，送外检的实验室，不是组织或法规要求送检的实验室，如公共卫生、法医、肿瘤登记及中心（母体）机构的实验室。

3.24

样品　sample

取自原始样品的一部分或多部分。

示例：取自一较大体积血清的一定体积的血清。

3.25

周转时间　turnaround time

经历检验前、检验和检验后过程中的两个指定点之间所用的时间。

3.26

确认　validation

通过提供客观证据对特定的预期用途或应用要求已得到满足的认定。

注1：“已确认”一词用于表明相应的状态。

注2：改写ISO 9000：2005，定义3.8.5。

3.27

验证 verification

通过提供客观证据对规定要求已得到满足的认定。

注1:“已验证”一词用于表明相应的状态。

注2:认定可包括下述活动,如:

——变换方法进行计算;

——将新设计规范与已证实的类似设计规范进行比较;

——进行试验和演示;

——文件发布前进行评审。

[ISO 9000:2005,定义3.8.4]

4 管理要求

4.1 组织和管理责任

4.1.1 组织

4.1.1.1 总则

医学实验室(以下简称“实验室”)在其固定设施、相关设施或移动设施开展工作时,均应符合本部分的要求。

4.1.1.2 法律实体

实验室或其所在组织应是能为其活动承担法律责任的实体。

4.1.1.3 伦理行为

实验室管理层应做出适当安排以确保:

a) 不卷入任何可能降低实验室在能力、公正性、判断力或诚信性等方面的可信度的活动;

b) 管理层和员工不受任何可能对其工作质量产生不利的不正当的商业、财务或其他压力和影响;

c) 利益竞争中可能存在潜在冲突时,应公开且适宜地做出声明;

d) 有适当的程序确保员工按照相关法规要求处理人类样品、组织或剩余物;

e) 维护信息的保密性。

4.1.1.4 实验室主任

实验室应由一名或多名有能力且对实验室提供服务负责的人员领导。

实验室主任的职责应包括与实验室提供服务相关的专业、学术、顾问或咨询、组织、管理及教育事务。

实验室主任可将选定的职能和(或)职责指定给合格的人员,但实验室主任对实验室的全面运行及管理承担最终责任。

实验室主任的职能和职责应文件化。

实验室主任(或指定人员)应具有必需的能力、权限和资源,以满足本部分要求。

实验室主任(或指定人员)应:

a) 根据所在机构赋予的职能范围,对实验室服务实行有效领导,包括预算策划和财务管理;

b) 与相应的认可和监管部门、相关行政管理人员、卫生保健团体、所服务的患者人群以及正式的协议方有效联系并发挥作用(需要时);

c) 确保有适当数量的具备所需的教育、培训和能力的员工，以提供满足患者需求和要求的实验室服务；
d) 确保质量方针的实施；
e) 建立符合良好规范和适用要求的安全实验室环境；
f) 在所服务的机构中发挥作用(适用且适当时)；
g) 确保为试验选择、利用实验室服务及检验结果解释提供临床建议；
h) 选择和监控实验室的供应方；
i) 选择受委托实验室并监控其服务质量(见 4.5)；
j) 为实验室员工提供专业发展计划，并为其提供机会参与实验室专业性组织的科学和其他活动；
k) 制定、实施并监控实验室服务绩效和质量改进的标准；

   注：可通过参加母体组织的各种质量改进委员会活动实现上述要求(适用且适当时)。
l) 监控实验室开展的全部工作以确定输出给临床的相关信息；
m) 处理实验室员工和(或)实验室服务用户的投诉、要求或建议(见 4.8，4.14.3 和 4.14.4)；
n) 设计和实施应急计划，以确保实验室在服务条件有限或不可获得等紧急或其他情况下可提供必要服务；

   注：宜定期验证应急计划。
o) 策划和指导研发工作(适当时)。

4.1.2 管理责任

4.1.2.1 管理承诺

实验室管理层应提供建立和实施质量管理体系并改进其有效性的承诺的证据：

a) 告知实验室员工满足用户要求和需求(见 4.1.2.2)以及满足法规和认可要求的重要性；
b) 建立质量方针(见 4.1.2.3)；
c) 确保制定质量目标和策划(见 4.1.2.4)；
d) 明确所有人员的职责、权限和相互关系(见 4.1.2.5)；
e) 建立沟通过程(见 4.1.2.6)；
f) 指定一名质量主管(或其他称谓)(见 4.1.2.6)；
g) 实施管理评审(见 4.15)；
h) 确保所有人员有能力承担指定工作(见 5.1.6)；
i) 确保有充分资源(见 5.1、5.2 和 5.3)以正确开展检验前、检验和检验后工作(见 5.4、5.5 和 5.7)。

4.1.2.2 用户需求

实验室管理层应确保实验室服务包括适当的解释和咨询服务，能满足患者及实验室服务使用方的需求(见 4.4 和 4.14.3)。

4.1.2.3 质量方针

实验室管理层应在质量方针中规定质量管理体系的目的。实验室管理层应确保质量方针：

a) 与组织的宗旨相适应；
b) 包含对良好职业行为、检验适合于预期目的、符合本部分的要求以及实验室服务质量的持续改进的承诺；
c) 提供建立和评审质量目标的框架；
d) 在组织内传达并得到理解；
e) 持续适用性得到评审。

4.1.2.4 质量目标和策划

实验室管理层应在组织内的相关职能和层级上建立质量目标，包括满足用户需求和要求的目标。质量目标应可测量并与质量方针一致。

实验室管理层应确保落实质量管理体系的策划以满足要求（见 4.2）和质量目标。

策划并改变质量管理体系时，实验室管理层应确保维持其完整性。

4.1.2.5 职责、权限和相互关系

实验室管理层应确保对职责、权限和相互关系进行规定、文件化并在实验室内传达。此应包括指定一人或多人负责实验室每项职能，指定关键管理和技术人员的代理人。

注：在小型实验室一人可能会同时承担多项职能，对每项职能指定一位代理人可能不切实际。

4.1.2.6 沟通

实验室管理层应有与员工进行沟通的有效方法（见 4.14.4）；应保留在沟通和会议中讨论事项的记录。

实验室管理层应确保在实验室及其利益方之间建立适宜的沟通程序，并确保就实验室检验前、检验、检验后过程以及质量管理体系的有效性进行沟通。

4.1.2.7 质量主管

实验室管理层应指定一名质量主管，不管其是否有其他职责，应具有以下职责和权限：

a) 确保建立、实施和维持质量管理体系所需的过程；
b) 就质量管理体系运行情况和改进需求向负责实验室方针、目标和资源决策的实验室管理层报告；
c) 确保在整个实验室组织推进理解用户需求和要求的意识。

4.2 质量管理体系

4.2.1 总则

实验室应按照本部分的要求，建立、文件化、实施并维持质量管理体系并持续改进其有效性。

质量管理体系应整合所有必需过程，以符合质量方针和目标要求并满足用户的需求和要求。

实验室应：

a) 确定质量管理体系所需的过程并确保这些过程在实验室得到实施；
b) 确定这些过程的顺序和相互关系；
c) 确定所需的标准和方法以确保这些过程得到有效运行和控制；
d) 确保具备所需的资源和信息以支持过程的运行和监控；
e) 监控和评估这些过程；
f) 实施必要措施以达到这些过程的预期结果并持续改进。

4.2.2 文件化要求

4.2.2.1 总则

质量管理体系文件应包括：

a) 质量方针（见 4.1.2.3）和质量目标（见 4.1.2.4）的声明；
b) 质量手册（见 4.2.2.2）；

c) 本部分要求的程序和记录；

d) 实验室为确保有效策划、运行并控制其过程而规定的文件和记录(见4.13)；

e) 适用的法规、标准及其他规范文件。

注：只要方便获取并受到保护，不会导致非授权的修改及不当的损坏，文件的媒介可采用任何形式或类型。

4.2.2.2 质量手册

实验室应建立并维护一份质量手册，包括：

a) 质量方针(4.1.2.3)或其引用之处；

b) 质量管理体系的范围；

c) 实验室组织和管理结构及其在母体组织中的位置；

d) 确保符合本部分的实验室管理层(包括实验室主任和质量主管)的作用和职责；

e) 质量管理体系中使用的文件的结构和相互关系；

f) 为质量管理体系而制定的文件化政策并指明支持这些政策的管理和技术活动。

所有实验室员工应能够获取质量手册及其引用的文件并能得到使用和应用这些文件的指导。

4.3 文件控制

实验室应控制质量管理体系要求的文件并确保防止意外使用废止文件。

注1：宜考虑对由于版本或时间而发生变化的文件进行控制，例如，政策声明、使用说明、流程图、程序、规程、表格、校准表、生物参考区间及其来源、图表、海报、公告、备忘录、软件、画图、计划书、协议和外源性文件如法规、标准和提供检验程序的教科书等。

注2：记录包含特定时间点获得的结果或提供所开展活动的证据信息，并按照4.13"记录控制"的要求进行维护。

实验室应制定文件化程序确保满足以下要求：

a) 组成质量管理体系的所有文件，包括计算机系统中维护的文件，在发布前经授权人员审核并批准；

b) 所有文件均进行识别，包括：

——标题；

——每页均有唯一识别号；

——当前版本的日期和(或)版本号；

——页码和总页数(如"第1页共5页""第2页共5页")；

——授权发布。

注3："版本"(也可使用其他同义词)用于表示不同时间段发布的、带有修改或补充内容的一系列文件中的一个。

c) 以清单方式识别现行有效版本及其发放情况(例如：文件清单、目录或索引)；

d) 在使用地点，只有适用文件的现行授权版本；

e) 如果实验室的文件控制制度允许在文件再版前对其手写修改，则规定修改程序和权限；在修改之处清晰标记、签名并注明日期；修订的文件在规定期限内发布；

f) 文件的修改可识别；

g) 文件应易读；

h) 定期评审并按期更新文件以确保其仍然适用；

i) 对受控的废止文件标注日期并标记为废止；

j) 在规定期限或按照适用的规定要求，至少保留一份受控的废止文件。

4.4 服务协议

4.4.1 建立服务协议

实验室应制定文件化程序用于建立提供实验室服务的协议并对其进行评审。

实验室收到的每份检验申请均应视为协议。

实验室服务协议应考虑申请、检验和报告。协议应规定申请所需的信息以确保适宜的检验和结果解释。

实验室执行服务协议时应满足以下要求：

a) 规定、文件化并理解客户和用户、实验室服务提供者的要求，包括使用的检验过程（见5.4.2和5.5）；
b) 实验室有能力和资源满足要求；
c) 实验室人员具备实施预期检验所需的技能和专业知识；
d) 选择的检验程序适宜并能够满足客户需求（见5.5.1）；
e) 当协议的偏离影响到检验结果时，通知客户和用户；
f) 说明实验室委托给其他实验室或顾问的工作。

注1：客户和用户可包括临床医师、卫生保健机构、第三方付费组织或机构、制药公司和患者。

注2：当患者是客户时（例如：患者有能力直接申请检验），宜在实验室报告和解释性信息中说明服务的变更。

注3：在与委托执业者或基金机构的财务安排可引发检验委托或患者委托或影响执业者对患者最佳利益的独立评估时，实验室不宜卷入其中。

4.4.2 服务协议的评审

对实验室服务协议的评审应包括协议的所有内容。评审记录应包括对协议的任何修改和相关讨论。

实验室服务开始后如需修改协议，应重复同样的协议评审过程，并将所有修改内容通知所有受影响方。

4.5 受委托实验室的检验

4.5.1 受委托实验室和顾问的选择与评估

实验室应制定文件化程序用于选择与评估受委托实验室和对各个学科的复杂检验提供意见和解释的顾问。

该程序应确保满足以下要求：

a) 在征求实验室服务用户的意见后（适用时），实验室负责选择受委托实验室及顾问，监控其工作质量，并确保受委托实验室或顾问有能力开展所申请的检验；
b) 定期评审并评估与受委托实验室和顾问的协议，以确保满足本部分的相关要求；
c) 保存定期评审的记录；
d) 维护一份所有受委托实验室和征求意见的顾问的清单；
e) 按预定时限保留所有委托样品的申请单和检验结果。

4.5.2 检验结果的提供

委托实验室（而非受委托实验室）应负责确保将受委托实验室的检验结果提供给申请者，除非协议中有其他规定。

如果由委托实验室出具报告，则报告中应包括受委托实验室或顾问报告结果的所有必需要素，不应做任何可能影响临床解释的改动。报告应注明由受委托实验室或顾问实施的检验。

应明确标识添加评语的人员。

实验室应考虑周转时间、测量准确度、转录过程和解释技巧的要求,采用最适合的方式报告受委托实验室的结果。当需要受委托实验室和委托实验室双方的临床医生和专家合作才能对检验结果进行正确解释和应用时,应确保这一过程不受商业或财务的干扰。

4.6 外部服务和供应

实验室应制定文件化程序用于选择和购买可能影响其服务质量的外部服务、设备、试剂和耗材(见5.3)。

实验室应按照自身要求选择和批准有能力稳定供应外部服务、设备、试剂和耗材的供应商,但可能需要与组织中的其他部门合作以满足本要求。应建立选择标准。

应维持选择和批准的设备、试剂和耗材供应商清单。

购买信息应说明所需购买的产品或服务的要求。

实验室应监控供应商的表现以确保购买的服务或物品持续满足规定标准。

4.7 咨询服务

实验室应建立与用户沟通的以下安排:

a) 为选择检验和使用服务提供建议,包括所需样品类型(见5.4)、临床指征和检验程序的局限性以及申请检验的频率;
b) 为临床病例提供建议;
c) 为检验结果解释提供专业判断(见5.1.2和5.1.6);
d) 推动实验室服务的有效利用;
e) 咨询科学和后勤事务,如样品不满足可接受标准的情况。

4.8 投诉的解决

实验室应制定文件化程序用于处理来自临床医师、患者、实验室员工或其他方的投诉或反馈意见;应保存所有投诉、调查以及采取措施的记录(见4.14.3)。

4.9 不符合的识别和控制

实验室应制定文件化程序以识别和管理质量管理体系各方面发生的不符合,包括检验前、检验和检验后过程。

该程序应确保:

a) 指定处理不符合的职责和权限;
b) 规定应采取的应急措施;
c) 确定不符合的程度;
d) 必要时终止检验、停发报告;
e) 考虑不符合检验的临床意义,通知申请检验的临床医师或使用检验结果的授权人员(适用时);
f) 收回或适当标识已发出的存在不符合或潜在不符合的检验结果(需要时);
g) 规定授权恢复检验的职责;
h) 记录每一不符合事项并文件化,按规定的周期对记录进行评审,以发现趋势并启动纠正措施。

注:不符合的检验或活动可发生在不同方面,可用不同方式识别,包括医师的投诉、内部质量控制指标、设备校准、耗材检查、实验室间比对、员工的意见、报告和证书的核查、实验室管理层评审、内部和外部审核。

如果确定检验前、检验、检验后过程的不符合可能会再次发生,或对实验室与其程序的符合性有疑问时,实验室应立即采取措施以识别、文件化和消除原因。应确定需采取的纠正措施并文件化(见4.10)。

4.10 纠正措施

实验室应采取纠正措施以消除产生不符合的原因。纠正措施应与不符合的影响相适应。

实验室应制定文件化程序用于:

a) 评审不符合项;

b) 确定不符合的根本原因;

c) 评估纠正措施的需求以确保不符合不再发生;

d) 确定并实施所需的纠正措施;

e) 记录纠正措施的结果(见4.13);

f) 评审采取的纠正措施的有效性(见4.14.5)。

注:为减轻影响而在发现不符合的当时所采取的措施为“应急”措施。只有消除导致不符合产生的根本原因的措施才视为“纠正措施”。

4.11 预防措施

实验室应确定措施消除潜在不符合的原因以预防其发生。预防措施应与潜在问题的影响相适应。

实验室应制定文件化程序用于:

a) 评审实验室数据和信息以确定潜在不符合存在于何处;

b) 确定潜在不符合的根本原因;

c) 评估预防措施的需求以防止不符合的发生;

d) 确定并实施所需的预防措施;

e) 记录预防措施的结果(见4.13);

f) 评审采取的预防措施的有效性。

注:预防措施是事先主动识别改进可能性的过程,而不是对已发现的问题或投诉(即不符合)的反应。除对操作程序进行评审之外,预防措施还可能涉及数据分析,包括趋势和风险分析以及外部质量评价(能力验证)。

4.12 持续改进

实验室应通过实施管理评审,将实验室在评估活动、纠正措施和预防措施中显示出的实际表现与其质量方针和质量目标中规定的预期进行比较,以持续改进质量管理体系(包括检验前、检验和检验后过程)的有效性。改进活动应优先针对风险评估中得出的高风险事项。适用时,应制定、文件化并实施改进措施方案;应通过针对性评审或审核相关范围的方式确定采取措施的有效性(见4.14.5)。

实验室管理层应确保实验室参加覆盖患者医疗的相关范围及医疗结果的持续改进活动。如果持续改进方案识别出了持续改进机会,则不管其出现在何处,实验室管理层均应着手解决。实验室管理层应就改进计划和相关目标与员工进行沟通。

4.13 记录控制

实验室应制定文件化程序用于对质量和技术记录进行识别、收集、索引、获取、存放、维护、修改及安全处置。

应在对影响检验质量的每一项活动产生结果的同时进行记录。

注1:只要易于获取并可防止非授权的修改,记录可以是任何形式或类型的媒介。

应能获取记录的修改日期(相关时,包括时间)和修改人员的身份识别。

实验室应规定与质量管理体系(包括检验前、检验和检验后过程)相关的各种记录的保存时间。记录保存期限可以不同,但报告的结果应能在医学相关或法规要求的期限内进行检索。

注 2:从法律责任角度考虑,某些类型的程序(如组织学检验、基因检验、儿科检验等)的记录可能需要比其他记录保存更长时间。

应提供适宜的记录存放环境,以防损坏、变质、丢失或未经授权的访问(见 5.2.6)。

注 3:某些记录,特别是电子存储的记录,最安全的存放方式可能是用安全媒介和异地储存(见 5.10.3)。

记录应至少包括:

a) 供应商的选择和表现,以及获准供应商清单的更改;
b) 员工资格、培训及能力记录;
c) 检验申请;
d) 实验室接收样品记录;
e) 检验用试剂和材料信息(如批次文件、供应品证书、包装插页);
f) 实验室工作薄或工作单;
g) 仪器打印结果以及保留的数据和信息;
h) 检验结果和报告;
i) 仪器维护记录,包括内部及外部校准记录;
j) 校准函数和换算因子;
k) 质量控制记录;
l) 事件记录及采取的措施;
m) 事故记录及采取的措施;
n) 风险管理记录;
o) 识别出的不符合及采取的应急或纠正措施;
p) 采取的预防措施;
q) 投诉及采取的措施;
r) 内部及外部审核记录;
s) 实验室间比对结果;
t) 质量改进活动的记录;
u) 涉及实验室质量管理体系活动的各类决定的会议纪要;
v) 管理评审记录。

所有上述管理和技术记录应可供实验室管理评审利用(见 4.15)。

4.14 评估和审核

4.14.1 总则

实验室应策划并实施所需的评估和内部审核过程以:

a) 证实检验前、检验、检验后以及支持性过程按照满足用户需求和要求的方式实施;
b) 确保符合质量管理体系要求;
c) 持续改进质量管理体系的有效性。

评估和改进活动的结果应输入到管理评审(见 4.15)。

注:改进活动见 4.10、4.11 和 4.12。

4.14.2 申请、程序和样品要求适宜性的定期评审

授权人员应定期评审实验室提供的检验,确保其在临床意义上适合于收到的申请。

适用时,实验室应定期评审血液、尿液、其他体液、组织和其他类型样品的采样量、采集器械以及保

存剂的要求，以确保采样量既不会不足也不会过多，并正确采集以保护被测量。

4.14.3 用户反馈的评审

实验室应就所提供服务是否满足用户需求和要求征求用户反馈信息。反馈信息的获取和使用方式应包括：在实验室确保对其他用户保密的前提下，与用户或其代表合作对实验室的表现进行监督。应保存收集的信息以及采取措施的记录。

4.14.4 员工建议

实验室管理层应鼓励员工对实验室服务任何方面的改进提出建议。应评估并合理实施这些建议，并向员工反馈。应保存员工的建议及实验室管理层采取措施的记录。

4.14.5 内部审核

实验室应按计划定期实施内部审核以确定质量管理体系（包括检验前、检验和检验后过程）的所有活动是否：

a） 符合本部分要求以及实验室规定要求；

b） 已实施、有效并得到保持。

注 1：正常情况下，宜在一年内完成一次完整的内部审核。每年的内部审核不一定要对质量管理体系的全部要素进行深入审核，实验室可以决定重点审核某一特定活动，同时不能完全忽视其他活动。

应由经过培训的人员审核实验室质量管理体系中管理和技术过程的表现。审核方案应考虑到过程的状态和重要性、被审核的管理和技术范围，以及之前的审核结果。应规定审核的标准、范围、频率和方法并文件化。

审核员的选择和审核的实施应确保审核过程的客观和公正。只要资源允许，审核员应独立于被审核的活动。

注 2：参见 ISO 19011。

实验室应制定文件化程序，规定策划、实施审核、报告结果以及保存记录的职责和要求（见 4.13）。

被审核领域的负责人应确保识别出不符合时立即采取适当的措施。应及时采取纠正措施以消除所发现不符合的原因（见 4.10）。

4.14.6 风险管理

当检验结果影响患者安全时，实验室应评估工作过程和可能存在的问题对检验结果的影响，应修改过程以降低或消除识别出的风险，并将做出的决定和所采取的措施文件化。

4.14.7 质量指标

实验室应建立质量指标以监控和评估检验前、检验和检验后过程中的关键环节。

示例：不可接受样品的数量、受理时和（或）接收时错误的数量、修改报告的数量。

应策划监控质量指标的过程，包括建立目标、方法、解释、限制、措施计划和监控周期。

应定期评审质量指标以确保其持续适宜。

注 1：监控非检验程序的质量指标，如实验室安全和环境、设备和人员记录的完整性，以及文件控制系统的有效性等，可以提供有价值的管理信息。

注 2：实验室宜建立质量指标，用于系统监控和评估实验室对患者医疗的贡献（见 4.12）。

实验室在咨询用户后，应为每项检验确定反映临床需求的周转时间。实验室应定期评审是否满足其所确定的周转时间。

4.14.8 外部机构的评审

如果外部机构的评审识别出实验室存在不符合或潜在不符合，适当时，实验室应采取适宜的应急措施、纠正措施或预防措施，以持续符合本部分的要求。应保存评审以及采取的纠正措施和预防措施的记录。

注：外部机构评审的示例包括认可评审、监督部门的检查，以及卫生和安全检查。

4.15 管理评审

4.15.1 总则

实验室管理层应定期评审质量管理体系，以确保其持续的适宜性、充分性和有效性以及对患者医疗的支持。

4.15.2 评审输入

管理评审的输入至少应包括以下评估结果信息：

a) 对申请、程序和样品要求适宜性的定期评审(见 4.14.2)；
b) 用户反馈的评审(见 4.14.3)；
c) 员工建议(见 4.14.4)；
d) 内部审核(见 4.14.5)；
e) 风险管理(见 4.14.6)；
f) 质量指标(见 4.14.7)；
g) 外部机构的评审(见 4.14.8)；
h) 参加实验室间比对计划(PT/EQA)的结果(见 5.6.3)；
i) 投诉的监控和解决(见 4.8)；
j) 供应商的表现(见 4.6)；
k) 不符合的识别和控制(见 4.9)；
l) 持续改进的结果(见 4.12)，包括纠正措施(见 4.10)和预防措施(见 4.11)现状；
m) 前期管理评审的后续措施；
n) 可能影响质量管理体系的工作量及范围、员工及检验场所的改变；
o) 包括技术要求在内的改进建议。

4.15.3 评审活动

评审应分析不符合的原因，提示过程存在问题的趋势和模式的输入信息。

评审应包括对改进机会和质量管理体系(包括质量方针和质量目标)变更需求的评估。

应尽可能客观地评估实验室对患者医疗贡献的质量和适宜性。

4.15.4 评审输出

应记录管理评审的输出，包括下述相关管理评审决议和措施：

a) 质量管理体系及其过程有效性的改进；
b) 用户服务的改进；
c) 资源需求。

注：两次管理评审的时间间隔不宜大于 12 个月。然而，质量体系初建期间，评审间隔宜缩短。

应记录管理评审的发现和措施，并告知实验室员工。

实验室管理层应确保管理评审决定的措施在规定的时限内完成。

5 技术要求

5.1 人员

5.1.1 总则

实验室应制定文件化程序，对人员进行管理并保持所有人员记录，以证明满足要求。

5.1.2 人员资质

实验室管理层应将每个岗位的人员资质要求文件化。该资质应反映适当的教育、培训、经历和所需技能证明，并且与所承担的工作相适应。

对检验做专业判断的人应具备适当的理论和实践背景及经验。

注：专业判断的形式可为意见、解释、预测、模拟、模型及数值，并符合国家、区域、地方法规和专业指南。

5.1.3 岗位描述

实验室应对所有人员的岗位进行描述，包括职责、权限和任务。

5.1.4 新员工入岗前介绍

实验室应有程序向新员工介绍组织以及他们将要工作的部门或区域、聘用的条件和期限、员工设施、健康和安全要求（包括火灾和应急事件）以及职业卫生保健服务。

5.1.5 培训

实验室应为所有员工提供培训，包括以下内容：

a) 质量管理体系；

b) 所分派的工作过程和程序；

c) 适用的实验室信息系统；

d) 健康与安全，包括防止或控制不良事件的影响；

e) 伦理；

f) 患者信息的保密。

对在培人员应始终进行监督指导。

应定期评估培训效果。

5.1.6 能力评估

实验室应根据所建立的标准，评估每一位员工在适当的培训后，执行所指派的管理或技术工作的能力。

应定期进行再次评估。必要时，应进行再培训。

注1：可采用以下全部或任意方法组合，在与日常工作环境相同的条件下，对实验室员工的能力进行评估：

a) 直接观察常规工作过程和程序，包括所有适用的安全操作；

b) 直接观察设备维护和功能检查；

c) 监控检验结果的记录与报告过程；

d) 核查工作记录；

e) 评估解决问题的技能；

f) 检验特定样品，如先前已检验的样品、实验室间比对的物质或分割样品。

注2：宜专门设计对专业判断能力的评估并与目的相适应。

5.1.7 员工表现的评估

除技术能力评估外，实验室应确保对员工表现的评估考虑了实验室和个体的需求，以保持和改进对用户的服务质量，激励富有成效的工作关系。

注：实施评估的员工宜接受适当的培训。

5.1.8 继续教育和专业发展

应对从事管理和技术工作的人员提供继续教育计划。员工应参加继续教育。应定期评估继续教育计划的有效性。

员工应参加常规专业发展或其他的专业相关活动。

5.1.9 人员记录

应保持全体人员相关教育和专业资质、培训、经历和能力评估的记录。

这些记录应随时可供相关人员利用，并应包括(但不限于)以下内容：

a) 教育和专业资质；

b) 证书或执照的复件(适用时)；

c) 以前的工作经历；

d) 岗位描述；

e) 新员工入岗前介绍；

f) 当前岗位的培训；

g) 能力评估；

h) 继续教育和成果记录；

i) 人员表现评估；

j) 事故报告和职业危险暴露记录；

k) 免疫状态(与指派的工作相关时)。

注：以上所列记录，不要求存放在实验室，也可保存在其他特定地点，但在需要时可以获取。

5.2 设施和环境条件

5.2.1 总则

实验室应分配开展工作的空间。其设计应确保用户服务的质量、安全和有效，以及实验室员工、患者和来访者的健康和安全。实验室应评估和确定工作空间的充分性和适宜性。

在实验室主场所外的地点进行的原始样品采集和检验，例如，实验室管理下的床旁检验，也应提供类似的条件(适用时)。

5.2.2 实验室和办公设施

实验室及相关办公设施应提供与开展工作相适应的环境，以确保满足以下条件：

a) 对进入影响检验质量的区域进行控制；

  注：进入控制宜考虑安全性、保密性、质量和通行做法。

b) 应保护医疗信息、患者样品、实验室资源，防止未授权访问；

c) 检验设施应保证检验的正确实施，这些设施可包括能源、照明、通风、噪声、供水、废物处理和环境条件；

d) 实验室内的通信系统与机构的规模、复杂性相适应，以确保信息的有效传输；

e) 提供安全设施和设备,并定期验证其功能。

示例:应急疏散装置、冷藏或冷冻库中的对讲机和警报系统,便利的应急淋浴和洗眼装置等。

5.2.3 储存设施

储存空间和条件应确保样品材料、文件、设备、试剂、耗材、记录、结果和其他影响检验结果质量的物品的持续完整性。

应以防止交叉污染的方式储存检验过程中使用的临床样品和材料。

危险品的储存和处置设施应与物品的危险性相适应,并符合适用要求的规定。

5.2.4 员工设施

应有足够的洗手间、饮水处和储存个人防护装备和衣服的设施。

注:如可能,实验室宜提供空间以供员工活动,如会议、学习和休息。

5.2.5 患者样品采集设施

患者样品采集设施应有隔开的接待/等候和采集区。这些设施应考虑患者的隐私、舒适度及需求(如残疾人通道,盥洗设施),以及在采集期间的适当陪伴人员(如监护人或翻译)。

执行患者样品采集程序(如采血)的设施应保证样品采集方式不会使结果失效或对检验质量有不利影响。

样品采集设施应配备并维护适当的急救物品,以满足患者和员工需求。

注:某些样品采集设施可能需要配备适当的复苏设备。地方法规可适用。

5.2.6 设施维护和环境条件

实验室应保持设施功能正常、状态可靠。工作区应洁净并保持良好状态。

有相关的规定要求,或可能影响样品、结果质量和(或)员工健康时,实验室应监测、控制和记录环境条件。应关注与开展活动相适宜的光、无菌、灰尘、有毒有害气体、电磁干扰、辐射、湿度、电力供应、温度、声音、振动水平和工作流程等条件,以确保这些因素不会使结果无效或对所要求的检验质量产生不利影响。

相邻实验室部门之间如有不相容的业务活动,应有效分隔。在检验程序可产生危害,或不隔离可能影响工作时,应制定程序防止交叉污染。

必要时,实验室应提供安静和不受干扰的工作环境。

注:安静和不受干扰的工作区包括,例如,细胞病理学筛选、血细胞和微生物的显微镜分类、测序试验的数据分析以及分子突变结果的复核。

5.3 实验室设备、试剂和耗材

注1:根据本部分的用途,实验室设备包括仪器的硬件和软件、测量系统和实验室信息系统。

注2:试剂包括参考物质、校准品和质控品;耗材包括培养基、移液器吸头、载玻片等。

注3:外部服务、设备、试剂和耗材的选择和购买等相关内容见4.6。

5.3.1 设备

5.3.1.1 总则

实验室应制定设备选择、购买和管理的文件化程序。

实验室应配备其提供服务所需的全部设备(包括样品采集、样品准备、样品处理、检验和贮存)。若实验室需要使用非永久控制的设备,实验室管理层也应确保符合本部分的要求。

必要时，实验室应更换设备，以确保检验结果质量。

5.3.1.2 设备验收试验

实验室应在设备安装和使用前验证其能够达到必要的性能，并符合相关检验的要求（见 5.5.1）。

注：本要求适用于：实验室使用的设备、租用设备或在相关或移动设施中由实验室授权的其他人员使用的设备。

每件设备应有唯一标签、标识或其他识别方式。

5.3.1.3 设备使用说明

设备应始终由经过培训的授权人员操作。

设备使用、安全和维护的最新说明，包括由设备制造商提供的相关手册和使用指南，应便于获取。

实验室应有设备安全操作、运输、存储和使用的程序，以防止设备污染或损坏。

5.3.1.4 设备校准和计量学溯源

实验室应制定文件化程序，对直接或间接影响检验结果的设备进行校准，内容包括：

a） 使用条件和制造商的使用说明；

b） 记录校准标准的计量学溯源性和设备的可溯源性校准；

c） 定期验证要求的测量准确度和测量系统功能；

d） 记录校准状态和再校准日期；

e） 当校准给出一组修正因子时，应确保之前的校准因子得到正确更新；

f） 安全防护以防止因调整和篡改而使检验结果失效。

计量学溯源性应追溯至可获得的较高计量学级别的参考物质或参考程序。

注：追溯至高级别参考物质或参考程序的校准溯源文件可以由检验系统的制造商提供。只要使用未经过修改的制造商检验系统和校准程序，该份文件即可接受。

当计量学溯源不可能或无关时，应用其他方式提供结果的可信度，包括但不限于以下方法：

——使用有证标准物质；

——经另一程序检验或校准；

——使用明确建立、规定、确定了特性的并由各方协商一致的协议标准或方法。

5.3.1.5 设备维护与维修

实验室应制定文件化的预防性维护程序，该程序至少应遵循制造商说明书的要求。

设备应维护处于安全的工作条件和工作顺序状态，应包括检查电气安全、紧急停机装置（如有），以及由授权人员安全操作和处理化学品、放射性物质和生物材料。至少应使用制造商的计划和（或）说明书。

当发现设备故障时，应停止使用并清晰标识。实验室应确保故障设备已经修复并验证，表明其满足规定的可接受标准后方可使用。实验室应检查设备故障对之前检验的影响，并采取应急措施或纠正措施（见 4.10）。

在设备投入使用、维修或报废之前，实验室应采取适当措施对设备去污染，并提供适于维修的空间和适当的个人防护设备。

当设备脱离实验室的直接控制时，实验室应保证在其返回实验室使用之前验证其性能。

5.3.1.6 设备不良事件报告

由设备直接引起的不良事件和事故，应按要求进行调查并向制造商和监管部门报告。

5.3.1.7 设备记录

应保存影响检验性能的每台设备的记录，包括但不限于以下内容：

a) 设备标识；

b) 制造商名称、型号和序列号或其他唯一标识；

c) 供应商或制造商的联系方式；

d) 接收日期和投入使用日期；

e) 放置地点；

f) 接收时的状态(如新设备、旧设备或翻新设备)；

g) 制造商说明书；

h) 证明设备纳入实验室时最初可接受使用的记录；

i) 已完成的保养和预防性保养计划；

j) 确认设备可持续使用的性能记录；

k) 设备的损坏、故障、改动或修理。

以上 j)中提及的性能记录应包括全部校准和(或)验证的报告/证书复印件，包含日期、时间、结果、调整、接受标准以及下次校准和(或)验证日期，以满足本条款的部分或全部要求。

设备记录应按实验室记录控制程序(见 4.13)的要求，在设备使用期或更长时期内保存并易于获取。

5.3.2 试剂和耗材

5.3.2.1 总则

实验室应制定文件化程序用于试剂和耗材的接收、贮存、验收试验和库存管理。

5.3.2.2 试剂和耗材——接收和贮存

当实验室不是接收单位时，应核实接收地点具备充分的贮存和处理能力，以保证购买的物品不会损坏或变质。

实验室应按制造商的说明贮存收到的试剂和耗材。

5.3.2.3 试剂和耗材——验收试验

每当试剂盒的试剂组分或试验过程改变，或使用新批号或新货运号的试剂盒之前，应进行性能验证。

影响检验质量的耗材应在使用前进行性能验证。

5.3.2.4 试剂和耗材——库存管理

实验室应建立试剂和耗材的库存控制系统。

库存控制系统应能将未经检查和不合格的试剂和耗材与合格的分开。

5.3.2.5 试剂和耗材——使用说明

试剂和耗材的使用说明包括制造商提供的说明书，应易于获取。

5.3.2.6 试剂和耗材——不良事件报告

由试剂或耗材直接引起的不良事件和事故，应按要求进行调查并向制造商和相应的监管部门报告。

5.3.2.7 试剂和耗材——记录

应保存影响检验性能的每一试剂和耗材的记录，包括但不限于以下内容：

a) 试剂或耗材的标识；

b) 制造商名称、批号或货号；

c) 供应商或制造商的联系方式；

d) 接收日期、失效期、使用日期、停用日期(适用时)；

e) 接收时的状态(例如：合格或损坏)；

f) 制造商说明书；

g) 试剂或耗材初始准用记录；

h) 证实试剂或耗材持续可使用的性能记录。

当实验室使用配制试剂或自制试剂时，记录除以上内容外，还应包括制备人和制备日期。

5.4 检验前过程

5.4.1 总则

实验室应制定检验前活动的文件化程序和信息，以保证检验结果的有效性。

5.4.2 提供给患者和用户的信息

实验室应为患者和用户提供实验室服务的信息。这些信息应包括：

a) 实验室地址；

b) 实验室提供的临床服务种类，包括委托给其他实验室的检验；

c) 实验室开放时间；

d) 实验室提供的检验，适当时，包括样品所需的信息、原始样品的量、特殊注意事项、周转时间(可在总目录或检验组合中提供)、生物参考区间和临床决定值；

e) 检验申请单填写说明；

f) 患者准备说明；

g) 患者自采样品的说明；

h) 样品运送说明，包括特殊处理要求；

i) 患者知情同意要求(例如：需要委托检验时，同意向相关医疗专家公开临床信息和家族史)；

j) 实验室接受和拒收样品的标准；

k) 已知对检验性能或结果解释有重要影响的因素的清单；

l) 检验申请和检验结果解释方面的临床建议；

m) 实验室保护个人信息的政策；

n) 实验室处理投诉的程序。

实验室应向患者和用户提供包括需进行的临床操作的解释等信息，以使其知情并同意。需要时，应向患者和用户解释提供患者和家庭信息的重要性(例如解释基因检验结果)。

5.4.3 申请单信息

申请单或电子申请单应留有空间以填入下述(但不限于)内容：

a) 患者身份识别，包括性别、出生日期、患者地点/详细联系信息、唯一标识；

注 1：唯一识别可包括字母和(或)数字的识别号，例如住院号或个人保健号。

b) 医师、医疗服务提供者或其他依法授权的可申请检验或可使用医学资料者的姓名或其他唯一

识别号,以及报告的目的地和详细联系信息;

c) 原始样品的类型,以及原始解剖部位(相关时);

d) 申请的检验项目;

e) 与患者和申请项目相关的临床资料,用于检验操作和解释检验结果目的;

注 2: 检验操作和解释检验结果需要的信息可包括患者的家系、家族史、旅行和接触史、传染病和其他相关临床信息,还可包括收费信息、财务审核、资源管理和使用的审核。患者宜知晓收集的信息和目的。

f) 原始样品采集日期,采集时间(相关时);

g) 样品接收日期和时间。

注 3: 申请单的格式(如电子或纸质)及申请单送达实验室的方式宜与实验室服务用户讨论后决定。

实验室应制定针对口头申请检验的文件化程序,包括在规定时限内提供申请单(或电子申请单)进行确认。

实验室在澄清用户的申请内容时,应有意愿与用户或其代表进行合作。

5.4.4 原始样品采集和处理

5.4.4.1 总则

实验室应制定正确采集和处理原始样品的文件化程序。文件化程序应可供负责原始样品采集者使用,不论其是否为实验室的员工。

当按照用户要求,文件化采集程序的内容发生偏离、省略和增加时,应记录并纳入含检验结果的所有文件中,并通知适当的人员。

注 1: 对患者执行的所有程序需患者知情同意。对于大多数常规实验室程序,如患者携带申请单自行到实验室并愿意接受普通的采集程序如静脉穿刺,即可推断患者已同意。对住院患者,正常情况下,宜给予其拒绝(采集的)机会。

特殊程序,包括大多数侵入性程序或那些有增加并发症风险的程序,需有更详细的解释,在某些情况下,需要书面同意。

紧急情况时不可能得到患者的同意,此时,只要对患者最有利,可以执行必需的程序。

注 2: 在接待和采样期间,宜充分保护患者隐私。保护措施与申请信息的类型和采集的原始样品相适应。

5.4.4.2 采集前活动的指导

实验室对采集前活动的指导应包括以下内容:

a) 申请单或电子申请单的填写;

b) 患者准备(例如:为护理人员、采血者、样品采集者或患者提供的指导);

c) 原始样品采集的类型和量,原始样品采集所用容器及必需添加物;

d) 特殊采集时机(需要时);

e) 影响样品采集、检验或结果解释,或与其相关的临床资料(如用药史)。

5.4.4.3 采集活动的指导

实验室对采集活动的指导应包括以下内容:

a) 接受原始样品采集的患者身份的确认;

b) 确认患者符合检验前要求,例如:禁食、用药情况(最后服药时间、停药时间)、在预先规定的时间或时间间隔采集样品等;

c) 血液和非血液原始样品的采集说明、原始样品容器及必需添加物的说明;

d) 当原始样品采集作为临床操作的一部分时,应确认与原始样品容器、必需添加物、必需的处理、样品运输条件等相关的信息和说明,并告知适当的临床工作人员;

e) 可明确追溯到被采集患者的原始样品标记方式的说明；

f) 原始样品采集者身份及采集日期的记录，以及采集时间的记录(必要时)；

g) 采集的样品运送到实验室之前的正确储存条件的说明；

h) 采样物品使用后的安全处置。

5.4.5 样品运送

实验室对采集后活动的指导应包括运送样品的包装。

实验室应制定文件化程序监控样品运送，确保符合以下要求：

a) 运送时间适合于申请检验的性质和实验室专业特点；

b) 保证收集、处理样品所需的特定温度范围，使用指定的保存剂，以保证样品的完整性；

c) 确保样品完整性，确保运送者、公众及接收实验室安全，并符合规定要求。

注：不涉及原始样品采集和运送的实验室，当接受的样品完整性被破坏或已危害到运送者或公众的安全时，立即联系运送者并通知其采取的措施以防再次发生，即可视为满足 5.4.5c)的要求。

5.4.6 样品接收

实验室的样品接收程序应确保符合以下条件：

a) 样品可通过申请单和标识明确追溯到确定的患者或地点；

b) 应用实验室制定并文件化的样品接受或拒收的标准；

c) 如果患者识别或样品识别有问题，运送延迟或容器不适当导致样品不稳定，样品量不足，样品对临床很重要或样品不可替代，而实验室仍选择处理这些样品，应在最终报告中说明问题的性质，并在结果的解释中给出警示(适用时)；

d) 应在登记本、工作单、计算机或其他类似系统中记录接收的所有样品；应记录样品接收和(或)登记的日期和时间；如可能，也应记录样品接收者的身份；

e) 授权人员应评估已接收的样品，确保其满足与申请检验相关的接受标准；

f) 应有接收、标记、处理和报告急诊样品的相关说明。这些说明应包括对申请单和样品上所有特殊标记的详细说明、样品转送到实验室检验区的机制、应用的所有快速处理模式和所有应遵循的特殊报告标准。

所有取自原始样品的部分样品应可明确追溯至最初的原始样品。

5.4.7 检验前处理、准备和储存

实验室应有保护患者样品的程序和适当的设施，避免样品在检验前活动中以及处理、准备、储存期间发生变质、遗失或损坏。

实验室的程序应规定对同一原始样品申请附加检验或进一步检验的时限。

5.5 检验过程

5.5.1 检验程序的选择、验证和确认

5.5.1.1 总则

实验室应选择预期用途经过确认的检验程序，应记录检验过程中从事操作活动的人员身份。

每一检验程序的规定要求(性能特征)应与该检验的预期用途相关。

注：首选程序可以是体外诊断医疗器械使用说明中规定的程序，公认/权威教科书、经同行审议过的文章或杂志发表的，国际公认标准或指南中的，或国家、地区法规中的程序。

5.5.1.2 检验程序验证

在常规应用前,应由实验室对未加修改而使用的已确认的检验程序进行独立验证。

实验室应从制造商或方法开发者获得相关信息,以确定检验程序的性能特征。

实验室进行的独立验证,应通过获取客观证据(以性能特征形式)证实检验程序的性能与其声明相符。验证过程证实的检验程序的性能指标,应与检验结果的预期用途相关。

实验室应将验证程序文件化,并记录验证结果。验证结果应由适当的授权人员审核并记录审核过程。

5.5.1.3 检验程序的确认

实验室应对以下来源的检验程序进行确认:

a) 非标准方法;

b) 实验室设计或制定的方法;

c) 超出预定范围使用的标准方法;

d) 修改过的确认方法。

方法确认应尽可能全面,并通过客观证据(以性能特征形式)证实满足检验预期用途的特定要求。

注:检验程序的性能特征宜包括:测量正确度、测量准确度、测量精密度(含测量重复性和测量中间精密度)、测量不确定度、分析特异性(含干扰物)、分析灵敏度、检出限和定量限、测量区间、诊断特异性和诊断灵敏度。

实验室应将确认程序文件化,并记录确认结果。确认结果应由授权人员审核并记录审核过程。

当对确认过的检验程序进行变更时,应将改变所引起的影响文件化,适当时,应重新进行确认。

5.5.1.4 被测量值的测量不确定度

实验室应为检验过程中用于报告患者样品被测量值的每个测量程序确定测量不确定度。实验室应规定每个测量程序的测量不确定度性能要求,并定期评审测量不确定度的评估结果。

注1:与实际测量过程相关联的不确定度分量从接收样品启动测量程序开始,至输出测量结果终止。

注2:测量不确定度可在中间精密度条件下通过测量质控品获得的量值进行计算,这些条件包括了测量程序标准操作中尽可能多而合理的常规变化,例如:不同批次试剂和校准品、不同操作者和定期仪器维护。

注3:测量不确定度评估结果实际应用的例子,可包括确认患者结果符合实验室设定的质量目标,将患者结果与之前相同类型的结果或临床决定值进行有意义的比对。

实验室在解释测量结果量值时应考虑测量不确定度。需要时,实验室应向用户提供测量不确定度评估结果。

当检验过程包括测量步骤但不报告被测量值时,实验室宜计算有助于评估检验程序可靠性或对报告结果有影响的测量步骤的测量不确定度。

5.5.2 生物参考区间或临床决定值

实验室应规定生物参考区间或临床决定值,将此规定的依据文件化,并通知用户。

当特定的生物参考区间或决定值不再适用服务的人群时,应进行适宜的改变并通知用户。

如果改变检验程序或检验前程序,实验室应评审相关的参考区间和临床决定值(适用时)。

5.5.3 检验程序文件化

检验程序应文件化,并应用实验室员工通常理解的语言书写,且在适当的地点可以获取。

任何简要形式文件(如卡片文件或类似应用的系统)的内容应与文件化程序对应。

注1:只要有程序文件的全文供参考,工作台处可使用用作快速参考程序的作业指导书、卡片文件或总结关键信息

的类似系统。

注 2：检验程序可参考引用产品使用说明的信息。

所有与检验操作相关的文件，包括程序文件、纪要文件、简要形式文件和产品使用说明书，均应遵守文件控制要求。

除文件控制标识外，检验程序文件应包括：

a) 检验目的；
b) 检验程序的原理和方法；
c) 性能特征(见 5.5.1.2 和 5.5.1.3)；
d) 样品类型(如：血浆、血清、尿液)；
e) 患者准备；
f) 容器和添加剂类型；
g) 所需的仪器和试剂；
h) 环境和安全控制；
i) 校准程序(计量学溯源)；
j) 程序性步骤；
k) 质量控制程序；
l) 干扰(如：脂血、溶血、黄疸、药物)和交叉反应；
m) 结果计算程序的原理，包括被测量值的测量不确定度(相关时)；
n) 生物参考区间或临床决定值；
o) 检验结果的可报告区间；
p) 当结果超出测量区间时，对如何确定定量结果的说明；
q) 警示或危急值(适当时)；
r) 实验室临床解释；
s) 变异的潜在来源；
t) 参考文献。

当实验室拟改变现有的检验程序，而导致检验结果或其解释可能明显不同时，在对程序进行确认后，应向实验室服务的用户解释改变所产生的影响。

注 3：依据地方情况，本要求可通过不同方式实现，包括直接邮寄、实验室通讯或作为检验报告的一部分。

5.6 检验结果质量的保证

5.6.1 总则

实验室应在规定条件下进行检验以保证检验质量。

应实施适当的检验前和检验后过程(见 4.14.7、5.4、5.7 和 5.8)。

实验室不应编造结果。

5.6.2 质量控制

5.6.2.1 总则

实验室应设计质量控制程序以验证达到预期的结果质量。

注：在某些国家，本条款所指的质量控制也称为“内部质量控制”。

5.6.2.2 质控品

实验室应使用适宜质控品，质控品对检测系统的反应尽量接近于患者样品。

应定期检验质控品。检验频率应基于检验程序的稳定性和错误结果对患者危害的风险而确定。

注1：只要可能，实验室宜选择临床决定值水平或与其值接近的质控品浓度，以保证决定值的有效性。

注2：宜考虑使用独立的第三方质控品，作为试剂或仪器制造商提供的质控品的替代或补充。

5.6.2.3 质控数据

实验室应制定程序以防止在质控失控时发出患者结果。

当违反质控规则并提示检验结果可能有明显临床错误时，应拒绝接受结果，并在纠正错误情况并验证性能合格后重新检验患者样品。实验室还应评估最后一次成功质控活动之后患者样品的检验结果。

应定期评审质控数据，以发现可能提示检验系统问题的检验性能变化趋势。发现此类趋势时应采取预防措施并记录。

注：宜尽量采用统计学和非统计学过程控制技术连续监测检验系统的性能。

5.6.3 实验室间比对

5.6.3.1 参加实验室间比对

实验室应参加适于相关检验和检验结果解释的实验室间比对计划（如外部质量评价计划或能力验证计划）。实验室应监控实验室间比对计划的结果，当不符合预定的评价标准时，应实施纠正措施。

注：实验室宜参加满足ISO/IEC 17043相关要求的实验室间比对计划。

实验室应建立参加实验室间比对的程序并文件化。该程序包括职责规定、参加说明，以及任何不同于实验室间比对计划的评价标准。

实验室选择的实验室间比对计划应尽量提供贴近临床实际的、模拟患者样品的比对试验，具有检查包括检验前和检验后程序的全部检验过程的功用（可能时）。

5.6.3.2 替代方案

当无实验室间比对计划可利用时，实验室应采取其他方案并提供客观证据确定检验结果的可接受性。

这些方案应尽可能使用适宜的物质。

注：适宜物质可包括：

——有证标准物质/标准样品；

——以前检验过的样品；

——细胞库或组织库中的物质；

——与其他实验室的交换样品；

——实验室间比对计划中日常测试的质控品。

5.6.3.3 实验室间比对样品的分析

实验室应尽量按日常处理患者样品的方式处理实验室间比对样品。

实验室间比对样品应由常规检验患者样品的人员用检验患者样品的相同程序进行检验。

实验室在提交实验室间比对数据日期之前，不应与其他参加者互通数据。

实验室在提交实验室间比对数据之前，不应将比对样品转至其他实验室进行确认检验，尽管此活动经常用于患者样品检验。

5.6.3.4 实验室表现评价

应评价实验室在参加实验室间比对中的表现，并与相关人员讨论。

当实验室表现未达到预定标准（即存在不符合）时，员工应参与实施并记录纠正措施。应监控纠正措施的有效性。应评价参加实验室间比对的结果，如显示出存在潜在不符合的趋势，应采取预防措施。

5.6.4 检验结果可比性

应规定比较程序和所用设备和方法，以及建立临床适宜区间内患者样品结果可比性的方法。此要求适用于相同或不同的程序、设备、不同地点或所有这些情况。

注：在测量结果可溯源至同一标准的特定情况下，若校准物可互换，则认为结果具有计量学可比性。

当不同测量系统对同一被测量（如葡萄糖）给出不同测量区间以及变更检验方法时，实验室应告知结果使用者在结果可比性方面的任何变化并讨论其对临床活动的影响。

实验室应对比较的结果进行整理、记录，适当时，迅速采取措施。应对发现的问题或不足采取措施并保存实施措施的记录。

5.7 检验后过程

5.7.1 结果复核

实验室应制定程序确保检验结果在被授权者发布前得到复核，适当时，应对照室内质控、可利用的临床信息及以前的检验结果进行评估。

如结果复核程序包括自动选择和报告，应制定复核标准、批准权限并文件化（见5.9.1）。

5.7.2 临床样品的储存、保留和处置

实验室应制定文件化程序对临床样品进行识别、收集、保留、检索、访问、储存、维护和安全处置。

实验室应规定临床样品保留的时限。应根据样品的性状、检验和任何适用的要求确定保留时间。

注：出于法律责任考虑，某些类型的程序（如组织学检验、基因检验、儿科检验）可能要求对某些样品保留更长的时间。

样品的安全处置应符合地方法规或有关废物管理的建议。

5.8 结果报告

5.8.1 总则

每一项检验结果均应准确、清晰、明确并依据检验程序的特定说明报告。

实验室应规定报告的格式和介质（即电子或纸质）及其从实验室发出的方式。

实验室应制定程序以保证检验结果正确转录。

报告中应包括解释检验结果所必需的信息。

当检验延误可能影响患者医疗时，实验室应有通知检验申请者的方法。

5.8.2 报告特性

实验室应确保下述报告特性能够有效表述检验结果并满足用户要求：

a） 对可能影响检验结果的样品质量的评估；

b） 按样品接受/拒收标准得出的样品适宜性的评估；

c） 危急值（适用时）；

d） 结果解释，适用时可包括最终报告中对自动选择和报告结果的解释的验证（见5.9.1）。

5.8.3 报告内容

报告中应包括但不限于以下内容：

a） 清晰明确的检验项目识别，适当时，还包括检验程序；

b) 发布报告的实验室的识别；

c) 所有由受委托实验室完成的检验的识别；

d) 每页都有患者的识别和地点；

e) 检验申请者姓名或其他唯一识别号和申请者的详细联系信息；

f) 原始样品采集的日期，当可获得并与患者有关时，还应有采集时间；

g) 原始样品类型；

h) 测量程序(适当时)；

i) 以SI单位或可溯源至SI单位，或其他适用单位报告的检验结果；

j) 生物参考区间、临床决定值，或支持临床决定值的直方图/列线图(诺谟图)，适用时；

注：在某些情况下，将生物参考区间清单或表格在取报告处发给所有实验室服务用户可能是适当的。

k) 结果解释(适当时)；

注：结果的完整解释需要临床背景信息，而这些信息实验室不一定可获取。

l) 其他注释如警示性或解释性注释(例如：可能影响检验结果的原始样品的品质或量、受委托实验室的结果/解释、使用研发中的程序)；

m) 作为研发计划的一部分而开展的，尚无明确的测量性能声明的检验项目识别；

n) 复核结果和授权发布报告者的识别(如未包含在报告中，则在需要时随时可用)；

o) 报告及发布的日期和时间(如未包含在报告中，在需要时应可提供)；

p) 页数和总页数(例如：第1页共5页、第2页共5页等)。

5.9 结果发布

5.9.1 总则

实验室应制定发布检验结果的文件化程序，包括结果发布者及接收者的详细规定。该程序应确保满足以下条件：

a) 当接收到的原始样品质量不适于检验或可能影响检验结果时，应在报告中说明；

b) 当检验结果处于规定的“警示”或“危急”区间内时：

——立即通知医师(或其他授权医务人员)，包括送至受委托实验室检验的样品的结果(见4.5)；

——保存采取措施的记录，包括日期、时间、负责的实验室员工、通知的人员，及在通知时遇到的任何困难；

c) 结果清晰、转录无误，并报告给授权接收和使用信息的人；

d) 若结果以临时报告形式发送，则最终报告总是发送给检验申请者；

e) 应有过程确保经电话或电子方式发布的检验结果只送达至授权的接收者。口头提供的结果应跟随一份书面报告。应有所有口头提供结果的记录。

注1：对某些检验结果(如某些基因检验或感染性疾病检验)，可能需要特殊的咨询。实验室宜努力做到，在未经充分咨询之前，不直接将有严重含意的结果告之患者。

注2：屏蔽了患者所有识别的实验室检验结果可用于如流行病学、人口统计学或其他统计学分析。

见4.9。

5.9.2 结果的自动选择和报告

如果实验室应用结果的自动选择和报告系统，应制定文件化程序以确保：

a) 规定自动选择和报告的标准，该标准应经批准、易于获取并可被员工理解；

注：当实施自动选择和报告时，需考虑的事项包括：与患者历史数据比较有变化时需复核的结果，以及需要实验室人员进行干预的结果，如不合理结果、不可能的结果或危急值。

b) 在使用前应确认该标准可以正确应用,并对可能影响功能的系统变化进行验证;

c) 有过程提示存在可能改变检验结果的样品干扰(如溶血、黄疸、脂血);

d) 有过程将分析警示信息从仪器导入自动选择和报告的标准中(适当时);

e) 在发报告前复核时,应可识别选择出的可自动报告的结果,并包括选择的日期和时间;

f) 有过程可快速暂停自动选择和报告功能。

5.9.3 修改报告

当原始报告被修改后,应有关于修改的书面说明以便:

a) 将修改后的报告清晰地标记为修订版,并包括参照原报告的日期和患者识别;

b) 使用者知晓报告的修改;

c) 修改记录可显示修改时间和日期,以及修改人的姓名;

d) 修改后,记录中仍保留原始报告的条目。

已用于临床决策且被修改过的结果应保留在后续的累积报告中,并清晰标记为已修改。

如报告系统不能显示修改、变更或更正,应保存修改记录。

5.10 实验室信息管理

5.10.1 总则

实验室应能访问满足用户需要和要求的服务所需的数据和信息。

实验室应有文件化的程序以确保始终能保持患者信息的保密性。

注:在本部分中,"信息系统"包括以计算机及非计算机系统保存的数据和信息的管理。有些要求相对非计算机系统而言可能更适合于计算机系统。计算机系统可包括作为实验室设备功能组成的计算机系统和使用通用软件(如生成、核对、报告及存档患者信息和报告的软件、文字处理、电子制表和数据库应用)的独立计算机系统。

5.10.2 职责和权限

实验室应确保规定信息系统管理的职责和权限,包括可能对患者医疗产生影响的信息系统的维护和修改。

实验室应规定所有使用系统人员的职责和权限,特别是从事以下活动的人员:

a) 访问患者的数据和信息;

b) 输入患者数据和检验结果;

c) 改变患者数据或检验结果;

d) 授权发布检验结果和报告。

5.10.3 信息系统管理

用于收集、处理、记录、报告、存储或检索检验数据和信息的系统应:

a) 在引入前,经过供应商确认以及实验室的运行验证;在使用前,系统的任何变化均获得授权、文件化并经验证;

注:适用时,确认和验证包括:实验室信息系统和其他系统,如实验室设备、医院患者管理系统及基层医疗系统之间的接口正常运行。

b) 文件化;包括系统每天运行情况的文档可被授权用户方便获取;

c) 防止非授权者访问;

d) 安全保护以防止篡改或丢失数据;

e) 在符合供应商规定的环境下操作,或对于非计算机系统,提供保护人工记录和转录准确性的条件;

f) 进行维护以保证数据和信息完整，并包括系统失效的记录和适当的应急和纠正措施；

g) 符合国家或国际有关数据保护的要求。

实验室应验证外部信息系统从实验室直接接收的电子及相关硬拷贝（如计算机系统、传真机、电子邮件、网站和个人网络设备）的检验结果、相关信息和注释的正确性。当开展新的检验项目或应用新的自动化注释时，实验室应验证从实验室直接接收信息的外部信息系统再现这些变化的正确性。

实验室应有文件化的应急计划，以便发生影响实验室提供服务能力的信息系统失效或停机时维持服务。

当信息系统是异地或分包给其他供应商进行管理和维护时，实验室管理层应负责确保系统供应商或操作员符合本部分的全部适用要求。

附 录 A
（资料性附录）
与 ISO 9001:2008 和 GB/T 27025—2008 的相关性

ISO 9000 质量体系系列标准是质量管理体系标准的母体文件。表 A.1 所示是 ISO 9001:2008 与本部分在概念方面的关系。

本部分的格式更类似于 GB/T 27025—2008，以该标准作为结构基础，针对医学（临床）实验室进行了特别的调整。表 A.2 中给出这两个标准的相关性。

表 A.1 ISO 9001:2008 与本部分的相关性

ISO 9001:2008	本部分
1 范围	1 范围
1.1 总则	
1.2 应用	
2 规范性引用文件	2 规范性引用文件
3 术语和定义	3 术语和定义
4 质量管理体系	4.2 质量管理体系
4.1 总要求	4.2.1 总则
4.2 文件要求	4.2.2 文件化要求 5.5.3 检验程序文件化
4.2.1 总则	4.2.2.1 总则
4.2.2 质量手册	4.2.2.2 质量手册
4.2.3 文件控制	4.3 文件控制
4.2.4 记录控制	4.13 记录控制 5.1.9 人员记录 5.3.1.7 设备记录 5.3.2.7 试剂和耗材——记录 5.8.3 报告内容
5 管理职责	4 管理要求 4.1 组织和管理职责 4.1.1 组织 4.1.2 管理职责
5.1 管理承诺	4.1.2.1 管理承诺
5.2 以顾客为关注焦点	4.1.2.2 用户需求
5.3 质量方针	4.1.2.3 质量方针
5.4 策划	4.1.2.4 质量目标和策划
5.4.1 质量目标	4.1.2.4 质量目标和策划
5.4.2 质量管理体系策划	4.1.2.4 质量目标和策划

表 A.1（续）

ISO 9001:2008	本部分
5.5 职责、权限与沟通	4.1.2.5 职责、权限和相互关系
5.5.1 职责和权限	4.1.2.5 职责、权限和相互关系
5.5.2 管理者代表	4.1.2.7 质量主管
5.5.3 内部沟通	4.1.2.6 沟通
5.6 管理评审	4.15 管理评审 4.15.1 总则
5.6.2 评审输入	4.15.2 评审输入 4.15.3 评审活动
5.6.3 评审输出	4.15.4 评审输出
6 资源管理	5 技术要求 5.3 实验室设备、试剂和耗材
6.1 资源提供	
6.2 人力资源	5.1 人员
6.2.1 总则	5.1.1 总则 5.1.2 人员资质 5.1.3 岗位描述 5.1.4 新员工入岗前介绍
6.2.2 能力、培训和意识	5.1.5 培训 5.1.6 能力评审评估 5.1.7 员工表现的评估 5.1.8 继续教育和专业发展
6.3 基础设施	5.2 设施和环境条件 5.2.1 总则 5.2.2.1 实验室和办公室设施 5.2.3 存储设施 5.2.4 员工设施 5.2.5 患者样品采集设施
6.4 工作环境	5.2.6 设施和环境条件
7 产品实现	
7.1 产品实现的策划	4.4 服务协议 4.7 咨询服务
7.2 与顾客有关的过程	
7.2.1 与产品有关的要求的确定	4.4.1 建立服务协议
7.2.2 与产品有关要求的评审	4.4.2 服务协议评审
7.2.3 顾客沟通	
7.3 设计和开发	

表 A.1（续）

ISO 9001:2008	本部分
7.3.1 设计和开发策划	5.2 设施和环境条件;5.3 实验室设备
7.3.2 设计和开发输入	
7.3.3 设计和开发输出	
7.3.4 设计和开发评审	
7.3.5 设计和开发验证	
7.3.6 设计和开发确认	
7.3.7 设计和开发更改的控制	
7.4 采购	4.6 外部服务和供应
7.4.1 采购过程	4.5 受委托实验室的检验 4.5.1 受委托实验室和顾问的选择与评估 4.5.2 检验结果的提供
7.4.2 采购信息	5.3 实验室设备、试剂和耗材 5.3.1 设备 5.3.1.1 总则 5.3.2 试剂和耗材 5.3.2.1 总则 5.3.2.2 试剂和耗材——接受和贮存
7.4.3 采购产品的验证	5.3.1.2 设备验收试验 5.3.2.3 试剂和耗材——验收试验
7.5 生产和服务提供	5.4 检验前过程 5.5 检验过程 5.7 检验后过程 5.8 结果报告 5.9 结果发布
7.5.1 生产和服务提供的控制	
7.5.2 生产和服务提供过程的确认	5.5.1 检验程序的选择、验证和确认 5.5.1.2 检验程序验证 5.5.1.3 检验程序的确认 5.5.1.4 被测量值的测量不确定度
7.5.3 标识和可溯源性	5.4.6 样品接收
7.5.4 顾客财产	5.7.2 临床样品的储存、保留和处置
7.5.5 产品防护	5.10 实验室信息管理
7.6 监视和测量设备的控制	5.3.1.3 设备使用说明 5.3.1.4 设备校准和计量学溯源 5.3.1.5 设备维护与维修 5.3.1.6 设备不良事件报告 5.3.2.5 试剂和耗材——使用说明 5.3.2.6 试剂和耗材——不良事件报告

表 A.1（续）

ISO 9001:2008	本部分
8 测量、分析和改进	4.14 评估和审核
8.1 总则	4.14.1 总则
8.2 监视和测量	
8.2.1 顾客满意	4.8 投诉的解决 4.14.3 用户反馈的评审 4.14.4 员工建议
8.2.2 内部审核	4.14.5 内部审核
8.2.3 过程的监视和测量	4.14.2 申请、程序和样品要求适宜性的定期评审 4.14.6 风险管理 4.14.7 质量指标 4.14.8 外部机构的评审 5.6 检验结果质量保证质量的保证
8.2.4 产品的监视和测量	
8.3 不合格品控制	4.9 不符合的识别和控制
8.4 数据分析	
8.5 改进	
8.5.1 持续改进	4.12 持续改进
8.5.2 纠正措施	4.10 纠正措施
8.5.3 预防措施	4.11 预防措施

表 A.2　GB/T 27025—2008 与本部分的相关性

GB/T 27025—2008	本部分
1 范围	1 范围
2 规范性引用文件	2 规范性引用文件
3 术语和定义	3 术语和定义
4 管理要求	4 管理要求
4.1 组织	4.1 组织和管理职责
4.2 质量体系	4.2 质量管理体系
4.3 文件控制	4.3 文件控制
4.4 要求、标书和合同的评审	4.4 服务协议
4.5 检验和校准的分包	4.5 受委托实验室的检验
4.6 服务和供应品的采购	4.6 外部服务和供应
4.7 服务客户	4.7 咨询服务
4.8 投诉	4.8 投诉的解决

表 A.2(续)

GB/T 27025—2008	本部分
4.9 不符合检验和(或)校准工作的控制	4.9 不符合的识别和控制
4.10 改进	4.12 持续改进
4.11 纠正措施	4.10 纠正措施
4.12 预防措施	4.11 预防措施
4.13 记录的控制	4.13 记录控制
4.14 内部审核	4.14 评估和审核
4.15 管理评审	4.15 管理评审
5 技术要求	5 技术要求
5.1 总则	
5.2 人员	5.1 人员
5.3 设施和环境条件	5.2 设施和环境条件
5.4 检验和校准方法及方法的确认	5.5 检验过程
5.5 设备	5.3 实验室设备、试剂和耗材
5.6 测量的溯源性	5.3.1.4 设备校准和计量学溯源性
5.7 抽样	5.4 检验前程序过程
5.8 检验和校准物品的处置	
5.9 检验和校准结果质量的保证	5.6 检验结果质量的质量保证
5.10 结果报告	5.7 检验后过程 5.8 结果报告 5.9 结果发布
	5.10 实验室信息管理

附　录　B
（资料性附录）
本部分与 GB/T 22576—2008 章条号的对照

本部分与 GB/T 22576—2008 章条号的对照见表 B.1。

表 B.1　本部分与 GB/T 22576—2008 章条号的对照

本部分	GB/T 22576—2008
前言	前言
引言	引言
1 范围	1 范围
2 规范性引用文件	2 规范性引用文件
3 术语和定义	3 术语和定义
4 管理要求	4 管理要求
4.1 组织和管理职责	4.1 组织和管理
4.1.1 组织	
4.1.2 管理责任	
4.2 质量管理体系	4.2 质量管理体系
4.2.1 总则	
4.2.2 文件化要求	
4.3 文件控制	4.3 文件控制
4.4 服务协议	4.4 合同的评审
4.4.1 建立服务协议	
4.4.2 服务协议的评审	
4.5 受委托实验室的检验	4.5 受委托实验室的检验
4.5.1 受委托实验室和顾问的选择与评估	
4.5.2 检验结果的提供	
4.6 外部服务和供应	4.6 外部服务和供应
4.7 咨询服务	4.7 咨询服务
4.8 投诉的解决	4.8 投诉的解决
4.9 不符合的识别和控制	4.9 不符合的识别和控制
4.10 纠正措施	4.11 预防措施
4.11 预防措施	4.12 持续改进
4.12 持续改进	4.10 纠正措施
4.13 记录控制	4.13 质量和技术记录
4.14 评估和审核	4.14 内部审核
4.14.1 总则	

表 B.1（续）

本部分	GB/T 22576—2008
4.14.2 申请、程序和样品要求适宜性的定期评审	
4.14.3 用户反馈的评审	
4.14.4 员工建议	
4.14.5 内部审核	
4.14.6 风险管理	
4.14.7 质量指标	
4.14.8 外部机构的评审	
4.15 管理评审	4.15 管理评审
4.15.1 总则	
4.15.2 评审输入	
4.15.3 评审活动	
4.15.4 评审输出	
5 技术要求	5 技术要求
5.1 人员	5.1 人员
5.1.1 总则	
5.1.2 人员资质	
5.1.3 岗位描述	
5.1.4 新员工入岗前介绍	
5.1.5 培训	
5.1.6 能力评审评估	
5.1.7 员工表现的评估	
5.1.8 继续教育和专业发展	
5.1.9 人员记录	
5.2 设施和环境条件	5.2 设施和环境条件
5.2.1 总则	
5.2.2 实验室和办公设备	
5.2.3 储存设施	
5.2.4 员工设施	
5.2.5 患者样品采集设施	
5.2.6 设施维护和环境条件	
5.3 实验室设备、试剂和耗材	5.3 实验室设备
5.3.1 设备	
5.3.1.1 总则	
5.3.1.2 设备验收试验	

表 B.1（续）

本部分	GB/T 22576—2008
5.3.1.3 设备使用说明	
5.3.1.4 设备校准和计量学溯源	
5.3.1.5 设备维护与维修	
5.3.1.6 设备不良事件报告	
5.3.1.7 设备记录	
5.3.2 试剂和耗材	
5.3.2.1 总则	
5.3.2.2 试剂和耗材——接受和贮存	
5.3.2.3 试剂和耗材——验收试验	
5.3.2.4 试剂和耗材——库存管理	
5.3.2.5 试剂和耗材——使用说明	
5.3.2.6 试剂和耗材——不良事件报告	
5.3.2.7 试剂和耗材——记录	
5.4 检验前过程	5.4 检验前程序
5.4.1 总则	
5.4.2 提供给患者和用户的信息	
5.4.3 申请表申请单信息	
5.4.4 原始样品采集和处理	5.4 检验前程序
5.4.4.1 总则	
5.4.4.2 采集前活动的指导	
5.4.4.3 采集活动的指导	
5.4.5 样品运送	
5.4.6 样品接收	
5.4.7 检验前处理、准备和储存	
5.5 检验过程	5.5 检验程序
5.5.1 检验程序的选择、验证和确认	
5.5.1.2 检验程序验证	
5.5.1.3 检验程序的确认	
5.5.1.4 被测量值的测量不确定度	
5.5.2 生物学生物参考区间或临床决定值	
5.5.3 检验程序文件化	
5.6 检验结果质量的保证	5.6 检验程序的质量的保证
5.6.1 总则	
5.6.2 质量控制	

表 B.1（续）

本部分	GB/T 22576—2008
5.6.2.2 质控品	
5.6.2.3 质控数据	
5.6.3.实验室间比对	
5.6.3.1 参加实验室间比对	
5.6.3.2 替代方案	
5.6.3.3 实验室间比对样品的分析	
5.6.3.4 实验室表现评价	
5.6.4 检验结果可比性	
5.7 检验后过程	5.7 检验后程序
5.7.1 结果复核	
5.7.2 临床样品的储存、保留和处置	
5.8 结果报告	5.8 结果报告
5.8.1 总则	
5.8.2 报告特性	
5.8.3 报告内容	
5.9 结果发布	
5.9.1 总则	
5.9.2 结果的自动选择和报告结果	
5.10 实验室信息管理	附录 B
5.10.1 总则	
5.10.2 职责和权限	
5.10.3 信息系统管理	
附录 A 与 ISO 9001:2008 和 GB/T 27025—2008 的相关性	附录 A
附录 B 本部分与 GB/T 22576—2008 章条号的对照	附录 B
	附录 C
参考文献	参考文献

参 考 文 献

[1] GB/T 27043—2012 合格评定 能力验证的通用要求(ISO/IEC 17043:2010,IDT)

[2] GB/T 29790—2013 即时检测 质量和能力的要求(ISO 22870:2006,MOD)

[3] ISO Guide 30 Terms and definitions used in connection with reference materials

[4] ISO 1087-1 Terminology work—Vocabulary—Part 1: Theory and application

[5] ISO 3534-1 Statistics—Vocabulary and symbols—Part 1: General statistical terms and terms used in probability

[6] ISO 5725-1 Accuracy (trueness and precision) of measurement methods and results—Part 1: General principles and definitions

[7] ISO 9000:2005 Quality management systems—Fundamentals and vocabulary

[8] ISO 9001:2008 Quality management systems—Requirements

[9] ISO 15190 Medical laboratories—Requirements for safety

[10] ISO 15194 In vitro diagnostic medical devices—Measurement of quantities in samples of biological origin—Requirements for certified reference materials and the content of supporting documentation

[11] ISO/IEC 17011 Conformity assessment—General requirements for accreditation bodies accrediting conformity assessment bodies

[12] ISO 19011 Guidelines for auditing management systems

[13] ISO/IEC 27001 Information technology—Security techniques—Information security management systems—Requirements

[14] ISO 27799 Health informatics—Information security management in health using ISO/IEC 27002

[15] ISO/TS 22367 Medical laboratories—Reduction of error through risk management and continuous improvement

[16] ISO/IEC 80000 (all parts) Quantities and units

[17] Burnett, D., A Practical Guide to Accreditation in Laboratory Medicine. ACB Venture Publications: London, 2002.

[18] CLSI AUTO08-A: Managing and Validating Laboratory Information Systems; Approved Guideline.CLSI: Wayne, PA.,2006.

[19] CLSI AUTO10-A: Autoverification of Clinical Laboratory Test Results; Approved Guideline. CLSI: Wayne, PA.,2006.

[20] CLSI C03-A4: Preparation and Testing of Reagent Water in the Clinical Laboratory—Fourth Edition; Approved Guideline. CLSI: Wayne, PA., 2006.

[21] CLSI C24-A3: Statistical Quality Control for Quantitative Measurement Procedures: Principles and Definitions—Third Edition; Approved Guideline. CLSI: Wayne, PA: 2006.

[22] CLSI C28-A3: Defining, Establishing, and Verifying Reference Intervals in the Clinical Laboratory—Third Edition; Approved Guideline. CLSI: Wayne, PA., 2008.

[23] CLSI C54-A: Verification of Comparability of Patient Results within One Health Care System; Approved Guideline. CLSI: Wayne, PA., 2008.

[24] CLSI EP15-A2. User verification of performance for precision and trueness—Second Edition; Approved Guideline. CLSI: Wayne, PA., 2005.

[25] CLSI EP17-A: Protocols for Determination of Limits of Detection and Limits of Quantitation; Approved Guideline. CLSI, Wayne PA., 2004.

[26] CLSI GP02-A5: Laboratory Documents: Development and Control—Fifth Edition; Approved Guideline.CLSI: Wayne, PA., 2006.

[27] CLSI GP09-A: Selecting and Evaluating a Referral Laboratory—Second Edition; Approved Guideline.CLSI: Wayne, PA., 1998.

[28] CLSI GP16-A3: Urinalysis—Third Edition; Approved Guideline. CLSI: Wayne, PA.,2009.

[29] CLSI GP17-A2: Clinical Laboratory Safety—Second Edition; Approved Guideline. CLSI: Wayne, PA.,2004.

[30] CLSI GP18-A2: Laboratory Design—Second Edition; Approved Guideline. CLSI: Wayne, PA., 2007.

[31] CLSI GP21-A3; Training and Competence Assessment—Third Edition; Approved Guideline. CLSI:Wayne, PA, 2009.

[32] CLSI GP22-A3; Continual Improvement—Third Edition; Approved Guideline. CLSI: Wayne, PA, 2011.

[33] CLSI GP26-A4; A Quality Management System Model for Laboratory Services—Fourth Edition—Approved Guideline. CLSI: Wayne, PA, 2011.

[34] CLSI GP27-A2; Using Proficiency Testing to Improve the Clinical Laboratory—Second Edition; Approved Guideline. CLSI: Wayne, PA, 2007.

[35] CLSI GP29-A2; Assessment of Laboratory Tests When Proficiency Testing is Not Available—Second Edition; Approved Guideline. CLSI: Wayne, PA, 2007.

[36] CLSI GP29-A: Assessment of Laboratory Tests When Proficiency Testing is Not Available—Approved Guideline. CLSI: Wayne, PA, 2007.

[37] CLSI GP31-A: Laboratory Instrument Implementation, Verification, and Maintenance; Approved Guideline. CLSI: Wayne, PA., 2009.

[38] CLSI GP32-A: Management of Nonconforming Laboratory Events; Approved Guideline. CLSI:Wayne, PA.,2007.

[39] CLSI GP33-A: Accuracy in Patient Sample Identification; Approved Guideline. CLSI: Wayne, PA., 2010.

[40] CLSI GP35-P: Development and Use of Quality Indicators for Process Improvement and Monitoring of Laboratory Quality; Proposed Guideline. CLSI: Wayne, PA., 2009.

[41] CLSI GP37-A; Quality Management System: Equipment; Approved Guideline. CLSI: Wayne, PA, 2010.

[42] CLSI H03-A6: Procedure for the Collection of Diagnostic Blood Specimens by Venipuncture—Sixth Edition; Approved Standard. CLSI: Wayne, PA., 2007.

[43] CLSI H04-A6: Procedures and Devices for the Collection of Diagnostic Capillary Blood Specimens—Sixth Edition; Approved Standard. CLSI: Wayne, PA., 2008.

[44] CLSI H18-A4: Procedures for the Handling and Processing of Blood Specimens for Common Laboratory Tests—Fourth Edition; Approved Guideline. CLSI: Wayne, PA, 2009.

[45] CLSI H26-A2: Validation, Verification, and Quality Assurance of Automated Hematology Analyzers,Second Edition; Approved Standard. CLSI: Wayne, PA., 2010.

[46] CLSI H57-A: Protocol for the Evaluation, Validation, and Implementation of Coagulome-

ters; Approved Guideline. CLSI: Wayne, PA., 2008.

[47] CLSI I/LA33-P; Validation of Automated Devices for Immunohematologic Testing Prior to Implementation; Proposed Guideline. CLSI: Wayne, PA., 2009.

[48] CLSI M29-A3: Protection of Laboratory Workers from Occupationally Acquired Infections—Third Edition; Approved Guideline. CLSI: Wayne, PA., 2005.

[49] CLSI X05-R: Metrological Traceability and Its Implementation; A Report. CLSI: Wayne, PA., 2006.

[50] College of American Pathologists., Quality management in clinical laboratories CAP: Northfield, IL, 2005.

[51] College of American Pathologists., Quality management in anatomic pathology CAP: Northfield, IL, 2005.

[52] Convention for the Protection of Human Rights and Dignity of the Human Being with Regard to the Application of Biology and Medicine: Convention on Human Rights and Biomedicine, 1997.

[53] el-nageh, M., linehan, B., CorDner, S., WellS, D. and MCKelvie, h., Ethical Practice in Laboratory Medicine and Forensic Pathology. WHO Regional Publications. Eastern Mediterranean Series 20; WHO-EMRO: Alexandria, 1999.

[54] EN 1614:2006 Health informatics—Representation of dedicated kinds of property in laboratory medicine

[55] EN 12435:2006 Health informatics—Expression of the results of measurements in health sciences

[56] Guidelines for Approved Pathology Collection Centres (2006) NPAAC.

[57] Evaluation of measurement data—Guide to the expression of uncertainty in measurement JCGM 100:2008 (GUM 1995 with minor corrections 2010). BIPM, Sevres.

[58] International Council for Standardization in Haematology, International Society on Thrombosis and Haemostasis, International Union of Pure and Applied Chemistry, International Federation of Clinical Chemistry. Nomenclature of quantities and units in thrombosis and haemostasis. (Recommendation 1993). Thromb Haemost; 71: 375-394, 1994.

[59] International Union of Biochemistry and Molecular Biology. Biochemical nomenclature and related documents. Portland Press: London, 1992.

[60] International Union of Biochemistry and Molecular Biology. Enzyme nomenclature. Recommendations 1992. Academic Press: San Diego, 1992.

[61] International Union of Immunological Societies. Allergen nomenclature. Bulletin WHO; 64:767-770, 1984.

[62] International Union of Microbiological Societies. Approved list of bacterial names. American Society for Microbiology: Washington, D.C., 1989.

[63] International Union of Microbiological Societies. Classification and Nomenclature of Viruses. Fifth Report of the International Committee on Taxonomy of Viruses. Karger: Basel, 1991.

[64] International Union of Pure and Applied Chemistry, International Federation of Clinical Chemistry.Compendium of terminology and nomenclature of properties in clinical laboratory sciences. The Silver Book. Blackwell: Oxford, 1995.

[65] International Union of Pure and Applied Chemistry. Nomenclature for sampling in analytical chemistry.Recommendations 1990. Pure Appl Chem; 62: 1193-1208, 1990.

[66] International Union of Pure and Applied Chemistry, International Federation of Clinical Chemistry.Properties and units in the clinical laboratory sciences-I. Syntax and semantic rules (Recommendations 1995). Pure Appl Chem; 67: 1563-74, 1995.

[67] JanSen, r.t.P., Blaton. v., Burnett, D., huiSMan, W., Queralto, J.M., Zérah, S. and allMan, B., European Communities Confederation of Clinical Chemistry, Essential criteria for quality systems of medical laboratories, European Journal of Clinical Chemistry and Clinical Biochemistry; 35: 121-132, 1997.

[68] Noble MA, Richardson H. The ISO 15189:2003 Essentials—A practical handbook for implementing the ISO 15189:2003 standard for medical laboratories. Mississauga, Canada. The Canadian Standards Association, 2004.

[69] Requirements for Pathology Laboratories (2007) National Pathology Accreditation Advisory Council (NPAAC).

[70] Requirements for Quality Management in Medical Laboratories (2007) NPAAC.

[71] Requirements for the Estimation of Measurement Uncertainty (2007) NPAAC.

[72] Requirements for the Packaging and Transport of Pathology Specimens and Associated Materials (2007) NPAAC.

[73] Requirements for the Retention of Laboratory Records and Diagnostic Material (2009) NPAAC.

[74] Requirements for Information Communication (2007) NPAAC.

[75] Requirements for the Development and Use of In-house In Vitro Diagnostic Devices (2007) NPAAC.

[76] Requirements for the Packaging and Transport of Pathology Specimens and Associated Materials (2007) NPAAC.

[77] SNOMED Clinical Terms. International Health Terminology Standards Development Organization (IHTSDO), Copenhagen, Denmark, 2008. http://www.ihtsdo.org.

[78] SolBerg, h.e. Establishment and use of reference values. In: BurtiS, C.a., aShWooD, e.r. (eds), Tietz Textbook of Clinical Chemistry and Molecular Diagnostics, Elsevier Saunders.: St Louis, Missouri, 2005.

ICS 77.040.99
H 21

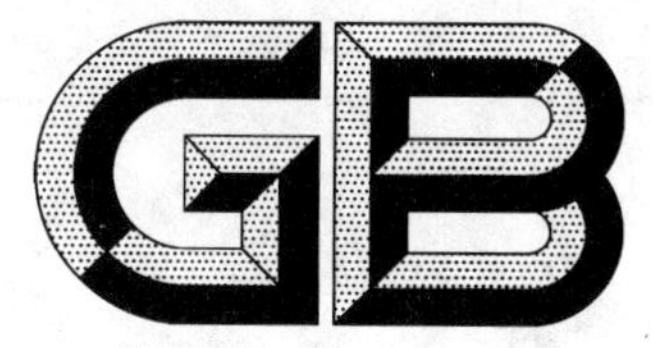

中华人民共和国国家标准

GB/T 22586—2018
代替 GB/T 22586—2008

电子学特性测量
超导体在微波频率下的表面电阻

Electronic characteristic measurements—Surface resistance of superconductors at microwave frequencies

(IEC 61788-7:2006, Superconductivity—Part 7: Electronic characteristic measurements—Surface resistance of superconductors at microwave frequencies, MOD)

2018-03-15 发布　　2018-10-01 实施

中华人民共和国国家质量监督检验检疫总局
中国国家标准化管理委员会　发布

前　言

本标准按照 GB/T 1.1—2009 给出的规则起草。

本标准代替 GB/T 22586—2008《高温超导薄膜微波表面电阻测试》。与 GB/T 22586—2008 相比，主要技术变化如下：

——增加了附录 B(规范性附录)，给出了“改进型镜像介质谐振器法”应用“校准技术”测量单片高温超导薄膜微波表面电阻(R_S)的方案。本方案采用的是 $TE_{011+\delta}$模式改进型镜像蓝宝石介质谐振器法，通过校准，单片超导薄膜的 R_S 值可以通过一次测量得到。本方案在满足测量变异系数低于 20%的前提下，能大幅度提高测试效率，适合大批量工业化的测试；

——增加了附录 C(资料性附录)，给出了与附录 B 相关的一些附加资料，如“改进型镜像介质谐振器法”的理论推导等。

本标准使用重新起草法修改采用 IEC 61788-7:2006《超导电性　第 7 部分:电子学特性测量　超导体在微波频率下的表面电阻》，与 IEC 61788-7:2006 相比，主要技术性差异如下：

——增加了规范性附录 B 及资料性附录 C。附录 B 是另一种供选择的方案。

本标准还做了下列编辑性修改：

——本标准的名称中去掉了“超导电性　第 7 部分:”字样，以便与现有的标准系列一致。

本标准由中国科学院提出。

本标准由全国超导标准化技术委员会(SAC/TC 265)归口。

本标准起草单位:电子科技大学、清华大学、南京大学、中国科学院物理研究所。

本标准主要起草人:曾成、罗正祥、补世荣、魏斌、吉争鸣、孙亮。

本标准所代替标准的历次版本发布情况为：

——GB/T 22586—2008。

引　　言

自从一些钙钛矿结构铜氧化合物发现以来，国际上对氧化物高温超导体开展了广泛的研究与开发工作，在高磁场设备、低损耗能量传输、电子学和许多其他技术领域的应用正在取得很大的进步。

在电子学的许多领域，特别是在通信领域，微波无源器件，例如超导滤波器，正在发展之中，并且已经进入现场试验阶段[1,2]。

用于微波谐振器、滤波器、天线和延迟线的超导材料具有损耗非常低的优点。超导材料损耗特性对新材料的开发和对超导微波器件的设计，都非常重要。超导材料微波表面电阻 R_S 和表面电阻随温度的变化特性，是设计低损耗微波器件所需要的重要参数。

高温超导(HTS)薄膜的最新进展，即它的 R_S 值比一般金属低几个数量级，增加了对该特性进行可靠测量技术的需求[3,4]。传统测量铌和其他低温超导材料 R_S 的方法是：用被测材料制作一个三维谐振腔，测试其 Q 值，通过计算电磁场在腔内的分布可以求得 R_S 值。另外一种技术是在一个较大的腔体内放入一个小样品。这种技术有许多形式，但是由实验测得的腔体总损耗计算高温超导薄膜的损耗时，通常都包含了所引入的不确定度。

最好的高温超导薄膜是生长在平坦单晶衬底上的外延薄膜，到目前为止，在弯曲表面上还未能生长出高质量的薄膜。对高温超导薄膜 R_S 测量技术的要求是：可以用小的平坦的样品；不需要对样品做任何加工；不会损坏或改变样品；高重复性；高灵敏度(低至铜表面电阻的千分之一)；动态范围大(高至铜的表面电阻)；中等功率输入时可激励高的内部功率；温度变化范围宽(4.2 K～150 K)。

在数种确定微波表面电阻的方法[5,6,7]中，我们选择了介质谐振器法，因为到目前为止，这种方法是最受欢迎和最实用的。特别是，蓝宝石谐振器是一种测试高温超导材料微波表面电阻 R_S 的极好工具[8,9]。由于改进型镜像介质谐振器法具有直接测试单片超导薄膜微波表面电阻的能力，且其测量变异系数与双介质谐振器法相当，这种方法也是我们推荐的，因此本标准将其作为一种替代方法在附录B中给出。

本标准给出的测试方法也可应用于包括低临界温度材料在内的其他平板状超导块材。

本标准目的是给目前在电子学和超导体技术领域工作的工程师，提供一个适当的、得到认可的技术。

本标准涵盖的测试方法是建立在VAMAS(凡尔赛先进材料和标准项目)确定超导薄膜特性预标准化工作的基础之上的。

电子学特性测量 超导体在微波频率下的表面电阻

1 范围

本标准规定了在微波频率下利用双谐振器法测试超导体表面电阻的方法，测试目标是在谐振频率下 R_S 随温度的变化。改进型镜像介质谐振器法，作为另外一种可选用的方法，在附录 B 中给出。

本标准适用于表面电阻的测试范围如下：

——频率：8 GHz$<f<$30 GHz；

——测试分辨率：0.01 mΩ(f = 10 GHz)。

测试报告给出在测试频率下的表面电阻值，并且给出利用 $R_S \propto f^2$ 的关系折合到 10 GHz 的值。

2 规范性引用文件

下列文件对于本文件的应用是必不可少的。凡是注日期的引用文件，仅注日期的版本适用于本文件。凡是不注日期的引用文件，其最新版本(包括所有的修改单)适用于本文件。

IEC 60050-815 国际电工术语 超导电性[International electrotechnical vocabulary (IEV)—Part 815：Superconductivity]

3 术语和定义

IEC 60050-815 界定的以及下列术语和定义适用于本文件。

3.1

表面阻抗 surface impedance

$\mathbf{Z_s}$

导体(包括超导体)表面电场切向分量 E_t 与磁场切向分量 H_t 之比：

$$Z_S = E_t / H_t = R_S + jX_S$$

式中：

R_S——表面电阻；

X_S——表面电抗。

4 要求

给加载超导薄膜样品的介质谐振器输入微波信号，通过测试介质谐振器在不同频率下的衰减可得到超导薄膜表面电阻 R_S。测试频率在谐振频率中心附近扫描，记录下衰减频响特性可得到与损耗相关的 Q 值。

当测试温度在 30 K ～ 80 K 之间时，这种方法的目标精密度，即变异系数(定义为标准偏差除以表面电阻平均值)低于 20%。

为了保证测试者的安全和健康，使用前应建立适当的安全措施，并做一些限制。

这种类型的测试存在一定的危险。测试需要使用制冷设备对超导体进行冷却，使其处于超导态。皮肤和冷腔体的直接接触，与液氮溅落在皮肤表面上一样，都会迅速引起冻伤。射频信号发生器是测试材料高频特性的功率源,如果功率太高并直接辐射人体,会引起人体烧伤。

5 装置

5.1 测试系统

图1是微波测试所需的系统示意框图。此系统由网络分析仪(测试传输特性)、测试腔体和用来监测温度的温度计组成。

由一个合适的微波源,例如一个频综扫频源产生一定的入射功率,输入到固定在测试装置内的介质谐振器中。网络分析仪的屏幕上可显示谐振器的传输特性。

测试腔体固定在一个温度可控制的制冷设备内。

建议使用矢量网络分析仪来测试超导薄膜的 R_S。因为矢量网络分析仪动态范围宽,比标量网络分析仪具有更好的测试精确度。

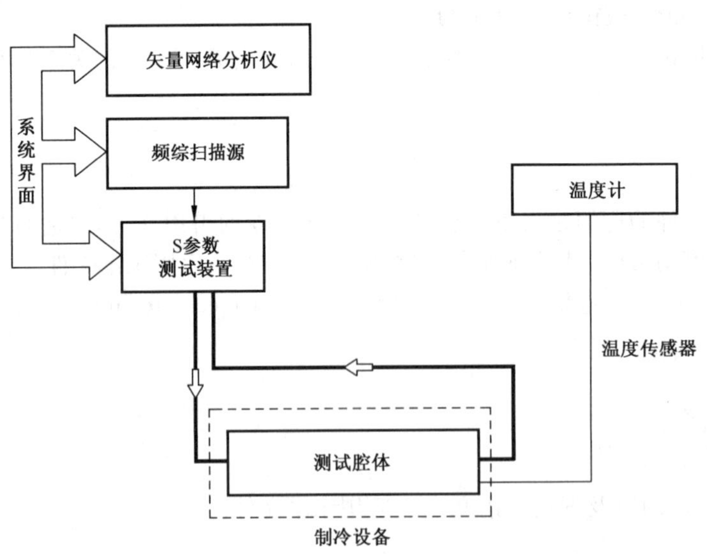

图1 使用制冷机测试 R_S 随温度变化特性的装置图

5.2 R_S 测试腔体

图2是一个典型的测试腔体(闭合式谐振器)示意图,用来测试沉积在平坦衬底上超导薄膜的 R_S。上端的超导薄膜用一个磷青铜制成的弹簧压紧。建议使用平板型弹簧,因为这种类型的弹簧减小了弹簧和装置其他部分之间的摩擦,并且容许因介质柱的热膨胀引起的超导薄膜的平滑移动,这样可以改进测试精确度。为了把测试误差减到最小,蓝宝石介质柱和铜环应同轴放置。

测试谐振器传输特性的两个半刚性电缆应轴对称($\Phi=0$ 和 π,Φ 是沿蓝宝石介质柱中心轴的旋转角)地放置在谐振器的两边。两个半刚性电缆的末端各有一个小环。为了抑制 TM_{mn0} 杂模,环面应与超导薄膜表面平行。测试之前应仔细检查耦合环焊接处是否有裂纹,因为反复热循环可导致裂纹扩大。通过左右移动电缆可以调节插入损耗(IA)。在调节中,要抑制介质谐振模式和杂模的耦合。因为杂模的寄生耦合会降低TE模谐振器的高 Q 值。为了抑制寄生耦合,应更多关注高 Q 值介质谐振器的设计。除图2所示的闭合式谐振器外,也可以使用另两种类型的谐振器,参见附录A中A.4。

由一根半刚性电缆制成的参考线可以用来确定传输功率电平的参考电平。这根电缆的长度等于测试腔体两根耦合电缆长度之和。建议采用外直径为1.20 mm的半刚性电缆。

为了减小测试误差,被测的两片高温超导薄膜应互相平行放置。为了保证高温超导薄膜样品与蓝宝石柱端面紧密接触,没有空气间隙,薄膜表面与蓝宝石柱端面都要仔细清洗。

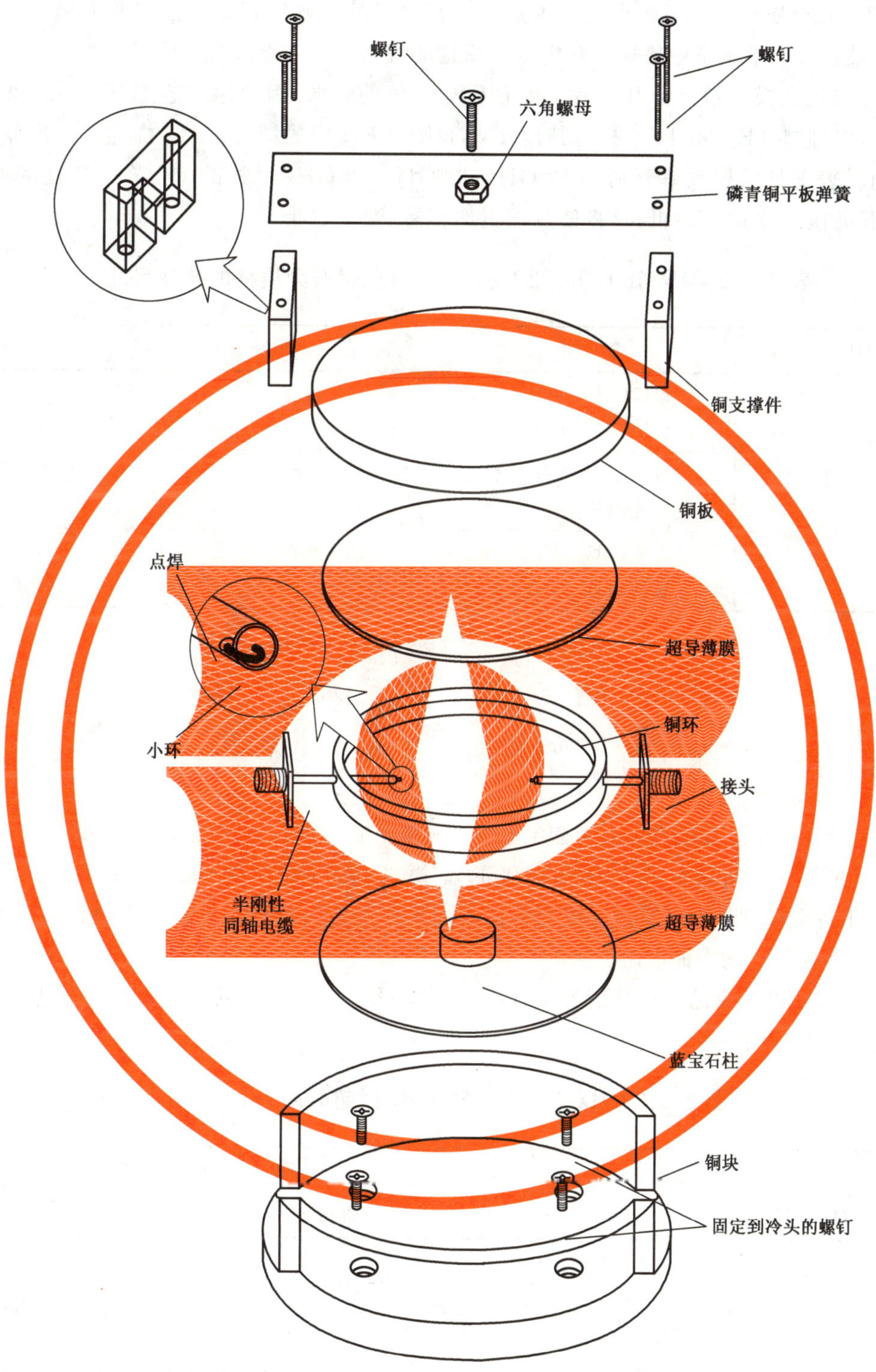

图 2　典型的 R_S 测试腔体示意图

5.3　介质柱

从一个蓝宝石圆柱上切割出两个介质柱，使它们具有相同的相对介电常数 ε' 和损耗角正切 $\tan\delta$。这样两个介质柱（作为标准介质柱）具有相同的直径，不同的高度：一个的高度是另一个的 3 倍。

最好使用低 tanδ 值的标准介质柱，以达到所需要的 R_S 测试精确度。建议使用在 77 K 时 tanδ 值小于 10^{-6} 的蓝宝石介质柱。为了减小超导薄膜 R_S 的测试误差，蓝宝石介质柱的两个端面应抛光并相互平行且与柱轴垂直。第 7 章中描述了蓝宝石介质柱的规格。

TE 模式和其他杂模的耦合会引起无载品质因数 Q 值的降低，因此标准蓝宝石介质柱的直径和高度要仔细设计，以抑制 TE_{011} 和 TE_{013} 模与其他 TM、HE 和 EH 模的耦合。A.5 描述了标准蓝宝石介质柱的设计指南。表 1 是谐振频率分别为 12 GHz、18 GHz、22 GHz 时标准蓝宝石介质柱的典型尺寸。频率越高，无载品质因数 Q 值越低，这将使测试更加容易，误差更低。

表 1　12 GHz、18 GHz、22 GHz 时标准蓝宝石介质柱的典型尺寸

频率/GHz	介质柱	直径 d/mm	高度 h/mm
12	短柱（TE_{011} 模式）	11.4	5.7
	长柱（TE_{013} 模式）	11.4	17.1
18	短柱（TE_{011} 模式）	7.6	3.8
	长柱（TE_{013} 模式）	7.6	11.4
22	短柱（TE_{011} 模式）	6.2	3.1
	长柱（TE_{013} 模式）	6.2	9.3

6　测试步骤

6.1　样品准备

根据误差分析，薄膜的直径应该大于蓝宝石介质柱直径的 3 倍。当满足这个条件时，在测试的目标精密度为 20% 的前提下，可以忽略由于 TE_{011} 和 TE_{013} 模式辐射损耗不同所造成的精密度的降低。薄膜的厚度应该大于各个温度下伦敦穿透深度的 3 倍。如果薄膜的厚度远小于伦敦穿透深度的 3 倍，测试得到的 R_S 应理解为等效的表面电阻。

表 2 给出了本标准建议的频率分别为 12 GHz、18 GHz、22 GHz 的标准蓝宝石介质柱所对应的超导薄膜的尺寸。

表 2　12 GHz、18 GHz、22 GHz 时超导薄膜的尺寸

标准介质柱		超导薄膜	
频率/GHz	直径 d/mm	直径 d'/mm	厚度/μm
12	11.4	>35	≈0.5
18	7.6	>25	≈0.5
22	6.2	>20	≈0.5

对于闭合式谐振器，在设计超导薄膜尺寸时，应考虑两片超导薄膜之间铜圆柱腔的大小。A.6 给出了闭合式谐振器中铜圆柱腔尺寸的设计指南。

6.2　系统构建

按照图 1 所示的结构建立测试装置。因为高湿度会降低无载品质因数 Q 的值，所有测试腔体、标准蓝宝石介质柱和超导薄膜都应处于清洁、干燥的状态。样品和测试腔体固定在温度可控制的制冷设备内，且样品腔应抽真空。用二极管温度计或热电偶测量超导薄膜和标准蓝宝石介质柱的温度。在测试腔体上覆盖铝箔或在样品腔内填充氦气，可使上下两端的超导薄膜和标准蓝宝石介质柱的温度尽可能保持一致。

6.3 参考电平的测试

首先测量传输功率电平(参考电平)。因为测试精确度和测试信号电平有关，所以频综扫频源的输出功率要固定，而且低于 10 mW。将半刚性参考电缆连接到输入端和输出端。然后，在整个测试频率和温度范围内测试传输功率电平，将其作为参考电平。当腔体的温度由室温变为最低测试温度时，参考电平会改变几个分贝。因此，参考电平随温度的变化必须考虑在内。

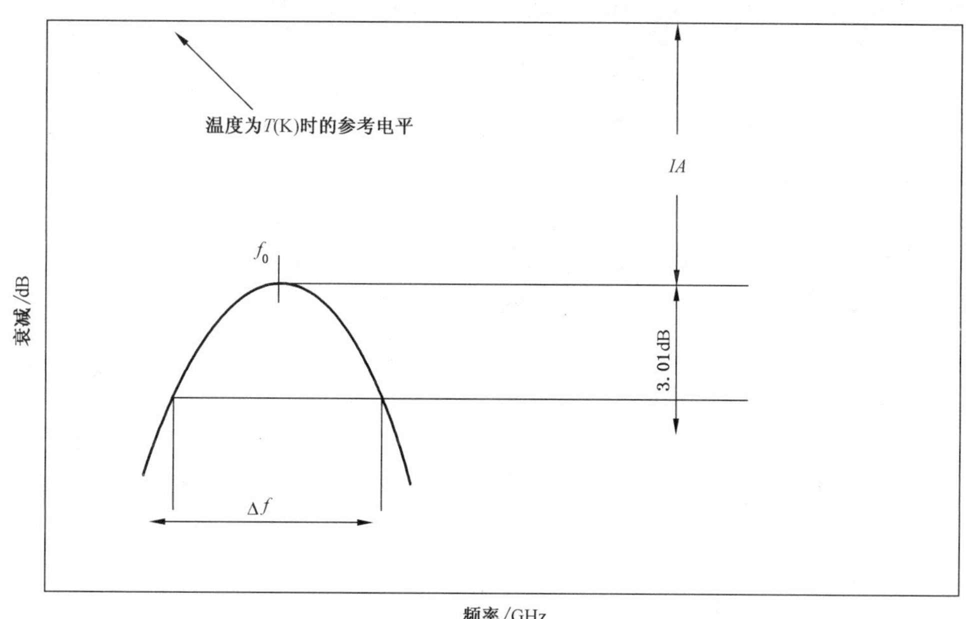

图 3 T(K)温度下的插入损耗 IA，谐振频率 f_0 和半功率点带宽 Δf

6.4 谐振器频响特性的测试

通过测试 TE_{011} 和 TE_{013} 谐振器的谐振频率 f_0 和无载品质因数 Q_u，可得到 R_S 随温度的变化，测试过程如下.

a) 在输入端和输出端之间连接好测试腔体(图 1)。将标准短蓝宝石介质柱放置在下端的超导薄膜中心，并使它距两个半刚性电缆耦合环的距离相等，以使得这种传输型谐振器与两个环的耦合度相等。再将上方的超导薄膜轻轻放在蓝宝石介质柱的上端，注意不要因太大的压力损坏超导薄膜表面。将样品腔体抽真空并冷却至临界温度以下。

b) 在 f_0 的设计频率值附近，找到介质谐振器的 TE_{011} 模谐振峰。

c) 减小屏幕上的扫频宽度，直到仅显示 TE_{011} 模谐振峰(图 3)。确认这种模式的插入损耗 IA 大于参考电平 20 dB 以上，IA 与温度有很大关系。

d) 测量 f_0 及半功率点带宽 Δf 随温度的变化。TE_{011} 谐振模式的有载品质因数 Q_L 见式(1)：

$$Q_L = \frac{f_0}{\Delta f} \quad \cdots\cdots\cdots\cdots(1)$$

e) 通过下面介绍的两种方法之一，可以从有载品质因数 Q_L 得出无载品质因数 Q_u：

第一种方法是通过测量插入损耗 IA 的值，Q_u 可由式(2)得到：

$$Q_u=\frac{Q_L}{1-A_t},A_t=10^{-IA[dB]/20} \quad \cdots\cdots(2)$$

这种方法假设介质谐振器输入端和输出端的耦合度是相同的。制作耦合环非常困难，并且环的方向也难以控制，在测试过程中蓝宝石介质柱的任何移动也是未知的。这些依赖于装配的因素同时也与温度有关。如果耦合较强($IA<\sim 10$ dB)，这种情况下可能存在的不对称耦合，在计算耦合系数时会导致较大的误差。如果耦合足够弱($IA>20$ dB)，耦合度的不对称性就不那么重要了。

第二种方法是在谐振频率下，通过测试谐振器两端的反射系数，推导得出无载品质因数 Q_u，见式(3)：

$$Q_u=Q_L(1+\beta_1+\beta_2) \quad \cdots\cdots(3)$$

$$\beta_1=(1-|S_{11}|)/(|S_{11}|+|S_{22}|) \quad \cdots\cdots(4)$$

$$\beta_2=(1-|S_{22}|)/(|S_{11}|+|S_{22}|) \quad \cdots\cdots(5)$$

式(4)、式(5)中，S_{11} 和 S_{22} 是图 4 中的反射系数，以线性功率单位表示，而不是相对的 dB 数，β_1 和 β_2 是耦合系数。

使用反射系数的方法有两个优点：一是不需要校准参考电平这个步骤；二是提供了谐振器两端的耦合值测试的方法。但也有两个缺点：一是这种方法只能用在窄频带谐振器；二是反射系数的测试也受到网络分析仪动态范围的限制。

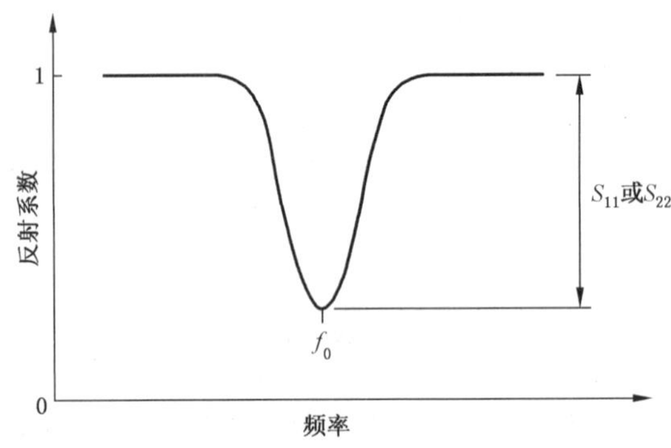

图 4　反射系数(S_{11}和S_{22})

将以上两种方法合并使用，可以起到双重检测的效果，因此这是我们所推荐的测试方法。

f) 由短介质柱测得的 f_0 和 Q_u 记为 f_{01} 和 Q_{u1}。通过缓慢的改变制冷设备的制冷温度，可测得 f_{01} 和 Q_{u1} 随温度的变化关系。
g) 测试完 f_{01} 和 Q_{u1} 随温度的变化关系后，将测试腔体加热至室温。
h) 然后，在室温下将测试腔体中的 TE_{011} 谐振器换为 TE_{013} 谐振器，再将腔体冷却至临界温度以下。按照 TE_{011} 谐振模式时相同的测试步骤，测试 TE_{013} 谐振模式下 f_0 和 Q_u 随温度的变化关系，记为 f_{03} 和 Q_{u3}。当 TE_{013} 谐振器中蓝宝石介质柱的高度恰好是 TE_{011} 谐振器中介质柱高度的 3 倍时，TE_{013} 模式的 f_{03} 与 TE_{011} 模式的 f_{01} 一致。如果仔细设计，f_{01} 与 f_{03} 的差别一般很小($<\sim 0.25\%$)，在 6.5 的计算中可认为 $f_0=f_{01}=f_{03}$。

6.5　超导薄膜的表面电阻 R_S、标准蓝宝石柱的 ε' 和 $\tan\delta$ 的确定

由 f_{01}、Q_{u1}、f_{03} 和 Q_{u3} 随温度的变化关系，利用式(6)、式(7)、式(8)计算超导薄膜表面电阻 R_S 随温度的变化、标准蓝宝石柱的 ε' 和 $\tan\delta$。

$$R_S = \frac{30\pi^2 \times 3}{(3-1)} \left(\frac{2h_0}{\lambda_0}\right)^3 \frac{\varepsilon' + W}{1+W} \left[\frac{1}{Q_{u1}} - \frac{1}{Q_{u3}}\right] \quad \cdots\cdots(6)$$

$$\varepsilon' = \left(\frac{\lambda_0}{\pi d}\right)^2 (u^2 + \nu^2) + 1 \quad \cdots\cdots(7)$$

$$\tan\delta = \frac{1 + \frac{W}{\varepsilon'}}{3-1} \left(\frac{3}{Q_{u3}} - \frac{1}{Q_{u1}}\right) \quad \cdots\cdots(8)$$

式中：

$$\lambda_0 = \frac{c}{f_0} \quad \cdots\cdots(9)$$

$$W = \frac{J_1^2(u)}{K_1^2(\nu)} \frac{K_0(\nu)K_2(\nu) - K_1^2(\nu)}{J_1^2(u) - J_0(u)J_2(u)} \quad \cdots\cdots(10)$$

$$\nu^2 = \left(\frac{\pi d}{\lambda_0}\right)^2 \left[\left(\frac{\lambda_0}{2h_0}\right)^2 - 1\right] \quad \cdots\cdots(11)$$

$$u\frac{J_0(u)}{J_1(u)} = -v\frac{K_0(\nu)}{K_1(\nu)} \quad \cdots\cdots(12)$$

式中，λ_0为自由空间谐振波长，c 是真空中的光速（$c=2.9979\times10^8$ m/s），h_0是短介质柱的高度。利用超越方程(12)，可由 ν^2 的值计算出 u^2 的值。$J_n(u)$为第一类贝塞尔函数，$K_n(\nu)$为第二类修正贝塞尔函数。A.3 给出了公式的推导过程。

一般来说，蓝宝石柱的热膨胀系数是必须知道的，以此决定蓝宝石柱的尺寸大小随温度的变化。但是相对于 R_S的目标精密度(20%)，蓝宝石柱热膨胀的影响可以忽略。

需要注意的是，如果薄膜的厚度没有远远大于伦敦穿透深度（伦敦穿透深度与温度有关），则所测得的 R_S为等效的表面电阻。

7 测试方法的精密度和精确度

7.1 表面电阻

表面电阻的值由介质谐振器技术测得的 Q 值得到。

用来记录衰减和频率之间关系的矢量网络分析仪的参数，应该满足表 3 所给的参数范围，所记录的数据可以用来确定 Q 值，其相对不确定度不超过 1%。

表 3 矢量网络分析仪的参数

S_{21}的动态范围	>60 dB
频率分辨率	<1 Hz
衰减不确定度	<0.1 dB
最大输入功率	<10 dBm

在 77 K 时，介质谐振器的介质柱的 tanδ 应低于 10^{-6}，超导样品的直径要大于介质柱直径的 3 倍。表 4 给出了作为蓝宝石介质柱的最佳参数，图 5 显示了表 4 中术语的定义。

表 4 蓝宝石介质柱参数

直径误差范围	±0.05 mm
高度误差范围	±0.05 mm
平面度	低于 0.005 mm
表面粗糙度	顶端和底端:优于 10 nm(r.m.s.) 圆柱侧面 :优于 0.001 mm(r.m.s.)
垂直度	0.1°以内
圆柱轴	与 c 轴间平行度在 0.3°以内

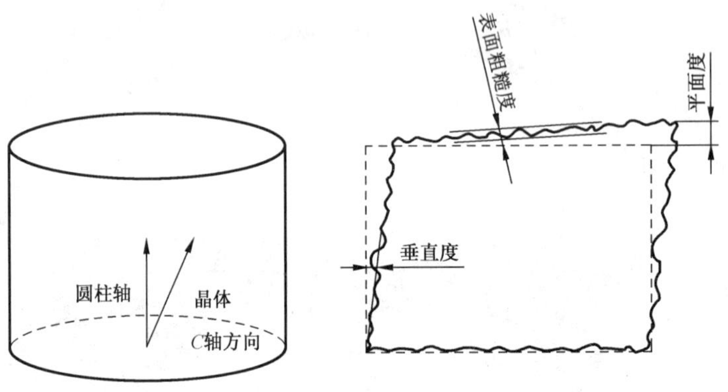

图 5 表 4 中术语的定义

此技术假定 TE_{011} 谐振器和 TE_{013} 谐振器的介质柱具有相同的 $\tan\delta$。但即使从同一块蓝宝石上切割出来,采用同样的技术抛光,标称相同的两个蓝宝石柱的 $\tan\delta$ 仍然是不同的,其差别可达到两个数量级。目前,标称相同的两个蓝宝石柱 $\tan\delta$ 的最小差异是 4 倍[9],因此 $\tan\delta$ 的测量不确定度很大。在表面电阻的测试中,由于两个蓝宝石柱 $\tan\delta$ 的差异会引入高达 10%的不确定度,因此该测试技术的目标精密度被限制在 20%。如果改善蓝宝石的重复性,或者建立了选择标准蓝宝石柱的方法,可以提高目标精密度。

7.2 温度

在测试过程中可以使用多种方法将测试腔体冷却至指定温度。一种简单的方法是将测试腔体浸入液氮中。这种方法快速、简单,而且可以达到一个已知的、稳定的温度。但从低温液体中取出测试样品时,湿气的凝结会损伤大多数 HTS 材料。另外,测试腔体内的气、液混合态将产生不确定度,而且不能得到不同温度下的 R_S 值。第二种方法是将放置有测试腔的真空腔浸入低温液体中,它可以克服前一种方法的局限性。在真空腔中填充氦气,就可使腔体迅速冷却且温度均匀。如果测试腔体带有加热器,就可测得 HTS 材料 R_S 随温度的变化关系。第三种较好的方法是使用制冷机。这种情况下,蓝宝石介质谐振器处于真空状态,通过测试装置与制冷机冷头相连接,达到测试温度。但要注意避免测试腔体出现温度梯度。

低温恒温器应该提供 R_S 测试所需的环境,样品要在一个稳定的、等温的状态下进行测试。假定样品的温度和样品架的温度一致。样品架的温度由一个合适的温度传感器测试,精确度应高于±0.5 K。

使用热传导性好的热屏可以缩小样品和样品架的温度差异。

7.3 样品和支撑结构

支撑结构要保证对样品有足够的支撑。整个测试过程中,特别是在制冷机内以及在很宽的温度范围内测试时，保持两片超导薄膜的平行以及机械稳定是非常必要的。

7.4 样品的保护

湿气的凝结和划痕都会降低薄膜的超导性能，在测试中应对样品采取一些保护措施。聚四氟乙烯(PTFE)和聚甲基丙烯酸甲酯(有机玻璃)(PMMA)膜可以用来保护样品。为了不影响测试，本标准建议保护膜的厚度应低于几微米数量级。

8 测试报告

8.1 被测样品的标识

如果可能，应该用以下信息标识被测样品：

a) 样品制备者姓名；

b) 样品的类别和/或标号；

c) 样品批号；

d) 薄膜和基片的化学成分；

e) 薄膜的厚度及表面粗糙度；

f) 样品制备技术。

8.2 R_S 值报告

测试报告应该给出 R_S 值及其对应的 f_{01}、f_{03}、Q_{u1}、Q_{u3}、IA(和/或者 β_1 和 β_2)、ε'、$\tan\delta$ 值，以及它们随温度变化的关系。并且给出利用 $R_S \propto f^2$ 的关系折合到 10 GHz 的 R_S 值。

8.3 测试条件报告

测试报告应该给出以下测试条件：

a) 测试的频率和频率的分辨率；

b) 测试中最大的射频功率；

c) 测试温度、温度的精确度以及两片高温超导薄膜的温度差异；

d) 样品温度变化的历史。

附 录 A
（资料性附录）
与第1章～第8章相关的附加资料

A.1 范围

需要建立表面电阻 R_S 的标准测量方法，来评价 R_S 很低（如 10 GHz 时 0.1 mΩ）的高温超导薄膜的质量。到目前为止，已经提出了一系列的测量微波和毫米波范围 R_S 的谐振器方法，如图 A.1 所示。这些谐振器的结构可分为下列 6 种形式。

A.1.1 圆柱形谐振腔法[10]

图 A.1a）给出了 TE_{011} 模式谐振腔的结构，谐振腔由圆柱形铜腔体与两片 HTS 薄膜组成。在低于 30 GHz 的微波范围内，由于铜的 R_S 比 HTS 的 R_S 高 100 倍，因而，这种方法测量 R_S 的精密度相当低。由于 HTS 的 R_S 值与 f^2 成正比，而铜的 R_S 值与 $f^{1/2}$ 成正比，因而，这种方法适用于毫米波范围。

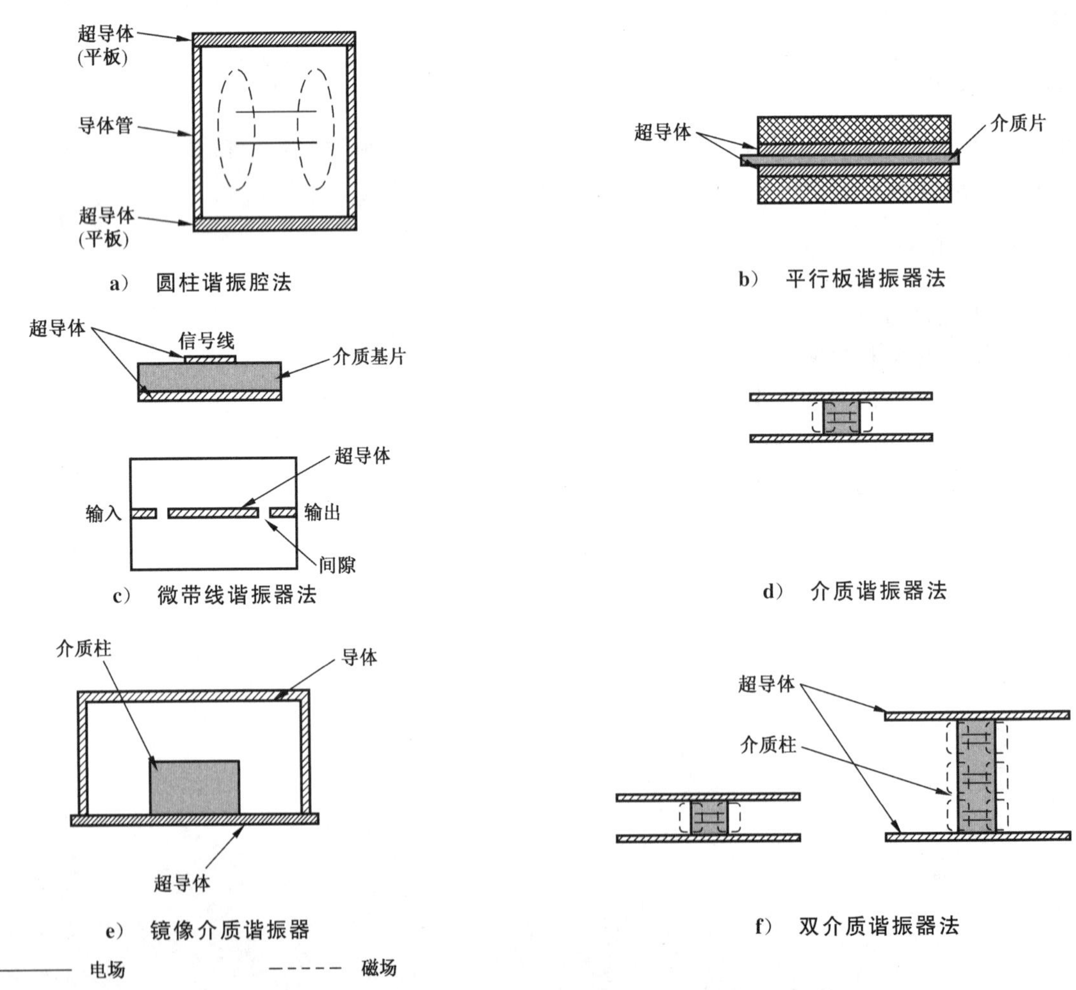

图 A.1 各种测量微波表面电阻 R_S 方法结构示意图

A.1.2 平行板谐振器法[11]

图 A.1b)给出了 TM_{nm0} 模式平行板谐振器的结构，它由两片矩形 HTS 薄膜中间插入一片低损耗介质片构成，这种方法可以测量很小的 R_S 值。但是，要获得准确的 R_S 值，还存在一些问题，比如，介质片厚度和 $\tan\delta$ 的低测量精密度，辐射损耗估算的不确定性，超导膜与介质片之间的气隙所导致的未知影响，以及苛刻的谐振模式的激励技术等。

A.1.3 微带线谐振器法[10,12]

图 A.1c)给出了 TEM_n 模式微带线谐振器的结构，它由 HTS 薄膜光刻成一定的图形而构成。这种谐振器更接近于实际的高温超导薄膜微波无源器件。但是，因为图形成型的过程会带来未知的影响，这种方法不适于用来评价 HTS 薄膜的性能。

A.1.4 介质谐振器法[13-16]

图 A.1d)给出了 TE_{011} 模式介质谐振器的结构，它由两片 HTS 薄膜以及放在它们中间的低损耗的蓝宝石柱构成。对于 TE_{0mp} 模式，由于 HTS 薄膜表面不存在电场的法向分量，因而，可以消除空气间隙的影响。用这种方法确定 R_S 时，假定蓝宝石单晶体的 $\tan\delta<1\times10^{-8}$[4]，则其影响可以忽略。然而，众所周知，在 50 K 附近，10 GHz 时，晶格缺陷的数量会使蓝宝石 $\tan\delta$ 介于 $10^{-6}\sim10^{-8}$ 之间。因此，准备极低损耗($\tan\delta<1\times10^{-8}$)的蓝宝石柱是此法的关键。

A.1.5 镜像型介质谐振器法[17]

图 A.1e)给出了 $TE_{01\delta}$ 模式镜像型介质谐振器的结构。这种谐振器能够测量单片 HTS 薄膜的 R_S。但是，这个方法忽略了介质损耗，因此，准备极低损耗($\tan\delta<1\times10^{-8}$)的蓝宝石柱也是此法的关键。此外，在由谐振频率和无载 Q 值计算 R_S 时，需要进行很繁琐的数值计算。

A.1.6 双介质谐振器法[18,19]

这个方法使用两个具有相同 $\tan\delta$ 的蓝宝石柱谐振器，一个是 TE_{011} 模式谐振器，另一个是 TE_{013} 模式谐振器，如图 A.1f)所示。这个方法与介质谐振器法相同，可以消除空气间隙的影响。基于模式匹配法经过严格的分析可以得到几个简单的公式，用这些公式可以由所测得的两个谐振器的谐振频率与无载 Q 值，分别计算出 HTS 薄膜的 R_S 与蓝宝石柱的 $\tan\delta$。理论上，这个方法可以消除 $\tan\delta$ 的不确定性对 R_S 测量的影响。事实上，对 6 个 $R_S=0.1\ \text{m}\Omega$ 的 YBCO 薄膜在 12 GHz 频率的测量证实，这个方法可以达到 10% 的测量精密度[10]。然而，如果两个介质柱的 $\tan\delta$ 不同，则必须考虑到由此产生的误差。用同样的 HTS 薄膜，进行实验室间的循环检测，可以估算这种影响。

对上述 6 种方法比较后，由于双介质谐振器法数值处理容易、简单，R_S 的测试结果相对可靠，因此将双介质谐振器法推荐为测试 HTS 薄膜 R_S 的标准方法。

A.2 要求

由于超导薄膜的 R_S 按 f^2 规律增加，测量低的 R_S 时，希望采用较高的频率，谐振器的尺寸也随测试频率的升高而减小。但是，测量频率提高后，建立微波测量系统的难度随之增加。本测量方法也可以用于 30 K 以下，或 80 K 以上的测量，但是，这时需要采用一些新的制冷技术。

A.3 理论与计算公式

图 A.2 给出了 TE_{0mp} 模式谐振器的结构，它可以忽略空气间隙的影响。直径为 d，高度为 h 的圆柱形介质柱，其两端用两片沉积在直径为 d' 的介质基片上的超导薄膜短路，组成一个谐振器。要求两片超导薄膜具有同样的 R_S，R_S 值由测量得到的 TE_{0mp} 模式谐振器的谐振频率 f_0 和无载品质因数 Q_u 计算出。在两片超导薄膜的 R_S 不同时，测出的 R_S 值为两片超导薄膜的平均值。

R_S 值由式(A.1)～式(A.7)计算：

R_S值由式(A.1)～式(A.7)计算：

$$R_S = \frac{1}{B}\left(\frac{A}{Q_u} - \tan\delta\right) \tag{A.1}$$

式中：

$$A = 1 + \frac{W}{\varepsilon'} \tag{A.2}$$

$$B = p^2 \left(\frac{\lambda_0}{2h}\right)^3 \frac{1+W}{30\pi^2\varepsilon'}, p = 1,2,\cdots \tag{A.3}$$

$$\lambda_0 = \frac{c}{f_0} \tag{A.4}$$

$$W = \frac{J_1^2(u)}{K_1^2(\nu)} \frac{K_0(\nu)K_2(\nu) - K_1^2(\nu)}{J_1^2(u) - J_0(u)J_2(u)} \tag{A.5}$$

$$\nu^2 = \left(\frac{\pi d}{\lambda_0}\right)^2 \left[\left(\frac{p\lambda_0}{2h}\right)^2 - 1\right] \tag{A.6}$$

$$u\frac{J_0(u)}{J_1(u)} = -v\frac{K_0(\nu)}{K_1(\nu)} \tag{A.7}$$

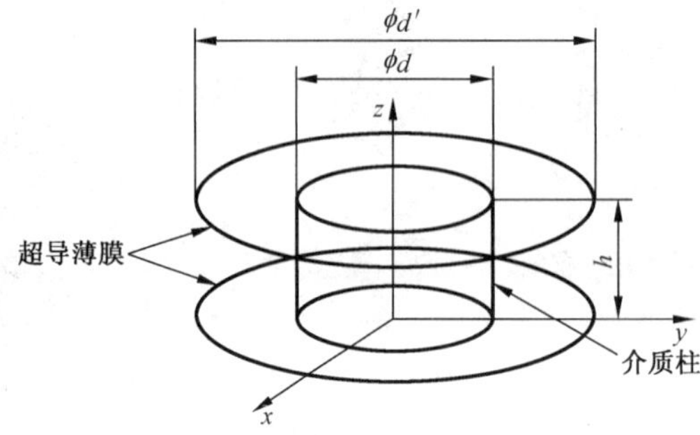

图 A.2　两端由两片沉积在介质基片上的超导薄膜短路圆柱形介质谐振器的几何结构

式(A.1) 与式(A.2)中，ε'与 $\tan\delta$ 分别为介质柱的相对介电常数和损耗因子。式(A.3)与式(A.4)中，λ_0 为自由空间中谐振波长，c 为真空中的光速($c = 2.997\ 9 \times 10^8$ m/s)。函数 W/ε'等于贮存在介质柱外的电场能量与贮存在介质柱内的电场能量之比。如果所有的电场能量都集中在介质柱内，则 $W = 0$。应用超越式(A.7)由 ν^2 的值计算出 u^2 的值。$J_n(u)$为第一类贝塞尔函数，$K_n(\nu)$为第二类修正贝塞尔函数。对于任何一个 ν 值，u 的第 m 个解存在于 u_{0m} 与 u_{1m}，之间，这里 $J_0(u_{0m}) = 0$，$J_1(u_{1m}) = 0$。为了辨认模式的方便，图 A.3 的曲线(A)给出了第一个解(m=1)。图 A.3 的曲线(B)给出了 TE_{0mp}模式 m=1 时，$W-\nu$ 关系的计算结果。使用 u^2 与 ν^2 值，可由式(A.8)计算出 ε'值：

$$\varepsilon' = \left(\frac{\lambda_0}{\pi d}\right)^2 (u^2 + \nu^2) + 1 \tag{A.8}$$

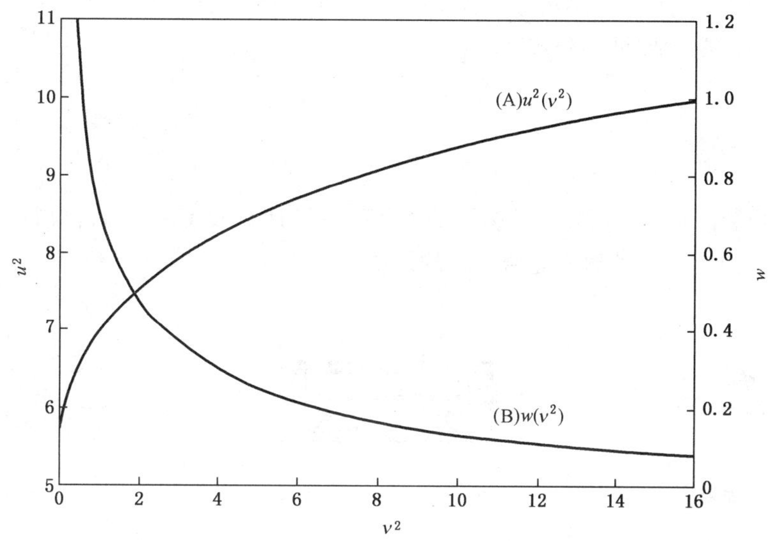

图 A.3 TE_{01p}模式的 $u-v$ 和 $W-v$ 关系的计算结果

在双介质谐振器法中，使用一对介质柱，称为标准介质柱。这两个介质柱的直径相同，高度不同，一个柱的高度是另一个柱高度的 p 倍，一般令 $p=3$。要求两个介质柱的 ε' 和 $\tan\delta$ 相同。

图 A.4 给出了 $p=3$ 时，两个标准介质柱中电磁场的结构。为了避免混淆，将短介质柱的高度记为 h_0，两谐振器分别称为 TE_{011} 谐振器、TE_{013} 谐振器。两个谐振器使用同一对超导薄膜。TE_{011} 谐振器的谐振频率 f_0 和无载品质因数 Q_u，记为 f_{01} 和 Q_{u1}；TE_{01p} 谐振器的谐振频率 f_0 和无载品质因数 Q_u，记为 f_{0p} 和 Q_{up}。

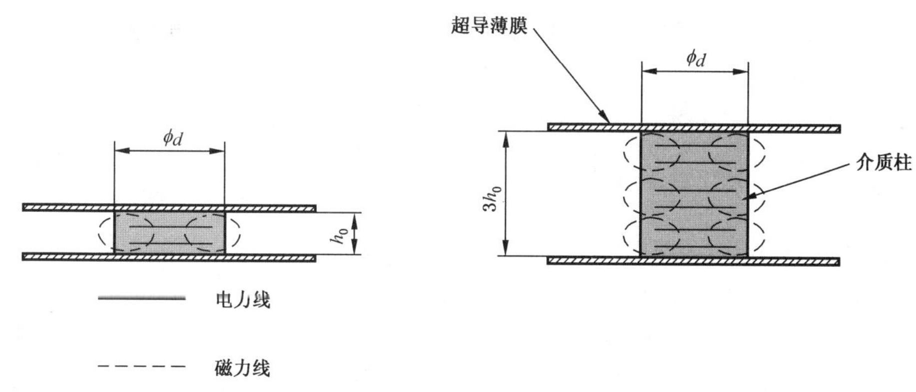

图 A.4 测量 R_S、$\tan\delta$ 的标准介质柱的电磁场结构

从测量得到的 Q_u 值可以计算出 $\tan\delta$，当 TE_{01p} 谐振器的高度准确的等于 TE_{011} 谐振器高度的 p 倍时，f_{0p} 与 f_{01} 相同。然而，两个谐振器中储存的电场能量不同，因而 Q_{up} 高于 Q_{u1}，由于两个介质柱的两端均由同一对超导薄膜短路，由式(A.1)得到：

$$\tan\delta=\frac{A}{(p-1)}\left(\frac{p}{Q_{up}}-\frac{1}{Q_{u1}}\right) \qquad \cdots\cdots(A.9)$$

作为一种可选方法，超导薄膜的 R_S 可以直接由式(A.10)计算出：

$$R_S = \frac{30\pi^2 p}{(p-1)}\left(\frac{2h_0}{\lambda_0}\right)^3 \frac{\varepsilon' + W}{1+W}\left(\frac{1}{Q_{ul}} - \frac{1}{Q_{up}}\right) \qquad \cdots\cdots\cdots\cdots\cdots\cdots (A.10)$$

将式(A.9)代入式(A.1)即可得到式(A.10)。

A.4 谐振器结构

杂模的寄生耦合会降低 TE 模介质谐振器的 Q 值,在设计高 Q 谐振器时,应特别注意对杂模寄生耦合的抑制。图 A.5 给出了 3 种形式的谐振器的结构。

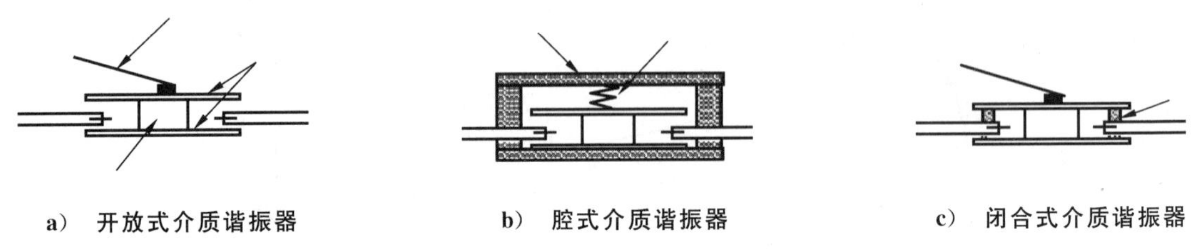

a) 开放式介质谐振器　　b) 腔式介质谐振器　　c) 闭合式介质谐振器

图 A.5 三种形式的谐振器的结构示意图

a) 开放式介质谐振器:在两片平行超导薄膜之间放一个低损耗的介质柱,两边各放置半刚性电缆,作为 RF 输入与输出的磁偶极子耦合。对于这种结构,耦合电缆的纵向位置应该仔细设计,以防止电磁辐射沿着耦合电缆传播、降低 TE_{0mp} 模的 Q 值、增加 R_S 测量误差。耦合电缆应该尽可能接近下端超导薄膜。
b) 腔式介质谐振器:a) 中所示的开放式谐振器放在导体(铜)腔内,构成腔式介质谐振器。
c) 闭合式介质谐振器:将导体(铜)圆柱腔放在两片超导薄膜中间,构成闭合式谐振器。铜圆柱腔将有效地阻断沿着耦合电缆传播的电磁辐射损耗。建议将耦合电缆的纵向位置放在磁场的 Z 方向分量 H_Z 的最大值处即 $Z=h/2$。

谐振器用制冷机冷却时,要防止机械和热的扰动,还需要安装 $X-Y$ 和/或 Z 轴控制器,以便在 ± 1 mm范围内调节样品位置。

天线环的长度要按四分之一波长法则来设计,以达到最大灵敏度。

A.5 标准介质柱的尺寸

图 A.6 和图 A.7 分别给出了两端用平行的超导薄膜短路的 TE_{011} 与 TE_{013} 谐振器的模式图。这两个模式图都考虑了蓝宝石柱相对介电常数的单轴各向异性[20]。ε_z 为 c 方向的相对介电常数,ε_r 为垂直于 c 方向平面的相对介电常数,d 和 h 分别为蓝宝石的直径和高度,λ_0 为自由空间谐振波长。由图 A.6 和图 A.7 可见,与 TE_{011} 相比,TE_{013} 谐振模式容易受 TM 与 HE 模式的影响。由于 TE 模式与其他模式的耦合会降低无载 Q 值,应仔细选择蓝宝石柱的(d/h)值,以避免不希望的耦合出现。

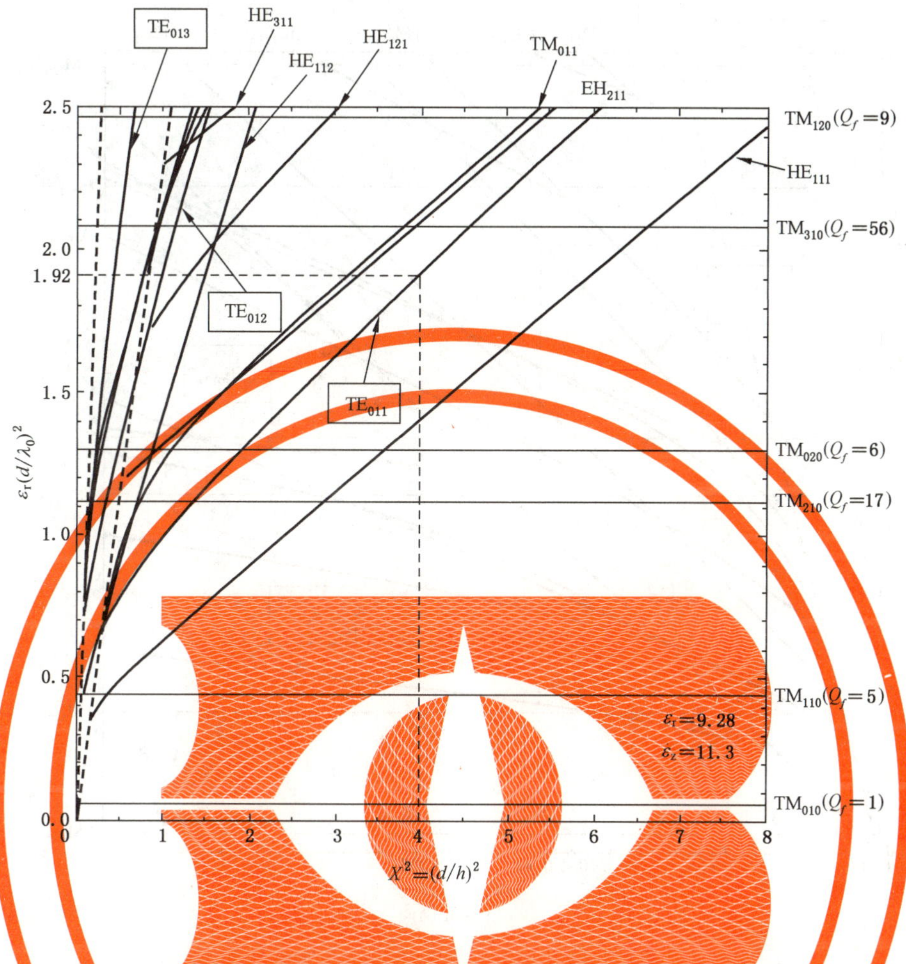

图 A.6 设计平行超导薄膜两端短路的 TE_{011} 谐振器的模式图[20]

图 A.7 给出，为了不受其他模式的影响，TE_{013} 模蓝宝石柱的 $(d/h)^2$ 取在 0.24 ～ 0.46 之间。与此对应的 TE_{011} 模蓝宝石柱的 $(d/h)^2$ 在 2.2 ～ 4.1 之间。由图 A.6 可以看出，这样 TE_{011} 模也不与其他模式发生耦合。

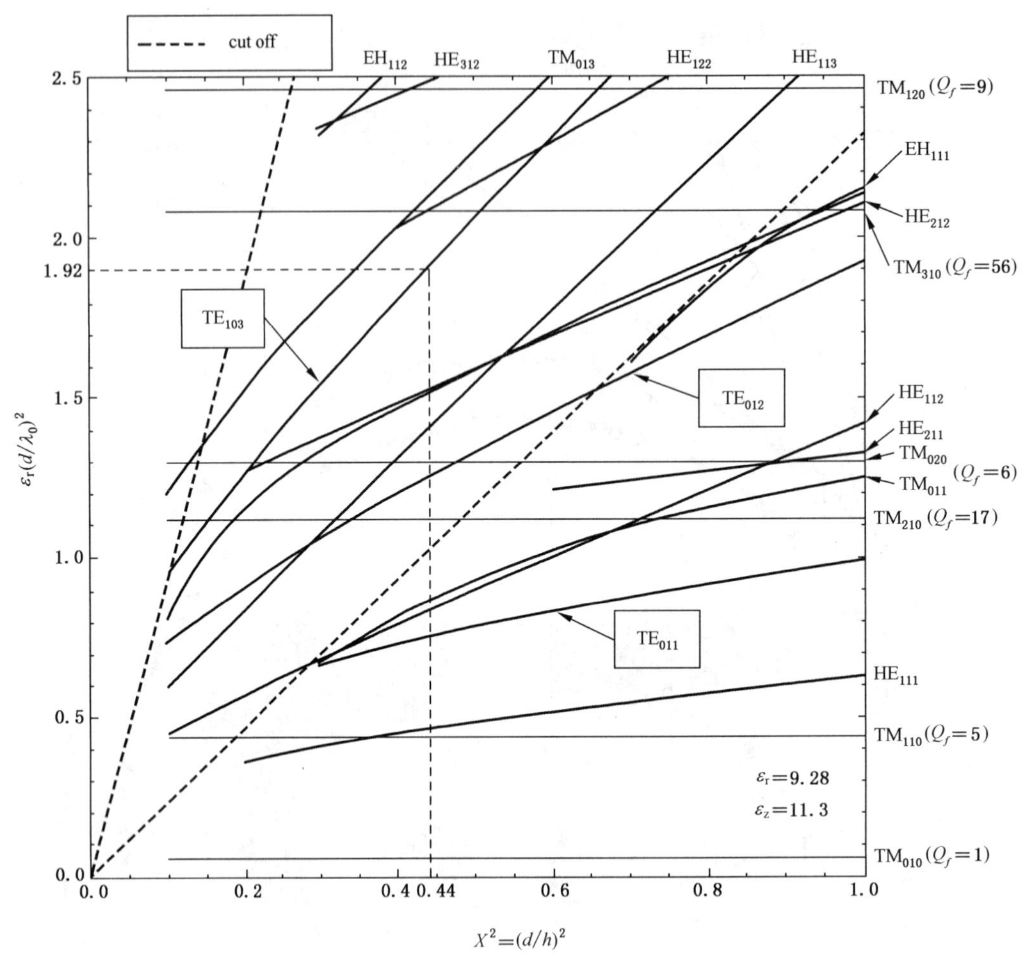

图 A.7 设计平行超导薄膜两端短路的 TE_{013} 谐振器的模式图[20]

由于 TE 模的谐振频率是蓝宝石柱的相对介电常数以及尺寸的函数，蓝宝石柱的直径和高度应选择适当，以便得到所需要的 f_0。

对于每一个 $(d/h)^2$ 值，由图 A.6 可以确定出对应的 $\varepsilon_r(d/\lambda_0)^2$。例如，$(d/h)^2=4$ 时，$\varepsilon_r(d/\lambda_0)^2=1.92$。因此，给出蓝宝石柱的 d 与 ε_r 就可以由式(A.11)给出 $(d/h)^2=4$ 的 TE_{011} 模谐振器的谐振频率：

$$\varepsilon_r(d/\lambda_0)^2=\varepsilon_r(d\times f_0/c)^2=1.92 \qquad \cdots\cdots(A.11)$$

A.6 闭合式谐振器的尺寸

在闭合式谐振器中，在两片超导薄膜之间有一个铜圆柱腔，蓝宝石柱则放在铜圆柱腔中间[图 A.5c)]。每一个模式的谐振频率都随圆环的内直径 D 改变。因此，要选择 D，以避免与其他模式的耦合。图 A.8 与图 A.9 分别给出了短蓝宝石柱 $(d/h)^2=4$ 与长蓝宝石柱 $(d/h)^2=0.44$ 作为 $S=D/d$ 函数的模式图[20]。同时将 TE_{011} 模和 TE_{013} 模与其他模式分开的 S 值范围是：$S=1.8\sim2.8$，$3.8\sim4.1$，$4.8\sim5.2$。本标准推荐 $S=4$，此值比较容易处理。

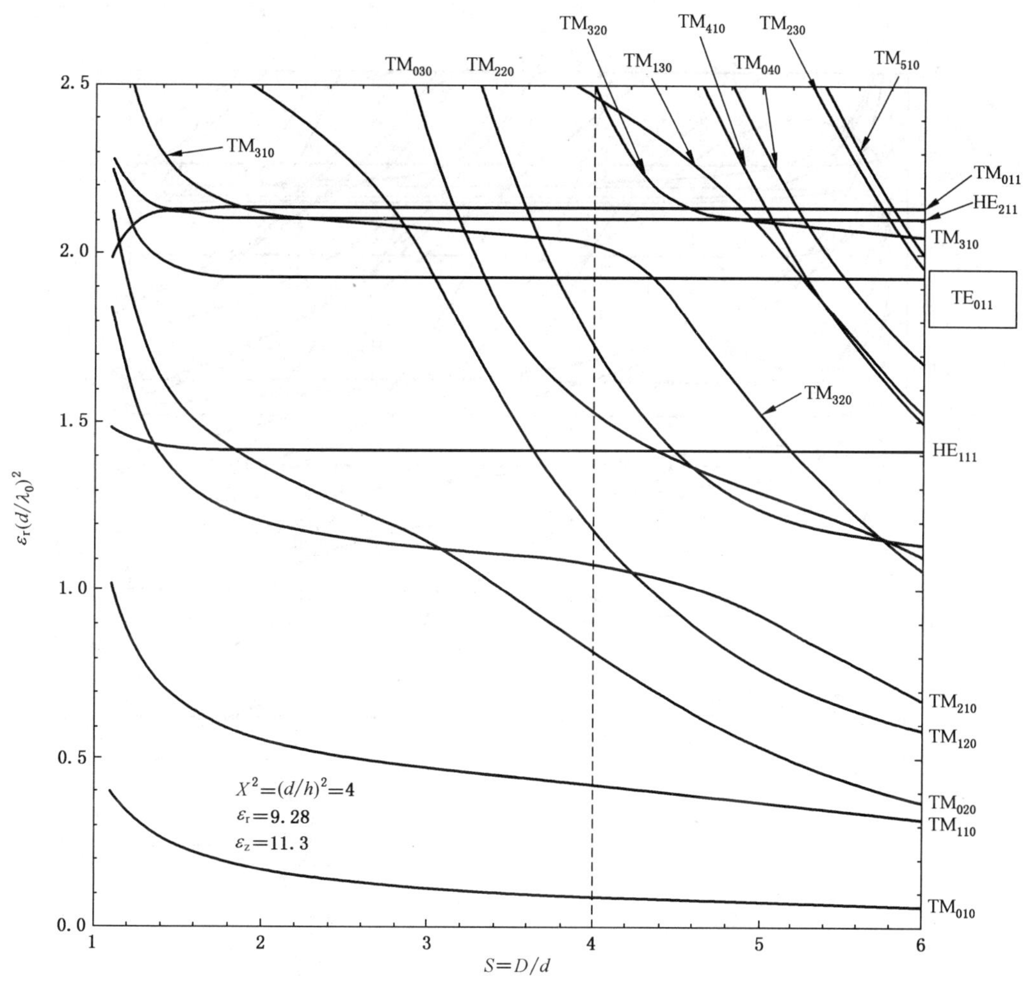

图 A.8 闭合式 TE_{011} 谐振器的模式图

A.7 检测方法的精密度和精确度

由 R_S 的误差分析和循环对比检测可以给出这种测试方法的误差估计[13,19]、灵敏度、精确度和重复性。

A.8 蓝宝石柱的重复性

蓝宝石柱的 $\tan\delta$ 值是很难获得的，双介质谐振器法需要选择标准介质柱。第一步是在一个 HTS/蓝宝石谐振器中比较大量的蓝宝石柱，将 Q 值最高的蓝宝石柱记为“标准柱”，对三倍高度的蓝宝石柱做同样的选择。通过上述方法可以得到这两个蓝宝石柱的 $\tan\delta$ 值。直接与这两个标准蓝宝石柱比较，可以得到其他蓝宝石柱的 ε' 与 $\tan\delta$ 值。利用一个校准过的单倍高度蓝宝石柱有可能提取出被测超导薄膜的 R_S 值。

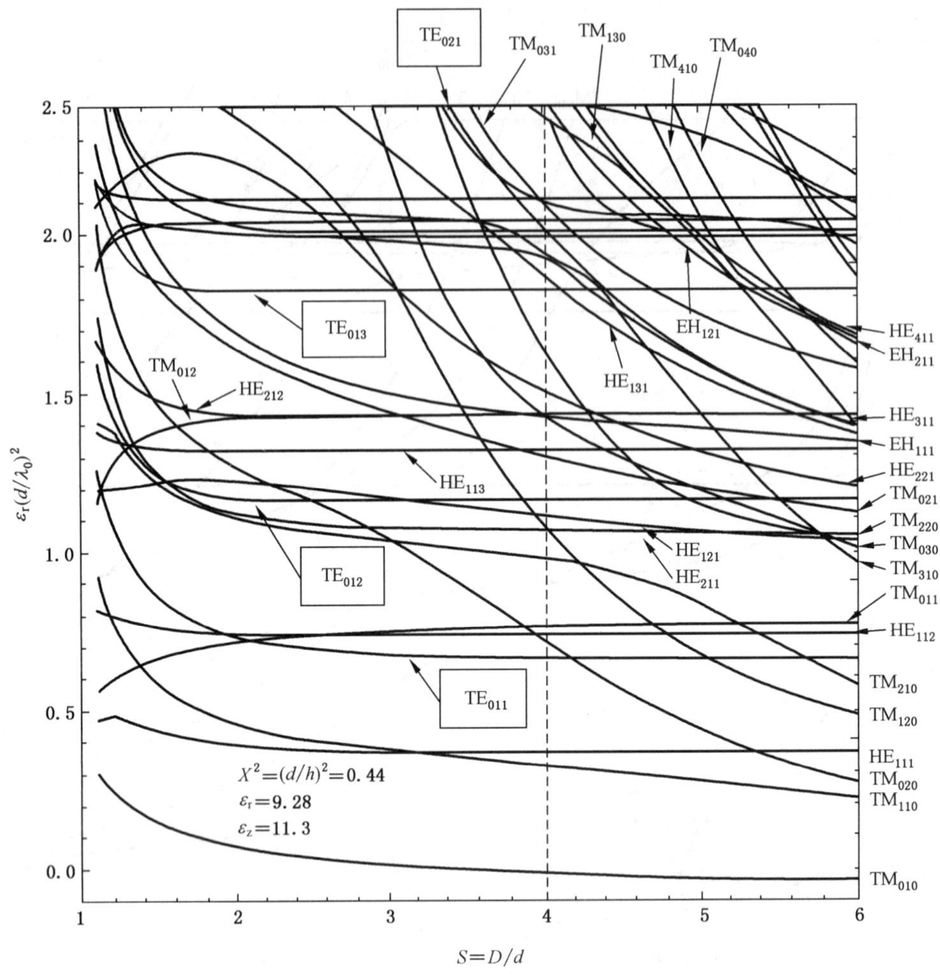

图 A.9 闭合式 TE_{013} 谐振器的模式图

附 录 B
（规范性附录）
改进型镜像介质谐振器法

B.1 引言

与 A.1.5 中给出的镜像型介质谐振器法不同的是，本附录采用的 $TE_{011+\delta}$ 模式镜像蓝宝石介质谐振器法[21-23]，增加了“校准技术”，在本标准中称之为改进型镜像介质谐振器法。通过校准可以得到谐振腔的几何因子，计算过程简单，且无需忽略介质损耗，同时也能扣除耦合机构对测试结果的负面影响。本附录采用的方法在满足测量变异系数低于 20% 的前提下，通过一次测量即可获得单片超导薄膜的 R_S 值，能够大幅度提高测试效率，适合大批量工业化的测试。

B.2 装置

B.2.1 测试系统

图 B.1 是测试超导薄膜微波表面电阻所需的系统示意图。该系统由矢量网络分析仪、测试腔体和监测温度的温度计组成。

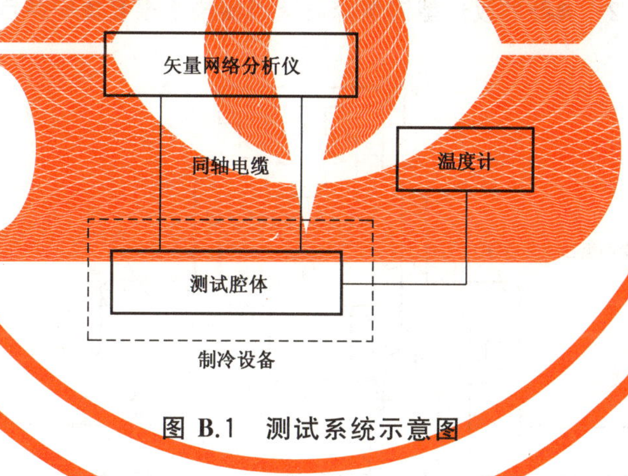

图 B.1 测试系统示意图

B.2.2 蓝宝石介质谐振腔

B.2.2.1 结构的设计

如图 B.2 所示为典型的改进型镜像介质谐振器法谐振装置安装示意图，上端为测试探头部分，下端为加载部分，超导薄膜用支撑板压紧。图 B.3 为测试探头加载被测样品示意图。设蓝宝石直径为 d，谐振腔直径为 D，D/d 越大，磁场在内腔壁上的分量越小，流过的表面电流也越少，腔壁损耗就相对越小，超导薄膜损耗所占比例就相对越大，有利于提高测试灵敏度。因此，应综合考虑超导薄膜尺寸之后，选择合适的屏蔽腔直径。

另外，蓝宝石圆柱介质谐振腔的直径 d 和高度 h 与屏蔽腔的直径 D 和高度 H 共同决定谐振腔的谐振频率 f_0，适当选择 d，h，D 和 H 以及两段截止波导的尺寸 d_{c1}，h_{c1}，d_{c2} 和 h_{c2}，尽量减小其他谐振模式对工作模式 $TE_{011+\delta}$ 的影响，保证其品质因数的准确获取。高纯度单晶蓝宝石在液氮温度下有很低的损耗，它的高介电常数把大部分电磁能量限制在蓝宝石内及蓝宝石附近，可保证谐振腔工作模式具有高

Q 值和高的测试灵敏度。

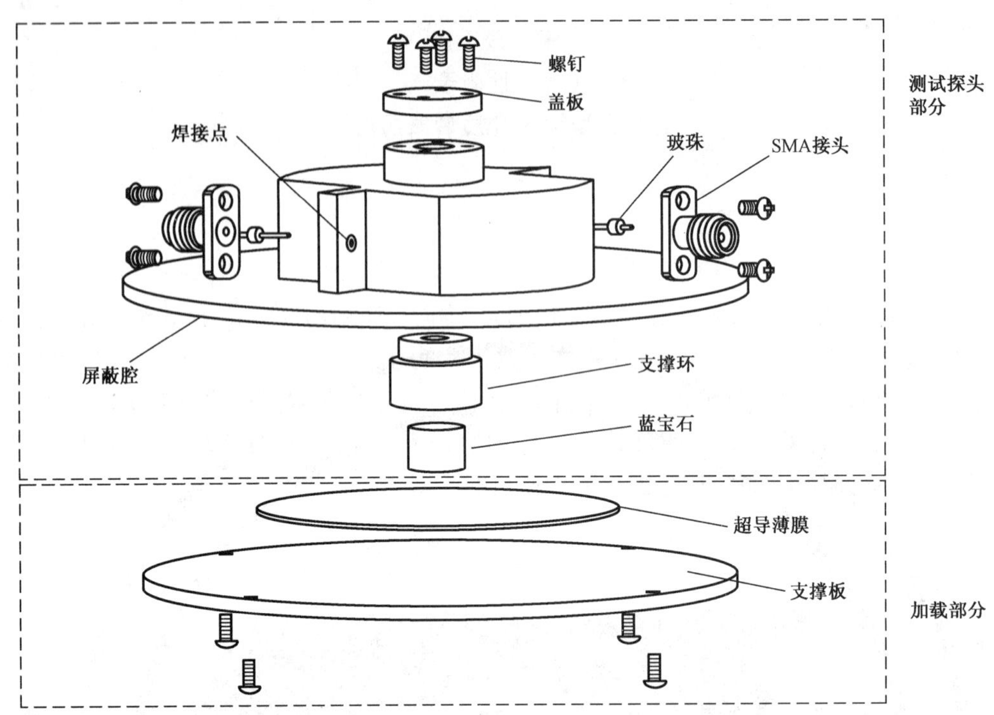

图 B.2 典型的改进型镜像介质谐振器法谐振装置安装示意图

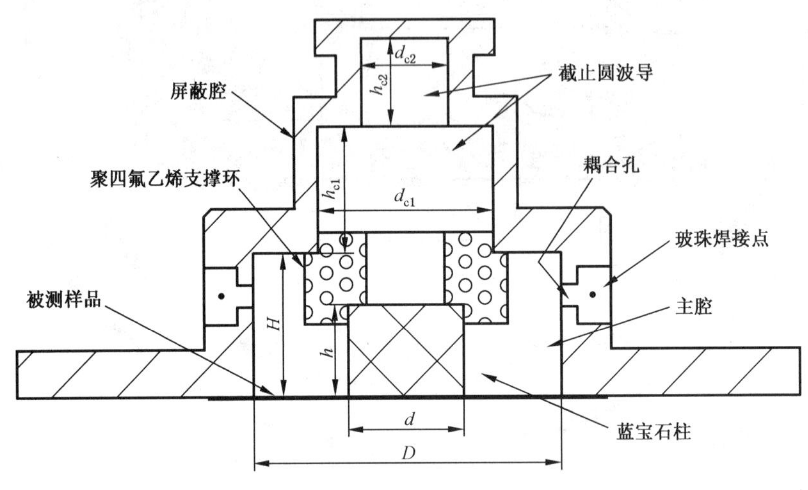

图 B.3 测试探头加载被测样品示意图

B.2.2.2 耦合装置的设计

通常微波谐振器中采用耦合环输入和输出功率，由于耦合环由手工焊接而成，其结构一致性较差，且损耗较大，因此采用具有低损耗、高稳定性特点的耦合孔作为能量耦合装置。采用如图 B.4 所示的结构来实现同轴到波导的转换。改变波导的宽度 w 和长度 l 以及玻珠与波导的相对位置，优化电磁波能量的耦合效率。通过改变耦合孔宽边 a 和窄边 b 的大小，可以控制测试装置的耦合量，为了保证测试精度，测试探头的插入损耗应大于 35dB。表 B.1 给出了建议尺寸，玻珠位于波导中央，机械加工误差限制在自由公差±0.1 mm 以内即可。

表 B.1 耦合孔尺寸

a/mm	b/mm	w/mm	l_1/mm	l_2/mm
5	1	13	3	4

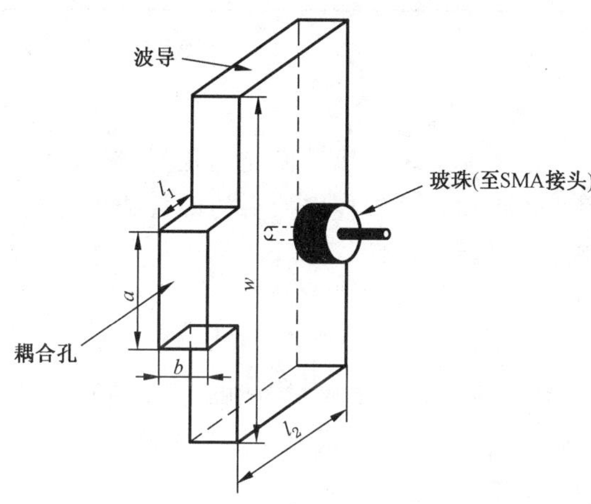

图 B.4 耦合结构示意图

B.2.2.3 介质柱

介质柱采用蓝宝石单晶材料，支撑环采用聚四氟乙烯材料。蓝宝石介质柱的尺寸和加工要求如表 B.2 所示。

B.2.2.4 屏蔽腔

为了提高工作模式的无载品质因数，保证测试灵敏度，应将屏蔽腔表面镀银。同时为了避免工作模式受到屏蔽腔谐振模式的干扰，其各部分尺寸建议采用表 B.3 提供的数据，机械加工误差限制在自由公差±0.1 mm 以内即可。

表 B.2 蓝宝石介质柱的尺寸和加工要求

	f=12 GHz	f=17 GHz
	$TE_{011+\delta}$谐振模式	$TE_{011+\delta}$谐振模式
直径 d	8.3 mm±0.05 mm	4.4 mm±0.02 mm
高度 h	5.7 mm±0.05 mm	4.0 mm±0.01 mm
平面度	低于 0.005 mm	低于 0.005 mm
表面粗糙度	顶端和底端：优于 10 nm(r.m.s) 圆柱侧面 ：优于 0.001 mm(r.m.s)	顶端和底端：优于 10 nm(r.m.s) 圆柱侧面 ：优于 0.001 mm(r.m.s)
垂直度	0.1°以内	0.1°以内
圆柱轴	与 c 轴方向平行度在 0.25°以内	与 c 轴方向平行度在 0.25°以内

表 B.3　屏蔽腔各部分尺寸

主腔		第一段截止波导		第二段截止波导	
D/mm	H/mm	d_{c1}/mm	h_{c1}/mm	d_{c2}/mm	h_{c2}/mm
26	10	10	7	6	3

B.2.3　校准探头

改进型镜像介质谐振器法采用校准手段获取谐振腔的几何因子，需要使用校准探头作为等效零电阻面，替换超导薄膜，对测试探头进行加载。该校准探头的谐振结构与测试探头完全相同，因此其各部分应采用表 B.1、表 B.2 和表 B.3 所推荐的尺寸。

B.2.4　圆柱形金属谐振腔

在校准过程中，还需要用已知表面电阻的金属板对测试探头进行加载。由于受到材料纯度、处理工艺等因素的影响，实际使用金属板的微波表面电阻值可能与理论值不同。因此，需要针对所使用金属板的微波表面电阻 R_{SCond} 进行专门的测试。

圆柱形谐振腔可以用于金属的微波表面电阻测试。利用相同的金属材料制作金属板和金属谐振腔，并使用相同的工艺流程对二者同时进行表面处理，则金属腔和金属板的微波表面电阻是相同的。因此，金属板的微波表面电阻，可以用由相同材料和工艺流程制作出的圆柱形谐振腔测得的微波表面电阻来表征。建议使用普通黄铜作为加工材料，为了保证金属板微波表面电阻的稳定性，表面处理使用镀金工艺，镀层厚度 2 μm 左右，以减小由于金属氧化对微波表面电阻造成的影响。

耦合装置采用与测试探头相同的孔耦合设计，建议设计时采用较小的传输系数，以减小耦合机构对测试结果的负面影响，耦合孔尺寸可参照表 B.1。图 B.5 所示工作频率为 12 GHz 圆柱形谐振腔的推荐尺寸为 $D'=40.0\ \mathrm{mm}\pm0.1\ \mathrm{mm}$；$H'=57.7\ \mathrm{mm}\pm0.1\ \mathrm{mm}$。值得注意的是，在使用 17 GHz 工作频率测量超导薄膜微波表面电阻时，R_{SCond} 值按照与 $f^{1/2}$ 成正比的关系进行换算。

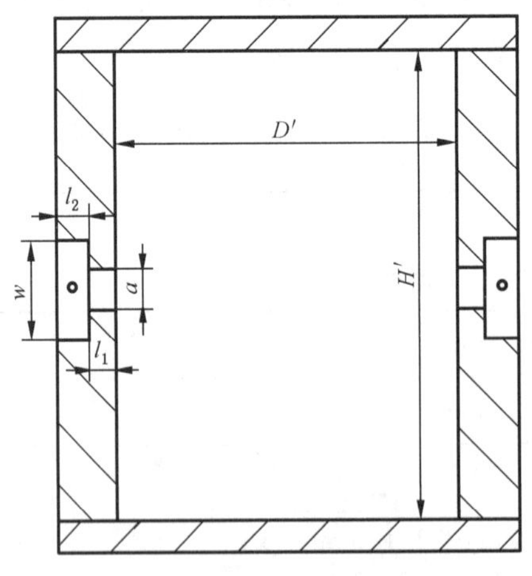

图 B.5　金腔结构示意图

B.2.5　超导薄膜

超导薄膜的直径(即样品基片的直径)应略大于主腔直径，以保证谐振腔结构的完整。超导薄膜的厚度应为 0 K 时伦敦穿透深度的 3 倍以上。因此选择超导薄膜的直径≥30 mm，厚度≈0.5 μm。

B.2.6 耦合电缆

采用两根半刚性同轴电缆用于测试装置的功率输入和功率输出。半刚性同轴电缆的输入端和输出端相连可校准传输功率电平。

B.2.7 测试仪器

为了保证测试精度，采用矢量网络分析仪测试超导薄膜表面电阻。对矢量网络分析仪的参数要求与正文中表 3 相同。

B.3 制冷装置

在不要求测试超导薄膜微波表面电阻的温度特性时，建议采用液氮直接浸泡的方法进行制冷。为了防止空气中水汽进入谐振装置造成测试误差，以及避免升温时附着在超导薄膜上的水珠对膜的损坏，谐振装置应该固定在密封腔内。利用铟丝等密封材料实现对密封腔的气密封，保护气体通过导热性能差的薄壁不锈钢管通入密封腔，把空气排除，使蓝宝石介质谐振器工作在保护气体的环境中。建议使用高纯氦气作为保护气体。采用制冷机制冷可以屏蔽电磁辐射，实现对谐振装置的升降温和恒温保持功能，在测试超导薄膜微波表面电阻温度特性时，可以采用这种制冷方式。

B.4 测试步骤

改进型镜像介质谐振器法对超导薄膜微波表面电阻进行测试，需要对加载后测试探头的无载品质因数进行测量，推荐采用如下步骤：

a) 校准功率电平。把两根同轴电缆相连，放到液氮中冷却，测试所需频率和温度下的功率值，作为参考功率电平。

b) 将两根同轴电缆从液氮中移出，加热至室温。

c) 将校准探头加载至测试探头，安装过程中注意通过校准探头截止圆波导观察，若出现如图 B.6 所示的牛顿环，则说明装配良好；否则需要重新安装，直至出现牛顿环。

d) 将加载后的测试探头装载到密封腔，通入保护气，浸泡在液氮中，连接好测试仪器和测试腔体。

e) 谐振频率 f_0 以及无载品质因数 Q_u 的测量：

   1) 测量谐振装置工作模式的传输系数 S_{21}；

   2) 调整测试频率范围，使其仅显示工作模式谐振峰，记下 f_0 及 Q_L 的值；

   3) 测量谐振装置工作模式的反射系数 S_{11} 和 S_{22}。

f) 利用反射系数 S_{11} 和 S_{22} 与有载品质因数 Q_L，采用正文中式(2)计算加载校准探头后谐振装置的无载品质因数 Q_{uH}，系数 A 由式(B.1)计算得到：

$$A=\frac{1}{Q_{uH}} \qquad \cdots\cdots\cdots\cdots\cdots\cdots (B.1)$$

g) 从液氮中取出谐振装置，加热至室温，用已知表面电阻的金属板代替校准探头，并重复步骤 d)和 e)。

利用反射系数 S_{11} 和 S_{22} 与有载品质因数 Q_L，采用正文中式(2)计算加载已知表面电阻的金属板后谐振装置的无载品质因数 Q_{uCond}，系数 B 由式(B.2)计算得到：

$$B=\left(\frac{1}{Q_{uCond}}-A\right)/R_{Scond} \qquad \cdots\cdots\cdots\cdots\cdots\cdots (B.2)$$

h) 从液氮中取出谐振装置，加热至室温，用待测超导薄膜样品代替金属板，并重复步骤 d)和 e)。

利用反射系数 S_{11} 和 S_{22} 与有载品质因数 Q_L，采用正文中式(2)计算加载超导薄膜样品后谐振装置

的无载品质因数 Q_{uHTS}，超导薄膜的微波表面电阻 R_{SHTS}值由式(B.3)计算得到：

$$R_{SHTS}=\left(\frac{1}{Q_{uHTS}}-A\right)/B \qquad \text{(B.3)}$$

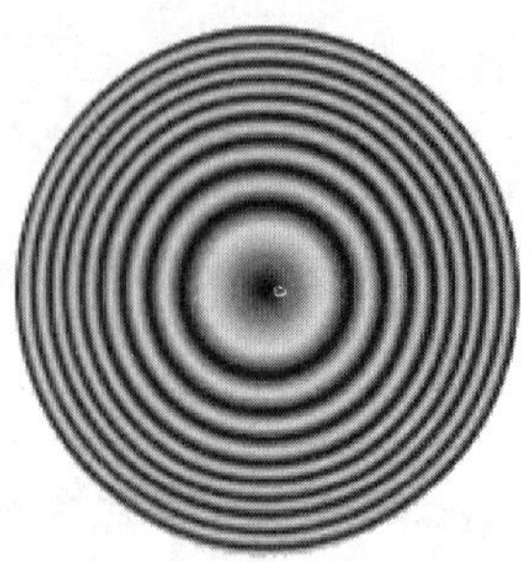

图 B.6 校准探头与测试探头装配良好时的牛顿环示意图

B.5 装置的保存

为了减小水汽对测试探头、校准探头和金属板的影响，建议将三者放置在同一个装有干燥剂(推荐使用变色硅胶)的密封容器中。

附 录 C
（资料性附录）
与附录 B 相关的附加资料

C.1 改进型镜像介质谐振器法理论推导

由被测样品、金属腔壁和电介质材料构成的谐振腔无载品质因数 Q_u 见式(C.1)：

$$\frac{1}{Q_u}=\frac{P_d+P_c+P_{Sample}}{\omega_0 W} \qquad \text{(C.1)}$$

式中：

ω_0 ——谐振角频率；

P_c ——金属屏蔽腔所消耗的功率；

P_d ——电介质材料所消耗的功率；

P_{Sample} ——被测样品微波表面电阻 R_S 所消耗的功率；

W ——在谐振频率 f_0 时，工作模式 $TE_{01\delta}$ 一个周期内存储在谐振腔中的平均能量。

根据电磁场理论，若已知谐振腔内的电磁场分布，其计算见式(C.2)～式(C.5)

$$P_c=\frac{R_{S_{Ag}}}{2}\int_{S_{Ag}}|H_t|^2\mathrm{d}S \qquad \text{(C.2)}$$

$$P_d=\frac{\omega_0}{2}\left[\int_{V_{rod}}\varepsilon''_{r_1}|E|^2\mathrm{d}V+\int_{V_{ring}}\varepsilon''_{r_2}|E|^2\mathrm{d}V\right] \qquad \text{(C.3)}$$

$$P_{Sample}=\frac{R_{S_{Sample}}}{2}\int_{S_{Sample}}|H_t|^2\mathrm{d}S \qquad \text{(C.4)}$$

$$W=\frac{1}{2}\left\{\int_{V_{rod}}(\varepsilon'_{r_1}|E|^2+\mu_0|H|^2)\mathrm{d}V+\int_{V_{ring}}(\varepsilon'_{r_2}|E|^2+\mu_0|H|^2)\mathrm{d}V+\int_{V_{air}}(\varepsilon_0|E|^2+\mu_0|H|^2)\mathrm{d}V\right\} \qquad \text{(C.5)}$$

式中：

V_{rod} ——圆柱形的蓝宝石介质柱所占据的体积；

V_{ring} ——聚四氟乙烯支撑环所占据的体积；

V_{air} ——空气所占据的体积；

S_{Ag} ——金属屏敝腔内表面的表面积；

S_{Sample} ——被测样品的表面积；

$\varepsilon'_{r_1}-j\varepsilon''_{r_1}$ ——蓝宝石的介电常数；

$\varepsilon'_{r_2}-j\varepsilon''_{r_2}$ ——聚四氟乙烯的介电常数；

ε_0 ——真空中的介电常数；

μ_0 ——磁导率；

E ——电场强度；

H ——磁场强度；

H_t ——切向磁场强度；

$R_{S_{Ag}}$ ——金属屏蔽腔的微波表面电阻；

$R_{S_{Sample}}$ ——被测样品的微波表面电阻。

将式(C.2)～(C.5)代入式(C.1)，可得：

$$\frac{1}{Q_u}=A+BR_{S_{\mathrm{Sample}}} \qquad \text{(C.6)}$$

式中：

$$A=\frac{\omega_0\left[\int_{V_{\mathrm{rod}}}\varepsilon''_{r_1}\mid E\mid^2\mathrm{d}V+\int_{V_{\mathrm{ring}}}\varepsilon''_{r_2}\mid E\mid^2\mathrm{d}V\right]+R_{S_{\mathrm{Ag}}}\int_{S_{\mathrm{Ag}}}\mid H_t\mid^2\mathrm{d}S}{\omega_0\left[\int_{V_{\mathrm{rod}}}(\varepsilon'_{r_1}\mid E\mid^2+\mu_0\mid H\mid^2)\mathrm{d}V+\int_{V_{\mathrm{ring}}}(\varepsilon'_{r_2}\mid E\mid^2+\mu_0\mid H\mid^2)\mathrm{d}V+\int_{V_{\mathrm{air}}}(\varepsilon_0\mid E\mid^2+\mu_0\mid H\mid^2)\mathrm{d}V\right]} \qquad \text{(C.7)}$$

$$B=\frac{\int_{S_{\mathrm{Sample}}}\mid H_t\mid^2\mathrm{d}S}{\omega_0\left[\int_{V_{\mathrm{rod}}}(\varepsilon'_{r_1}\mid E\mid^2+\mu_0\mid H\mid^2)\mathrm{d}V+\int_{V_{\mathrm{ring}}}(\varepsilon'_{r_2}\mid E\mid^2+\mu_0\mid H\mid^2)\mathrm{d}V+\int_{V_{\mathrm{air}}}(\varepsilon_0\mid E\mid^2+\mu_0\mid H\mid^2)\mathrm{d}V\right]} \qquad \text{(C.8)}$$

式中：A、B 是电磁场积分的比值(与附录 A 中 A、B 不同)，当谐振腔固定，薄膜的微扰不改变谐振腔场分布的条件下，A、B 的值与被测样品本身没有关系，也不会因被测样品的变化而改变，同时由于 A、B 都是与电磁场幅度无关的定值，所以确定 A、B 的值后，通过测量加载超导薄膜时谐振腔的无载品质因数 Q_u，可求出其微波表面电阻 R_{SHTS}，见式(C.9)

$$R_{\mathrm{SHTS}}=\left(\frac{1}{Q_u}-A\right)/B \qquad \text{(C.9)}$$

通过对该谐振腔内部的电磁场分布进行求值可以确定 A、B 的值，但求解过程十分复杂，制定工程测试标准，测试变异系数目标在 20%以内，因此可以利用实验技术来确定 A、B 的值。

C.2 改进型镜像介质谐振器法校准技术

根据基本电磁场理论中的镜像原理，当一个和测试探头结构完全一样的校准探头与测试探头对接时(图 C.1)，由于这两个探头对称互为镜像，可等效为测试探头端接了一个镜面。

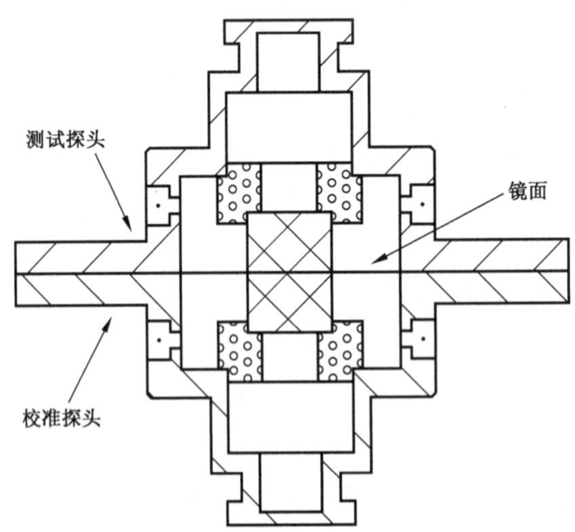

图 C.1 测试探头加载校准探头示意图

测试探头中 $\mathrm{TE}_{011+\delta}$模式的磁力线方向与镜面切线方向平行，而在镜面上没有能量损耗，可认为其表面电阻 $R_S=0$。此时由测试探头和校准探头共同构成的谐振腔工作模式变为 $\mathrm{TE}_{012+2\delta}$，但是测试探头内的电磁场分布与 $\mathrm{TE}_{011+\delta}$一致，并未发生变化，且谐振频率不发生变化，谐振角频率仍为 ω_0，此时测试探头的无载品质因数为：

$$Q_{uH}=\frac{\omega_0(2W)}{2(P_d+P_c)}=\frac{\omega_0 W}{P_d+P_c} \quad \cdots\cdots\cdots\cdots\cdots\cdots(\text{C.10})$$

此时可以认为校准探头等效于理想导体，其表面电阻 $R_S=0$。在测得此时谐振腔的无载品质因数 Q_{uH} 值后，根据式(C.6)有：

$$A=\frac{1}{Q_u}\Big|_{R_S=0}=\frac{1}{Q_{uH}} \quad \cdots\cdots\cdots\cdots\cdots\cdots(\text{C.11})$$

由此，可以通过实验方法得到 A 的值。

当测试探头加载一件已知微波表面电阻为 R_{Scond} 的金属板(图 C.2)，这时测试探头的工作模式不发生变化，其内部场分布也不发生变化，谐振频率不变。在测得此时谐振腔的无载品质因数 Q_{uCond} 值后，可以确定 B 为：

$$B=\left(\frac{1}{Q_{uCond}}-A\right)/R_{Scond} \quad \cdots\cdots\cdots\cdots\cdots\cdots(\text{C.12})$$

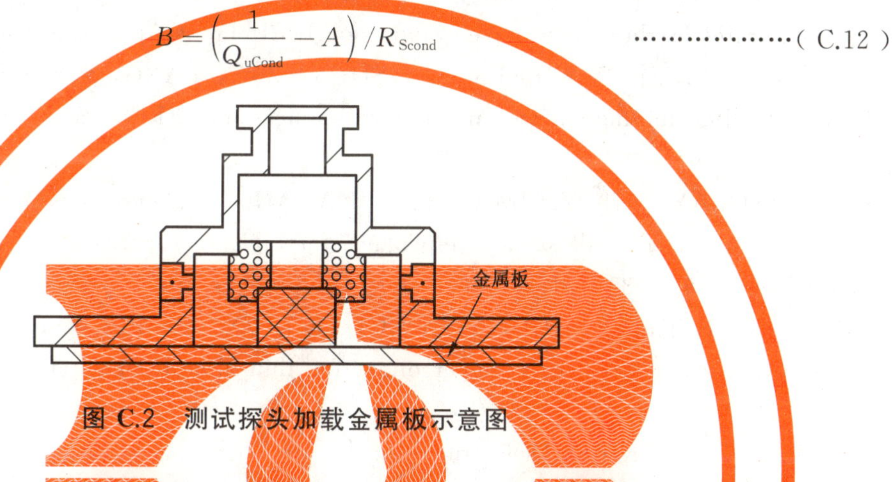

图 C.2 测试探头加载金属板示意图

C.3 超导样品的测量

确定 A 和 B 的值后，按图 C.3 所示加载超导样品，测量谐振腔的 Q_{uHTS} 值，根据式(C.9)可得超导薄膜的微波表面电阻 R_{SHTS}。

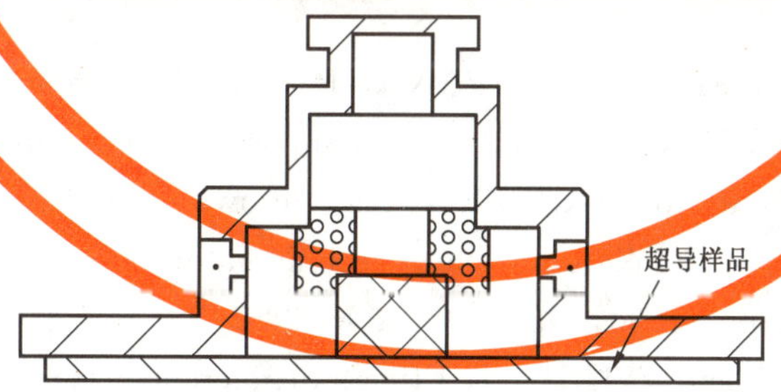

图 C.3 测试探头加载超导样品示意图

参 考 文 献

［1］ ZHANG, D., LIANG, G-C., SHIH, CF., LU, ZH.and JOHANSSON, ME.A 19-pole cellular bandpass filters using 75-mm diameter high temperature superconducting thin films.IEEE Microwave and Guided Wave Letters, 1995, 5, p.405.

［2］ ONO, RH., BOOTH, JC., STORK, F.and WILKER, C.Developing standards for the emerging technology of high temperature superconducting electronics.Adv.in Superconductivity X, Tokyo: Springer, 1998, p.1407.

［3］ KINDER, H., BERBERICH, P., UTZ, B.and PRUSSEIT, W.Double sided YBCO films on 4" substrates by thermal reactive evaporation.IEEE Trans.Appl.Supercond., 1995, 5, p.1575.

［4］ FACE, DW., WILKER, C., SHEN, Z-Y., PANG, P. and SMALL, R.J. Large area $YBa_2Cu_3O_7$ films for high power microwave applications. IEEE Trans. Appl. Supercond., 1995, 5, p.1581.

［5］ KOBAYASHI, Y., IMAI, T.and KAYANO, H.Microwave measurement of temperature and current dependences of surface impedance for high-Tc superconductors. IEEE Trans. Microwave Theory Tech., 1991, 39, p.1530.

［6］ WILKER, C., SHEN, Z.-Y., NGUYEN, VX., and BRENNER, MS.A sapphire resonator for microwave characterization of superconducting thin films.IEEE Trans.Appl.Supercond., 1993, 3, p.1457.

［7］ MAZIERSKA, J.Dielectric resonator as a possible standard for characterization of high temperature superconducting films for microwave applications.J.Supercond., 1997, 10, p.73.

［8］ LLOPIS, O.and GRAFFEUIL, J.Microwave characterization of high Tc superconductors with a dielectric resonator.J.Less-Common Met., 1990, 164, p.1248.

［9］ MAZIERSKA, J.and WILKER, C.Accuracy issues in surface resistance measurements of high temperature superconductors using dielectric resonators (corrected). IEEE Trans. Appl. Supercond., 2001, 11, p.4140.

［10］ WILKER, C., SHEN, Z.-Y., PANG, P., FACE, DW., HOLSTEIN, WL., MATTHEWS, AL.and LAUBACHER, D.B.5 GHz high-temperature-superconductor resonators with high Q and low power dependence up to 90 K.IEEE Trans.Microwave Theory Tech., 1991, 39, p.1462.

［11］ TABER, RC.A parallel plate resonator technique for microwave loss measurements on superconductors.Rev.Sci.Instrum., 1990, No.61, p.2200-2206.

［12］ YOSHITAKE, T.and TSUGE, H.Effects of microstructures on microwave properties in Y-Ba-Cu-O microstrip resonators.IEEE Trans.Appl.Supercond., 1995, 5, p.2571.

［13］ MAZIERSKA, J.Dielectric resonator as a possible standard for characterization of high temperature superconducting films for microwave applications.J.Supercond., 1997, 10, p.73.

［14］ SHEN, Z.-Y., WILKER, C., PANG, P., HOLSTEIN, WL., FACE, DW.and KOUNTZ, DJ.High Tc superconductor-sapphire microwave resonator with extremely high Q-values up to 90 K.IEEE Trans.Microwave Theory Tech., 1992, 40, p.2424.

［15］ KRUPKA, J., KLINGER, M., KUHN, M., BARANYAK, A., STILLER, M., HINKEN, J.and MODELSKI, J.Surface resistance measurements of HTS films by means of sapphire dielectric resonators.IEEE Trans.Appl.Supercond., 1993, 3, p.3043.

［16］ TELLMANN, N., KLEIN, N., DAHNE, U., SCHOLEN, A., SCHULZ, H.and CHA-

LOUPKA, H.High-Q $LaAlO_3$ dielectric resonators shielded by YBCO-films.IEEE Trans.Appl.Supercond., 1994, 4, p.143.

[17] KOBAYASHI, Y.and KAYANO, H.An improved dielectric resonator method for surface impedance measurement of high-Tc superconductors, IEEE MTT-S Digest, 1992, No. IF2 T-3, p.1031.

[18] KOBAYASHI, Y., IMAI, T.and KAYANO, H.Microwave measurement of temperature and current dependences of surface impedance for high-Tc superconductors. IEEE Trans. Microwave Theory Tech., 1991, 39, p.1530.

[19] YOSHIKAWA, H., OKAJIMA, S.and KOBAYASHI, Y.Comparison between BMT ceramic one-resonator method and sapphire two-resonator method to measure surface resistance of YBCO films.Proc.Asia-Pacific Microwave Conf., 1998, 2, p.1083.

[20] HASHIMOTO, T and KOBAYASHI, Y. Two-Sapphire-Rod-Resonator method to measure the surface resistance of High-Tc superconductor films.IEICE Trans.Electron., 2004, E87-C, No.5, p.681.

[21] JIAN LU et al.A $TE_{011+\delta}$ mode sapphire resonator probe for accurate characterization of microwave surface resistance of HTS thin films.IEEE, ICCS/94, Singapore, 1994, 959-963.

[22] YINGMIN ZHANG, ZHENGXIANG LUO et al.Measurement method of microwave surface resistance of high Tc superconductive thin films.Physica C, 2003, 385(4): 473-476.

[23] ZENG CHENG, LUO ZHENGXIANG, BU SHIRONG, et al.A novel method for the measurement of frequency character of surface resistance of HTS thin film.Chinese Science Bulletin, 2010, 55(11), 1088-1091.

ICS 71.040.40
G 76

中华人民共和国国家标准

GB/T 22594—2018
代替 GB/T 22594—2008

水处理剂 密度测定方法通则

Water treatment chemicals—General rules for determination of density

2018-06-07 发布 2019-01-01 实施

国家市场监督管理总局
中国国家标准化管理委员会 发布

前　言

本标准按照 GB/T 1.1—2009 给出的规则起草。

本标准代替 GB/T 22594—2008《水处理剂 密度测定方法通则》，与 GB/T 22594—2008 相比，除编辑性修改外主要技术变化如下：

——增加了 U 型振动管法(见第 5 章)。

本标准由中国石油和化学工业联合会提出。

本标准由全国化学标准化技术委员会水处理剂分技术委员会(SAC/TC 63/SC 5)归口。

本标准负责起草单位：浙江水知音检测有限公司、广州特种承压设备检测研究院、梅特勒-托利多仪器(上海)有限公司、河南清水源科技股份有限公司、深圳准诺检测有限公司、中海油天津化工研究设计院有限公司、石家庄给源环保科技有限公司、中国石油化工股份有限公司北京北化院燕山分院、天津正达科技有限责任公司、重庆大学。

本标准主要起草人：俞明华、尹宗杰、陈建霞、杨海星、彭佳娜、白莹、李永广、樊大勇、张全、郑怀礼。

本标准所代替标准的历次版本发布情况为：

——GB/T 22594—2008。

水处理剂　密度测定方法通则

1　范围

本标准规定了液态水处理剂产品密度测定的通用方法。

本标准适用于液态水处理剂密度的测定。

2　规范性引用文件

下列文件对于本文件的应用是必不可少的。凡是注日期的引用文件，仅注日期的版本适用于本文件。凡是不注日期的引用文件，其最新版本（包括所有的修改单）适用于本文件。

GB/T 6682 分析实验室用水规格和试验方法

3　密度计法

3.1　方法提要

由密度计在被测样品中达到平衡状态时所浸没的深度读出该液体的密度。

3.2　仪器设备

3.2.1　密度计：分度值为 0.001 g/cm^3。

3.2.2　玻璃量筒：250 mL～500 mL。

3.2.3　恒温水浴：温度控制在（20±0.1）℃。

3.3　试验步骤

3.3.1　恒温（20 ℃）下密度的测定：将待测试样缓慢注入清洁、干燥的量筒内，不得有气泡，将量筒置于（20±0.1）℃的恒温水浴中。待温度恒定后，将清洁、干燥的密度计缓缓放入试样中，其下端应离筒底 2 cm以上，不能与筒壁接触，密度计的上端露在液面外的部分所沾液体不得超过 2～3 分度，待密度计在试样中稳定后，读出密度计弯月面下缘的刻度（标有读弯月面上缘刻度的密度计除外），即为恒温（20 ℃）下试样的密度。

3.3.2　常温 t（℃）下密度的测定：按上述操作在常温下测定。

3.4　结果计算

常温 t（℃）下试样的密度以 ρ_t 计，数值以克每立方厘米（g/cm^3）表示，按式（1）计算：

$$\rho_t = \rho'_t + \rho'_t \cdot a(t_0 - t) \qquad (1)$$

式中：

ρ'_t——试样在 t（℃）时由密度计读取的数值，单位为克每立方厘米（g/cm^3）；

a——密度计的玻璃膨胀系数的数值，通常 $a = 0.000\,025$；

t_0——密度计的标准温度的数值，单位为摄氏度（℃）（$t_0 = 20$）；

t——测定时的温度的数值，单位为摄氏度（℃）。

4 密度瓶法

4.1 方法提要

在同一温度下，用水标定密度瓶的体积，然后测定同体积试样的质量以求其密度。

4.2 仪器设备

4.2.1 密度瓶：25 cm^3～50 cm^3（见图1）。

4.2.2 恒温水浴：温度控制在(20±0.1) ℃。

4.2.3 温度计：分度值为 0.1 ℃。

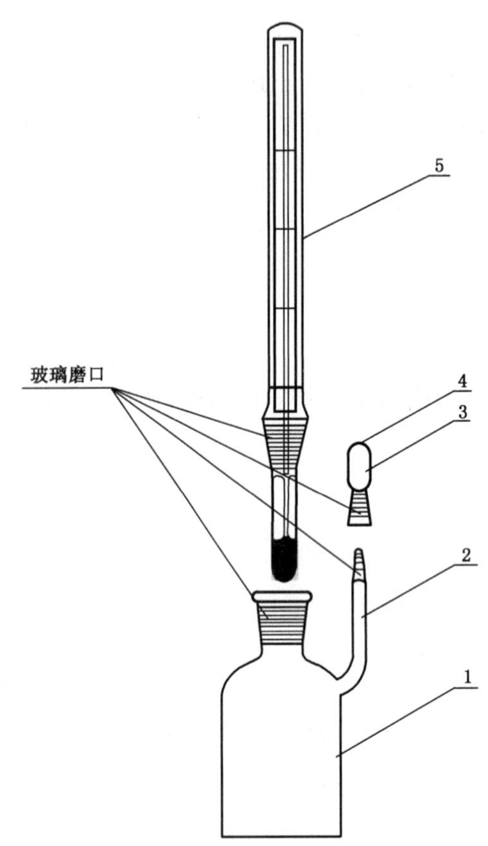

说明：

1——密度瓶主体；

2——侧管；

3——侧孔；

4——侧孔罩；

5——温度计。

图1 密度瓶

4.3 试验步骤

4.3.1 将密度瓶洗净、干燥，带温度计及侧孔罩称量。然后取下温度计及侧孔罩，用新煮沸并冷却至约 20 ℃的水充满密度瓶，不得带入气泡，插入温度计，将密度瓶置于(20.0±0.1) ℃的恒温水浴中，至密度瓶温度计达到 20 ℃，并使侧管中的液面与侧管管口齐平，立即盖上侧孔罩，取出密度瓶，用滤纸擦干其外壁上的水，立即称量。

4.3.2 将密度瓶的水倒出，洗净、干燥，带温度计及侧孔罩称量。然后用样品代替水重复 4.3.1 的操作。

4.4 结果计算

样品在 20 ℃时的密度以 ρ 计，数值以克每立方厘米(g/cm^3)表示，按式(2)计算：

$$\rho=\frac{(m_1+A)\rho_0}{m_0+A} \qquad \cdots\cdots(2)$$

其中，空气浮力校正值 A 按式(3)计算：

$$A=\frac{m_0\rho_a}{\Delta\rho} \qquad \cdots\cdots(3)$$

式中：

m_1——20 ℃时充满密度瓶的样品的质量的数值，单位为克(g)；

ρ_0——20 ℃时水的密度的数值，单位为克每立方厘米(g/cm^3)(ρ_0=0.998 20)；

m_0——20 ℃时充满密度瓶的水的质量的数值，单位为克(g)；

ρ_a——干燥空气在 20 ℃，101.325 kPa 时的密度的数值，单位为克每立方厘米(g/cm^3)(ρ_a≈0.001 2)；

$\Delta\rho$——20 ℃时水与干燥空气密度值之差，单位为克每立方厘米(g/cm^3)($\Delta\rho$=0.997 0)。

注：一般情况下，A 的影响很小，可忽略不计。

5 U 型振动管法

5.1 方法提要

把约 1 mL～2 mL 样品注入可控制温度的 U 型试样管中，记录振动频率或振动周期，用事先得到的检测器常数计算样品的密度。检测器常数在仪器校准时自动获得。

5.2 试剂或材料

警示——本方法所用试剂过硫酸铵是一种强氧化剂，具有刺激性和腐蚀性。使用时应避免吸入或接触眼睛、皮肤。若发生接触应立即用大量水冲洗，严重时应立即就医。

5.2.1 通则

本方法所用试剂和水，除非另有规定，仅使用分析纯试剂和符合 GB/T 6682 中规定的三级水。

5.2.2 过硫酸铵溶液

称取 0.8 g 过硫酸铵，用水稀释至 100 mL，摇匀。

5.2.3 标准样品

5.2.3.1 空气：空气密度值=1.293×(实际压力/标准物理大气压)×(273.15 / 实际绝对温度)。在 20 ℃，一个大气压下，空气密度值为 0.001 205 g/cm^3。

5.2.3.2 水：符合 GB/T 6682 规定的二级水；或购买市售的密度标准水样。20 ℃时，水的密度值为 0.998 205 7 g/cm^3。不同温度下的水的密度值，参见附录 A。

5.3 仪器设备

5.3.1 U 型振动管密度仪(简称密度仪)：精度为±0.001 g/cm^3；温度准确度±0.1 ℃。

5.4 仪器准备

5.4.1 洗涤溶剂的选择

按被测样品的性质选择易挥发性溶剂，一般常用水、丙酮、无水乙醇等。

5.4.2 清洗 U 型管

5.4.2.1 用洗涤溶剂清洁 U 型管，再用清洁的干燥空气吹干。

5.4.2.2 U 型管中出现沉淀物时，用过硫酸铵溶液注入 U 型管中清洗。排出过硫酸铵溶液后，用水清洗，再用与水互溶的洗涤溶剂清洗，接着用清洁的干燥空气吹干。

5.5 试验步骤

5.5.1 根据仪器的说明书设置仪器和测量温度。

5.5.2 仪器校准：按仪器说明书使用标准样品进行校准。

5.5.3 样品测定：用注射器或自动进样器将待测样品充满 U 型管，确保 U 型管中的样品没有气泡。启动测量，仪器自动显示测量结果。数值以克每立方厘米(g/cm^3)表示，精确到 0.001 g/cm^3。读数确认后按步骤 5.4.2 清洗 U 型管。

5.6 允许差

在同一实验室，由同一操作者使用相同设备，按相同的测试方法，并在短时间内对同一被测对象相互独立进行测试获得的两次独立测试结果的绝对差值不大于这两个测定值的算术平均值的 0.02%。

附 录 A
（资料性附录）
水密度表

在各温度(1990 国际温标)下，无空气的水密度见表 A.1。

表 A.1 在各温度(1990 国际温标)下，无空气的水密度 单位为千克每立方米

t/℃	0.0	0.1	0.2	0.3	0.4	0.5	0.6	0.7	0.8	0.9	空气校正系数
1	999.901 2	999.906 1	999.910 8	999.915 3	999.919 6	999.923 7	999.927 7	999.931 6	999.935 2	999.938 7	—0.004 5
2	999.942 0	999.945 1	999.948 1	999.950 9	999.953 6	999.956 0	999.958 3	999.960 5	999.962 5	999.964 3	—0.004 3
3	999.965 9	999.967 4	999.968 8	999.969 9	999.970 9	999.971 8	999.972 4	999.973 0	999.973 3	999.973 5	—0.004 2
4	999.973 6	999.973 5	999.973 2	999.972 8	999.972 2	999.971 4	999.970 5	999.969 5	999.968 3	999.966 9	—0.004 1
5	999.965 4	999.963 7	999.961 9	999.959 9	999.957 8	999.955 5	999.953 0	999.950 4	999.947 7	999.944 8	—0.004 0
6	999.941 8	999.938 6	999.935 2	999.931 7	999.928 1	999.924 3	999.920 4	999.916 3	999.912 1	999.907 7	—0.003 9
7	999.903 2	999.989 5	999.893 7	999.888 8	999.883 7	999.878 4	999.873 0	999.867 5	999.861 8	999.856 0	—0.003 8
8	999.850 0	999.843 9	999.837 7	999.831 3	999.824 8	999.818 1	999.811 3	999.804 4	999.797 3	999.790 1	—0.003
9	999.782 7	999.775 3	999.767 6	999.759 9	999.751 9	999.743 9	999.735 7	999.727 4	999.719 0	999.710 4	—0.003 6
10	999.701 7	999.692 8	999.683 8	999.674 7	999.665 4	999.656 1	999.646 5	999.636 9	999.627 1	999.617 2	—0.003 5
11	999.607 2	999.597 0	999.586 7	999.576 2	999.565 7	999.555 0	999.544 2	999.533 2	999.522 1	999.510 9	—0.003 4
12	999.499 6	999.488 1	999.476 5	999.464 8	999.453 0	999.441 0	999.428 9	999.416 7	999.404 3	999.391 9	—0.003 3
13	999.379 3	999.366 5	999.353 7	999.340 7	999.327 6	999.314 4	999.301 1	999.287 6	999.274 0	999.260 3	—0.003 2
14	999.246 5	999.232 6	999.218 5	999.204 3	999.190 0	999.175 6	999.161 6	999.146 4	999.131 6	999.116 7	—0.003 1
15	999.101 7	999.086 5	999.071 3	999.055 9	999.040 4	999.024 8	999.009 1	998.993 2	998.977 3	998.961 2	—0.003 0
16	998.945 0	998.928 7	998.912 3	998.895 8	998.879 1	998.862 4	998.845 5	998.828 5	998.811 4	998.794 2	—0.002 9
17	998.776 8	998.759 4	998.741 8	998.724 2	998.706 4	998.688 5	998.670 5	998.652 4	998.634 2	998.615 8	—0.002 8
18	998.597 4	998.578 8	998.560 2	998.541 4	998.522 5	998.503 5	998.484 4	998.465 2	998.445 9	998.426 5	—0.002 7
19	998.406 9	998.387 3	998.367 5	998.347 7	998.327 7	998.307 6	998.287 5	998.267 2	998.246 8	998.226 3	—0.002 5
20	998.205 7	998.185 0	998.164 2	998.143 3	998.122 2	998.101 1	998.079 9	998.058 6	998.037 1	998.015 6	—0.002 4
21	997.993 9	997.972 2	997.950 3	997.928 4	997.906 3	997.884 2	997.861 9	997.839 6	997.817 1	997.794 5	—0.002 3
22	997.771 9	997.749 1	997.726 2	997.703 3	997.680 2	997.657 0	997.633 8	997.610 4	997.587 0	997.563 4	—0.002 2
23	997.539 7	997.516 0	997.492 1	997.468 1	997.444 1	997.419 9	997.395 7	997.371 3	997.346 9	997.322 3	—0.002 1
24	997.297 7	997.272 9	997.248 1	997.223 2	997.198 1	997.173 0	997.147 8	997.122 5	997.097 1	997.071 5	—0.002 0
25	997.045 9	997.020 2	996.994 4	996.968 6	996.942 6	996.916 5	996.890 3	996.864 1	996.837 7	996.811 2	—0.001 9
26	996.784 7	996.758 1	996.731 3	996.704 5	996.677 6	996.650 6	996.623 5	996.596 3	996.569 0	996.541 6	—0.001 8
27	996.514 1	996.486 5	996.458 9	996.431 1	996.403 3	996.375 4	996.347 4	996.319 2	996.291 0	996.262 7	—0.001 7
28	996.234 4	996.205 9	996.177 3	996.148 7	996.119 9	996.091 1	996.062 2	996.033 2	996.004 1	995.974 9	—0.001 6
29	995.945 6	995.916 3	995.886 8	995.857 3	995.827 6	995.797 9	995.768 1	995.738 2	995.708 2	995.678 2	—0.001 5
30	995.648 0	995.617 8	995.587 4	995.557 0	995.526 5	995.495 9	995.465 3	995.434 5	995.403 7	995.372 7	—0.001 4
31	995.341 7	995.310 6	995.279 4	995.248 2	995.216 8	995.185 3	995.153 8	995.122 2	995.090 5	995.058 7	—0.001 3

表 A.1（续） 单位为千克每立方米

t/℃	0.0	0.1	0.2	0.3	0.4	0.5	0.6	0.7	0.8	0.9	空气校正系数
32	995.026 9	994.994 9	994.962 9	994.930 7	994.898 5	994.866 3	994.833 9	994.801 4	994.768 9	994.736 3	—0.001 2
33	994.703 6	994.670 8	994.637 9	994.605 0	994.571 9	994.538 8	994.505 6	994.472 3	994.439 0	994.405 5	—0.001 1
34	994.372 0	994.338 4	994.304 7	994.270 9	994.237 1	994.203 1	994.169 1	994.135 0	994.100 8	994.066 6	—0.001 0
35	994.032 2	993.997 8	993.963 3	993.928 7	993.894 1	993.859 3	993.824 5	993.789 6	993.754 6	993.719 6	—0.000 8
36	993.684 4	993.649 2	993.613 9	993.578 5	993.543 1	993.507 5	993.471 9	993.436 2	993.400 4	993.364 6	—0.000 7
37	993.328 7	993.292 7	993.256 6	993.220 4	993.184 2	993.147 8	993.111 5	993.075 0	993.038 4	993.001 8	—0.000 6
38	992.961 5	992.928 3	992.891 4	992.854 5	992.817 5	992.780 4	992.743 2	992.706 0	992.668 7	992.631 3	—0.000 5
39	992.593 8	992.556 3	992.518 6	992.480 9	992.443 1	992.405 3	992.367 4	992.329 4	992.291 3	992.253 1	—0.000 4
40	992.214 9										—0.000 4

注：根据此表进行密度查询时，温度整数位见纵向表头，温度小数位见横向表头。两者之间的交叉点即为温度下的密度值。例如：查此表可得，20.5 ℃下水密度值为 998.101 1 kg/m^3。

ICS 29.160.30
K 22

中华人民共和国国家标准

GB/T 22670—2018
代替 GB/T 22670—2008

变频器供电三相笼型感应电动机试验方法

Test procedures for converter-fed three phase cage induction motors

2018-09-17 发布 2019-04-01 实施

国家市场监督管理总局
中国国家标准化管理委员会 发布

前 言

本标准按照 GB/T 1.1—2009 给出的规则起草。

本标准代替 GB/T 22670—2008《变频器供电三相笼型感应电动机试验方法》，与 GB/T 22670—2008 相比，主要技术变化如下：

——增加了测量仪器的精度要求(见 4.2)；

——增加了变频器的设置要求(见 4.3)；

——修改了效率的试验及计算方法(见第 10 章，2008 年版的第 10 章)。

本标准由中国电器工业协会提出。

本标准由全国旋转电机标准化技术委员会(SAC/TC 26)归口。

本标准起草单位：上海电机系统节能工程技术研究中心有限公司、江苏省特种设备安全监督检验研究院、江苏大中电机股份有限公司、山东华力电机集团股份有限公司、卧龙电气集团股份有限公司、上海德驱驰电气有限公司、上海海光电机有限公司、广东瑞荣泵业有限公司、荣成市荣佳动力有限公司、西安泰富西玛电机有限公司、中车株洲电机有限公司、湘潭电机股份有限公司、中煤科工集团上海有限公司、浙江金龙电机股份有限公司、江门市江晟电机厂有限公司、浙江沪龙科技股份有限公司、中机国际工程设计研究院有限责任公司。

本标准主要起草人：王传军、金惟伟、孙小伟、王荷芬、张文斌、刘翠红、陈仙根、孙平飞、姚丙雷、童陟嵩、陈亘。

本标准所代替标准的历次版本发布情况为：

——GB/T 22670—2008。

变频器供电三相笼型感应电动机试验方法

1 范围

本标准规定了变频器供电三相笼型感应电动机的试验要求、试验前准备、空载试验、堵转试验、负载试验及损耗和效率的确定、热试验、最大转矩和最小转矩试验等。

本标准适用于变频器供电的三相笼型感应电动机。

本标准不适用于牵引电机。

2 规范性引用文件

下列文件对于本文件的应用是必不可少的。凡是注日期的引用文件,仅注日期的版本适用于本文件。凡是不注日期的引用文件,其最新版本(包括所有的修改单)适用于本文件。

GB/T 755—2008 旋转电机定额和性能

GB/T 1032—2012 三相异步电动机试验方法

GB/T 10068—2008 轴中心高为 56 mm 及以上电机的机械振动 振动的测量、评定及限值

GB/T 10069.1—2006 旋转电机噪声测定方法及限值 第 1 部分:旋转电机噪声测定方法

GB/T 18039.4—2017 电磁兼容环境工厂低频传导骚扰的兼容水平

GB/T 21211—2017 等效负载和叠加试验技术 间接法确定旋转电机温升

GB/T 25442—2010 旋转电机(牵引电机除外)确定损耗和效率的试验方法

GB/T 32877—2016 变频器供电交流感应电动机确定损耗和效率的特定试验方法

GB/T 34861—2017 确定大电机各项损耗的专用试验方法

3 术语、定义和符号

3.1 术语和定义

GB/T 755—2008、GB/T 1032—2012、GB/T 32877—2016 界定的以及下列术语和定义适用于本文件。

3.1.1

变频器 converter

由一个或多个电子开关器件和相关元器件,变压器、滤波器、换相辅助器件、控制器、保护和辅助器件(如有)组成的,用于改变一个或多个电力特性的电力变换装置。

3.1.2

基准定额 base rating

在规定的转速、基频电压和转矩或功率的基准运行点处的定额。[见图 1 中的点(3)]

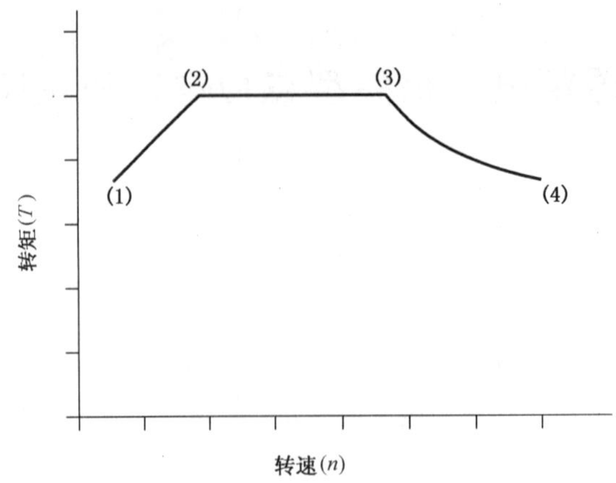

说明：

(1)——最低转速时转矩值受电机允许温度和电压可提升限值的限制。

(2)——恒转矩最低转速受电机允许温度的限制。

(3)——基准定额点位于恒转矩的高速端。

(4)——恒功率最大工作转速受最大允许转速的限制。

图 1　定额基础要素

3.1.3

起动转矩　breakaway torque

在变频器作用下，电动机在零转速时产生的转矩。

3.1.4

恒功率转速范围　constant-power speed range

驱动系统能保持功率基本恒定的转速范围。

3.1.5

恒转矩转速范围　constant-torque speed range

驱动系统能保持转矩基本恒定的转速范围。

3.1.6

电压提升　voltage boost

可控输出电压高于按频率所求电压的增量。

注：可用于所有频率，通常用于低频以补偿定子绕组压降。

3.1.7

基波频率　fundamental frequency

基频

变频器供电电动机基准转速时的频率。

3.1.8

基波损耗　fundamental losses

电动机在额定正弦波电压基波频率(通常是 50 Hz 或 60 Hz)时的损耗，不含谐波。

注：按 GB/T 1032—2012 确定的损耗是基波损耗。

3.1.9

谐波损耗　harmonic losses

变频器供电时由于电压电流波形非正弦而产生的附加损耗。

注：谐波损耗附加在基波铁耗、基波转子损耗、基波定子损耗和杂散损耗中，与变频器输出量值中含有的谐波量有关。

3.2 符号

下列符号和单位适用于本文件。

cosφ——功率因数。

f——频率，单位为赫兹(Hz)。

f_N——电动机额定频率，单位为赫兹(Hz)。

f_r——测量设备的最大频率，单位为赫兹(Hz)。

f_{sw}——开关频率，单位为赫兹(Hz)。

f_{Mot}——电动机基频，单位为赫兹(Hz)。

I——定子线电流，单位为安培(A)。

I_0——空载线电流，单位为安培(A)。

I_K——堵转线电流，单位为安培(A)。

I_N——额定电流，单位为安培(A)。

K_1——导体材料在0 ℃时电阻温度系数的倒数。

铜 $K_1=235$；

铝 $K_1=225$，除非另有规定。

k_d——转矩读数修正值，单位为牛顿米(N·m)。

J——转动惯量，单位为千克平方米(kg·m²)。

n——试验时测得的转速，单位为转每分钟(r/min)。

p——电机的极对数。

P_1——输入功率，单位为瓦特(W)。

P_{1C}——变频器供电时的输入功率，单位为瓦特(W)。

P_2——输出功率，单位为瓦特(W)。

P_{2C}——变频器供电时的输出功率，单位为瓦特(W)。

P_N——额定(输出)功率，单位为瓦特(W)。

P_C——恒定损耗，单位为瓦特(W)。

P_{CC}——变频器供电时的恒定损耗，单位为瓦特(W)。

P_{Fe}——铁耗，单位为瓦特(W)。

P_{fw0}——同步转速下的风摩耗，单位为瓦特(W)。

P_{fw}——风摩耗，单位为瓦特(W)。

P_L——负载损耗，单位为瓦特(W)。

P_{Lr}——剩余损耗，单位为瓦特(W)。

P_{LrC}——变频器供电时的剩余损耗，单位为瓦特(W)。

P_{LL}——负载杂散损耗，单位为瓦特(W)。

P_{LLC}——变频器供电时的负载杂散损耗，单位为瓦特(W)。

P_{HL}——变频器供电时的附加谐波损耗，单位为瓦特(W)。

P_{HLLoad}——负载附加谐波损耗，单位为瓦特(W)。

$P_{HLNO\text{-}Load}$——恒定附加谐波损耗，单位为瓦特(W)。

P_0——空载输入功率，单位为瓦特(W)。

P_K——堵转时的输入功率，单位为瓦特(W)。

P_s——定子绕组在试验温度下 I^2R 损耗，单位为瓦特(W)。

P_r——转子绕组在试验温度下 I^2R 损耗，单位为瓦特(W)。

$P_{s,\theta}$——定子绕组在规定温度(θ_s)下 I^2R 损耗，单位为瓦特(W)。

$P_{r,\theta}$——转子绕组在规定温度(θ_s)下 I^2R 损耗，单位为瓦特(W)。

P_{Tsin}——修正过的基波总损耗，单位为瓦特(W)。

$P_{TTest-converter}$——变频器供电时的修正过的基波总损耗，单位为瓦特(W)。

r_{HL}——谐波电压的损耗与标准正弦波电压的损耗的百分比(四舍五入，取整数)。

R_1——温度为 θ_1 时定子绕组初始端电阻，单位为欧姆(Ω)。

R_N——额定负载热试验结束时定子绕组端电阻，单位为欧姆(Ω)。

R_t——试验温度下测得(或求得)的定子绕组端电阻，单位为欧姆(Ω)。

R_0——空载试验(每个电压点)定子绕组端电阻，单位为欧姆(Ω)。

s——转差率。

s_s——换算到规定温度(θ_s)时的转差率。

T_d——转矩读数，单位为牛顿米(N·m)。

T_c——转矩修正值，单位为牛顿米(N·m)。

T——修正过的转矩，单位为牛顿米(N·m)。

T_K——堵转时转矩，单位为牛顿米(N·m)。

T_{max}——最大转矩，单位为牛顿米(N·m)。

T_{maxt}——在试验电压 U_t 下测得的最大转矩，单位为牛顿米(N·m)。

T_{min}——最小转矩，单位为牛顿米(N·m)。

T_{mint}——在试验电压 U_t 下测得的最小转矩，单位为牛顿米(N·m)。

U——端电压，单位为伏特(V)。

U_{Mot}——电动机的基波电压，单位为伏特(V)。

U_0——空载试验端电压，单位为伏特(V)。

U_K——堵转试验端电压，单位为伏特(V)。

U_N——额定电压，单位为伏特(V)。

U_1——轴电压，单位为伏特(V)。

θ_N——额定负载热试验期间测取的定子绕组最高温度，单位为摄氏度(℃)。

θ——试验时测得的定子绕组最高温度，单位为摄氏度(℃)。

θ_a——负载试验时冷却介质温度，单位为摄氏度(℃)。

θ_b——热试验结束时冷却介质温度，单位为摄氏度(℃)。

θ_w——额定负载试验达到热稳定状态时定子绕组工作温度，单位为摄氏度(℃)。

$\Delta\theta_1$——定子绕组温升，单位为开尔文(K)。

η——效率，单位为百分数(%)。

4 试验要求

4.1 试验电源

4.1.1 正弦波试验电源

按 GB/T 1032—2012 中 4.2 规定的要求。

4.1.2 变频器电源

电动机的性能与变频器特性密切相关。

电动机应由适合的变频器供电，并在同一个载波频率下进行试验。

4.2 测量仪器

对于交流电动机，除非在本标准中另作规定，应使用三相线电流和线电压的算术平均值。

当试验电动机带载时，输出功率和其他被测量的波动是不可避免的。因此对于每个负载点覆盖一个时间周期(大约 30 s)的几个被测量应同时采样并且应使用这些值的平均值来确定效率。

考虑到对交流电动机供电的变频器包含谐波及其对电动机损耗的影响，选择的测试设备在相关频率范围内应有足够的精确度。

测量温度的仪器应有±1 K 的准确度。

在电动机输入端测量功率和电流的仪器应满足 GB/T 25442—2010 中的 5.5.2 的要求，但由于高频分量存在，还应满足以下附加要求。

测量频率为 50 Hz/60 Hz 时，功率仪表的标称精度应为 0.2%及以上；测量频率为 f_r 时，功率仪表的标称精度至少为 0.5%。

$f_r = 10 \times f_{sw}$(PWM 变频器输出)；

测量范围的选择应充分满足测量的电压和电流范围。

建议将电流和电压直接馈送至功率分析仪。如果需要外接电流传感器，不得使用传统的电流传感器，而是使用频带宽的分流器或零磁通的电流传感器。

电压测量回路应设置为平均值(rectified average measurements)而非有效值(r.m.s)。

电流传感器和采样通道的带宽范围应至少为 0 Hz～100 kHz。

数字功率仪表的内部滤波器应当关闭。

推荐用三瓦特计法测量功率。二瓦特计法是可以使用的，但应指出的是，并非所有可用的设备都能够补偿这种方法所可能产生的误差。这种能力可以从设备制造商提供的规格书进行验证。

所有用来传输测量信号的电缆应被屏蔽。

测量电动机输出端的转矩的传感器应满足 4.4.4 要求。

测量电动机转速和频率的仪表应满足 4.4.5 要求。

4.3 变频器的设置

4.3.1 概述

对所有的测试方法中所使用的试验用变频器，应根据本标准的要求对变频器参数进行设置。如果试验时用的是特定变频器和电动机的组合，对于这个特定的应用，变频器的参数要根据特定应用进行设置。所选择的参数设置应记录在试验报告中。

4.3.2 对额定电压 1 kV 及以下试验用变频器的设置

试验用变频器应理解为与负载电流无关的电压源变频器，设置在额定电压、基波频率(50 Hz 或 60 Hz)下进行试验。

应指出的是，所谓的试验用变频器的工作模式不是任何商业应用所要求的。试验用变频器设置的目的，仅仅为了与被设计成市售变频器驱动的电动机建立可比的试验条件。

以下是参考条件的定义：

a) 两电平电压源变频器；
b) 无电动机电流反馈控制(如果需要，使无效)；
c) 无“滑差补偿”；
d) 除了所需要的测量仪器，在试验用变频器和电动机之间不应安装其他部件以影响输出电压或输出电流；
e) 电动机基波电压等于电动机在 50 Hz 或 60 Hz 时额定电压 $U_{Mot} = U_N$(50 Hz 或 60 Hz)；试验用变频器的输入电压应设置为使得电动机达到允许的额定电压，并且要避免过调制；同时，变频器的输入电压不要设置的太高，仅需达到输出额定值即可；

f) 电动机的基波频率等于电动机额定频率 $f_{Mot}=f_N$(50 Hz,60 Hz);

g) 当额定输出功率为 90 kW 及以下,调整开关频率 f_{sw} 为 4 kHz;

h) 当额定输出功率为 90 kW 以上,调整开关频率 f_{sw} 为 2 kHz。

本标准定义试验用变频器的输出级和建立测试方法以检验其适宜性,试验用变频器的输入可以是合适的交流或直流供电电源。

试验用变频器和电动机之间要用屏蔽电缆进行连接。电缆长度应小于 100 m,电缆尺寸应根据电动机功率选择。

4.3.3 用终端设备的变频器进行的试验

当变频器的额定电压高于 1 kV 时,试验用变频器和电缆长度不能指定,这时电动机、电缆和变频器只能作为一个完整的电力驱动系统来进行测试,因为大功率变频器的脉冲模式随着制造商的不同而不同,同时在空载和额定负载下脉冲模式也有较大区别。

4.4 测量要求

4.4.1 电压测量

测量端电压的信号线应接到电动机接线端子,如现场不允许这样连接,应计算由此引起的误差并对读数作校正。取三相电压的算术平均值计算电机性能。

三相电压的对称性应符合 GB/T 1032—2012 中 4.2.1.2 的要求。

4.4.2 电流测量

应同时测量电动机的每相线电流,用三相线电流的算术平均值计算电动机的性能。

使用电流互感器时,接入二次回路仪器的总阻抗(包括连接导线)应不超过其额定阻抗值。

对 $I_N<5$ A 的电动机,除堵转试验外,不应使用电流互感器。

4.4.3 功率测量

应采用一台三相功率表或三台单相功率表测量输入功率。对脉冲频率不高的场合,可忽略电容电流的影响,也可采用两表(两台单相功率表)法测量三相电动机的输入功率,功率表的电压信号线应接到绕组引出线端子。

如仪器仪表损耗影响试验结果的准确性,可按附录 A 对仪器仪表损耗及其误差进行修正。

4.4.4 转矩测量

应使用合适规格的转矩测量仪进行负载试验。

除堵转试验、最大转矩和最小转矩的测量外,转矩传感器至少具有 0.2 级准确度等级,测量的最小转矩数应不小于转矩传感器标称转矩的 10%,如果转矩传感器准确度等级更高,则允许转矩范围相应扩大。

示例:准确度等级为 0.1 级的转矩传感器,则允许的最小测试转矩范围为其标称转矩的 5%。

采用内联转矩传感器测试电机输出轴端转矩时,可直接读取转矩 T;当采用带有底座支架结构的测功机方式测取轴转矩时,应按照附录 B 进行转矩修正试验以补偿负载设备的轴承摩擦损耗,这也适用于转矩传感器与被试电机输出轴之间有轴承的情况,此时转矩 T 按式(1)计算。

$$T=T_d+T_c \qquad (1)$$

式中:

T_d ——负载试验中转矩的读数,单位为牛顿米(N·m);

T_c——摩擦损耗的转矩修正值，单位为牛顿米(N·m)。

应将轴系对中和使用弹性联轴器以尽可能少产生寄生负载。

4.4.5 转速和频率的测量

测量频率的仪器应有满量程±0.1%的准确度。转速测量仪的准确度应在0.1 r/min以内。

注1：转速单位为：$min^{-1}=s^{-1}\times 60$。

注2：可用合适的方法测量转差率以代替转速的测量(参见附录C)。

4.4.6 操作程序

在任何试验中，在读取一系列逐步增加或逐步减少的数据时，应注意，不得改变增加或减少的操作顺序，以避免颠倒试验的进行方向。

4.4.7 安全

由于涉及危险的电流、电压和机械力，对所有试验应采取安全预防措施。所有试验应由有相关知识和有经验的人员操作。

4.4.8 抗干扰措施

试验时应充分考虑到变频器的干扰辐射对测量的影响，在变频器的安装、试验用电缆线的选用、测量仪器的选用、测量仪器的电源隔离及系统接地等方面应有抗干扰措施。

5 试验准备

5.1 绝缘电阻的测定

5.1.1 测量时电动机的状态

测量电动机绕组的绝缘电阻时，应分别在实际冷状态下和热状态(热试验后)下进行。检查试验时，允许在实际冷状态下进行测量。

5.1.2 绝缘电阻表的选用

根据电动机绕组的额定电压，按表1选用绝缘电阻表。

表1 绝缘电阻表的选用

单位为伏特

被测绕组额定电压 U_N	绝缘电阻直流测量电压
$U_N\leqslant 1\ 000$	500
$1\ 000<U_N\leqslant 2\ 500$	1 000
$2\ 500<U_N\leqslant 5\ 000$	2 500
$5\ 000<U_N\leqslant 12\ 000$	5 000
$U_N>12\ 000$	10 000

5.1.3 测量方法

测量绕组绝缘电阻时，如各相绕组的始末端均引出，则应分别测量各绕组对机壳及绕组相互间的绝缘电阻,这时不参加试验的其他绕组和埋置检温计等元件应与铁芯或机壳作电气连接,机壳应接地。如三相绕组已在电机内部连接仅引出三个出线端时,则测量所有连在一起的绕组对机壳的绝缘电阻。

绝缘电阻测量结束后,每个回路应对地放电。

5.2 绕组在初始(冷)状态下直流端电阻的测定

5.2.1 初始状态下绕组温度的测定

用温度计测定绕组温度。试验前电机应在室内放置一段时间,用温度计(或埋置检温计)测得的绕组温度与冷却介质温度之差应不超过 2 K。对大、中型电机,温度计的放置时间应不少于 15 min。

按短时工作制(S2 工作制)试验的电机,在试验开始时的绕组温度与冷却介质温度之差应不超过 5 K。

5.2.2 测量方法

绕组出线端 U 与 V,V 与 W,W 与 U 间的直流电阻称为端电阻,分别记为 R_{uv}、R_{vw}和 R_{wu}。绕组直流断电阻用双臂电桥或单臂电桥测量。电阻在 1 Ω 及以下时,应采用双臂电桥或同等准确度并能消除测量用导线和接触电阻影响的仪器测量。

当采用自动检测装置或数字式微欧计等仪表测量绕组端电阻时,通过被测绕组的试验电流应不超过其正常运行时电流的 10%,通电时间不应超过 1 min。若电阻小于 0.01 Ω,则通过被测绕组的电流不宜太小。

测量时,电动机的转子静止不动。定子绕组端电阻应在电机的出线端上测量。每一电阻测量三次。每次读数与三次读数的平均值之差应在平均值的±0.5%范围内,取其算术平均值作为电阻的实际值。

检查试验时,每一电阻可仅测量一次。

5.2.3 相电阻计算

根据测量的端电阻,各相电阻值(Ω)R_u、R_v、R_w 按式(2)、式(3)、式(4)或式(5)、式(6)、式(7)计算:

对星形接法的绕组:

$$R_u = R_{med} - R_{vw} \qquad \cdots\cdots (2)$$

$$R_v = R_{med} - R_{wu} \qquad \cdots\cdots (3)$$

$$R_w = R_{med} - R_{uv} \qquad \cdots\cdots (4)$$

对三角形接法的绕组:

$$R_u = \frac{R_{vw}R_{wu}}{R_{med} - R_{uv}} + R_{uv} - R_{med} \qquad \cdots\cdots (5)$$

$$R_v = \frac{R_{wu}R_{uv}}{R_{med} - R_{vw}} + R_{vw} - R_{med} \qquad \cdots\cdots (6)$$

$$R_w = \frac{R_{uv}R_{vw}}{R_{med} - R_{wu}} + R_{wu} - R_{med} \qquad \cdots\cdots (7)$$

式中:

R_{uv}、R_{vw}、R_{wu}——分别为出线端 U 与 V、V 与 W、W 与 U 间测得的端电阻值,单位为欧姆(Ω);

R_{med}——按式(8)计算,单位为欧姆(Ω)。

$$R_{med} = \frac{R_{uv} + R_{vw} + R_{wu}}{2} \qquad \cdots\cdots (8)$$

如果各线端间的电阻值与三个线端电阻的平均值之差,对星形接法的绕组,不大于平均值的 2%,对三角形接法的绕组,不大于平均值的 1.5%时,则相电阻 R_{1p}可按式(9)或式(10)计算:

对星形接法的绕组:

$$R_{1p}=\frac{1}{2}R_{av} \qquad (9)$$

对三角形接法的绕组：

$$R_{1p}=\frac{3}{2}R_{av} \qquad (10)$$

式中：

R_{av}——三个端电阻的算术平均值，单位为欧姆(Ω)。

5.3 试验电阻

绕组电阻 R 的单位为欧姆，用恰当的方法测定。R 表示定子绕组的端电阻，热试验结束时电阻的测定应如 GB/T 755—2008 中 8.6.2.3.3 所述的外推法，用尽可能短的时间而非 GB/T 755—2008 表 5 中规定的时间间隔，然后外推到零。

绕组试验温度按 5.4 确定。

5.4 绕组温度

绕组试验温度按下述一种方法确定(按所列排序)：

a) 由 5.3 所述的外推法求得的额定负载试验电阻 R_N 确定温度；

注：用于监管目的的检查试验电机不能拆卸，则可以采用测试电阻的方法来代替测试温度。

b) 由埋置检温计(EDT)或热电偶直接测得温度；

c) 根据同一结构和电气设计的完全相同的电机按 a)所得的温度确定温度；

d) 若无负载能力时，可按 GB/T 21211 的 5.2 或 6.2 来确定工作温度；

e) 当无法直接测量额定负载试验电阻 R_N 时，假定绕组温度等于表 2 中列出的额定热分级下的基准温度。

表 2 基准温度

绝缘结构热分级	基准温度/℃
130(B)	95
155(F)	115
180(H)	135

如按照低于结构使用的热分级规定额定温升或额定温度，则应按较低的热分级规定其基准温度。

5.5 修正到基准冷却介质温度

试验中记录的绕组电阻值应折算到 25 ℃标准基准温度。将绕组电阻(和笼型感应电机的转差率)修正到 25 ℃标准基准冷却介质温度。

绕组电阻的温度修正系数按式(11)确定：

$$k_{\theta}=\frac{235+\theta_w+25-\theta_c}{235+\theta_w} \qquad (11)$$

式中：

k_{θ}——绕组温度修正系数；

θ_c——试验时入口处冷却介质温度，单位为摄氏度(℃)；

θ_w——按 5.4 确定的绕组温度，单位为摄氏度(℃)。

对铜绕组，温度常数为 235。对铝绕组，则为 225。

对以水为初级或次级冷却介质的电机，水的基准温度按 GB/T 755—2008 中表 4 的规定为 25 ℃。也可为据协议规定的其他数值。

6 空载试验

6.1 空载试验的条件

空载试验是指电机作为空载电动机运行，其轴端无有效机械功率输出的试验。

在读取并记录试验数据之前，电机的输入功率应稳定，即相隔 30 min 输入功率的相继两个读数之差应不大于前一个读数的 3%。

对水-空冷却电机，在热试验(或负载试验)后应立即切断水源。

空载试验应在热态下进行，即在热试验或者负载试验后立即进行。

检查试验时，空载运转的时间可适当缩短。

6.2 确定空载电流和空载损耗

试验应测试下述 8 个电压点，其中包括额定电压点，即：

——应采用约为额定电压的 110%、100%、95%和 90%等作为试验电压值来确定铁耗；

——应采用约为额定电压的 60%、50%、40%和 30%等作为试验电压值来确定风摩耗。

试验应按电压逐渐减小的次序尽可能快地进行，在每个电压点记录：U_0、I_0、P_0。

空载试验即将开始前和空载试验结束后应立即测试定子绕组端电阻 R_0，中间各试验点的定子绕组电阻值按照与电功率 P_0 呈线性关系采用内插法计算确定，起始点为试验前和试验后测得的电阻值。

注 1：如定子绕组端电阻过低难以测试，允许采用计算值。

注 2：也可采用在定子绕组上预置测温传感器，通过测试定子绕组温度来确定其电阻值。即，根据温度与电阻成比例关系，利用试验开始前测得的绕组初始端电阻和初始温度及测取的每点温度，可确定每个电压点处的端电阻。

在 110%额定电压至 30%额定电压范围内，作 P_0 和 I_0 对 U_0 的关系曲线，即空载特性曲线。

从曲线上求取 $U_0=U_N$ 时的 I_0、P_0。

检查试验时，可仅测取 $U_0=U_N$ 时的 I_0 和 P_0。

6.3 确定恒定损耗 P_C

空载输入功率减去试验温度下的定子损耗，即是恒定损耗，恒定损耗是风摩耗和铁耗的总和，根据记录的试验数据按式(12)确定各试验电压点的恒定损耗。

$$P_C = P_0 - P_s = P_{fw} + P_{Fe} \qquad \cdots\cdots(12)$$

式中 P_s 按式(13)计算。

$$P_s = 1.5 I_0^2 R_0 \qquad \cdots\cdots(13)$$

式中 R_0 根据 6.2 确定。

6.4 确定风摩耗 P_{fw}

对约 60%额定电压至 30%额定电压点范围内的 4 个或更多的连续测试点值，作 P_C 对 U_0^2 的曲线(见图 2)，将此直线延长至零电压，零电压处纵轴上的截距即为在接近同步转速下的风摩耗 P_{fw0}。

修正后的风摩耗按式(14)计算。

$$P_{fw} = P_{fw0} \cdot (1-s)^{2.5} \qquad \cdots\cdots(14)$$

式中 s 按式(15)计算。

$$s = 1 - \frac{p \times n}{60f} \qquad \cdots\cdots(15)$$

6.5 确定铁耗 P_{Fe}

对 90%额定电压和 110%额定电压之间的各电压点，作 $P_{Fe} = P_C - P_{fw}$ 对 U_0 的关系曲线。

负载下的铁耗应根据内压 U_i 来确定，U_i 考虑了定子绕组产生的电阻压降，并按式(16)计算：

$$U_i = \sqrt{\left(U - \frac{\sqrt{3}}{2} \cdot I \cdot R \cdot \cos\varphi\right)^2 + \left(\frac{\sqrt{3}}{2} \cdot I \cdot R \cdot \sin\varphi\right)^2} \qquad \cdots\cdots(16)$$

式中 $\cos\varphi$ 和 $\sin\varphi$ 分别按式(17)和式(18)计算。

$$\cos\varphi = \frac{P_1}{\sqrt{3} \cdot U \cdot I} \qquad \cdots\cdots(17)$$

$$\sin\varphi = \sqrt{1 - \cos^2\varphi} \qquad \cdots\cdots(18)$$

P_1、U、I 按照 8.2 额定负载试验。

满负载下的铁耗，应在 P_{Fe} 对 U_0 的关系曲线上，通过插值法在 U_i 点上求取，空载额定电压铁耗按 $U_i = U_N$ 确定。

注 1：满负载下的铁耗可以用空载下的铁耗乘以比率 $(U_i/U_N)^2$ 来计算。

注 2：由于不能确定定子漏感，电压仅考虑了电阻压降，鉴于空载试验时功率因数低，电阻压降在测试过程中可忽略，仅在负载时予以考虑。

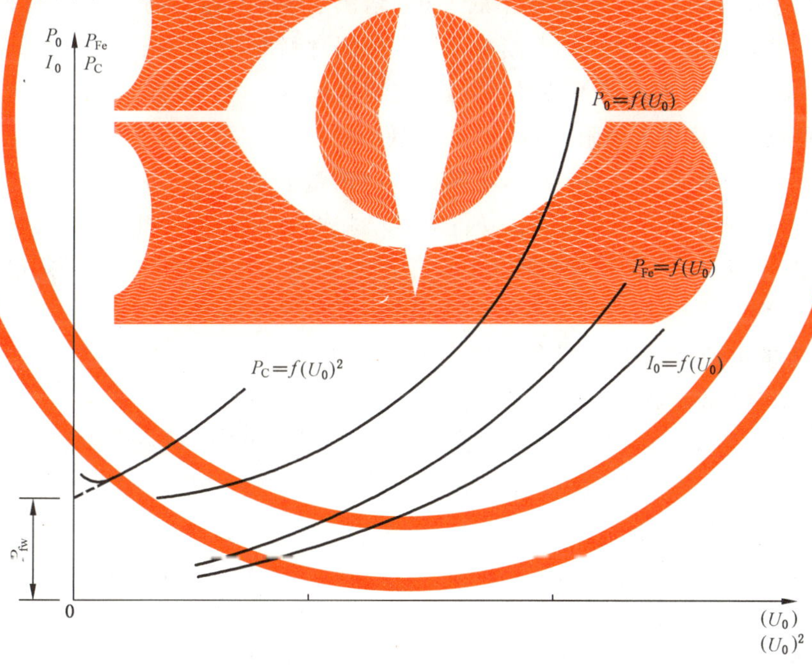

图 2 空载特性曲线

7 堵转试验

7.1 额定频率堵转试验

7.1.1 堵转电流、堵转转矩和堵转功率的测定

堵转试验在电机接近实际冷状态下由正弦波电源供电。试验时，应将转子堵住不转动。

测取堵转特性曲线，即堵转电流 I_K、堵转转矩 T_K 与外施电压 U_K 的关系曲线（见图 3）。

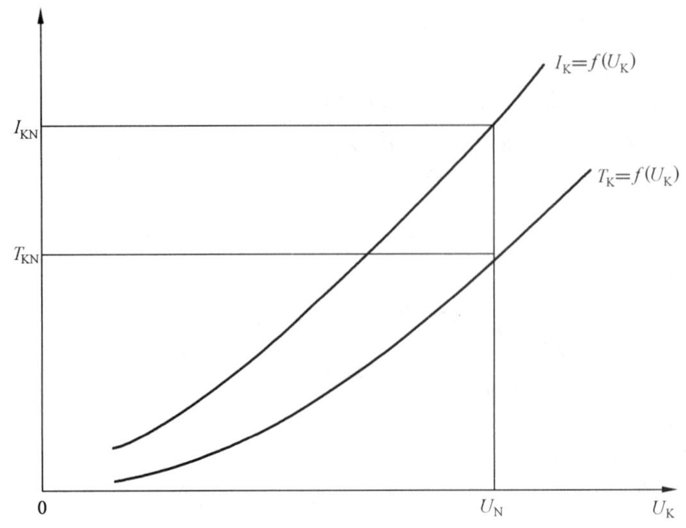

图 3 堵转特性曲线

试验时，施于定子绕组的电压尽可能从不低于 0.9 倍额定电压开始，然后逐步降低电压至定子电流接近额定电流为止，其间共测取 5 点～7 点读数。每点应同时测取下列数值：U_K、I_K、T_K、P_K 及绕组温度 θ_K。每点读数时，通电持续时间应不超过 10 s，以免绕组过热。

检查试验时，可仅在额定电流值附近测取一点堵转时的 U_K、I_K 和 P_K。

如限于设备，对 100 kW 以下的电动机，堵转试验时的最大 I_K 应不低于 4.5 倍 I_N；对 100 kW～300 kW 的电动机，应不低于 2.5 倍～4.0 倍 I_N；对 300 kW～500 kW 的电动机，应不低于 1.5 倍～2.0 倍 I_N；对 500 kW 以上的电动机，应不低于 1.0 倍～1.5 倍 I_N。在最大电流至额定电流范围内，均匀地测取不少于 4 点读数。

对 100 kW 以上的电动机，如限于设备不能实测转矩时，允许按 7.1.2.2 确定转矩。此时没电应测取 U_K、I_K、P_K 及定子绕组温度 θ_K 或端电阻 R_K。

对分马力电动机，试验时，定子绕组上施以额定电压，转子在 90°机械角度内的三个等分位置上分别测定 U_K、I_K、P_K、T_K。此时，堵转电流取其中的最大值，堵转转矩取其中的最小值。

检查试验时，可在额定电压下，任一转子位置上测定。

若采用圆图计算法求取工作特性，堵转试验应在 1.0 倍～1.1 倍 I_N 范围内的某一电流下进行。若采用圆图计算法求取最大转矩，堵转试验应在 2.0 倍～2.5 倍 I_N 范围内的某一电流下进行。

试验时，电源的频率应稳定，功率测量应按需要采用低功率因数功率表，其电压回路应接至被试电机的出线端。被试电机通电后，应迅速进行试验，并同时读取 U_K、I_K 和 P_K。试验结束后，立即测量定子绕组的端电阻。

7.1.2 试验结果计算

7.1.2.1 堵转电流和堵转转矩的确定

若堵转试验时的最大电压在 0.9 倍～1.1 倍额定电压范围内，堵转电流 I_{KN} 和堵转转矩 T_{KN} 可由堵转特性曲线查取（图 3）；若堵转试验时的最大电压低于 0.9 U_N，应作 $\lg I_K=f(\lg U_K)$ 曲线，从最大电流点延长曲线，并查取堵转电流 I_{KN}。此时，堵转转矩 T_{KN}（N·m）按式（19）求取：

$$T_{KN}=T_K\left(\frac{I_{KN}}{I_K}\right)^2 \qquad (19)$$

式中：

T_K——在最大试验电流 I_K 时测得的或算得的转矩，单位为牛顿米(N・m)。

对 750 W 及以下电动机，若试验电压在 0.9 倍～1.1 倍额定电压范围内，则堵转电流 I_{KN} 和堵转转矩 T_{KN} 按式(20)、式(21)求取：

$$I_{KN}=I_{KN}\cdot\frac{U_N}{U_K} \qquad (20)$$

$$T_{KN}=T_K\cdot\left(\frac{U_N}{U_K}\right)^2 \qquad (21)$$

7.1.2.2 转矩计算

如不能直接测量堵转转矩，可按式(22)求取堵转转矩 T_K(N・m)的近似值：

$$T_K=9.549\,\frac{C_1(P_K-P_{Kcu1}-P_{Fe})}{n_s} \qquad (22)$$

式中：

T_K ——堵转转矩，单位为牛顿米(N・m)；

P_K ——堵转时输入功率，单位为瓦特(W)；

P_{Kcu1} ——试验电流下定子 I^2R 损耗，单位为瓦特(W)；

P_{Fe} ——试验电压下铁耗，单位为瓦特(W)，根据(U_K/U_N)，在图 2 中的 P_{Fe} 曲线上查取；

n_s ——同步转速，单位为转每分钟(r/min)；

C_1 ——计及非基波损耗的降低系数。

注：C_1 在 0.9～1.0 之间变化，如无经验可循，建议取 $C_1=0.91$。

7.2 变频器供电下起动转矩试验

试验频率、最大起动电流按产品标准或制造商与客户协议要求规定。

试验时，按规定设定变频器的参数，由变频器向电机施加电压，堵住电动机转子，测定转矩和电阻。

8 负载试验

8.1 概述

负载试验的目的是确定电机的效率、功率因数、转速、定子电流、输入功率等与输出功率的关系。试验采用直接负载法，用合适的设备(如直流电机为负载电机或三相异步电机为负载电机等)给电动机加负载。负载电机的轴线应与被试电机轴线对准并保证安全运行。读取读数的过程是先读取最大负载时的读数，然后读取较低负载时的读数。

8.2 额定负载试验

负载试验开始前，应在环境温度下测取被试验电机的绕组电阻和温度。被试验电机以合适的方式施加额定负载，并运行至热平衡(变化率不大于 2 K/h)，记录下述数据：

P_1、U、I_1、T、n、f、θ_c 及 θ。

其中：

$R_N=R$ ——按 5.3 确定的额定负载绕组电阻，单位为欧姆(Ω)；

θ_c ——试验时入口处冷却介质温度,单位为摄氏度(℃);

θ ——按5.4确定的额定负载绕组温度,单位为摄氏度(℃)。

负载试验结束应立即检查转矩传感器的数据偏移情况,如果转矩传感器的偏移超出上述容许的公差,应进行调整并重新测量。

8.3 负载特性曲线

8.3.1 概述

本试验应保持运行温度在额定负载试验结束后立即进行。如不可行,则开始读取试验数据之前,定子绕组温度与最初额定负载热试验测得温升 θ_N 的差应不超过5 K。

在6个负载点处给电机加负载:约为额定负载的125%、115%、100%、75%、50%和25%,试验应尽可能快地进行,以期减少试验过程中电机的温度变化。

所有试验点中,供电电源的频率变化应小于0.1%。

应在最大负载点读数前和最小负载点读数后测取绕组电阻 R,100%额定负载及以上各负载点的电阻值是最大负载点读数之前的电阻值;小于100%额定负载各点的电阻值按与负载成线性关系确定,起点是最大负载点读数前的电阻值,末点是最小25%负载读数之后的电阻值。

注:也可采用在定子绕组上预置测温传感器,通过测试定子绕组温度来确定其电阻值。即,根据温度与电阻成比例关系,利用试验开始前测得的绕组初始端电阻和初始温度及测取的每点温度,可确定每个负载点处的端电阻。

记录各负载点的:P_1、U、I、T、n 和 f。

8.3.2 定子绕组 I^2R 损耗

各负载点的定子绕组 I^2R 损耗按式(23)计算:

$$P_s = 1.5 \times I^2 \times R \tag{23}$$

式中各试验点的 I 和 R 按照8.2确定。

8.3.3 转子绕组 I^2R 损耗

各负载点的转子绕组 I^2R 损耗按式(24)计算:

$$P_r = (P_1 - P_s - P_{Fe}) \times s \tag{24}$$

式中 s 按式(15)计算。

P_1、n 和 f 按照负载试验各试验点确定,P_s 按照8.3.2确定,P_{Fe} 按照6.5确定。

8.4 变频器供电电动机负载特性测定

在电动机热试验后,重新起动电动机,测试负载特性。例如基准频率为50 Hz电动机,将变频器分别调至3(5)Hz、15 Hz、30 Hz、50 Hz的频率下测取电动机的额定转矩、110%额定转矩、80%额定转矩,随后分别在60 Hz、80 Hz、100 Hz的频率下测取电动机在标称功率、110%标称功率、80%标称功率各点处的转矩值(此时的标称功率应折算为转矩),然后绘出电动机的负载特性曲线见图4。在测试过程中,电动机应平稳运转,无明显转矩脉动现象。对于基准频率不是50 Hz的电动机,参照此法,均匀确定各测试点。

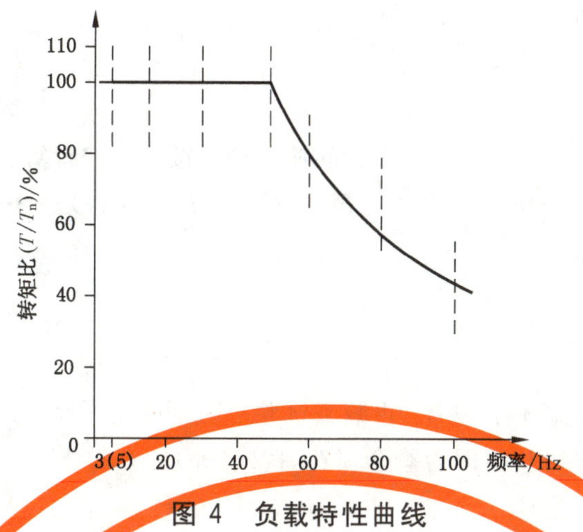

图 4 负载特性曲线

9 损耗的确定

9.1 概述

本标准推荐采用方法 2-1-1B 确定各项损耗，方法 2-1-1B 是指采用各分项损耗的和来确定效率，各分项损耗包括：

——铁耗；

——风摩耗；

——定子和转子的 I^2R 损耗；

——负载杂散损耗。

9.2 铁耗 P_{Fe}

见 6.5。

9.3 风摩耗 P_{fw}

见 6.4。

9.4 负载损耗

9.4.1 规定温度下定子绕组 I^2R 损耗

未修正到规定温度下的定子绕组 I^2R 的损耗按照 8.3.2 确定。

采用在额定负载试验中确定的定子绕组电阻值 R_N，按式(25)将定子绕组 I^2R 修正到规定温度下，即 25 ℃标准基准冷却介质温度。

$$P_{s,\theta} = P_s \times k_\theta \quad \cdots\cdots (25)$$

式中 k_θ 按照 5.5 确定。

9.4.2 规定温度下转子绕组 I^2R 损耗

未修正到规定温度下的转子绕组 I^2R 的损耗按照 8.3.3 确定。

采用修正过的定子绕组 I^2R，按式(26)将转子绕组 I^2R 修正到规定温度：

$$P_{r,\theta} = (P_1 - P_{s,\theta} - P_{Fe}) \times s_\theta \quad \cdots\cdots (26)$$

式中：

P_{Fe}是按照 6.5 确定的修正到基准冷却介质温度为 25 ℃的铁耗；$s_\theta = s \times k_\theta$ 是修正到基准冷却介质

温度为 25 ℃的转差率(见 5.5);k_θ 是修正系数见 5.5。

9.4.3 规定温度下的输入功率

采用上述修正过的定子和转子损耗,修正后的输入功率按式(27)计算:

$$P_{1,\theta}=P_1-(P_s-P_{s,\theta}+P_r-P_{r,\theta}) \qquad \cdots\cdots(27)$$

9.5 负载杂散损耗 P_{LL}

9.5.1 剩余损耗 P_{Lr}

各个负载点的输入功率减去输出功率,再减去试验电阻下的定子绕组 I^2R 损耗、铁耗、风摩耗及对应于实测转差的转子绕组 I^2R 损耗,即为剩余损耗,按式(28)计算。

$$P_{Lr}=P_1-P_2-P_s-P_r-P_{Fe}-P_{fw} \qquad \cdots\cdots(28)$$

式中 P_2按式(29)计算。

$$P_2=2\pi\times T\times n/60 \qquad \cdots\cdots(29)$$

式中的 P_{fw}为按照 6.4 修正过的风摩耗。

9.5.2 剩余损耗数据的修匀

剩余损耗数据应通过线性回归分析法(见图 5)进行修匀,此线性回归分析法参见附录 D,是基于剩余损耗与负载转矩平方的函数关系,按式(30)计算。

$$P_{Lr}=A\times T^2+B \qquad \cdots\cdots(30)$$

A 和 B 是按 8.3 的 6 个负载点的数据确定的常数,计算如下:

A 是按式(31)确定的斜率:

$$A=\frac{i\sum(P_{Lr}T^2)-\sum P_{Lr}\sum T^2}{i\sum(T^2)^2-(\sum T^2)^2} \qquad \cdots\cdots(31)$$

B 是按式(32)确定的截距:

$$B=\frac{\sum P_{Lr}}{i}-A\times\frac{\sum T^2}{i} \qquad \cdots\cdots(32)$$

i 是负载试验点数之和。

截距 B 应显著小于(<50%)额定转矩时的负载杂散损耗 P_{LL},否则试验也许有错误应进行检查。

注:截距 B 可能是正值或负值,图 5 所示例的是截距 B 为正值。

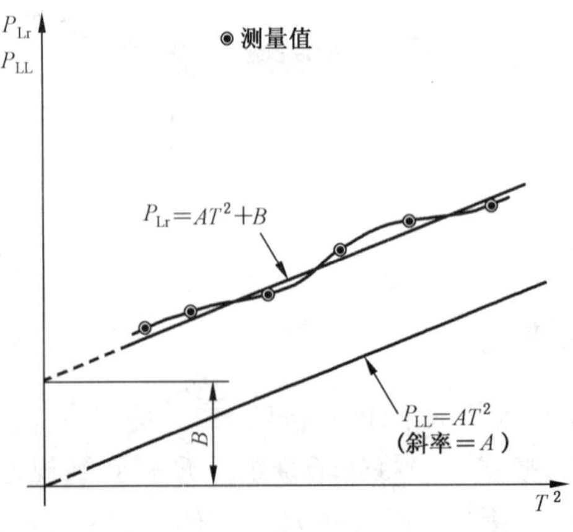

图 5 剩余损耗数据的修匀

相关系数按式(33)计算：

$$\gamma=\frac{i\times\sum(P_{\mathrm{Lr}}T^2)-(\sum P_{\mathrm{Lr}})\times(\sum T^2)}{\sqrt{(i\times\sum(T^2)^2-(\sum T^2)^2)\times(i\times\sum P_{\mathrm{Lr}}{}^2-(\sum P_{\mathrm{Lr}})^2)}} \quad\cdots\cdots(33)$$

如相关系数 γ 小于 0.95，剔除坏点后重新进行回归分析。如果 γ 增大至大于或等于 0.95，则采用第二次的回归分析；如果 γ 仍小于 0.95，则试验不理想，表明测试仪器或试验读数、或二者都存在误差。应调查分析并纠正误差源，重新进行试验。如果试验数据理想，相关系数很可能达到 0.98 甚至更好。

当斜率常数 A 已确定，对每个负载点的负载杂散损耗值可按式(34)确定：

$$P_{\mathrm{LL}}=A\times T^2 \quad\cdots\cdots(34)$$

9.6 总损耗 P_{T}

总损耗为校正过的铁耗(按 9.2)、修正过的风摩耗(按 9.3)、修正过的负载损耗(按 9.4)和负载杂散损耗(按 9.5)之和，按式(35)计算。

$$P_{\mathrm{T}}=P_{\mathrm{Fe}}+P_{\mathrm{fw}}+P_{\mathrm{s},\theta}+P_{\mathrm{r},\theta}+P_{\mathrm{LL}} \quad\cdots\cdots(35)$$

10 效率的确定

10.1 测试方法

确定变频器供电三相笼型感应电动机效率的四种试验方法见表 3。按相关标准或协议的规定，选择其中的一种方法确定其效率。

表 3 测试方法

简称	方法	描述	章条	要求的设备
2-3-A	各项损耗求和 试验用变频器供电	参考附录 E 用试验用变频器确定谐波损耗	10.2	满载运行时正弦波电源和试验用变频器供电
2-3-B	各项损耗求和终端设备的特定变频器供电	用终端设备的特定变频器确定谐波损耗	10.3	满载运行时正弦波电源和特定变频器供电
2-3-C	输入-输出法	转矩测量	10.4	测功机满负载运行 和特定变频器供电
2-3-D	量热法	从冷却介质温升确定损耗	10.5	特定变频器供电 根据 GB/T 34861—2017 的测试方法

10.2 方法 2-3-A：试验用变频器供电的损耗求和法

10.2.1 概述

即使电压源变频器的输出电压和脉冲模式与负载无关，但经验表明，电动机附加谐波损耗基本上还是随负载的增加而增加。对于低压变频器，一般情况下，只要电压调制幅度没有达到中间电压回路的限制，脉冲模式是恒定的。

因此，由变频器供电引起的总附加损耗可以通过基频供电的负载试验和变频器供电的负载试验来确定。附加谐波损耗为该两项试验测得的损耗之差。

正弦波电压应符合 GB/T 18039.4—2017，1 类的定义，除了变频器，正弦波电压源亦可用来进行这些测试。

用于试验的变频器称为试验用变频器，其详细的定义参见附录 E。之所以引入试验用变频器的概念，就是方便对不同的电动机进行效率值的比较，因为试验用变频器的脉冲模式是固定的可比较的。这种比较不适用于方法 2-3-B，因为方法 2-3-B 所用的变频器是特定变频器，其输出电压取决于制造商的特定的控制模式。

10.2.2 试验程序

10.2.2.1 试验步骤

试验程序步骤如下：

a) 按照 8.2 在额定电压和额定频率正弦波供电下进行负载试验，以确定总损耗 P_{Tsin}。

b) 按照 9.4 确定负载损耗。

c) 按照 8.3 在额定电压和额定频率正弦波供电下进行负载曲线试验以确定相应的损耗。

d) 按照 6.2 在额定电压和额定频率正弦波供电下进行空载试验。

e) 按照 6.3 确定正弦波供电下的恒定损耗 P_{C}。

f) 按照 8.3 在额定电压额定频率试验用变频器供电下进行负载曲线试验并确定相应的损耗。

g) 按照 6.2 在额定电压额定频率试验用变频器供电下进行空载试验。

h) 按照 6.3 确定试验用变频器供电的恒定损耗 P_{CC}。

10.2.2.2 基于负载的附加谐波损耗——负载杂散损耗 $\boldsymbol{P_{\mathrm{LL}}}$ 和 $\boldsymbol{P_{\mathrm{LLC}}}$

通过上述试验，按照 9.5.1 可以确定剩余损耗。各个负载点的输入功率减去输出功率，再减去试验电阻下的定子绕组 I^2R 损耗、铁耗、风摩耗及对应于实测转差的转子绕组 I^2R 损耗，即为剩余损耗，按式(36)和式(37)计算。

正弦波电源供电下：

$$P_{\mathrm{Lr}}=P_1-P_2-P_{\mathrm{s}}-P_{\mathrm{r}}-P_{\mathrm{Fe}}-P_{\mathrm{fw}} \qquad \cdots\cdots(36)$$

试验用变频器供电下：

$$P_{\mathrm{LrC}}=P_{\mathrm{1C}}-P_{\mathrm{2C}}-P_{\mathrm{s}}-P_{\mathrm{r}}-P_{\mathrm{Fe}}-P_{\mathrm{fw}} \qquad \cdots\cdots(37)$$

通过和 P_{Lr} 相同的负载点确定 P_{LrC}。

式中 P_{fw} 和 s 分别按式(38)和式(15)计算。

$$P_{\mathrm{fw}}=P_{\mathrm{fw0}}\cdot(1-s)^{2.5} \qquad \cdots\cdots(38)$$

根据 6.4，上述 P_{fw} 即为修正后的风摩耗。在这两种情况下，剩余损耗数据应采用修匀的线性回归分析，以一个负载转矩的平方函数来表示，按式(39)和式(40)计算。

$$P_{\mathrm{Lr}}=A\times T^2+B \qquad \cdots\cdots(39)$$

$$P_{\mathrm{LrC}}=A_{\mathrm{C}}\times T_{\mathrm{C}}{}^2+B_{\mathrm{C}} \qquad \cdots\cdots(40)$$

当斜率常数 A 和 A_{C} 确定后，分别按式(41)和式(42)确定在正弦波电源及变频器供电时额定负载点的负载附加损耗：

$$P_{\mathrm{LL}}=A\times T_{\mathrm{N}}^2 \qquad \cdots\cdots(41)$$

$$P_{\mathrm{LLC}}=A_{\mathrm{C}}\times T_{\mathrm{N}}^2 \qquad \cdots\cdots(42)$$

负载杂散损耗 P_{LLC} 是一个包含了所有与负载有关的附加损耗，即它们既包含了基波负载电流产生的损耗也包含了由试验用变频器供电谐波所产生的损耗。

变频器供电时的负载杂散损耗与正弦波供电时负载杂散损耗的差值就是基于负载的附加谐波损耗，按式(43)计算。

$$P_{\mathrm{HL_{Load}}}=P_{\mathrm{LLC}}-P_{\mathrm{LL}} \qquad \cdots\cdots(43)$$

10.2.2.3 恒定附加谐波损耗——恒定损耗 P_C 和 P_{CC}

试验用变频器供电时的空载损耗与正弦波供电时的空载损耗的差值就是恒定附加谐波损耗,按式(44)计算。

$$P_{HL No\text{-}Load} = P_{CC} - P_C \quad \cdots\cdots(44)$$

10.2.3 效率的确定

试验用变频器供电时的附加谐波损耗为恒定附加谐波损耗与负载附加谐波损耗之和,按式(45)计算。

$$P_{HL} = P_{HL No\text{-}Load} + P_{HL Load} \quad \cdots\cdots(45)$$

按10.2.2测得的在正弦波供电时的基波损耗加上附加谐波损耗[见式(46)],就可以确定电机在变频器供电下的效率。

$$P_{Ttest\text{-}converter} = P_{Tsin} + P_{HL} \quad \cdots\cdots(46)$$

试验用变频器供电时的效率按式(47)计算:

$$\eta = \frac{P_2}{P_2 + P_{Ttest\text{-}converter}} \quad \cdots\cdots(47)$$

谐波损耗率按式(48)计算并四舍五入取整:

$$r_{HL} = \frac{P_{HL}}{P_{Tsin}} \times 100\% \quad \cdots\cdots(48)$$

10.3 方法2-3-B:特定变频器供电的损耗求和法

变频器供电产生的总附加损耗应通过在基频供电下的负载试验和由终端设备的特定变频器供电下的负载试验共同确定,除了使用特定的变频器系统,测试程序与方法2-3-A(见10.2)一致。

10.4 方法2-3-C:输入-输出法

10.4.1 概述

本方法通过测量轴端转矩与转速来确定电动机机械功率 P_{2C},在试验中亦应测取定子的电功率 P_{1C}。

10.4.2 试验程序

为了获得与实际运行工况相同或近似的试验条件,试验应在为最终应用的特定变频器和基本部件装配完整的电动机上进行。

将被试验电动机与带有测功计的负载设备连接,在额定转矩下运行直到热平衡(变化率为不大于2 K/h)。

试验结束后记录:

T ——输出转矩,单位为牛顿米(N·m);

n ——转速,单位为转每分钟(r/min);

P_{1C}——变频器供电时的电动机输入功率,单位为瓦特(W);

10.4.3 效率的确定

输出功率按式(49)计算:

$$P_{2C} = 2\pi \times T \times n / 60 \quad \cdots\cdots(49)$$

效率按式(50)计算：

$$\eta=\frac{P_{2C}}{P_{1C}} \tag{50}$$

10.5 方法 2-3-D:量热法

效率还可以通过测量在初级或次级水冷却回路中被试设备的总损耗所产生的热量来确定效率。此方法的试验程序应符合 GB/T 34861—2017。

11 热试验

11.1 目的

热试验的目的是确定电机在额定负载条件下运行时定子绕组的工作温度和电机某些部分温度高于冷却介质温度的温升。

11.2 一般性说明

11.2.1 测温装置

热试验开始时,应检查所有测温装置确信其未因杂散磁场的影响而增加温度测量的误差。

应对被试电机予以防护以阻挡其他机械产生的气流对被试电机的影响,一般非常轻微的气流足以使热试验结果产生很大的偏差。引起周围空气温度快速变化的环境条件对温升试验是不适宜的,电机之间应有足够的空间,允许空气自由流通。

11.2.2 全封闭式电机转子及其他零部件温度的测量

全封闭式电机转子及其他零部件温度在断电停机后用测温装置快速测取。

11.3 热试验冷却介质温度的测定

11.3.1 空气冷却电机

对采用周围空气冷却的电机,应在冷却空气进入电机的途径中进行多点测量(2 点～3 点)。测点安置在距电机约 1 m～2 m 处,处于电机高度的一半的位置,并应防止外来辐射热及气流的影响。取各测点读数的算术平均值作为冷却介质温度。

11.3.2 外冷却器电机

对采用外接冷却器及管道通风冷却的电机,应在冷却介质进入电机的入口处测量冷却介质的温度。

11.3.3 内冷却器电机

对采用内冷却器冷却的电机,冷却介质的温度应在冷却器的出口处测量;对有水冷冷却器的电机,水温应在冷却器的入口处测量。

11.4 试验结束时冷却介质温度的确定

11.4.1 连续工作制(S1)和断续周期工作制(S3)电机

对连续定额和断续周期工作制定额的电机,试验结束时的冷却介质温度,应取在整个试验过程最后的 1/4 时间内,按相同时间间隔测得的温度计读数的平均值。

11.4.2 短时定额电机

对短时定额的电机,试验结束时的冷却介质温度,若定额为 30 min 及以下,取试验开始与结束时的温度计读数的平均值;若定额为 30 min～90 min,取 1/2 试验时间温度计的读数与结束时的温度计读数的平均值。

11.5 电机绕组及其他各部分温度的测量

11.5.1 绕组温度的测量

电机绕组的温度用电阻法或用温度计法测量,如电机有埋置检温计,可用检温计测量。

11.5.2 铁芯温度的测量

铁芯温度用温度计测量,对大、中型电机,测点应不少于 2 个,取几个温度计读数的最高值作为铁芯温度。

11.5.3 轴承温度的测量

轴承温度用温度计测量。对于滑动轴承,温度计放入轴承的测温孔内或者放在接近轴瓦的表面处,对于滚动轴承,温度计放在最接近轴承外圈处。

11.5.4 集电环温度的测量

电机停机后,立即用温度计测量集电环表面的温度,取测得的最高值作为集电环温度。

11.6 热试验方法

11.6.1 概述

热试验方法有直接法和间接法,应优先采用直接法,间接法仅限用连续工作制电机。

直接法热试验应在额定频率、额定电压和额定负载或铭牌电流下进行。

间接法包括降低电压负载法、降低电流负载法、定子叠频法及 GB/T 21211—2017 规定的其他适用方法。

11.6.2 直接法

11.6.2.1 连续工作制(S1)电机

热试验应在额定负载下持续进行,直到电机各部分温度达到稳定时为止。

试验过程中,每隔 30 min 记录一次被试电机的三相端电压 U、三相线电流 I_1、输入功率 P_1、频率 f、转速 n 或转差 s_t、转矩 T_t、绕组温度 θ_w(埋置检温计或热电偶温度计测得),以及定子铁芯、轴承、风道进出口冷却介质温度和周围冷却介质的温度 θ_b。

11.6.2.2 短时工作制(S2)电机

试验应从实际冷状态开始,试验持续时间按定额的规定。试验过程中,根据工作时限长短,选择每隔 5 min～15 min 读取并记录一次试验数据。其他试验要求同 11.6.2.1。

11.6.2.3 断续周期工作制(S3)电机

如无其他规定,试验时每一个工作周期应为 10 min,读取并记录一次试验数据,直到电机各部分温度达到热稳定状态为止。温度的测定应在最后一个工作周期负载时间的一半终了时进行。为了缩短试验时间,在试验开始时负载可适当地持续一段时间。

对绕线转子电动机,每次起动时,应在转子绕组中串入附加电阻或电抗,将起动电流的平均值限制在 2 倍额定电流(基准负载持续率时的额定电流值)范围内。每一工作周期的运行结束时,电动机应在 3 s 内停止转动。

其他试验要求同 11.6.2.1。

11.6.2.4 多种定额电机

具有多种定额的电机(如多速或油井用电机),应在出现最高温升的定额状态下进行热试验。如事先无法预知,应分别在每种定额状态进行试验。双频电机可在任一方便的频率下进行试验,只是要把负载调节到等效于一个频率下运行的负载,且电机以该频率运行时将会出现最大温升。

使用系数大于 1.0 的电机,应在使用系数负载状态下进行热试验,以确定电机的温升值。计算电机性能时,应当用使用系数为 1.0(额定功率)时的热试验数值。

11.6.3 间接法

11.6.3.1 降低电压负载法

采用降低电压负载时,应进行下列热试验:

a) 以额定频率和额定电压进行空载热试验,并确定此时的定子绕组温升 $\Delta\theta_0$、铁芯温升 $\Delta\theta_{fe0}$。

b) 以额定频率、额定电流和 1/2 额定电压进行热试验,并确定此时定子绕组温升 $\Delta\theta_r$、铁芯温升 $\Delta\theta_{fer}$。此时,额定电流按 GB/T 1032—2012 中 11.7.3.2.2 的方法确定。试验要求按 11.6.2.1 中的规定。

对应于额定功率时的绕组温升 $\Delta\theta_N$(K)和铁芯温升 $\Delta\theta_{feN}$(K)分别按式(51)和式(52)确定:

$$\Delta\theta_N = a\Delta\theta_0 + \Delta\theta_r \qquad (51)$$

$$\Delta\theta_{feN} = a\Delta\theta_{fe0} + \Delta\theta_{fer} \qquad (52)$$

式中系数 a 按式(53)计算:

$$a = \frac{P_0 - P_{0r}}{P_0} \qquad (53)$$

式中:

P_0 ——额定电压时的空载输入功率,单位为瓦特(W),由空载试验求取;

P_{0r}——1/2 额定电压时的空载输入功率,单位为瓦特(W),由空载试验求取。

11.6.3.2 降低电流负载法

采用降低负载电流法时,应进行下列热试验:

a) 以额定频率和额定电压进行空载热试验,确定此时的定子绕组温升$\Delta\theta_a$(K);

b) 以额定频率、降低的电压和最大可能的电流($I \geqslant 0.7I_N$)进行部分负载下的热试验,确定此时的绕组温升$\Delta\theta_b$(K);

c) 以额定频率和对应于 b)试验的电压进行空载热试验,确定此时的绕组温升$\Delta\theta_c$(K)。

已知$\Delta\theta_a$、$\Delta\theta_b$和$\Delta\theta_c$,连接$\Delta\theta_b$和$\Delta\theta_c$两点作一直线(见图 6),通过$\Delta\theta_a$点作$\Delta\theta_b$和$\Delta\theta_c$两点连线的平行线。此平行线与横坐标$(I/I_N)^2=1$点的垂线交点$\Delta\theta_N$(K),即为被试电机在额定电压和额定电流时的绕组温升。

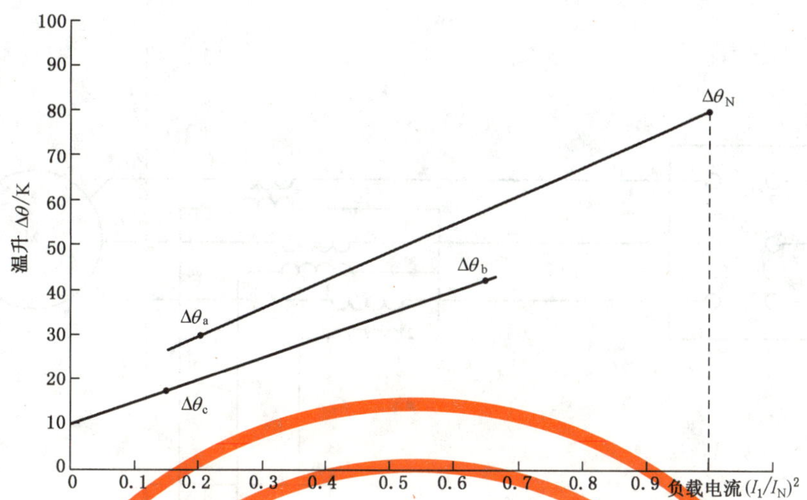

图 6 降低电流负载法确定 $\Delta\theta_N$

11.6.3.3 定子叠频法

试验线路如图 7 所示。主电源和副电源均为发电机。副电源发电机的额定电流应不小于被试电机的额定电流,电压等级应与被试电机相同。

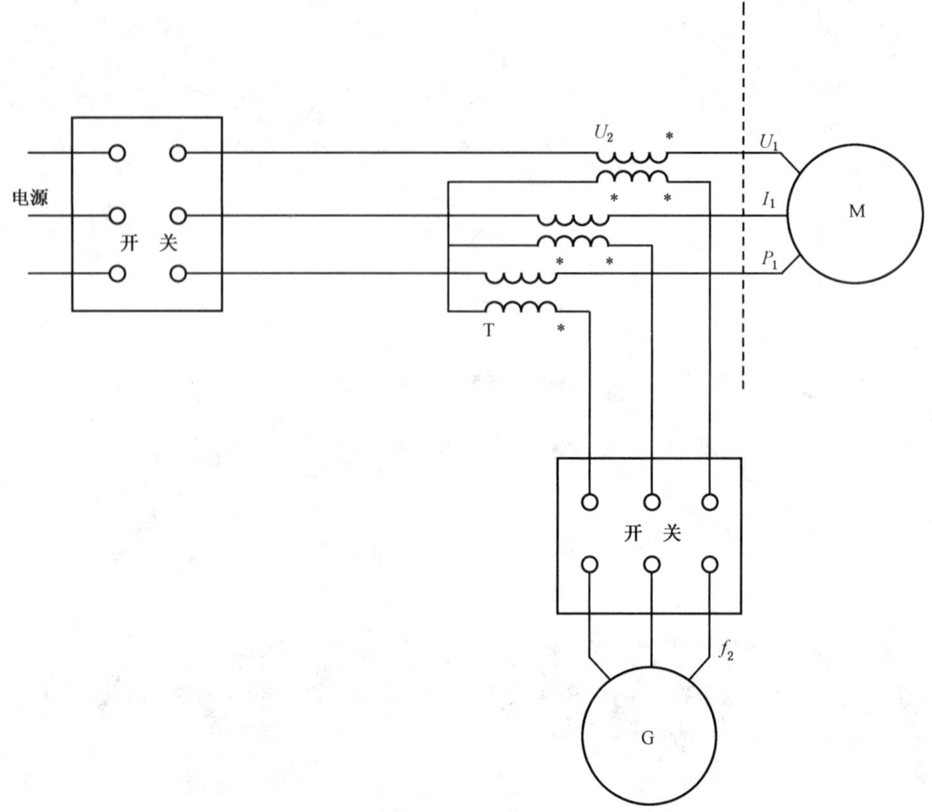

说明：

M ——被试电动机；

T ——串接变压器；

G ——辅助电源发电机；

U_1——端电压(额定电压)；

f_1——频率(额定频率)；

I_1——感应电机的初级电流；

U_2——辅助电压；

f_2——辅助电源频率；

P_1——输入功率。

辅助电源相序应与主电源相同。

U_2 应小于 U_1(通常为 U_1 的 10%～20%)；

注：U_2 是产生额定电流 I_1 所要施加的电压值。

图 7　定子叠频法试验线路图

采用定子叠频法时，施于被试电机绕组的主、副电源的相序应相同。可在接线前由主、副电源分别起动被试电机，若转向一致，即为同相序。

试验时，首先由主电源起动被试电机，使其在额定频率、额定电压下空载运行。随后，起动副电源机组，将其转速调节到对应于某一频率 f_2 的转速值。对额定频率为 50 Hz 的电机，f_2 应在 38 Hz～42 Hz 范围内选择。然后，将辅助电源发电机投入励磁，调节励磁电流，使被试电机的定子电流达到满载电流值。在加载过程中，要随时调节主电源电压，使被试电机的端电压保持额定值，并同时保持频率 f_2 不变。被试电机在额定电压时满载电流值可按 GB/T 1032—2012 的 11.6 或 GB/T 1032—2012 的 11.8 的方法确定。试验要求同 11.6.2.1。

在调节被试电机的负载时，如仪表指针摆动较大或被试电机和试验电源设备的振动较大，应先降低副电源电压，选择另一个频率 f_2 的值(调整副电源机组的转速)，再行试验。

能达到上述试验目标的静态变频电源，亦可用于定子叠频法试验，静态变频电源应符合试验电源(见 GB/T 1032—2012 的 4.2)的要求。

11.6.3.4 其他热试验方法

GB/T 21211—2017 中规定的其他适用方法，如感应电动机叠加法、感应电动机等效负载法。

11.6.4 试验程序

11.6.4.1 初始状态

连续工作制(S1)电机可在小于额定温度的任一温度下开始进行热试验。除非另有规定，短时工作制(S2)电机，只能在电机各部分温度与冷却介质温度相差不大于 5 K 时开始进行热试验。

11.6.4.2 允许适当过载

连续定额电机，达到热平衡可能需要较长的时间，为了缩短试验时间，在预热阶段允许适当过载(25%～35%)。

11.6.4.3 温度测量

试验过程中，可用酒精温度计测取冷却介质温度、定子铁芯温度、机座温度、轴承温度及进口处和出口处的冷却介质温度。

热试验过程中，可用局部检温计测取电机各部分的温度。当用几个局部检温计测取绕组温度时，应当记录全部检温计的温度读数，取其中的最大值作为由局部检温计测取的绕组温度。通常不需要停机后读取检温计读数。

当电机装有几只埋置检温计时，热试验过程中应当记录全部检温计的读数，取其中的最大值作为由埋置检温计测取的绕组温度。

电机的定子绕组(绕线电动机转子绕组)的温度应优先采用断电停机后测得的电阻确定(见 11.6.4.5、11.7、11.8)。

11.6.4.4 热试验持续时间

对连续工作制(S1)电机，热试验应进行到相隔 30 min 的两个相继读数之间温升变化在 1 K 以内为止。但对温升不易稳定电机，热试验应进行到相隔 60 min 的两个相继读数之间的温升变化在 2 K 以内为止。

对非连续工作制电机，读数的时间间隔应与其时间定额一致。

11.6.4.5 断电停机后热电阻的确定

应测量断电停机后的绕组端电阻，并以第一点电阻值确定电机的温升。

热试验结束应迅速断电停机。要仔细地安排试验程序和适当数量的试验人员，尽快地测取电阻读数以获得可靠的数据。

从断电瞬间算起，如在表 4 规定的时间间隔内读到了第一点热电阻读数 R_N，则用此电阻值计算绕组温升。

表 4 时间间隔

额定输出(P_N)/kW 或 kV·A	切断电源后的时间间隔/s
$P_N \leqslant 50$	30
$50 < P_N \leqslant 200$	90
$200 < P_N \leqslant 5\ 000$	120
$5\ 000 < P_N$	按协议

如不能在表 4 规定的延滞时间内读到第一点热电阻读数，应尽快以 20 s～60 s 的时间间隔读取附加的电阻读数。至少要读取 5 个～10 个读数，把这些读数作为时间的函数绘制成曲线，建议用半对数座标纸，电阻绘制在对数标尺上，以外推到表 4 按电机定额规定的延滞时间的电阻值作为第一点热电阻 R_N。如果停机后测得结果显示出温度继续上升，则应取热电阻最大值作为 R_N，如不能在表 4 列出的 2 倍时间内读到第一点读数，则应协议确定最大延滞时间。

热电阻和冷电阻应当用同一电阻测量仪并在同一引出线端子测量。

11.7 温升

11.7.1 概述

当电机用周围空气直接冷却时，温升是测得的绕组温度减去冷却介质温度。如电机是用远处或冷却器来的空气通风冷却，温升是测得的绕组温度减去进入电机的空气温度。如在海拔不超过 1 000 m 处，冷却空气温度在 10 ℃～40 ℃之间进行试验，温升不作修正。

如试验地点海拔超过 1 000 m，或冷却空气温度超过 40 ℃，或这两种情况同时存在，温升限值按 GB/T 755—2008 中的 8.10 中的规定修正。

11.7.2 电阻法确定定子绕组温升

11.7.2.1 确定绕组温升

绕组的平均温升 $\Delta\theta$(K)按式(54)计算：

$$\Delta\theta = \frac{R_N - R_c}{R_c} \times (K_1 + \theta_c) + \theta_c - \theta_b \qquad (54)$$

式中：

R_N——断电停机后测得的第一点热态端电阻，单位为欧姆(Ω)；

R_c——热试验开始前测得的冷态绕组端电阻，单位为欧姆(Ω)；

θ_b——热试验结束时冷却介质温度，单位为摄氏度(℃)；

θ_c——测量 R_c 时绕组实际温度，单位为摄氏度(℃)。

11.7.2.2 额定负载下绕组温升的确定

11.7.2.2.1 一般性说明

如果热试验时电机的负载不等于额定负载，对应于额定负载时的绕组温升 $\Delta\theta_N$ 按下述方法确定。

11.7.2.2.2 连续工作制(S1)定额电机

当 $\frac{I_1 - I_N}{I_N}$ 在±10%范围内时按式(55)计算：

$$\Delta\theta_{N}=\Delta\theta\left(\frac{I_{N}}{I_{1}}\right)^{2}\left[1+\frac{\Delta\theta\left(I_{N}/I_{1}\right)^{2}-\Delta\theta}{K_{1}+\Delta\theta+\theta_{b}}\right] \qquad (55)$$

当 $\frac{I_1-I_N}{I_N}$ 在±5%范围内时按式(56)计算：

$$\Delta\theta_{N}=\Delta\theta\left(\frac{I_{N}}{I_{1}}\right)^{2} \qquad (56)$$

式中：

I_N ——额定电流，即额定功率时的电流，单位为安培(A)，从工作特性曲线上求得；

I_1 ——热试验时的电流，单位为安培(A)；取在整个试验过程最后的1/4时间内，按相等时间间隔测得的电流平均值；

$\Delta\theta$ ——对应于试验电流 I_1 的绕组温升，单位为(K)（见11.7.2.1）。

注：如$(I_1-I_N)/I_N$大于±10%，应重新做热试验。

11.7.2.2.3 短时工作制(S2)和断续周期工作制(S3)电机

当$(I_1-I_N)/I_N$在±5%范围内时按式(56)计算。

如$(I_1-I_N)/I_N$大于±5%，应重做热试验。

11.7.3 埋置检温计(ETD)法

以埋置检温计诸元件的最高读数作为确定绕组温度的依据(按GB/T 755—2008的8.6.3中的规定)。

11.7.4 温度计法

任一温度计的最高读数即为绕组或其他部分的温度(按GB/T 755—2008的8.6.4中的规定)。

11.8 额定负载下绕组工作温度 θ_w 的确定

11.8.1 概述

绕组工作温度是指电机在额定负载热试验过程中达到热稳定状态时绕组的温度。绕组工作温度可用电阻法(见11.8.2)或温度计法(如热电偶温度计，见11.8.3)确定。

11.8.2 电阻法确定绕组工作温度 θ_w(℃)

11.8.2.1 热态端电阻 R_w 的确定

热试验断电停机后，按11.6.4.5中所述的外推法，作热电阻读数对断电后冷却时间(t)的关系曲线，此曲线外推至 $t=0$ 时的电阻值即为 R_w。

11.8.2.2 绕组的工作温度 θ_w 的确定

绕组的工作温度 θ_w 按式(57)计算。

$$\theta_{w}=\frac{R_{w}}{R_{c}}\times(K_{1}+\theta_{c})-K_{1} \qquad (57)$$

式中：

R_w ——外推至 $t=0$ 时热态端电阻，单位为欧姆(Ω)，见11.8.2.1；

R_c，θ_c ——按11.7.2中的规定。

11.8.3 局部温度计法(如热电偶温度计)确定绕组的工作温度 θ_w(℃)

任一温度计的最高读数即为绕组的工作温度 θ_w。

12 最大转矩的测定

12.1 概述

试验时,试验电源由正弦波电源提供。

最大转矩的测量方法有下列几种:

a) 测功机或校正过直流电机法;

b) 转矩测量仪法;

c) 转矩转速仪法;

d) 圆图计算法。

采用上述 a)、b)、c)三种方法时,应在基波频率、额定电压下进行测定,如试验电压不能达到额定电压,最大转矩值应按 12.6 换算。

12.2 测功机或校正过直流电机法

测功机或校正过直流电机作被试电机的负载,最大转矩从测功机测力计上读出,或按试验时的转速和直流电机的电枢电流 I_a,从直流电机的校正曲线 $T_d=f(I_a)$上求得。

直流电机可用准确度为 0.5 级的测功机校正或用损耗分析法校正。直流电机应在发电机状态下采用 0.5 级准确度的测功机进行校正。校正时,在所需的各种转速下,待剩磁稳定后保持励磁电流不变,测取电枢电流 I_a 与轴上转矩 T_d 的校正曲线 $T_d=f(I_a)$。试验时,直流电机的转向和励磁电流与校正时相同。试验过程中,励磁电流应保持不变。

试验时,将被试电机与测功机或校正过直流电机用联轴器联接,使两者的旋转方向一致。逐渐增加被试电机的负载至测功机测力计读数或校正过直流电机的电枢电流出现最大值,读取此数值和被试电机的端电压。采用校正过直流机时,需同时读取转速值。

试验过程中,应防止被试电机过热而影响测量的准确性。被试电机的端电压应在其出线端上测量。

12.3 转矩测量仪法

用转矩测量仪法测定最大转矩时,应测取被试电机的转矩转速特性曲线,最大转矩从曲线上求取。

转矩转速特性曲线可逐点测定后由人工描绘,也可用自动记录仪直接描绘。对分马力和小型电机,这两种方法均可采用。对使用滚动轴承的中型电机应采用前者。逐点测定转矩转速特性曲线时,测取的点数应满足正确求取各种转矩(最大转矩、最小转矩、同步转矩和堵转转矩)的需要。在这些转矩附近。测量点应尽可能密一些。

试验过程中,应防止被试电机过热而影响测量的准确性,必要时,转矩转速特性曲线可分段测量。

以直流电机作负载时,被试电机与传感器、直流电机用联轴器联轴。直流电机他励,其电枢由可调电压和可变极性的电源供电。被试电机与直流电机的转向应一致。调节直流电机的电源电压,逐渐增加被试电机的负载,并同时读取转矩、转速和电压值。或用自动记录仪描绘转矩转速特性曲线,被试电机端电压与转速的关系曲线。用自动记录仪描绘曲线时,建议在被试电机转速上升和下降的情况下测取两条转矩转速特性曲线,取其平均值。每条曲线的描绘时间应不少于 15 s。

12.4 转矩转速仪法

转矩转速仪是应用电动机在空载起动过程中,其加速度正比于电机转矩的原理而制成的摄取转矩转速特性曲线的仪器。

本方法限于大、中型电机采用。

为了提高测量的准确性,试验时,应按被试电机的起动时间,正确选取微分参数和滤波参数;显示图形的线条要细,干扰纹波要小;转矩定标要尽量准确。并应同时摄取被试电机端电压与转速关系曲线。

12.5 圆图计算法

12.5.1 概述

如限于设备,对立式电机和 100 kW 以上的电机,允许采用圆图计算法求取最大转矩。此时,电动机应按 7.1.1 的规定进行堵转试验。

圆图计算法公式中的电压、电流和电阻为相电压(V)、相电流(A)和相电阻(Ω)的三相平均值;功率为三相功率值(W)。

12.5.2 圆图计算法所需参数

a) 定子绕组电阻 R_{1s}:换算至规定温度时的电阻值;

b) 由空载试验求得的参数:

空载电流的有功分量 I_{0R} 按式(58)计算:

$$I_{0R}=\frac{P_0-P_{fw}}{3U_N} \quad \cdots\cdots(58)$$

空载电流的无功分量 I_{0X} 按式(59)计算:

$$I_{0X}=\sqrt{I_0^2-I_{0R}^2} \quad \cdots\cdots(59)$$

c) 由堵转试验求得的参数:

堵转电流 I_{KN} 按式(60)计算:

$$I_{KN}=I_K\frac{U_N}{U_K} \quad \cdots\cdots(60)$$

堵转功率 P_{KN} 按式(61)计算:

$$P_{KN}=P_K\left(\frac{U_N}{U_K}\right)^2 \quad \cdots\cdots(61)$$

堵转电流 I_{KR} 的有功分量按式(62)计算:

$$I_{KR}=\frac{P_{KN}}{3U_N} \quad \cdots\cdots(62)$$

堵转电流的无功分量 I_{KX} 按式(63)计算:

$$I_{KX}=\sqrt{I_{KN}^2-I_{KR}^2} \quad \cdots\cdots(63)$$

12.5.3 最大转矩的求取

根据 12.5.2 所计算数值,逐步按式(64)、式(65)、式(66)、式(67)和式(68)求得 K_3。

$$K=I_{KR}-I_{0R} \quad \cdots\cdots(64)$$

$$H=I_{KX}-I_{0X} \quad \cdots\cdots(65)$$

$$r=\frac{1}{2}\left(H+\frac{K^2}{H}\right) \quad \cdots\cdots(66)$$

$$I_{2K}=\sqrt{K^2+H^2} \quad \cdots\cdots(67)$$

$$K_3=\frac{I_{2K}^2R_{1s}}{U_N} \quad \cdots\cdots(68)$$

由 $\tan\beta=\dfrac{H}{K_3}$求出 β、$\tan\dfrac{\beta}{2}$，按式(69)和式(70)分别计算 T 和 P_m。

$$T=3rU_N\tan\frac{\beta}{2} \qquad \cdots\cdots(69)$$

$$P_m=\frac{P_N+P_{fw}+P_s}{1-s} \qquad \cdots\cdots(70)$$

最大转矩倍数按式(71)计算：

$$K_T=\frac{C\cdot T}{P_m} \qquad \cdots\cdots(71)$$

式中：

C——对 10 kW 及以上的笼型电机，取 $C=0.9$；对绕线转子电机和小于 10 kW 的笼型电机，取 $C=1.0$。

最大转矩按式(72)计算。

$$T_{max}=K_T T_N \qquad \cdots\cdots(72)$$

式中：

T_N——额定转矩，单位为牛顿米(N·m)。

12.6 最大转矩的换算

当试验电压 U_t 低于 0.9 倍额定电压时，应在 1/3～2/3 额定电压范围内，均匀测取三个不同电压下的最大转矩值。作 $\lg T_{maxt}=f(\lg U_t)$曲线，延长曲线，求出对应于额定电压时的最大转矩 T_{max}。

13 最小转矩的测定

13.1 概述

试验时，试验电源由正弦波电源提供。

笼型电机在起动过程中最小转矩的测量方法有下列几种：

a) 测功机或校正过直流电机法；

b) 转矩测量仪法；

c) 转矩转速仪法。

测定时，被试电机应接近实际冷状态，在额定频率和额定电压下进行。如试验电压不能达到额定电压，最小转矩值应按 13.5 换算。

13.2 测功机或校正过直流电机法

用测功机或校正过直流电机作被试电机的负载，最小转矩从测功机测力计上读出，或按试验时的转速和校正过直流电机的电枢电流，从直流电机的校正曲线 $T_d=f(I_a)$上求得。

直流电机的校正和使用时的要求同 12.2。

试验时，将被试电机与测功机或校正过直流电机用联轴器联接，先在低电压下确定被试电机出现最小转矩的中间转速(即同步转速的 1/13～1/7 范围内的某一转速，机组在该转速下能稳定运行而不升速)。断开被试电机的电源，调节测功机或校正过直流电机的电源电压，使其转速约为中间转速的 1/3。然后，合上被试电机的电源，迅速调节测功机的电源电压(或励磁电流)或校正过直流电机的电源电压。直至测功机的测力计读数或校正过直流电机的电枢电流出现最小值，读取此数值和被试电机的端电压。采用校正过直流电机时，需同时读取转速值。

用测功机作负载时，当测功机与被试电机的转向相同，而不能测得最小转矩时，可改变测功机电源电压的极性再行测试。

试验过程中，应防止被试电机过热。

13.3 转矩测量仪法

用转矩测量仪法测定最小转矩时，应测取被试电机的转矩转速特性曲线，最小转矩从曲线上求取。试验方法及要求同 12.3。转矩转速曲线应从堵转状态开始使转速逐渐升高进行测取。

13.4 转矩转速仪法

用转矩转速仪法测定最小转矩的方法同 12.4。

13.5 最小转矩的换算

当试验电压在 0.95 倍～1.05 倍额定电压范围内时，最小转矩 T_{min} 按式(73)求取：

$$T_{min} = T_{mint}\left(\frac{U_N}{U_t}\right)^2 \qquad \cdots\cdots (73)$$

式中：

T_{mint}——在试验电压 U_t 下测得的最小转矩，单位为牛顿米(N·m)。

试验电压低于 0.95 倍额定电压时，应在 1/3～2/3 额定电压范围内，均匀测取 3 个不同电压下的最小转矩值，作 $\lg T_{mint} = f(\lg U_t)$ 曲线，延长曲线，求出对应于额定电压时的最小转矩 T_{min}。

14 其他试验

14.1 超速试验

如各类型电机标准中无规定时，超速试验允许在冷态下进行。对大型电机，允许对转子单独进行超速试验。

试验时，将电动机的转速提高到或为 1.2 倍最高工作转速或各类型电机标准中规定的转速，或规定最高转速，历时 2 min。

超速的方法有下列两种：

a) 提高被试电机的电源频率；

b) 用原动机直接驱动或通过变速驱动被试电机。

超速试验时，应采取安全防护措施，尽可能远距离测量转速(见 GB/T 1032—2012 的 12.8)。

14.2 噪声的测定

噪声的测定按 GB/T 10069.1—2006 规定进行，试验时应将变频器频率调节至额定频率或产品标准规定的最低及最高频率，冷却风机应处于运行状态。

14.3 振动的测定

振动的测定按 GB/T 10068—2008 规定进行，试验时应将变频器频率调节至额定频率和产品标准规定的最低及最高频率下测量，冷却风机应处于运行状态。

14.4 短时过转矩试验

短时过转矩试验应在额定电压、额定频率下进行。

试验时，电动机逐渐增加负载，使其转矩达到 GB/T 755—2008 或各类型电机标准所规定的过转矩数值，历时 15 s。

如限于设备，允许在试验时用测量定子电流代替转矩的测量，此时，定子电流值应等于 1.1 倍的过转矩倍数乘以额定电流值。

14.5 耐电压试验

14.5.1 概述

试验电源的频率为工频，电压波形应尽可能为正弦波形。

14.5.2 试验要求

试验要求如下：

a) 耐电压试验在电机静止的状态下进行。试验前，应先测量绕组的绝缘电阻。如需要进行超速和短时过转矩试验时，该项试验应在这些试验之后进行，型式试验时，该项试验还应在热试验后电动机接近热状态下进行。

b) 试验时，电压应施于绕组与机壳之间，此时其他不参与试验的绕组均应和铁芯及机壳连接。对额定电压在 1 kV 以上的电机，若每相的两端均单独引出时，则应每相逐一进行试验。

c) 试验变压器应有足够的容量，可按下列方法选择：

对低压电动机，每 1 kV 试验电压，试验变压器的容量应不小于 1 kV・A；

对高压电动机，当其电容量较大时，试验变压器的容量应大于按式(74)求得的计算容量 S_T (kV・A)：

$$S_T = 2\pi f C U_t U_{TN} \times 10^{-3} \qquad \cdots\cdots (74)$$

式中：

C ——被试电机的电容量，单位为法拉(F)；

U_t ——试验电压，单位为伏特(V)；

U_{TN}——试验变压器高压侧的额定电压，单位为伏特(V)。

对分马力电动机，每 1 kV 试验电压，试验变压器的容量应不小于 0.5 kV・A。

d) 额定电压在 3 kV 及以上的电动机进行耐电压试验时，建议在试验变压器接线柱与被试绕组之间并联接入放电铜球。试验电压应在试验变压器的高压侧进行测量。

e) 试验前，应采取切实安全防护措施，试验中发现异常情况，应立即切断试验电源，并将绕组对地放电。

14.5.3 试验电压和时间

试验电压的数值按 GB/T 755—2008 的表 16 或按相关产品标准规定。

试验应从不超过试验电压全值的一半开始，然后均匀地或以每步不超过全值 5%逐步增至全值，电压从半值增至全值的时间应不少于 10 s。全值试验电压值应符合 GB/T 755—2008 的表 16 的规定，并维持 1 min。

当对批量生产的 200 kW(或 kV・A)及以下，额定电压 $U_N \leqslant 1$ kV 的电机进行常规试验时，1 min 试验可用 1 s 的试验代替，但试验电压值应为 GB/T 755—2008 的表 16 规定值的 120%。

14.6 转动惯量的测定

14.6.1 悬挂转子摆动法

14.6.1.1 单钢丝法

采用单钢丝扭转摆动比较法测定电机转子的转动惯量。

选择密度均匀的金属制成假转子，假转子形状应为简单的圆柱体，以便能用下式较准确地计算出假

转子的转动惯量 J'。假转子的质量应能将所选用的钢丝拉直且钢丝不变形。把假转子可靠地悬挂在长度 $l \geqslant 0.5$ m 的钢丝一端,钢丝的另一端固定在支架上,钢丝轴线应与假转子轴线同心且垂直地面。

将假转子绕心轴扭转一个适当角度,仔细测量往复摆动次数 N 及所需时间 t(s),求得摆动周期平均值 $T'_P(T'=N/t)$。被试电机转子在相同的条件下,重复上述试验,按上方法求得其摆动周期的平均值 T_P,按下式计算被试电机的转动惯量 J。

假转子的转动惯量 J'(kg·m²)按式(75)计算:

$$J' = \frac{mD^2}{8} \quad \cdots\cdots(75)$$

式中:

D ——圆柱体直径,单位为米(m);

m ——直径 D 部分的圆柱体质量,单位为千克(kg)。

被试电机转子的转动惯量 J(kg·m²)按式(76)计算:

$$J = J' \frac{T_P^2}{T_P'^2} \quad \cdots\cdots(76)$$

式中:

T_P ——被试电机转子的摆动周期平均值单位为秒(s);

T'_P ——假转子的摆动周期平均值单位为秒(s)。

14.6.1.2 双钢丝法

用两根平行的钢丝将被试电机转子悬挂起来,使其转轴中心线与地面垂直。扭转转子使其产生以轴线为中心的摆动。转轴中心线的扭角应不大于 10°。仔细测取若干次摆动所需的时间,求出摆动周期的平均值 T_P。转动惯量 J(kg·m²)按式(77)计算:

$$J = \frac{T_P^2 a^2}{l} \cdot \frac{mg}{(4\pi)^2} \quad \cdots\cdots(77)$$

式中:

g ——重力加速度,单位为米每二次方秒(m/s²);

a ——两钢丝之间的距离,单位为米(m);

l ——钢丝的长度,单位为米(m);

m ——被试电机转子的质量,单位为千克(kg)。

14.6.2 空载减速法

此法用于测定功率为 100 kW 以上电机的转动惯量。

试验时,使被试电机的转速升高并超过同步转速,然后,切断电源或脱开驱动机械,在 1.1 倍~0.9 倍同步转速范围内,测定转速变化 Δn (r/min)所需的时间 Δt(s)。转动惯量 J(kg·m²)按式(78)计算:

$$J = \frac{3\,600 P_{fw} \Delta t}{4\pi^2 n_s \Delta n} \quad \cdots\cdots(78)$$

14.6.3 辅助摆锤法

此法用于测定具有滚动轴承电机的转动惯量。

将一个质量已知的辅助摆锤用质量尽可能小的臂杆固定于被试电机转轴端面中心上,摆锤臂杆应与轴线成直角。当转轴上带有皮带轮或半个联轴器时,也可用它们来固定摆锤。

试验时,摆锤的初始位置与静止位置的偏移应不大于 15°,在开始摆动后,测量 2 次~3 次摆动所需的时间，求出摆动周期的平均值 T_P。以摆锤通过静止位置的瞬间作为测量摆动周期的起始点。转动惯量 J(kg·m²)按式(79)计算：

$$J = m \cdot r\left(\frac{T_P^2 g}{4\pi^2} - r\right) \qquad (79)$$

式中：

m ——辅助摆锤的质量，单位为千克(kg)；

r ——辅助摆锤的重心到转轴中心线的距离，单位为米(m)；

T_P——辅助摆锤摆动周期的平均值，单位为秒(s)。

对功率为 10 kW～1 000 kW 的电机，选用辅助摆锤时，应使摆动周期为 3 s～8 s。为了校核，建议在摆锤质量略有不同的情况下重复进行测定。

14.7 轴电压的测定

轴电压的测定见图 8，试验电源由变频器供电。

试验前应分别检查轴承座与金属垫片、金属垫片与金属底座间的绝缘电阻，确保电动机绝缘良好。

在电动机轴承与机壳之间加装绝缘环(轴承和转轴之间垫入干燥的绝缘片)或者使用绝缘轴承，确保电动机轴承绝缘良好。

第一次测定时，被试电机应在额定电压、额定频率下空载运行，用高内阻毫伏表测量轴电压 U_1，然后用导线 A 将转轴一端与地短接，测量另一轴承座对地轴电压 U_2，测量完毕将导线 A 拆除。试验时测点表面与电压表(毫伏)引线的接触应良好。

第二次测定时，被试电机在额定电流、额定频率下额定负载运行，测量轴承电压 U_3。

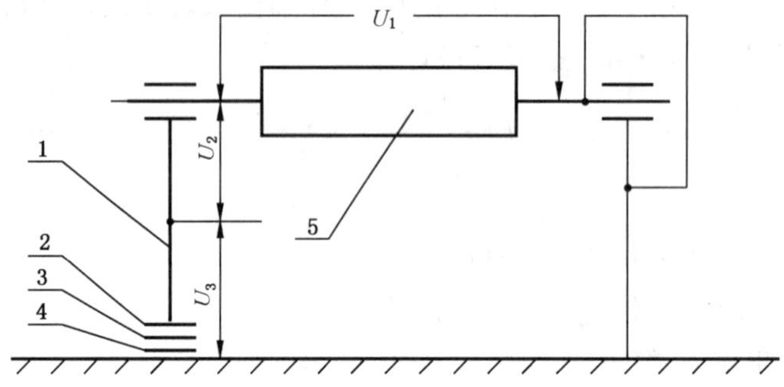

说明：

1——轴承座；

2——绝缘垫片；

3——金属垫片；

4——绝缘垫片；

5——转子。

图 8 轴电压测量示意图

14.8 轴承电流测定

轴承电流测定见图 9，试验电源由变频器供电。

在电动机非轴伸端的轴承与机壳之间加装绝缘环(轴承和转轴之间垫入干燥的绝缘片)或者使用绝缘轴承，确保电动机轴承绝缘良好。

将电流表串联到与轴承绝缘层两面接触的金属件上，分别在额定电压、额定频率和最高额定频率下空载运行，测量电流值，即为轴承电流。

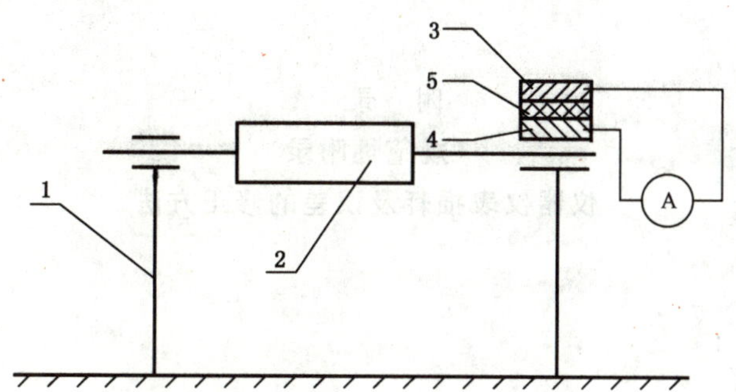

说明：

1 ——轴承座；

2 ——转子；

3,4——与轴承绝缘体两面接触的金属部件；

5 ——轴承绝缘体。

图 9 轴承电流测量示意图

附 录 A
（规范性附录）
仪器仪表损耗及误差的修正方法

A.1 仪表损耗的修正

A.1.1 概述

当电压表、电流表和功率表按照图 A.1 或图 A.2 接线时，其仪表损耗的修正按下列方法进行。

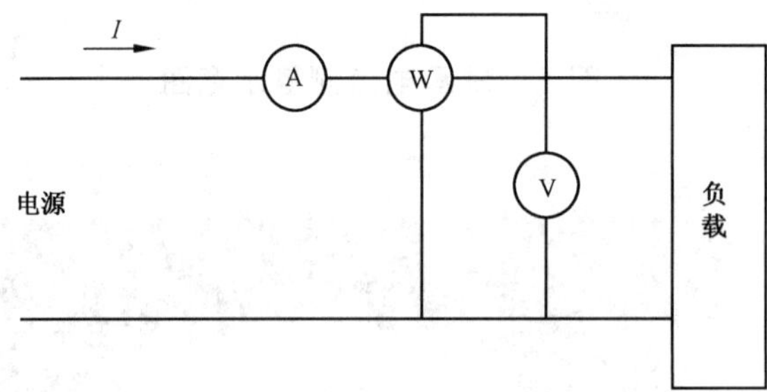

图 A.1 电压表靠近负载端接线原理图

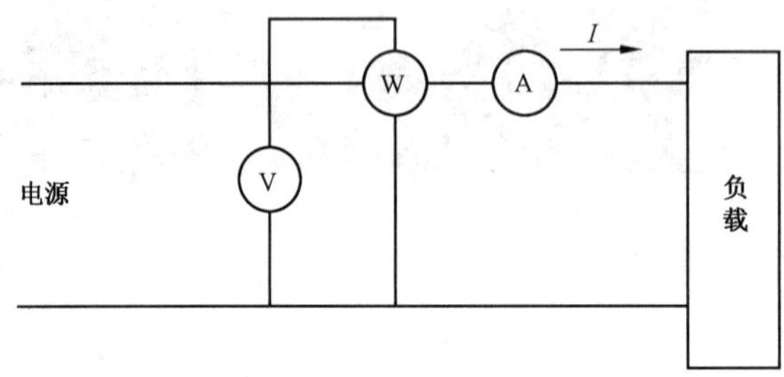

图 A.2 电流表靠近负载端接线原理图

A.1.2 按图 A.1 接线时，仪表损耗的修正

此时，电压表的损耗 P_v 和无补偿的功率表电压线圈回路的损耗 P_w 按式(A.1)和式(A.2)计算。并将它们从测得的功率中减去。

$$P_v = \frac{U^2}{R_v} \qquad \cdots\cdots\cdots\cdots(\text{A.1})$$

$$P_w = \frac{U^2}{R_{wv}} \qquad \cdots\cdots\cdots\cdots(\text{A.2})$$

式中：

U ——电压表的读数，单位为伏特(V)；

R_v ——电压表回路的总电阻,单位为欧姆(Ω);

R_{wv}——功率表电压线圈回路的总电阻(包括外接附加电阻),单位为欧姆(Ω)。

A.1.3 按图A.2接线时,仪表损耗的修正

此时,电流表和功率表电流线圈(包括功率表至负载端的连接导线)的损耗 P_A 按式(A.3)计算,并将它从测得的功率中减去。

$$P_A = I^2 \times (R_A + R_{wA} + R) \qquad \text{(A.3)}$$

式中:

I ——电流表的读数,单位为安培(A);

R_A ——流表的内阻,单位为欧姆(Ω);

R_{wA}——功率表电压线圈回路的总电阻(包括外接附加电阻),单位为欧姆(Ω);

R ——功率表至负载端连接导线(包括开关等)的电阻,单位为欧姆(Ω)。

A.2 仪表刻度误差的修正

根据电流表、电压表、功率表指示的数值 I_A、U_v、P_w 按式(A.4)、式(A.5)、式(A.6)进行刻度误差的修正。

$$I' = I_A + \Delta I \qquad \text{(A.4)}$$

$$U' = U_v + \Delta U \qquad \text{(A.5)}$$

$$P'_w = P_w + \Delta P_w \qquad \text{(A.6)}$$

式中:

I'、U'、P'_w ——分别为进行了刻度误差修正后的电流、电压和功率;

ΔI、ΔU、ΔP_w——分别为电流表、电压表和功率表的刻度修正值,可从仪表的校验报告中获得。

A.3 互感器变比误差的修正

A.3.1 概述

电流互感器和电压互感器的变比误差,可以从互感器校验报告中获得。当互感器副边的实际负载与校验中的负载不同时,其变比误差可以由互感器不同负载时的变比特性曲线来估算。

A.3.2 互感器的实际变比:

电流互感器的实际变比按式(A.7)计算:

$$K_I = K_{In}(1 - \gamma_I) \qquad \text{(A.7)}$$

电压互感器的实际变比按式(A.8)计算:

$$K_U = K_{Un}(1 - \gamma_U) \qquad \text{(A.8)}$$

式中:

K_{In}、K_{Un}——分别为电流互感器和电压互感器的标称变比;

γ_I、γ_U ——分别为电流互感器和电压互感器的变比误差。

A.3.3 对测量值的修正

电流互感器原边的实际电流按式(A.9)计算:

$$I = K_I I' \qquad \text{(A.9)}$$

电压互感器原边的实际电压按式(A.10)计算：

$$U=K_{U}U' \tag{A.10}$$

修正后的功率按式(A.11)计算：

$$P=K_{U}K_{I}P_{w}' \tag{A.11}$$

A.4 互感器相角误差的修正

A.4.1 概述

功率测量中的相角误差包括：

a) 功率表电压线圈回路中的相角误差；

b) 电流互感器的相角误差；

c) 电压互感器的相角误差。

A.4.2 功率表电压线圈回路中的相角误差 α

相角误差 α 按式(A.12)计算：

$$\alpha=\arctan\frac{X_{w}}{R_{w}} \tag{A.12}$$

式中：

R_{w}——功率表电压线圈回路的总电阻(包括外接附加电阻)，单位为欧姆(Ω)；

X_{w}——功率表电压线圈的感抗，单位为欧姆(Ω)。按式(A.13)计算：

$$X_{w}=2\pi fL \tag{A.13}$$

式中：

L——功率表电压线圈的电感，单位为亨利(H)。可从功率表的刻度盘上获得。

相角误差 α 符号的决定：当 X_{w} 为容抗时，取“＋”号；当 X_{w} 为感抗时，取“－”号。对无补偿的功率表，其电压线圈为感抗。

A.4.3 电流互感器的相角误差 β_{I}

电流互感器的相角误差 β_{I} 可以从互感器校验报告中获得。当互感器副边的实际负载与校验中的负载不同时，其相角误差 β_{I} 可以由互感器不同负载时的相角特性曲线来估算。

相角误差 β_{I} 符号的决定：当副边电流超前原边电流时，取“＋”号；滞后时，取“－”号。对无补偿的电流互感器，副边电流超前原边电流。

A.4.4 电压互感器的相角误差 β_{U}

电压互感器相角误差 β_{U} 的确定方法与电流互感器相同。

相角误差 β_{U} 符号的决定：当副边电压超前原边电压时，取“＋”号；滞后时，取“－”号，对无补偿的电压互感器，副边电压滞后原边电压。

A.4.5 功率测量值的修正

修正前的表观功率 S 及功率因素 $\cos\varphi'$ 按式(A.14)、式(A.15)、式(A.16)计算：

$$S=UI \tag{A.14}$$

$$\cos\varphi'=\frac{P}{S} \tag{A.15}$$

$$\varphi' = \arccos\left(\frac{P}{S}\right) \quad \cdots\cdots(A.16)$$

实际的功率因数 $\cos\varphi$ 按式(A.17)计算：

$$\cos\varphi = \cos(\varphi' - \alpha + \beta_{I} - \beta_{U}) \quad \cdots\cdots(A.17)$$

相角修正系数 K_{φ} 按式(A.18)计算：

$$K_{\varphi} = \frac{\cos\varphi}{\cos\varphi'} \quad \cdots\cdots(A.18)$$

经相角误差修正后，实际的功率值按式(A.19)计算：

$$P_{C} = PK_{\varphi} \quad \cdots\cdots(A.19)$$

附 录 B
（规范性附录）
测功机转矩读数的修正

B.1 根据被试电机空载试验数据进行修正

B.1.1 联结测功机

被试电机连接测功机在额定电压和额定频率下运行，测功机不通电，测量并记录：$P_{d,0}$，$I_{d,0}$，n，$T_{d,0}$及$R_{d,0}$或温度θ（R由试验测试值求得）。

求取转差率(s)和按式(B.1)计算P_d。

$$P_d = (I^2R)_{d,0} = 1.5 \times I_{d,0}{}^2 \times R_{d,0} \qquad \text{(B.1)}$$

式中：

$P_{d,0}$是测功机不通电时测得的被试电机的功率，单位为瓦特(W)；

$I_{d,0}$是测功机不通电时测得的被试电机的电流，单位为安培(A)；

$T_{d,0}$是测功机不通电时测得的被试电机的输出转矩，单位为牛顿米(N·m)；

$R_{d,0}$是测功机不通电时测得的被试电机绕组电阻，单位为欧姆(Ω)。

B.1.2 不联结测功机

被试电机不连接测功机在额定电压和额定频率下运行，测量并记录P_0、I_0和R_0或温度θ(R由试验测试值求得)。

按式(B.2)计算P_s。

$$P_s = (I^2R)_0 = 1.5 \times I_0^2 \times R_0 \qquad \text{(B.2)}$$

B.1.3 测功机读数修正

按式(B.3)计算测功机转矩读数修正值T_c(N·m)：

$$T_c = \frac{(P_{d,0} - P_d - P_{Fe})(1-s) - (P_0 - P_s - P_{Fe})}{2\pi n/60} - T_{d,0} \qquad \text{(B.3)}$$

式中：

n，$P_{d,0}$，P_d，s和$T_{d,0}$按B.1.1确定；P_0和P_s按B.1.2确定；P_{Fe}按9.2确定。

注：实际上，$T_{d,0}$可通过校准测功机予以补偿，因而当转轴转矩为0.0时，测功机的读数也为0.0。

B.2 测功机自身修正

测功机不与被试电机连接，但是联轴器应仍与测功机连接，测功机作为电动机运行，外部冷却(如有)，在测功机转速n与负载试验时每点的转速相同时，测功机测得的转矩即为测功机转矩读数修正量T_c。

注：如加载设备仅作机械负载使用，如涡流测功机，就不可能做这项试验。

B.3 修正后的转矩 *T*

修正后的转矩T按式(B.4)计算：

$$T = T_d + T_c \qquad \text{(B.4)}$$

注：本修正方法也适用转矩测量仪与被试电机之间有轴承的情况。

附 录 C
（资料性附录）
感应电机转差率测量

转差率是指电机轴转速与电源频率和极对数所对应的同步转速的偏离，感应电机的转子损耗与转差率成正比。

转差率测试设备应是比率计，即，在测试进行的时间区间内同时计取电机转速和其供电电源频率。实例之一就是闪光法，在电动机转轴的端面上，画出与电机极数相同数量的扇形片，并用荧光灯或氖灯照明，闪光灯具的电源应为被试电机的电源。试验时，计取已知时间段的扇形片转动次数。

下述方法基于以上原理，能够非常精确地测试转差率并可将测试结果自动传送到数据采集系统。

图 C.1 所示是测试系统原理，其中产生两路脉冲波：一路脉冲波直接由被测感应电动机的输出轴产生；另一路与供电电源频率相关联。如图所示，被测电机和另一台由同一电源供电的小功率同步电机，分别连接一个轴角编码器，要求两个编码器每转所产生的脉冲数一样。

可将基准同步电机的转差视为零。

两串脉冲输入到一台两通道数字计数器，计数器要求具有计算和显示两路输入脉冲频率之比的功能。

如果使用交流发电机作为供电电源进行感应电机的试验和测量，则第二路（基准）轴编码器可以直接连接在发电机的轴上。此外，还有一种方法是由锁相环回路通过感应产生基准脉冲频率。

上述双通道计数器产生的比率乘上图 C.1 中基准（同步）电机的同步转速（如：4 极同步电机在名义频率为 50 Hz 的电源供电下的同步转速为 1 500 r/min），即可依据电源频率显示出被试验电机的轴转速，而不管被试验电机是几极电机。

如此即可直接从显示的轴转速计算转差率。

假如两路计数器开始和停止不同步（即，不是确切的同一时间），实际计数时间也非至关重要，转差测试应在与其他诸如电压、电流、电功率、转矩等测量一样的平均时间内进行。

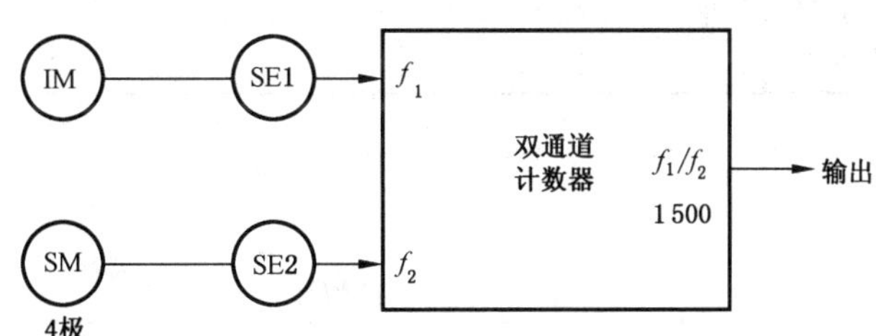

说明：

IM ——被测感应电机（任何极对数）；

SM ——小同步电动机（如 4 极）或试验用发电机组；

SE1 ——编码器，应有 600 个脉冲每转（p.p.r.）；

SE2 ——编码器，与 SE1 具有一样的 p.p.r.数；

f_1 ——SE1 发出的脉冲波的频率；

f_2 ——SE1 发出的脉冲波的频率；

输出——f_1/ f_2 的比率乘以 SM 的同步转速。

图 C.1 转差率测试系统原理框图

附　录　D
（资料性附录）
线性回归分析

D.1　概述

回归分析的目的是找出两组变量之间的数学关系，以便用一组变量求出另一组变量。线性回归分析认为如果这两组变量呈线性关系，即用两组变量的一对值（x_i，y_i）画图，则这些点几乎为一直线。这些点与直线的吻合程度由相关系数 r 表示。

D.2　方法

D.2.1　数据准备

根据试验数据按表 D.1 计算。

表 D.1　线性回归数据表

序号	T^2	P_{Lr}	$(T^2)^2$	$(P_{Lr})^2$	$P_{Lr} \times T^2$
1					
2					
3					
4					
5					
6					
	Σ	Σ	Σ	Σ	Σ

注 1：T 根据 4.4.4 确定输出转矩，单位为牛顿米（N·m）。

注 2：P_{Lr}根据 9.5.1 确定的剩余杂散耗，单位为瓦特（W）。

D.2.2　斜率 A 的确定

按式（D.1）计算 A：

$$A = \frac{i\sum(P_{Lr}T^2) - \sum P_{Lr}\sum T^2}{i\sum(T^2)^2 - (\sum T^2)^2} \qquad \text{(D.1)}$$

式中：

i——负载试验点数之和。

D.2.3　截距 B 的确定

按式（D.2）计算 B：

$$B = \frac{\sum P_{Lr}}{i} - A \times \frac{\sum T^2}{i} \qquad \text{(D.2)}$$

D.2.4　相关系数 r 的确定

按式（D.3）计算 r：

$$\gamma = \frac{i \times \sum(P_{Lr}T^2) - (\sum P_{Lr}) \times (\sum T^2)}{\sqrt{(i \times \sum(T^2)^2 - (\sum T^2)^2) \times (i \times \sum P_{Lr}^2 - (\sum P_{Lr})^2)}} \qquad \text{(D.3)}$$

附　录　E
（资料性附录）
试验用变频器输出电压

E.1　定义和原理

第 3 章及下列术语和定义适用于本附录。

NP　中性点

SP　星点

U_d, U_{d+}, U_{d-}　整流器部分的直流母线电压，以中性点为参考，U_{d+} 是正电位，U_{d-} 是负电位

U_U, U_V, U_W　逆变器输出相到中性点之间的电压，稳定状态运行时是方波

U_U^*, U_V^*, U_W^*　逆变器输出相的设置点到中性点的电压

U_{UD}, U_{VD}, U_{WD}　逆变器输出相到星点的电压，稳定状态运行时是方波

$U_{UD}^*, U_{VD}^*, U_{WD}^*$　相的设置点到星点的电压，稳定状态运行时是正弦波

U_{CCM}　电动机和星点之间的共模电压

U_{ref}　电动机相电压设置点的幅值，稳定状态运行时是恒定的

f_{1ref}　电动机电压设置点的频率，稳定状态运行时是恒定的

U_{ext}^*　线性扩展电压，调制器使用的共模电压

S_U, S_V, S_W　逆变阶段的开关命令

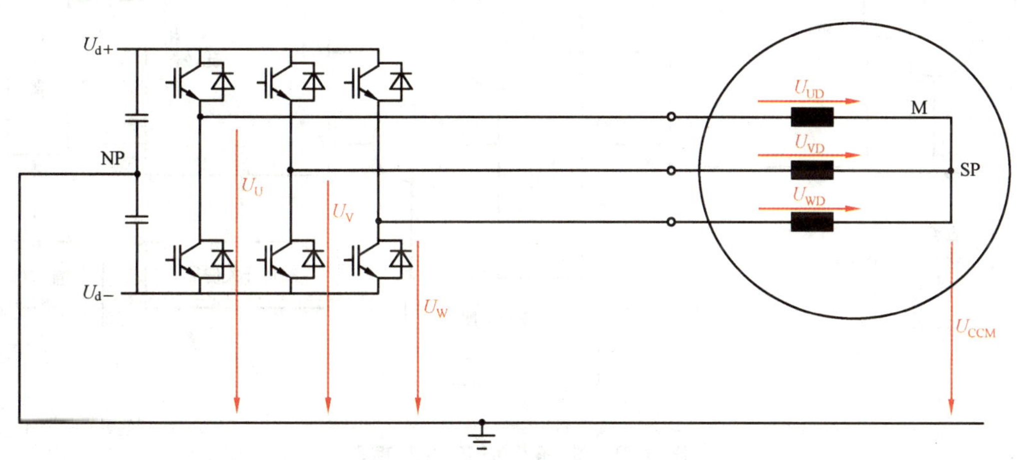

图 E.1　PDS 原理图

图 E.1 显示星形连接的电动机，但本标准也适用于具有内部或外部星点的三角形连接的电动机。

逆变器的输出电压（U_U, U_V, U_W）可以被分成差模电压系统（对称的）（U_{UD}, U_{VD}, U_{WD}）和相当于参考点的共模电压系统（U_{CCM}）。

差模电压也就是电动机的三相电压。每相电压等于逆变器的输入电压减去共模电压。

例如，对 U 相，按式（E.1）计算：

$$U_{UD} = U_U - U_{CCM} \quad \cdots\cdots\cdots\cdots (E.1)$$

式中：

共模电压可以按式（E.2）计算：

$$U_{CCM}=(U_U+U_V+U_W)/3 \quad \cdots\cdots(E.2)$$

E.2 参考电压和输出电压波形的产生

本附录描述了试验用变频器脉冲调制的实现方法并说明了其测量值应如图 E.3 所示的原因。

一个基本控制器生成对于稳定运行状态所需的电动机电压和频率 U_{ref}、f_{1ref} 绝对值的设定值。

通过变频器控制器按式(E.3)、式(E.4)和式(E.5)计算得到输出给电动机的正弦波电压设定值(U^*_{UD},U^*_{VD},U^*_{WD}):

$$U^*_{UD}=U_{ref}\cdot\sin(2\pi\cdot f_{1ref}\cdot t) \quad \cdots\cdots(E.3)$$

$$U^*_{VD}=U_{ref}\cdot\sin(2\pi\cdot f_{1ref}\cdot t-2\pi/3) \quad \cdots\cdots(E.4)$$

$$U^*_{WD}=U_{ref}\cdot\sin(2\pi\cdot f_{1ref}\cdot t+2\pi/3) \quad \cdots\cdots(E.5)$$

然后用一个线性扩展信号 U^*_{est} 叠加到各电压设定值上,按式(E.6)、式(E.7)和式(E.8)计算。线性扩展信号是一个共模电压,它增加了输出电压范围,此时电动机的电压符合设定值,没有低次谐波。

$$U^*_U=U^*_{UD}+U^*_{ext} \quad \cdots\cdots(E.6)$$

$$U^*_V=U^*_{VD}+U^*_{ext} \quad \cdots\cdots(E.7)$$

$$U^*_W=U^*_{WD}+U^*_{ext} \quad \cdots\cdots(E.8)$$

最后将这些信号与三角开关信号比较并计算脉冲调制信号 S_U,S_V,S_W。三角开关信号是一个周期性的对称三角波,它的频率定义为逆变器的开关频率。逆变器按照脉冲调制产生输出电压(U_U,U_V,U_W)。图 E.2 描述了系统框图。

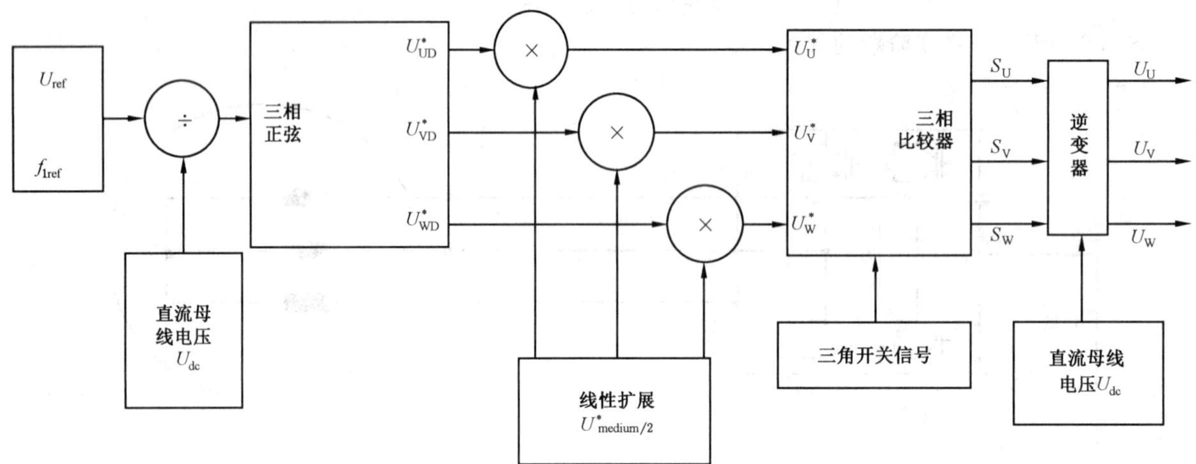

图 E.2 电压生成系统原理图

在试验逆变器中使用的线性扩展信号 U^*_{ext} 被定义为 3 个正弦波电压设定值(U^*_{UD},U^*_{VD},U^*_{WD})中间值的一半。中间电压是唯一的最低绝对值,相关说明见图 E.3。

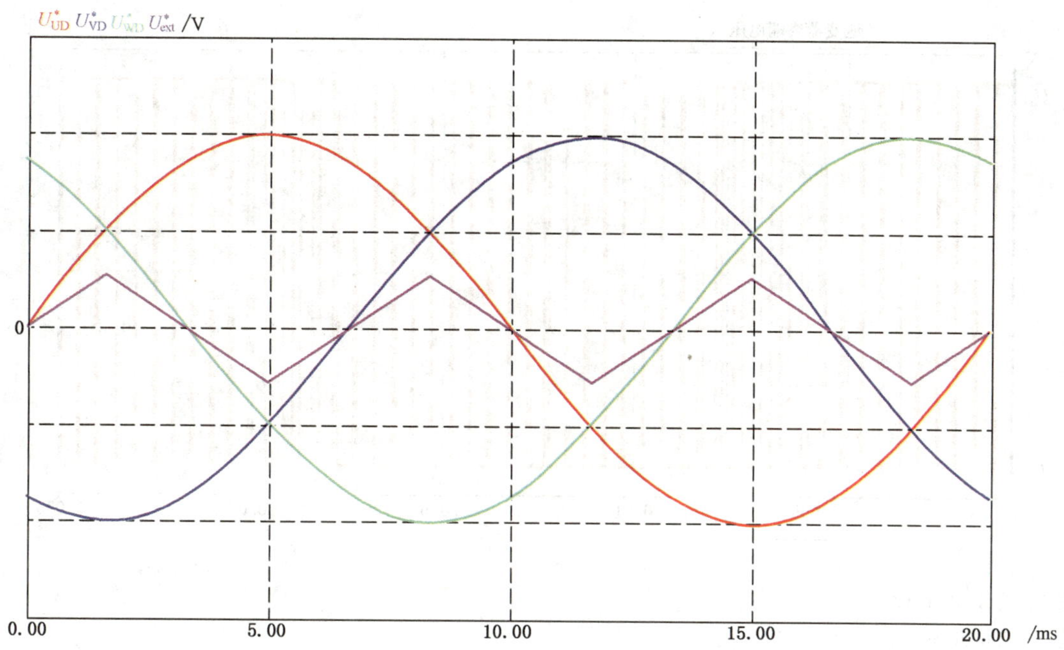

图 E.3　正弦波电压设定值和线性扩展电压

U 相正弦波电压设定值与三角开关信号生成的参考电压的比较，如图 E.4 所示。

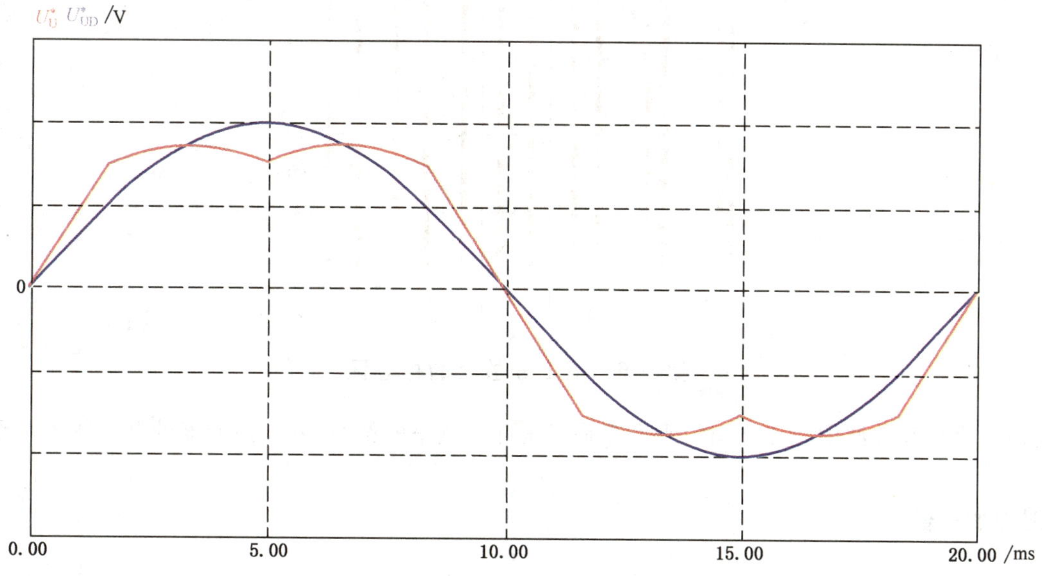

图 E.4　电压设定值和扩展的参考电压

通过测量逆变器终端和中性点得到输出电压，它与扩展参考电压和三角开关信号之间的比较所产生的模式相对应(见 E.2)。如图 E.5 和图 E.6 所示，基频 50 Hz 和三角开关频率 4 kHz。

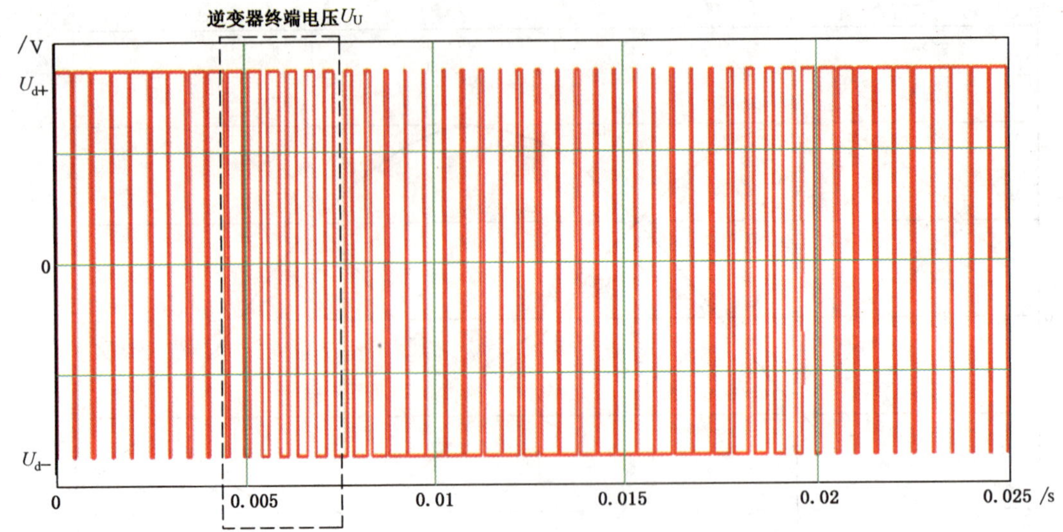

注 1：基频 50 Hz。

注 2：三角开关频率 4 kHz。

图 E.5　电动机终端电压的脉冲模式

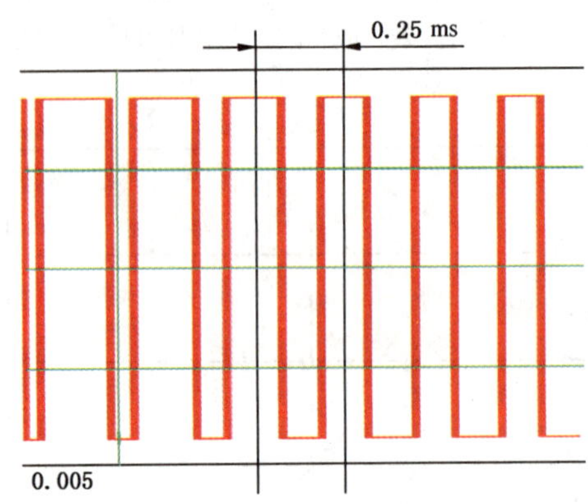

图 E.6　图 E.5 放大的标志区

任何两个相邻方波中心点之间的距离都是三角开关频率的倒数，它与逆变器的开关频率一致。

E.3　时域的检查

为了检查施加在电动机上的电压和频率调制的正确性，测量应当在 4.3.2 中定义的参考条件下进行。逆变器的端电压 U_U 如图 E.5 和图 E.6 所示，没有脉冲丢失。两相邻方波中心点之间的距离对于开关频率为 4 kHz 时应为 0.25 ms 或在开关频率 2 kHz 时应为 0.5 ms。

如果存在丢失脉冲情况，应升高直流母线电压。

为了检查线性扩展是否正确应用，终端电压 U_U 应通过低通滤波器测量，信号如图 E.7 给出。

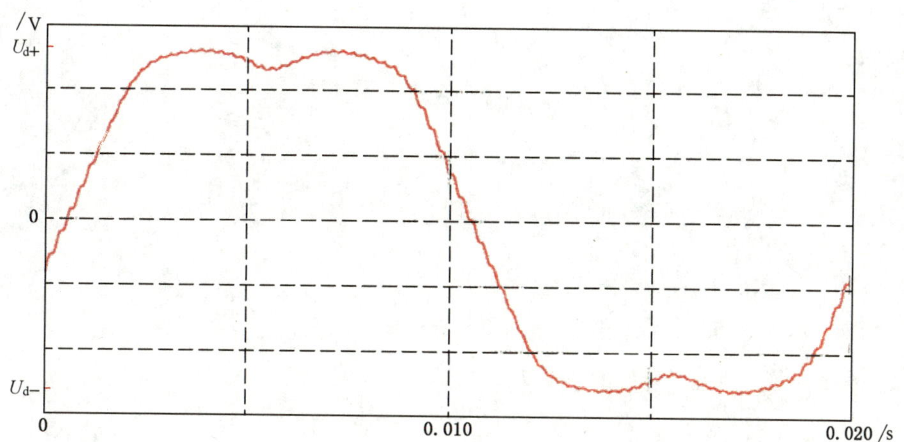

注 1：基频为 50 Hz。

注 2：2 阶低通滤波器 500 Hz / 0.7。

图 E.7 逆变器滤波终端电压

唯有明确的双极值形状才可以，信号在顶点或底部不能显示出任何饱和迹象。端电压可选择对直流母排的正极或负极来测量，测量结果是正或负 $U_d/2$。

接地电位不适合作为参考电位。

ICS 59.080.30
W 43

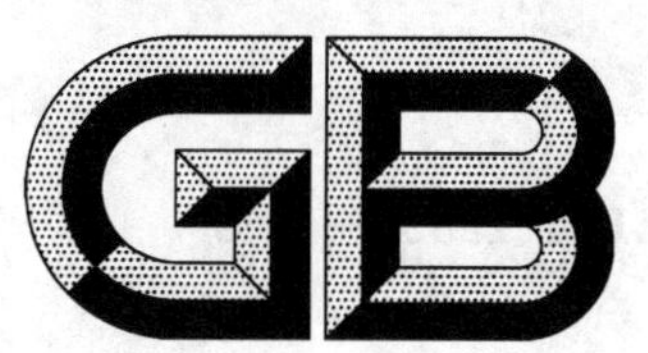

中华人民共和国国家标准

GB/T 22856—2018
代替 GB/T 22856—2009

莨　　绸

Gambiered canton silk fabrics

2018-12-28 发布　　2019-07-01 实施

国家市场监督管理总局
中国国家标准化管理委员会　发布

前言

本标准按照 GB/T 1.1—2009 给出的规则起草。

本标准代替 GB/T 22856—2009《莨绸》。与 GB/T 22856—2009 相比，主要技术变化如下：

——适用范围增加了"桑蚕丝与其他纱线交织物所加工而成的莨绸及柞蚕莨绸可参照执行。"(见第 1 章)；

——增加了规范性引用文件(见第 2 章)；

——增加了术语"柞蚕莨绸"(见 3.6)；

——删除了术语"坯绸固有外观疵点""莨绸特有外观疵点"(见 2009 年版的 3.3、3.4)；

——修改了"莨绸原料坯绸的等级应符合 GB/T 15551 规定的二等品及以上要求。"(见 4.2.3，2009 年版的 4.5)；

——增加了撕破强力、干洗尺寸变化率、耐干洗色牢度考核项目，并确定了各等级的指标值(见表 1)；

——增加了"烂花类织物不考核"(见表 1 的脚注 a)；

——调整了"外观疵点合计评分限度"各等级的指标值(见表 2，2009 年版的表 2)；

——删除了"莨绸的外观疵点分坯绸固有外观疵点和莨绸特有外观疵点二大类。""坯绸固有外观疵点评分见表 3""表 3 坯绸固有外观疵点评分表"(见 2009 年版的 4.7.2、4.7.2 a)、表 3)；

——表 3 中增加了"染整疵、污渍及破损性疵点"(见表 3)；

——删除了"彩色莨绸二种工艺制作过程中所产生的印花疵均按表 3 规定评分"(见 2009 年版的 4.7.3 b))；

——修改了每匹莨绸外观疵点定等的计算公式[见式(1)]；

——包装与标志改为按 FZ/T 40007 执行(见第 7 章，2009 年版的第 7 章、第 8 章)；

——删除了附录 A"坯绸固有外观疵点归类表"(见 2009 年版的附录 A)。

本标准由中国纺织工业联合会提出。

本标准由全国丝绸标准化技术委员会(SAC/TC 401)归口。

本标准起草单位：佛山市顺德区伦教顺熹晒莨厂、浙江丝绸科技有限公司、广州市南沙区榄核顺熙晒莨厂、淄博大染坊丝绸集团有限公司、达利丝绸(浙江)有限公司、岜山集团有限公司、广东出入境检验检疫局、浙江中天纺检测有限公司、浙江敦奴联合实业股份有限公司、嘉兴学院。

本标准主要起草人：李淳、周晓刚、李慧、周颖、魏庆刚、丁圆圆、孙正、蔡仪新、曹雅丽、陈艳霞、王浙峰、孙秋娟、黄立新、吕迎智。

本标准所代替标准的历次版本发布情况为：

——GB/T 22856—2009。

莨　　绸

1　范围

本标准规定了莨绸的术语和定义、要求、试验方法、检验规则、包装和标志。

本标准适用于评定以纯桑蚕丝织物为原料加工而成莨绸的品质。桑蚕丝与其他纱线交织物所加工而成的莨绸及柞蚕莨绸可参照执行。

2　规范性引用文件

下列文件对于本文件的应用是必不可少的。凡是注日期的引用文件，仅注日期的版本适用于本文件。凡是不注日期的引用文件，其最新版本(包括所有的修改单)适用于本文件。

GB/T 250　纺织品　色牢度试验　评定变色用灰色样卡

GB/T 2910(所有部分)　纺织品　定量化学分析

GB/T 3917.2　纺织品　织物撕破性能　第2部分：裤形试样(单缝)撕破强力的测定

GB/T 3920　纺织品　色牢度试验　耐摩擦色牢度

GB/T 3921—2008　纺织品　色牢度试验　耐皂洗色牢度

GB/T 3922　纺织品　色牢度试验　耐汗渍色牢度

GB/T 3923.1　纺织品　织物拉伸性能　第1部分：断裂强力和断裂伸长率的测定(条样法)

GB/T 4666　纺织品　织物长度和幅宽的测定

GB/T 5711　纺织品　色牢度试验　耐四氯乙烯干洗色牢度

GB/T 5713　纺织品　色牢度试验　耐水色牢度

GB/T 8170　数值修约规则与极限数值的表示和判定

GB/T 8427—2008　纺织品　色牢度试验　耐人造光色牢度：氙弧

GB/T 8628　纺织品　测定尺寸变化的试验中织物试样和服装的准备、标记及测量

GB/T 8629—2017　纺织品　试验用家庭洗涤和干燥程序

GB/T 8630　纺织品　洗涤和干燥后尺寸变化的测定

GB/T 13772.2　纺织品　机织物接缝处纱线抗滑移的测定　第2部分：定负荷法

GB/T 15551　桑蚕丝织物

GB/T 15552　丝织物试验方法和检验规则

GB 18401　国家纺织产品基本安全技术规范

GB/T 19981.2　纺织品　织物和服装的专业维护、干洗和湿洗　第2部分：使用四氯乙烯干洗和整烫时性能试验的程序

GB/T 29862　纺织品　纤维含量的标识

FZ/T 01026　纺织品　定量化学分析　多组分纤维混合物

FZ/T 01057(所有部分)　纺织纤维鉴别试验方法

FZ/T 40007　丝织物包装和标志

3 术语和定义

下列术语和定义适用于本文件。

3.1

原色莨绸 original gambiered canton silk fabics

以桑蚕丝织物为原料经薯莨汁浸泡多次后，经过河泥、晾晒等传统手工艺加工而成的表面呈黑色发亮、底面呈咖啡色正反异色的织物。

3.2

彩色莨绸 multicolour gambiered canton silk fabrics

在原色莨绸的基础上，经印染加工而成的织物；或先印染再经传统莨绸手工艺加工而成的织物。

3.3

反面莨斑 gambiered speckle on the reverse side

莨绸在浸泡、晒制过程中薯莨液积聚过多的部位，或莨绸在晒制过程中因绸边未理平其反转过来的部位受阳光直接照射时间过长，在莨绸反面及两边形成的深咖啡色色差。

3.4

正面莨斑 gambiered speckle on the face

莨绸在浸泡、晒制过程中薯莨液积聚过多的部位，经过泥后在正面形成的发亮的深黑色色差。

3.5

泥斑 mud speckle

正常生产的原色莨绸为正反异色，正面为黑色，反面为咖啡色。在莨绸过河泥工艺中，其反面因意外沾上河泥而形成的，经水洗、纱洗、印染等后整理工序都无法消除的黑色疵点。

3.6

柞蚕莨绸 tussah gambiered canton silk fabrics

以柞蚕丝织物为原料，经莨绸传统手工艺加工而成的原色或彩色莨绸。

4 要求

4.1 要求内容

莨绸的内在质量要求包括断裂强力、纤维含量允差、纰裂程度、撕破强力、水洗尺寸变化率、干洗尺寸变化率、色牢度等七项，外观质量要求包括色差(与标样对比)、幅宽偏差率、外观疵点等三项。

4.2 分等

4.2.1 莨绸质量内在质量按批评等，外观质量按匹评等。

4.2.2 莨绸的品质由内在质量、外观质量中的最低等级评定，分为优等品、一等品、二等品，低于二等品的为等外品。

4.2.3 莨绸原料坯绸的等级应符合 GB/T 15551 规定的二等品及以上要求。

4.3 基本安全性能

莨绸的基本安全性能应符合 GB 18401 的规定。

4.4 内在质量分等规定

莨绸的内在质量分等规定见表 1。

表 1 内在质量分等规定

项目			指标		
			优等品	一等品	二等品
断裂强力[a]/N ≥			200		
纤维含量允差/%			符合 GB/T 29862 要求		
纰裂程度[a](定负荷,67 N)/mm ≤			6		
撕破强力[a]/N ≥			5		
水洗尺寸变化率/%		经向	+1.0～−3.0	+1.0～−4.0	+1.0～−5.0
		纬向	+1.0～−2.0	+1.0～−3.0	+1.0～−4.0
干洗尺寸变化率/%		经向	+1.0～−2.0	+1.0～−3.0	
		纬向	+1.0～−2.0	+1.0～−3.0	
色牢度[b]/级 ≥	耐水	变色	3-4	3	
		沾色	3-4	3	
	耐汗渍	变色	3-4	3	
		沾色	3-4	3	
	耐皂洗	变色	3		
		沾色	3		
	耐干洗	变色	4		3-4
		沾色	4	3-4	3
	耐干摩擦	沾色	3-4	3	
	耐 光	变色	4	3	

[a] 纱、绡、烂花类织物不考核。

[b] 未经过后整理处理的原色和彩色莨绸坯绸不考核色牢度。

4.5 外观质量评定

4.5.1 外观质量分等规定见表 2。

表 2 外观质量分等规定

项目	优等品	一等品	二等品
色差(与标样对比)/级 ≥	4	3-4	3
幅宽偏差率/%	±2.0	±3.0	±4.0
外观疵点评分限度/(分/100 m^2)	30	60	100

4.5.2 莨绸外观疵点评分见表 3。

表 3　外观疵点评分表

序号	疵点		分数			
			1	2	3	4
1	莨斑	条状[a]	30 cm 及以下	30 cm 以上～50 cm	50 cm 以上～80 cm	80 cm 以上～100 cm
		块状[b]	10 cm 及以下	10 cm 以上～30 cm	30 cm 以上～50 cm	50 cm 以上～80 cm
2	泥斑	条状[a]	5 cm 以上～30 cm	30 cm 以上～50 cm	50 cm 以上～80 cm	80 cm 以上～100 cm
		块状[b]	2 cm 以上～10 cm	10 cm 以上～30 cm	30 cm 以上～50 cm	50 cm 以上～80 cm
3	染整疵		8 cm 及以下	8 cm 以上～16 cm	16 cm 以上～24 cm	24 cm 以上～100 cm
4	污渍及破损性疵点		—	1.0 cm 及以下	—	1.0 cm 以上

[a] 宽度在 2 cm 及以内的长条形疵点。

[b] 宽度在 2 cm 以上的长块形疵点。

4.5.3　莨绸外观疵点评分说明：

a)　外观疵点的评分采用有限度的累计评分；

b)　达不到 2 cm 以上评分起点的点状泥斑，1 m 内达 3 个合计评 1 分，密集性点状泥斑则视面积大小按块状泥斑评分；

c)　在莨绸过河泥工序中，工人抓捏布边时手指造成的泥斑及布边上的正面莨斑或反面莨斑，离两边宽度在 4 cm 以内的不评分；

d)　检验时，以合同约定的一面检验，合同未约定的以差的一面检验；

e)　原色莨绸如通匹存在不明显的莨斑或其他连续性疵点，则该批莨绸只能定为二等品；

f)　经向 1 m 内累计评分最多 4 分，超过 4 分按 4 分计；

g)　严重的连续性病疵每米评 4 分，超过 3 m 降为等外品；

h)　莨绸面料自然龟裂痕及不均匀龟裂痕为正常现象，不作为疵点考核；

i)　同匹色差(色泽不匀)达 GB/T 250 中 4 级及以下，1 m 及以内评 4 分。

4.5.4　每匹莨绸定等分数由式(1)计算得出，计算结果按 GB/T 8170 修约至整数。

$$c = \frac{q}{l \times w} \times 100 \quad \cdots\cdots (1)$$

式中：

c ——每匹莨绸外观疵点定等分数，单位为分每百平方米(分/100 m^2)；

q ——每匹莨绸外观疵点实评分数，单位为分；

l ——匹长，单位为米(m)；

w ——有效幅宽，单位为米(m)。

5　试验方法

5.1　基本安全性能试验方法

莨绸的基本安全性能试验方法按 GB 18401 进行。

5.2　内在质量试验方法

5.2.1　断裂强力试验方法

按 GB/T 3923.1 进行。

5.2.2 撕破强力试验方法

按 GB/T 3917.2 进行。

5.2.3 尺寸变化率试验方法

按 GB/T 8628、GB/T 8629—2017、GB/T 8630 执行。水洗产品采用 GB/T 8629—2017 的 4G 程序，干燥方法采用 GB/T 8629—2017 的 A 法(悬挂晾干)。干洗尺寸变化率按 GB/T 19981.2 规定执行。干洗程序选用"敏感材料"，整烫使用熨斗。

5.2.4 色牢度试验方法

5.2.4.1 耐皂洗色牢度按 GB/T 3921—2008 进行，试验条件选用 A(1)方法。
5.2.4.2 耐水色牢度按 GB/T 5713 进行。
5.2.4.3 耐汗渍色牢度按 GB/T 3922 进行。
5.2.4.4 耐摩擦色牢度按 GB/T 3920 进行。
5.2.4.5 耐光色牢度按 GB/T 8427—2008 中的方法 3 进行，晒至第一阶段。
5.2.4.6 耐干洗色牢度按 GB/T 5711 进行。

5.2.5 纰裂程度试验方法

按 GB/T 13772.2 进行。试样宽度尺寸采用 75 mm，负荷的设定 67 N。

5.2.6 纤维含量试验方法

纤维定性分析按 FZ/T 01057(所有部分)进行，定量分析按 GB/T 2910(所有部分)、FZ/T 01026 进行。

5.3 外观质量检验

5.3.1 检验条件

经向检验机检验时，光源采用日光荧光灯，台面平均照度 600 lx～700 lx，环境光源控制在 150 lx 以下。纬向检验可采用自然北向光，平均照度在 320 lx～600 lx。

5.3.2 幅宽试验方法

按 GB/T 4666 进行。

5.3.3 外观疵点检验方法

5.3.3.1 可采用经向检验机或纬向台板检验。仲裁检验采用经向检验机检验。
5.3.3.2 采用经向检验机检验时，验绸机速度为(15±5)m/min。纬向检验速度为约 15 页/min。
5.3.3.3 检验员眼睛距绸面中心约 60 cm～80 cm。幅宽 114 cm 及以下的产品由 1 人检验。幅宽 114 cm 以上的产品由 2 人检验。

5.3.4 色差试验方法

采用 D65 标准光源或北向自然光，照度不低于 600 lx，试样被测部位应经纬向一致，入射光与试样表面约成 45°角，检验人员的视线大致垂直于试样表面，距离约 60 cm 目测，与 GB/T 250 标准样卡对比评级。

6 检验规则

莨绸的检验规则按 GB/T 15552 执行。

7 包装与标志

莨绸包装与标志按 FZ/T 40007 执行。

8 其他

对莨绸的品质、包装和标志另有特殊要求者，供需双方可另订协议或合同，并按其执行。

ICS 59.080.20
W 42

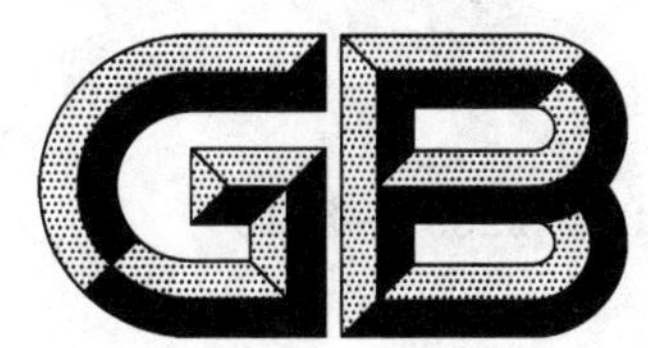

中华人民共和国国家标准

GB/T 22859—2018
代替 GB/T 22859—2009

染色桑蚕捻线丝

Dyed mulberry thrown silk

2018-12-28 发布 2019-07-01 实施

国家市场监督管理总局
中国国家标准化管理委员会 发布

前言

本标准按照 GB/T 1.1—2009 给出的规则起草。

本标准代替 GB/T 22859—2009《染色桑蚕捻线丝》。与 GB/T 22859—2009 相比,主要技术变化如下:

——将所用原料 9 根及以下生丝调整为 20 根及以下生丝(见第 1 章,2009 年版的第 1 章);

——调整了耐水、耐皂洗、耐汗渍沾色色牢度指标水平(见 5.5 中的表 1,2009 年版的 5.4 中的表 1);

——将纤度变异系数根数 5 根～9 根调整为 5 根～20 根(见 5.5 中的表 1,2009 年版的 5.4 中的表 1);

——调整了断裂伸长率指标水平(见 5.5 中的表 1,2009 年版的 5.4 中的表 1);

——增加了宽急股为染色桑蚕捻线丝的外观疵点(见 5.6.2 中的表 3);

——增加了捻度变异系数计算公式(见 6.2.3.3.3)。

本标准由中国纺织工业联合会提出。

本标准由全国丝绸标准化技术委员会(SAC/TC 401)归口。

本标准起草单位:浙江喜得宝丝绸科技有限公司、达利丝绸(浙江)有限公司、浙江巴贝领带有限公司、淄博大染坊丝绸集团有限公司、浙江丝绸科技有限公司、浙江中天纺检测有限公司、浙江龙仕达纺织科技有限公司、嘉兴学院。

本标准主要起草人:樊启平、汤知源、林平、屠永坚、张晓光、雷斌、马爽、赵欣、蔡祖伍、赵晶、沈国康、沈建炳、易洪雷、左文锋、潘静娴。

本标准所代替标准的历次版本发布情况为:

——GB/T 22859—2009。

染色桑蚕捻线丝

1 范围

本标准规定了染色桑蚕捻线丝的术语和定义、规格标示、要求、试验方法、检验规则、包装和标志。

本标准适用于经染色加工后的2 000捻/m及以下，所用原料是20根及以下生丝，其单根生丝的名义纤度在49 den(54.4 dtex)及以下绞装、筒装染色桑蚕捻线丝的品质评定。

2 规范性引用文件

下列文件对于本文件的应用是必不可少的。凡是注日期的引用文件，仅注日期的版本适用于本文件。凡是不注日期的引用文件，其最新版本(包括所有的修改单)适用于本文件。

GB/T 250 纺织品 色牢度试验 评定变色用灰色样卡

GB/T 2543.1 纺织品 纱线捻度的测定 第1部分:直接计数法

GB/T 3916 纺织品 卷装纱 单根纱线断裂强力和断裂伸长率的测定(CRE法)

GB/T 3920 纺织品 色牢度试验 耐摩擦色牢度

GB/T 3921—2008 纺织品 色牢度试验 耐皂洗色牢度

GB/T 3922 纺织品 色牢度试验 耐汗渍色牢度

GB/T 4841.3 染料染色标准深度色卡 2/1、1/3、1/6、1/12、1/25

GB/T 5711 纺织品 色牢度试验 耐四氯乙烯干洗色牢度

GB/T 5713 纺织品 色牢度试验 耐水色牢度

GB/T 6529 纺织品 调湿和试验用标准大气

GB/T 8170 数值修约规则与极限数值的表示和判定

GB/T 8427—2008 纺织品 色牢度试验 耐人造光色牢度:氙弧

GB/T 8693 纺织品 纱线的标示

GB/T 9995 纺织材料含水率和回潮率的测定 烘箱干燥法

GB 18401 国家纺织产品基本安全技术规范

3 术语和定义

下列术语和定义适用于本文件。

3.1

染色桑蚕捻线丝 dyed mulberry thrown silk

经染色加工后的绞装和筒装桑蚕捻线丝。

3.2

名义纤度 nominal size

丝条粗细的标称值。

4 规格标示

以原料生丝的名义纤度乘以根数，作为染色桑蚕捻线丝名义纤度。名义纤度以旦尼尔表示，符号为

den,染色桑蚕捻线丝标示、符号、捻向按 GB/T 8693 规定。

示例 1:20/22 den(23 dtex)f3 S 230,表示三根 20/22D(23 dtex)无捻生丝 S 向 230 捻/m。

示例 2:20/22 den (23 dtex) f1 Z 725×2 S 625,表示单根 20/22D(23 dtex) Z 向 725 捻/m 生丝,2 股 S 向625 捻/m。

示例 3:20/22 den(23 dtex)f3 Z 600×3 S 500,表示三根 20/22D(23 dtex)Z 向 600 捻/m 生丝,3 股 S 向500 捻/m。

5 要求

5.1 要求内容

染色桑蚕捻线丝的要求包括公量、基本安全性能、内在质量和外观质量。

5.2 考核项目

5.2.1 内在质量和外在质量

染色桑蚕捻线丝的内在质量要求包括色牢度、捻度变异系数、捻度偏差率、纤度变异系数、断裂强度、断裂伸长率等六项,外观质量要求包括色差和疵绞(疵筒)率两项。

5.2.2 公量

每批染色桑蚕捻线丝的公量。染色桑蚕捻线丝的公定回潮率为 11.0%,实测回潮率不得低于 8.0%,不得高于 14.0%。

5.2.3 基本安全性能

染色桑蚕捻线丝的基本安全性能应符合 GB 18401 的规定。

5.3 分等规定

5.3.1 染色桑蚕捻线丝的品质评等以批为单位。按内在质量、外观质量的检验结果综合评定,并以其中最低一项评定等级。分为优等品、一等品、二等品,低于二等品的为等外品。

5.3.2 色牢度、捻度变异系数、捻度偏差率、纤度变异系数、断裂强度、断裂伸长率等内在质量,以及色差和疵绞(疵筒)外观质量、基本安全性能均按批评等。

5.4 内在质量要求

染色桑蚕捻线丝的内在质量要求见表 1。

表 1 内在质量要求

<table>
<tr><th colspan="4" rowspan="2">检验项目</th><th colspan="3">等 级</th></tr>
<tr><th>优等品</th><th>一等品</th><th>二等品</th></tr>
<tr><td rowspan="8">色牢度/级</td><td rowspan="8">≥</td><td rowspan="2">耐水
耐皂洗
耐汗渍</td><td>变色</td><td>4</td><td>3-4</td><td>3</td></tr>
<tr><td>沾色</td><td>3-4</td><td colspan="2">3</td></tr>
<tr><td colspan="2">耐干摩擦</td><td>4</td><td>3-4</td><td>3</td></tr>
<tr><td colspan="2">耐湿摩擦</td><td>3-4</td><td colspan="2">3,2-3(深色[a])</td></tr>
<tr><td rowspan="2">耐干洗</td><td>变色</td><td>4</td><td>3-4</td><td>3</td></tr>
<tr><td>沾色</td><td>3-4</td><td colspan="2">3</td></tr>
<tr><td colspan="2">耐光</td><td>4</td><td colspan="2">3</td></tr>
</table>

表 1（续）

检验项目			等级		
			优等品	一等品	二等品
捻度变异系数[b]/% ≤	绞装	100 捻/m～200 捻/m	7.50	10.00	14.00
		201 捻/m～500 捻/m	5.50	8.00	12.00
		501 捻/m～800 捻/m	4.50	6.50	10.00
		801 捻/m～1 250 捻/m	4.00	6.00	9.00
		1 251 捻/m～2 000 捻/m	3.50	5.00	8.00
	筒装	100 捻/m～200 捻/m	8.50	11.00	15.00
		201 捻/m～500 捻/m	6.00	8.50	12.50
		501 捻/m～800 捻/m	5.50	8.00	12.00
		801 捻/m～1 250 捻/m	5.00	7.50	11.50
		1 251 捻/m～2 000 捻/m	4.50	7.00	10.50
捻度偏差率[b]/% ≤		100 捻/m～200 捻/m 及以下	5.00	8.00	12.00
		201 捻/m～500 捻/m	4.00	6.50	10.50
		501 捻/m～800 捻/m	3.50	5.00	8.50
		801 捻/m～1 250 捻/m	3.00	4.50	8.00
		1 251 捻/m～2 000 捻/m	2.50	4.00	7.00
纤度变异系数/% ≤		2 根及以下	7.00	8.00	12.00
		3 根	6.00	7.00	11.00
		4 根	5.50	6.50	9.50
		5 根～20 根	5.00	6.00	9.00
断裂强度[c]/[cN/dtex(gf/den)] ≥			2.8 (3.1)	2.7 (3.0)	
断裂伸长率[c]/% ≥			14.00	12.00	

[a] 大于 GB/T 4841.3 中 1/12 标准深度为深色。

[b] 名义捻度 100 捻/m 以下捻度变异系数、捻度偏差率不考核。

[c] 名义纤度为 200 den(222.2 dtex)以上，断裂强度及伸长率不考核。

5.5 外观质量要求

5.5.1 外观质量分等规定见表 2。

表 2 绞(筒)装染色桑蚕捻线丝外观质量分等规定

项目		优等品	一等品	二等品
色差/级 ≥	与标样对比	4-5	4	3-4
	批内	4-5	4	3-4
疵绞、疵筒率/% ≤		3	4	5

5.5.2 绞装染色桑蚕捻线丝的外观疵点评定见表3，达到表3描述程度的丝绞判为疵绞。

表3 绞装染色桑蚕捻线丝外观疵点的评定规定

序号	疵点名称	外观疵点说明
1	白雾	丝绞的表面产生明显的白色的雾状
2	污渍	丝绞上有明显污渍
3	断丝	丝绞内两根以上断丝
4	起毛	丝绞表面明显起毛
5	凌乱丝	丝片花绞不清，络交紊乱，不易络筒
6	色花	被检丝绞中最严重一绞呈现不规则的色泽差异达3级以下
7	宽急股	单丝或股丝松紧不一，呈麻花状
8	多股(根)与少股(根)	股丝线中比规定出现多股(根)与少股(根)，长度在1.5 m及以上者
注：当一绞中有几种疵点存在时，以最严重程度的疵点评定。		

5.5.3 筒装染色桑蚕捻线丝的外观疵点评定见表4，达到表4描述程度的丝筒判为疵筒。

表4 筒装染色桑蚕捻线丝外观疵点的评定规定

序号	疵点名称	外观疵点说明
1	白雾	丝筒的表面产生白色的雾状
2	污渍	丝筒上有明显污渍
3	断丝	丝筒内存在两根以上断丝
4	起毛	丝筒上明显起毛
5	成形不良	丝筒端面有菊花状，明显压印、平头筒子、侧面重叠、跳丝、端面卷边、筒管破损、垮筒、松筒等情况之一者
6	色圈	同一丝筒端面颜色有明显差异达3级以下
7	轧白	丝筒之间摩擦产生擦伤、擦白印
8	色花	丝筒内呈现不规则的色泽差异达3级以下
9	色差	筒子内层与筒子外层色差3级以下
10	宽急股	单丝或股丝松紧不一，呈麻花状
11	丝筒不匀	大小筒子重量相差大于15%以上
注：当一筒中有几种疵点存在时，以最重程度的疵点评定。		

6 检验方法

6.1 公量检验

6.1.1 仪器设备

所需仪器设备如下：

a) 台秤：分度值≤0.05 kg；

b) 天平:分度值≤0.01 g;

c) 带有天平的烘箱。其中天平:分度值≤0.01 g。

6.1.2 检验规程

6.1.2.1 皮重

袋装丝取布袋2只,箱装丝取纸箱2只(包括箱中的定位纸板、防潮纸)用台秤称其重量,得出外包装重量;绞装丝任择3把,拆下纸、绳(筒装丝任择10只筒管及纱套),用天平称其重量,得出内包装重量;根据内、外包装重量,折算出每箱(件)的皮重。

6.1.2.2 毛重

全批受验丝抽样后,逐箱(件)在台秤上称重核对,得出每箱(件)的毛重和全批丝的毛重。毛重复核时允许差异为0.10 kg,以第一次毛重为准。

6.1.2.3 净重

每箱(件)的毛重减去每箱(件)的皮重即为每箱(件)的净重,以此得出全批丝的净重。

6.1.2.4 湿重(原重)

将按6.2.1规定抽得的试样,以份为单位依次编号,立即在天平上称重核对,得出各份的湿重。

湿重复核时允许差异为0.20 g,以第一次湿重为准。

试样间的重量允许差异规定:在30 g以内。

6.1.2.5 干重

将称过湿重的试样,以份为单位,松散地放置在烘篮内,以(140±2)℃的温度烘至恒重,得出干重。

相邻两次称重的间隔时间和恒重判定按GB/T 9995规定执行。

6.1.2.6 检验结果计算

6.1.2.6.1 实测回潮率

按式(1)计算,计算结果按GB/T 8170修约至小数点后两位。

$$W=\frac{m-m_0}{m_0}\times 100 \quad \cdots\cdots(1)$$

式中:

W ——实测回潮率,%;

m ——试样的湿重,单位为克(g);

m_0——试样的干重,单位为克(g)。

将同批各份试样的总湿重和总干重代入式(1),计算结果作为该批丝的实测平均回潮率。

6.1.2.6.2 公量

按式(2)计算,计算结果按GB/T 8170修约至小数点后两位。

$$m_K=m_J\times\frac{100+W_K}{100+W} \quad \cdots\cdots(2)$$

式中:

m_K ——公量,单位为千克(kg);

m_J ——净重，单位为千克(kg)；
W_K ——公定回潮率，%；
W ——实测平均回潮率，%。

6.2 内在质量检验

6.2.1 检验条件

捻度、断裂强度、断裂伸长率、纤度的测定，按 GB/T 6529 规定的标准大气和容差范围，在温度(20.0±2.0)℃、相对湿度(65.0±4.0)%条件下进行，试样应在上述条件下平衡 12 h 以上方可进行检验。

6.2.2 色牢度试验方法

6.2.2.1 试样的制备：采用内在质量检验的试样，制取能满足色牢度测试要求的针织或机织布片一块。
6.2.2.2 耐水色牢度按 GB/T 5713 执行。
6.2.2.3 耐皂洗色牢度按 GB/T 3921—2008 中采用试验条件 B(2)执行。
6.2.2.4 耐汗渍色牢度按 GB/T 3922 执行。
6.2.2.5 耐摩擦色牢度按 GB/T 3920 执行。
6.2.2.6 耐光色牢度按 GB/T 8427—2008 中的方法 3 执行。
6.2.2.7 耐干洗色牢度按 GB/T 5711 执行。

6.2.3 捻度检验

6.2.3.1 设备

所需设备如下：
a) 捻度试验仪；
b) 挑针。

6.2.3.2 检验规程

检验规程如下：
a) 绞装丝：取内在质量试样 10 绞，每绞卷取 2 只丝锭，每只丝锭测一次，共测 20 次；
b) 筒装丝：取内在质量试样 5 筒，每个丝筒测四次，共测 20 次；
c) 按 GB/T 2543.1 规定测试捻度，当染色捻线丝的名义捻度<1 250 捻/m 时，隔距长度为(500±0.5)mm；当染色捻线丝的名义捻度≥1 250 捻/m 时，隔距长度为(250±0.5)mm。预加张力为(0.05±0.01)cN/dtex。

6.2.3.3 检验结果计算

6.2.3.3.1 平均捻度按式(3)计算，计算结果按 GB/T 8170 修约至小数点后两位。

$$\overline{T}=\frac{\sum_{i=1}^{N}T_i\times 1\,000}{N\times L} \qquad (3)$$

式中：
$\overline{T}$ ——平均捻度，单位为捻每米(捻/m)；
T_i ——每个试样捻数测试结果，单位为捻每米(捻/m)；
N ——试验次数；

L ——试样长度,单位为毫米(mm)。

6.2.3.3.2　捻度偏差率按式(4)计算,计算结果按 GB/T 8170 修约至小数点后两位。

$$S=\frac{|T-\overline{T}|}{T}\times 100 \qquad \cdots\cdots(4)$$

式中:

S ——捻度偏差率,%;

$\overline{T}$ ——平均捻度,单位为捻每米(捻/m);

T ——名义捻度,单位为捻每米(捻/m)。

6.2.3.3.3　捻度变异系数按式(5)计算,计算结果按 GB/T 8170 修约至小数点后两位。

$$CV_{\mathrm{T}}=\frac{\sqrt{\sum_{i=1}^{N}(T_i-\overline{T})^2/(N-1)}}{\overline{T}}\times 100 \qquad \cdots\cdots(5)$$

式中:

CV_{T} ——捻度变异系数,%;

T_i ——每个试样捻度测试结果,单位为捻每米(捻/m);

$\overline{T}$ ——平均捻度,单位为捻每米(捻/m);

N ——试验次数。

6.2.4 纤度检验

6.2.4.1 设备

所需设备如下:

a) 纤度机:机框周长 1.125 m,速度 270 r/min~300 r/min,附有回转计数及自停装置;

b) 生丝纤度仪:分度值 0.10 den;

c) 天平:最小分度值≤0.01 g。

6.2.4.2 允差规定

纤度丝数量、回数、读数精度及纤度总和与纤度总量间的允许差异规定见表 5。

表 5　纤度丝数量、回数、读数精度及纤度总和与纤度总量的允差规定

捻线丝名义纤度/den(dtex)	每批纤度丝数量/绞	每绞纤度丝回数/回	每组纤度总和与纤度总量间允许差异/den(dtex)	读数精度/den(dtex)
33(36.7)及以下	100	100	3.5(3.89)	0.5(0.56)
34~100(37.8~111.1)	100	100	7.0(7.78)	1(1.11)
101~200(112.2~222.2)	100	100	14.0(15.56)	2(2.22)
200(222.2)以上	100	50	28.0(31.11)	2(2.22)

6.2.4.3 检验规程

绞装丝:20 只丝锭,用纤度机卷取纤度丝,每只丝锭卷取 5 绞,共计 100 绞。筒装丝:5 只丝筒,每筒卷取 20 绞,共计 100 绞。将卷取的纤度丝以 50 绞为一组,逐绞在纤度仪上称计,求得"纤度总和",然后分组在天平上称得"纤度总量",把每组"纤度总和"与"纤度总量"进行核对,其允许差异规定见表 5,

超过规定时，应逐绞复称至每组允差以内为止。

6.2.4.4 检验结果计算

6.2.4.4.1 平均纤度按式(6)计算，计算结果按 GB/T 8170 修约至小数点后两位。

$$\overline{D}=\frac{\sum_{i=1}^{n}f_iD_i}{N} \qquad (6)$$

式中：

$\overline{D}$ ——平均纤度，单位为旦尼尔(den)或分特克斯(dtex)；

f_i——各组纤度丝的绞数，单位为绞；

D_i——各组纤度丝的纤度，单位为旦尼尔(den)或分特克斯(dtex)；

n ——纤度的组数；

N ——纤度丝总绞数，单位为绞。

6.2.4.4.2 纤度变异系数按式(7)计算，计算结果按 GB/T 8170 修约至小数点后两位。

$$CV_{\mathrm{D}}=\frac{\sqrt{\sum_{i=1}^{n}f_i(D_i-\overline{D})^2/N}}{\overline{D}}\times 100 \qquad (7)$$

式中：

CV_{D} ——纤度变异系数，%；

$\overline{D}$ ——平均纤度，单位为旦尼尔(den)或分特克斯(dtex)；

D_i ——各绞纤度丝的纤度，单位为旦尼尔(den)或分特克斯(dtex)；

f_i ——各组纤度丝的绞数，单位为绞；

n ——纤度的组数；

N ——纤度丝总绞数，单位为绞。

6.2.5 断裂强度和断裂伸长率检验

6.2.5.1 设备

等速伸长试验仪(CRE)：隔距长度为(500±2)mm，拉伸速度为 500 mm/min；预张力为(0.05±0.01)cN/dtex，强力读数精度≤0.1 N，伸长率读数精度≤0.1%。

6.2.5.2 检验规程

检验规程如下：

a) 绞装丝：20 只丝锭，每只丝锭测一次，共测 20 次。

b) 筒装丝：5 只丝筒，每个丝筒测四次，共测 20 次。

c) 按 GB/T 3916 规定测试断裂强力与断裂伸长率。

6.2.5.3 试验结果计算

试验结果计算如下：

a) 断裂强度按式(8)计算，计算结果按 GB/T 8170 修约至小数点后两位。

$$P=\frac{\overline{P}}{\overline{D}} \qquad (8)$$

式中：

P ——断裂强度，单位为厘牛每分特克斯(cN/dtex)或克力每旦尼尔(gf/den)；

$\overline{P}$ ——平均断裂强力，单位为厘牛(cN)或克力(gf)；

$\overline{D}$ ——平均纤度，单位为分特克斯(dtex)或旦尼尔(den)。

注：1 cN/dtex=1.117 4 gf/den。

b) 平均断裂伸长率按式(9)计算。计算结果按 GB/T 8170 修约至小数点后两位。

$$\delta = \frac{\sum_{i=1}^{N} \delta_i}{N \times h} \times 100 \qquad \cdots\cdots(9)$$

式中：

δ ——平均断裂伸长率，%；

δ_i ——各次断裂伸长总和，单位为毫米(mm)；

N ——测试次数；

h ——隔距长度，单位为毫米(mm)。

6.3 外观质量检验方法

6.3.1 设备

所需设备如下：

a) 检验台：表面光滑无反光；

b) 检验光源：检验光源采用内装荧光管的平面组合灯罩或集光灯罩。光线以一定的距离柔和均匀地照射于丝把(丝筒)的端面上，端面的照度为 450 lx～500 lx；

c) 评定变色用灰色样卡(见 GB/T 250)；

d) D65 标准灯箱或按用户合同或协议要求的其他标准灯箱。

6.3.2 检验规程

6.3.2.1 色差(与标样对比)检验方法

在外观质量检验样丝中，取最深、最浅的两绞或两筒丝中的样丝，与标样同时放入灯箱中，入射光与试样表面约成 45°角，检验人员的视线垂直于试样和标样表面，距离约 60 cm 目测，与 GB/T 250 标准样卡对比评级。

6.3.2.2 批内色差的检验方法

将抽取的外观质量丝绞(丝筒)平摊放置在检验台上，以感观评定同批丝绞(丝筒)的色差。当批内色差有深浅时，对照 GB/T 250 标准样卡进行评定。

6.3.2.3 疵筒、疵绞检验方法

疵筒、疵绞检验方法如下：

a) 绞装丝：将抽取的样丝平摊并整齐地排列在检验台上，逐绞检查样丝表面、中层、内层有无各种外观疵点，对照表 3 所列的疵点名称和疵点说明进行评定疵绞；

b) 筒装丝：将抽取的样丝筒子放在检验台上，大头向上，用手将筒子倾斜 30°～40°转动一周，检查筒子的端面和侧面；逐筒检查试样的上、下端面和侧面，对照表 4 所列的疵点名称和疵点说明进行评定疵筒；

c) 发现表 3、表 4 描述程度的疵绞或疵筒应记录并剔除；

d) 疵绞、疵筒率按式(10)计算：

$$C = \frac{E}{G} \times 100 \quad \cdots\cdots (10)$$

式中：

C ——疵绞或疵筒率，%；

E ——疵绞、疵筒数；

G ——丝绞、丝筒被检总数。

6.4 基本安全性能

染色桑蚕捻线丝基本安全性能试验方法按 GB 18401 进行。

7 检验规则

7.1 检验分类

检验分为型式检验和出厂检验(交收检验)。型式检验时机根据生产厂实际情况或合同协议规定，一般在转产、停产后复产、原料或工艺有重大改变时进行。出厂检验在产品生产完毕交货前进行。

7.2 检验项目

型式检验和出厂检验项目为第 5 章中的所有要求项目。

7.3 组批

同一品种、同一色号、同一合同或生产批号为同一检验批，每批约 150 kg，不足 150 kg 的仍按一批计算。

7.4 抽样

7.4.1 抽样数量

7.4.1.1 公量、内在质量检验抽样数量

绞装、筒装染色桑蚕捻线丝的公量、内在质量检验试样抽样数量按表 6 规定。

表 6 公量和内在质量试样抽样数量

包装形式	公量检验		内在质量试样数
	抽样份数	每份试样的绞、筒数	
绞装/绞	2	2	10
筒装/筒[a]	2	2	5
[a] 每筒从表层剥取约 100 g 质量(重量)检验用丝。			

7.4.1.2 外观质量检验抽样数量

若抽检丝批丝绞或丝筒总质量在 10 kg 及以下，对绞装、筒装染色桑蚕捻线丝外观质量实行全检。若抽检丝批丝绞或丝筒总质量在 10 kg 以上，绞装、筒装染色桑蚕捻线丝外观质量的抽样数量按抽检丝批丝绞或丝筒总数量的 10%抽取。

7.4.2 抽样方法

染色桑蚕捻线丝重量检验、内在质量和外观质量检验样丝抽样应遍及件(箱)内的不同部位。

7.4.3 绞装丝的试样丝锭制备

抽取绞装捻线丝的内在质量检验试样,按表7规定卷绕丝锭。

表7 内在质量试样卷绕速度和卷绕时间规定

捻线丝名义纤度 den(dtex)	丝锭卷绕速度 m/min	丝锭卷绕时间 min	丝锭个数	
			面层	底层
33(36.7)及以下	165	20	10	10
34~100(37.8~111.1)	165	10	10	10
100(111.1)以上	165	5	20	20

7.5 检验结果判定

7.5.1 染色桑蚕捻线丝质量的判定按内在质量和外观质量的检验结果综合评定,并以最低一项判定该批产品的等级。

7.5.2 内在质量依据按表1检验项目中最低一项检验结果评定。若任何一项低于二等品指标,判定该批产品内在质量不合格。

7.5.3 外观质量按色差和疵绞、疵筒数综合评定,疵绞、疵筒率在5%及以下者,判定该批产品外观质量合格;疵绞、疵筒率在5%以上者,判定该批产品外观质量不合格。

7.5.4 批基本安全性能、内在质量和外观质量均合格时判定为合格批;否则,判定为不合格批。

8 包装和标志

8.1 包装

8.1.1 每批染色桑蚕捻线丝净重或公量为150 kg。件与件(箱与箱)之间公量差异不超过2 kg。

8.1.2 染色桑蚕捻线丝的整理、重量和装箱规定按用户要求执行。

8.1.3 包装应牢固,保证染色桑蚕捻线丝品质不受损伤,并便于仓储及运输。包装用的布袋、纸箱、纸、绳等应清洁、坚韧、整齐。

8.2 标志

8.2.1 标志应明确、清楚、便于识别。

8.2.2 每件(箱)染色桑蚕捻线丝的外包装标志应包括重量、规格和色别。

ICS 59.080.30
W 23

中华人民共和国国家标准

GB/T 22861—2018
代替 GB/T 22861—2009,GB/T 22863—2009

精粗梳交织及半精梳毛织品

Worsted yarn interweave with woollen yarn fabric and semi-worsted fabric

2018-12-28 发布　　2019-07-01 实施

国家市场监督管理总局
中国国家标准化管理委员会　发布

前　言

本标准按照 GB/T 1.1—2009 给出的规则起草。

本标准代替 GB/T 22861—2009《精粗梳交织毛织品》和 GB/T 22863—2009《半精纺毛织品》。

本标准与 GB/T 22861—2009、GB/T 22863—2009 相比，主要技术变化如下：

——修改了规范性引用文件(见第 2 章)；

——修改了断裂强力的考核指标(见 4.4.1 表 1，GB/T 22861—2009 的 4.4.2 表 1)；

——修改了耐干洗色牢度的考核项目，由溶剂变化修改为贴衬沾色(见 4.4.2 表 2，GB/T 22861—2009 的 4.4.3 表 2)；

——修改了表 2、表 3(见 4.4.2 表 2，GB/T 22863—2009 的 4.4.3 表 2、表 3)；

——删除了 GB/T 22861—2009 中的 5.2 和 GB/T 22863—2009 中的 5.2；

——修改了理化试验采样规定(见 6.1.1，GB/T 22861—2009 的 5.1、GB/T 22863—2009 的 5.1)；

——删除了落水变形试验方法(见 GB/T 22861—2009 的附录 B、GB/T 22863—2009 的附录 B)；

——修改了检验规则(见 B.1、B.2，GB/T 22861—2009 的 6.1、6.2、6.3、6.4 和 GB/T 22863—2009 的 6.1、6.2、6.3、6.4)；

——修改了外观疵点说明及量计方法(见 B.3，GB/T 22861—2009 的 A.3、GB/T 22863—2009 的 A.3)。

本标准由中国纺织工业联合会提出。

本标准由全国纺织品标准化技术委员会(SAC/TC 209)归口。

本标准起草单位：江苏阳光集团有限公司。

本标准主要起草人：陈丽芬、杨海军、曹秀明、何良、陶丽敏、王榴兴、赵丽萍、石小正、桂明胜、刘海峰。

本标准所代替标准的历次版本发布情况为：

——GB/T 22861—2009；

——GB/T 22863—2009。

精粗梳交织及半精梳毛织品

1 范围

本标准规定了精粗梳交织及半精梳毛织品的技术要求、试验方法、检验规则及包装标志。

本标准适用于鉴定各类机织服用精粗梳交织及半精梳毛织品(羊毛及其他动物纤维含量30%及以上)的品质。

2 规范性引用文件

下列文件对于本文件的应用是必不可少的。凡是注日期的引用文件,仅注日期的版本适用于本文件。凡是不注日期的引用文件,其最新版本(包括所有的修改单)适用于本文件。

GB/T 250 纺织品 色牢度试验 评定变色用灰色样卡

GB/T 2910(所有部分) 纺织品 定量化学分析

GB/T 3917.2 纺织品 织物撕破性能 第2部分:裤形试样(单缝)撕破强力的测定

GB/T 3920 纺织品 色牢度试验 耐摩擦色牢度

GB/T 3922 纺织品 色牢度试验 耐汗渍色牢度

GB/T 3923.1 纺织品 织物拉伸性能 第1部分:断裂强力和断裂伸长率的测定(条样法)

GB/T 4666 纺织品 织物长度和幅宽的测定

GB/T 4802.1 纺织品 织物起毛起球性能的测定 第1部分:圆轨迹法

GB/T 5296.4 消费品使用说明 第4部分:纺织品和服装

GB/T 5711 纺织品 色牢度试验 耐四氯乙烯干洗色牢度

GB/T 5713 纺织品 色牢度试验 耐水色牢度

GB/T 6152 纺织品 色牢度试验 耐热压色牢度

GB/T 8427—2008 纺织品 色牢度试验 耐人造光色牢度:氙弧

GB/T 9994 纺织材料公定回潮率

GB/T 12490—2014 纺织品 色牢度试验 耐家庭和商业洗涤色牢度

GB/T 16988 特种动物纤维与绵羊毛混合物含量的测定

GB 18401 国家纺织产品基本安全技术规范

GB/T 29862 纺织品 纤维含量的标识

GB/T 33270 毛织品落水变形试验方法

FZ/T 01026 纺织品 定量化学分析 多组分纤维混合物

FZ/T 01095 纺织品 氨纶产品纤维含量的试验方法

FZ/T 20008 毛织物单位面积质量的测定

FZ/T 20009 毛织物尺寸变化的测定 静态浸水法

FZ/T 20019 毛机织物脱缝程度试验方法

FZ/T 20021 织物经汽蒸后尺寸变化试验方法

FZ/T 30003 麻棉混纺产品定量分析方法 显微投影法

FZ/T 70009 毛纺织产品经洗涤后松弛尺寸变化率和毡化尺寸变化率试验方法

3 术语和定义

下列术语和定义适用于本文件。

3.1

半精纺毛机织纱线 semi-worsted woven yarn

以 25 mm～60 mm 的纺织纤维，经半精梳系统纺制的机织用纱。

3.2

半精梳毛织品 semi-worsted fabric

以半精纺毛纱为主织成的毛织物。

3.3

精粗梳交织毛织品 worsted yarn interweave with woollen yarn fabric

由精梳纱线和粗梳纱线交织而成的毛织物。

4 技术要求

4.1 基本安全性要求

精粗梳交织及半精梳毛织品的基本安全技术要求应符合 GB 18401 的规定。

4.2 分等规定

4.2.1 精粗梳交织及半精梳毛织品的质量等级分为优等品、一等品和合格品。

4.2.2 按实物质量、内在质量和外观质量三项检验结果评定，并以其中最低一项定等。

4.3 实物质量评等

4.3.1 实物质量指织品的呢面、手感和光泽。凡正式投产的不同规格产品，应分别以优等品和一等品封样。对于来样加工，生产方应根据来样方要求，建立封样，并经双方确认，检验时逐匹比照封样评等。

4.3.2 符合优等品封样者为优等品。

4.3.3 基本符合一等品封样者为一等品。

4.3.4 低于一等品封样者为合格品。

4.4 内在质量的评等

4.4.1 物理指标的评等按表 1 规定执行，粗纺风格面料不考核落水变形及汽蒸尺寸变化率，其起毛起球按粗梳毛织品要求测试；休闲类服装面料的脱缝程度为 10 mm；松结构产品按合约。

表 1 物理指标要求

项目		单位	优等品	一等品	合格品
幅宽不足 ≤	半精梳毛织品	cm	2	2	5
	精粗梳交织毛织品		3	3	5
平方米质量允差		%	−4.0～+4.0	−5.0～+7.0	−14.0～+10.0
静态尺寸变化率	含粘胶 10%及以上	%	−4.0～+4.0	−4.0～+4.0	—
	其他产品		−3.0～+3.0	−3.0～+3.0	—

表 1（续）

项目		单位	优等品	一等品	合格品
起球（半精梳毛织品） ≥	精纺风格-绒面	级	3-4	3	3
	精纺风格-光面		4	3-4	3-4
	粗纺风格		3-4	3	3
起球（精粗梳交织毛织品） ≥	精纺风格-绒面	级	3	2-3	2-3
	精纺风格-光面		3-4	3	3
	粗纺风格		3-4	3	3
断裂强力 ≥		N	147	147	147
撕破强力 ≥		N	12.0	10.0	10.0
落水变形 ≥		级	4	3	3
汽蒸尺寸变化率	含弹性纤维产品	%	−3.0～+3.0	−3.0～+3.0	—
	其他产品		−1.5～+1.0	−2.0～+2.0	—
脱缝程度 ≤		mm	6.0	6.0	8.0
纤维含量		%	按 GB/T 29862 规定执行		

4.4.2 染色牢度的评等按表 2 规定执行。“只可干洗”类产品不考核耐洗和湿摩擦色牢度，“小心手洗”和“可机洗”类产品不考核耐干洗牢度；含毛丝、棉、麻产品耐光牢度深色执行 3-4 级，耐湿摩执行 2-3 级。

表 2 染色牢度指标要求

项目		单位	优等品	一等品	合格品
耐日晒色牢度 ≥	浅色	级	4	3	2-3
	深色	级	4	4	3
耐水浸色牢度 ≥	色泽变化	级	4	3-4	3
	毛布沾色	级	3-4	3	3
	其他贴衬沾色	级	3-4	3	3
耐汗渍色牢度（酸性、碱性） ≥	色泽变化	级	4	3-4	3
	毛布沾色	级	4	3-4（深色 3）	3
	其他贴衬沾色	级	4	3-4（深色 3）	3
耐熨烫色牢度 ≥	色泽变化	级	4	4	3-4
	棉布沾色	级	4	3-4	3
耐摩擦色牢度 ≥	干摩擦	级	4	3-4	3
	湿摩擦	级	3-4	3	2-3
耐洗色牢度 ≥	色泽变化	级	4	3-4	3-4
	毛布沾色	级	4	3-4	3
	其他贴衬沾色	级	4	3-4	3

表 2（续）

项目			单位	优等品	一等品	合格品
耐干洗色牢度	≥	色泽变化	级	4	4	3-4
		贴衬沾色	级	4	4	3-4
注：使用 1/12 深度卡判断面料的“中浅色”或“深色”。						

4.4.3 “可机洗”类产品水洗尺寸变化率考核指标按表 3 规定执行。

表 3 “可机洗”类产品水洗尺寸变化率要求

项目		限度	优等品、一等品、合格品	
			西服、裤子、服装外套、大衣、连衣裙、上衣、裙子	衬衣、晚装
松弛尺寸变化/%	宽度	≥	−3	−3
	长度		−3	−3
洗涤程序			1×7A	1×7A
总尺寸变化/%	宽度	≥	−3	−3
	长度		−3	−3
	边沿		−1	−1
洗涤程序			3×5A	5×5A

4.4.4 内在质量的评等由物理指标和染色牢度综合评定，并以其中最低一项定等，其中“可机洗”产品增加水洗尺寸变化率指标。

4.5 外观质量

4.5.1 外观疵点按其对服用的影响程度与出现状态不同，分局部性外观疵点与散布性外观疵点两种，分别予以结辫和评等。

4.5.2 局部性外观疵点，按其规定范围结辫，每辫放尺 10 cm，在经向 10 cm 范围内不论疵点多少仅结辫一只。

4.5.3 散布性外观疵点，刺毛痕、边撑痕、剪毛痕、折痕、磨白纱、结头、经档、纬档、厚段、薄段、擦伤、斑疵、缺纱、稀缝、小跳花、严重小弓纱和边深浅中有二项及以上最低品等同时为合格品时，则降为不合格品。

4.5.4 降等品结辫规定如下：

——合格品中除薄段、纬档、轧梭痕、边撑痕、刺毛痕、剪毛痕、蛛网、斑疵、破洞、吊经条、补洞痕、缺纱、死折痕、擦伤、严重的厚段、严重稀缝、严重织稀、严重纬停弓纱和磨损按规定范围结辫外，其余疵点不结辫。

——不合格品中除破洞、严重的薄段、蛛网、补洞痕、轧梭痕、擦伤按规定范围结辫，其余不结辫。

4.5.5 局部性外观疵点基本上不开剪，但大于 2 cm 的破洞，严重的磨损、擦伤和破损性轧梭，严重影响服用的纬档，大于 10 cm 的严重斑疵，净长 5 m 的连续性疵点和 1 m 内结辫 5 只者，应在工厂内剪除。

4.5.6 平均净长 2 m 结辫 1 只时，按散布性外观疵点规定降等。

4.5.7 优等品平均 20 m 结辫一只(不足 20 m 按 20 m 计)，一等品平均 10 m 结辫一只(不足 10 m 按 10 m 计)，特殊产品根据产品特点供需双方协议商定。

4.5.8 边深浅色差 4 级为合格品,3-4 级及以下为不合格品。

4.5.9 外观疵点结辫、评等要求见表 4。其中:

——边缘起 1.5 cm 及以内的疵点(有边线的指边线内缘深入布面 0.5 cm 以内的边上疵点)在鉴别品等时不予考核,但边上破洞、破边、边上刺毛、边上磨损、漂白织物的针锈及边字疵点都应考核。若疵点长度延伸到边内时,应连边内部分一起量计。

——严重小跳花和不到结辫起点的小缺纱、小弓纱(包括纬停弓纱)、小辫子纱、小粗节、稀缝、结头、接头洞和 0.5 cm 以内的小斑疵明显影响外观者,在经向 20 cm 范围内综合达 5 只,结辫一只。小缺纱、小弓纱、结头、接头洞严重散布全匹应降为不合格品。

——优等品不得有 1 cm 及以上的破洞、蛛网、擦伤、轧梭,不得有严重纬档。

表 4 外观疵点结辫、评等要求

疵点名称		疵点程度	局部性结辫	散布性降等	备注
经向	1) 粗纱、细纱、双纱、松纱、紧纱、错纱、呢面局部狭窄	明显 10 cm～100 cm 大于 100 cm,每 100 cm 明显散布全匹 严重散布全匹	1 1 	 合格 不合格	
	2) 油纱、污纱、异色纱、磨白纱、结头、边撑痕、剪毛痕	明显 5 cm～50 cm 大于 50 cm,每 50 cm 散布全匹 明显散布全匹	1 1 	 合格 不合格	
	3) 缺经、死折痕	明显 50 cm 及以内 大于 50 cm,每 50 cm 明显散布全匹	1 1 	 不合格	
	4) 经档(包括绞经档)、折痕(包括条折痕)、条痕水印(水花)、经向换纱印、擦伤、边深浅、呢匹两端深浅	明显经向 50 cm～100 cm 大于 100 cm,每 100 cm 明显散布全匹 严重散布全匹	1 1 	 合格 不合格	
	5) 条花、色花	明显经向 20 cm～100 cm 大于 100 cm,每 100 cm 明显散布全匹 严重散布全匹	1 1 	 合格 不合格	
	6) 刺毛痕	明显经向 20 cm 及以内 大于 20 cm,每 20 cm 明显散布全匹	1 1 	 不合格	
	7) 刺毛边、边上磨损、边字发毛、边字残缺、边字严重沾色、漂白织品的边上针锈、自边缘深入 1.5 cm 以上的针眼、针锈、荷叶边、边上稀密	明显 1cm～100 cm 大于 100 cm,每 100 cm 散布全匹	1 1 	 合格	
	8) 边上破洞、破边	2 cm～100 cm 大于 100 cm,每 100 cm 明显散布全匹 严重散布全匹	1 1 	 合格 不合格	不到结辫起点的边上破洞、破边 1 m 以内累计超过 5 cm 者仍结辫一只

表 4（续）

疵点名称		疵点程度	局部性结辫	散布性降等	备注
纬向	9）粗纱、细纱、双纱、松纱、紧纱、错纱、换纱印	明显 10 cm～全幅 明显散布全匹 严重散布全匹	1	 合格 不合格	
	10）缺纱、油纱、污纱、异色纱、小辫子纱、结头、稀缝	明显 5 cm～全幅 散布全匹 明显散布全匹	1	 合格 不合格	
经纬向	11）厚段、纬影、严重搭头印、严重电压印、条干不匀	明显经向 20 cm 以内 大于 20 cm，每 20 cm 明显散布全匹 严重散布全匹	1 1	 合格 不合格	
	12）薄段、纬档、织纹错误、蛛网、织稀、斑疵、补洞痕、轧梭痕、擦伤、大肚纱、吊经条	明显经向 10 cm 以内 大于 10 cm，每 10 cm 明显散布全匹	1 1	 不合格	大肚纱 3 cm 为起点；0.5 cm 以内的小斑疵按 4.5.8 中规定
	13）破洞、严重磨损	2 cm 以内(包括 2 cm) 散布全匹	1	 不合格	
	14）毛粒、小粗节、草屑、死毛、小跳花、稀隙、结头	明显散布全匹 严重散布全匹		合格 不合格	麻节、麻粒等均匀分布者不考核
	15）呢面歪斜	素色织物 4 cm 起，格子织物 3 cm 起，40 cm～100 cm 大于 100 cm，每 100 cm 素色织物： 4 cm～6 cm 散布全匹 大于 6 cm 散布全匹 格子织物： 3 cm～5 cm 散布全匹 大于 5 cm 散布全匹	1 1	 合格 不合格 合格 不合格	优等品格子织物 2 cm 起；素色织物 3 cm 起

注 1：外观疵点中如遇超出上述规定的特殊情况，可按其对服用影响程度参考类似疵点的结辫评等规定酌情处理。

注 2：散布性外观疵点中，特别严重影响服用性能者，按质论价。

5 试验方法

5.1 幅宽不足试验按 GB/T 4666(方法一)执行(织物的幅宽也可由工厂在检验机上直接测量，但是在仲裁试验时，应按 GB/T 4666 进行测量)。幅宽不足按式(1)计算：

$$L = L_2 - L_1 \qquad \cdots\cdots(1)$$

式中：

L ——幅宽不足，单位为厘米(cm)；

L_1 ——实际测量的幅宽值，单位为厘米(cm)；

L_2 ——幅宽设定值，单位为厘米(cm)。

5.2 平方米质量允差试验按 FZ/T 20008 执行。

5.3 静态尺寸变化率试验按 FZ/T 20009 执行。

5.4 纤维含量试验按 GB/T 2910、GB/T 16988、FZ/T 01026、FZ/T 01095、FZ/T 30003 等执行，结合公定回潮率计算，公定回潮率按 GB/T 9994 执行。

5.5 起球试验按 GB/T 4802.1 执行，粗纺风格面料按粗梳毛织品的相应方法执行，精纺风格精粗梳交织及半精梳毛织品绒面产品(粗纺风格除外)起球次数为 400 次，压力 780 cN。

5.6 断裂强力试验按 GB/T 3923.1 执行。

5.7 撕破强力试验按 GB/T 3917.2(单舌法)执行。

5.8 落水变形按 GB/T 33270 执行。

5.9 脱缝程度试验按 FZ/T 20019 执行。

5.10 汽蒸尺寸变化率试验按 FZ/T 20021 执行。

5.11 耐光色牢度试验按 GB/T 8427—2008 方法 3 执行。

5.12 耐洗色牢度试验“手洗”类产品按 GB/T 12490—2014(试验条件 A1S，不加钢珠)执行，“可机洗”类产品按 GB/T 12490—2014(试验条件 B1S，不加钢珠)执行。

5.13 耐水色牢度试验按 GB/T 5713 执行。

5.14 耐汗渍色牢度试验按 GB/T 3922 执行。

5.15 耐熨烫色牢度试验按 GB/T 6152 和附录 A 执行。

5.16 耐摩擦色牢度试验按 GB/T 3920 执行。

5.17 耐干洗色牢度试验按 GB/T 5711 执行。

5.18 水洗尺寸变化率试验按 FZ/T 70009 执行。

5.19 外观检验按附录 B 执行。

6 检验规则

6.1 理化试验

6.1.1 理化试验采样

6.1.1.1 在同一品种、原料、组织和工艺生产的总匹数中按表 5 规定随机取出相应的匹数。凡采样在 2 匹以上者，各项物理性能的试验结果，用算术平均法算平均数，作为该批的评等依据。

表 5 采样数量的规定

一批或一次交货的匹数	批量样品的采样匹数
9 及以下	1
10～49	2
50～300	3
300 以上	总匹数的 1%

6.1.1.2 试样应在距大匹两端 5 m 以上部位(或 5 m 以上开匹处)裁取。裁取时不可歪斜，不得有分等规定中所列举的严重表面疵点。

6.1.1.3 色牢度试样以同一原料、品种、同一加工过程、染色工艺处方及色号为一批，或按每一品种每一万米抽一次(包括全部色号)，不到一万米按一万米计，每份试样裁取 0.2 m 全幅。

6.1.1.4 每份试样应加注标签，并记录下列资料：

厂名、品名、匹号、色号、批号、试样长度、采样日期、采样者等。

6.1.2 理化复试规定

6.1.2.1 原则上不复试，但有下列情况之一者，可复试一次：

——3 匹平均合格，其中有 2 匹不合格；

——3 匹平均不合格，其中有 2 匹合格。

6.1.2.2　复试结果的判定：3 匹平均不合格，或 3 匹平均合格但其中 2 匹不合格，均为不合格。

6.2　实物质量、外观疵点检验数量和判定

6.2.1　检验数量

实物质量、外观疵点的抽验按同品种交货匹数的 4％进行检验，但不少于 3 匹。批量在 300 匹以上时，每增加 50 匹，加抽 1 匹（不足 50 匹的按 50 匹计）。

6.2.2　判定

抽验数量中，如发现实物质量、散布性外观疵点有 30％等级不符，外观质量判定为不合格；局部性外观疵点百米漏辫超过 2 只时，每个漏辫放尺 20 cm。

7　包装和标志

7.1　包装

7.1.1　包装方法和使用材料，以坚固和适于运输为原则。

7.1.2　每匹织品应正面向里对折成双幅或平幅，卷在纸板或纸管上加放防蛀剂，用防潮材料或牛皮纸包好，纸外用绳扎紧。每匹一包。每包用布包装，缝头处加盖布，刷唛头。

7.1.3　因长途运输而采用木箱时，木板厚度应不低于 1.5 cm，木箱应干燥，箱内应衬防潮材料。

7.2　标志

7.2.1　每匹织品应在反面里端加盖厂名梢印（形式可由工厂自定）。外端加注织品的匹号、长度、等级标志。拼段组成时，拼段处加烫骑缝印。

7.2.2　织品因局部性疵点结辫时，应在疵点左边结上线标，并在右布边对准线标用不褪色笔作一箭头。如疵点范围大于放尺范围时，则在右边针对疵点上下端用不褪色笔划两个相对的箭头。

7.2.3　每包应吊硬纸牌一张，见图 1。

正面

厂　　名
品名 ....
品号 ....
匹号 ....
色号 ....
幅宽 ....
毛长 ....
净长 ....
结辫 ....
段数 ....
品等 ....
匹重 ....
降等原因：
检验者：

反面

原 料 成 分
........................%
........................%
........................%
........................%
出厂年月........................
样　　品

图 1　吊牌

7.2.4 织品出厂时的标识标注应符合 GB/T 5296.4 的要求外，每包外包装还应印刷以下内容：制造厂名、品名、品号、净长、等级、色号、包号、净重等。

8 其他

标准中的某些项目，如供需双方另有要求可按合约规定执行。

附 录 A
（规范性附录）
补充规定

A.1 实物质量封样

A.1.1 优等品实物质量封样系指:供需双方共同确认的优等品封样。

A.1.2 一等品实物质量封样系指:供需双方共同确认的一等品封样。

A.2 实物质量要求

A.2.1 色差规定:批量产品与封样之间色差不低于3-4级;同批同色号匹与匹之间色差4级;同一匹面料头与尾色差4级,边与中央色差4-5级,色差的评级按GB/T 250规定执行。

A.2.2 纤维含量试验应结合公定回潮率计算,各种纤维公定回潮率按GB/T 9994规定。

A.3 织物匹长及组成

每匹净长不短于12 m,净长17 m及以上的可由两段组成,但最短一段不短于6 m。拼匹时,两段织物应品等相同,色泽一致。

A.4 耐热压(熨烫)色牢度试验选用潮压条件

A.4.1 耐热压(熨烫)试验中对不同纤维试验温度的规定:

——麻:(200±2)℃;

——纯毛、粘纤、涤纶、丝:(180±2)℃;

——腈纶:(150±2)℃;

——锦纶、维纶:(120±2)℃。

A.4.2 混纺和交织物的规定试验温度采用其中温度低的一种(混纺比例低于10%不作考虑)。

附 录 B
（规范性附录）
外观检验方法及疵点说明

B.1 检验方法

织品外观疵点检验时，应将其正面放在与垂直线成15°角的检验机台面上。在北向自然光下，检验者在检验机的前方进行检验，织品应穿过检验机的下导辊，以保证检验幅面和角度。在检验机上应逐匹量计幅宽，每匹不得少于3处。如因检验光线影响外观疵点的程度而发生争议时，应以白昼正常北向自然光下，在检验机前方检验为准。需方按本标准进行验收。

B.2 检验机规格

检验机规格按如下设置：

——车速：14 m/min～18 m/min；

——大滚筒轴心至地面的距离：210 cm；

——斜面板长度：150 cm；

——斜面板磨砂玻璃宽度：40 cm；

——磨砂玻璃内装日光灯：40 W×(2只～4只)。

B.3 外观疵点说明及量计方法

B.3.1 纱疵类别：

——粗、细纱：指纱线条干粗于正常一倍或细于一半者，或粗细未达上述程度，但显著影响外观者。

——紧纱：指紧捻纱、吊紧纱。

——松纱：指松紧纱。

——错纱：包括错支、错批、错捻、错股、错原料的纱。

——弓纱(包括纬停弓纱)：由于纱线局部张力过小或纬停失灵，使纱线在织品表面弓起圈状者。

——油、污、异色纱：指纱线沾上油污或颜色、色毛飞入或异色纱。

吊经条：指三根及以上吊紧纱并列或间隔并列者。

——大肚纱：由于粗节纱或回毛带入纱线织在织品中粗于原纱三倍及以上成为枣核形者。

——磨白纱：纱线受到不正常摩擦，在织品表面呈现白色者。

——结头：纱线打结后形成的、明显影响外观的小疵点。

B.3.2 厚段、薄段、纬影：在织造时纬向密度未控制好，造成纬密过多或过少，在织品表面上形成一个明显的分界线者。

B.3.3 蛛网：经、纬纱各两根或两根以上，不依组织起伏，形成蛛网者，量其最大长度。

B.3.4 织纹错误：织造时纹板弄错、棕丝穿错或棕框升降错误而造成织纹错误者，量其经向长度。

B.3.5 斑疵：包括明显油污斑、锈斑、白斑、色斑、水斑、毛斑等，量其最大长度。

B.3.6 换纱印：由于换粗纱等情况而造成的阴影，明显影响外观者。

B.3.7 稀缝：由于织入不正常纱线，经修除后在织品表面呈现局部密度明显稀于正常者。

B.3.8 稀隙：由于修除草屑或操作不良，造成呢面透视时呈现明显小空隙者。

B.3.9 织稀:由于修除织入回丝、回毛、杂物及大肚纱,使呢面呈现严重孔隙或小洞者。

B.3.10 呢面局部狭窄:织品幅面呈现局部狭窄,超过连边幅宽最小限度或凹入与正常部位比较达 2 cm 者,按其经向量计。

B.3.11 经档:局部经向排列错误、纱线用错、稀密不均匀或纱线被摩擦发毛,使织品表面呈现经向档痕者。

B.3.12 纬档:异常纱两根及以上并列或间隔并列,当其长度达半幅及以上者为档子。包括紧纱档、色档、松纱档、错纱档、粗纱档、树脂档等。

B.3.13 条痕、条花、色花、折痕:由于在染整过程中处理不好或织品折叠造成的,量其经向长度。

B.3.14 死折痕:由于蒸呢、煮呢、电压等操作不良,造成呢面局部折叠,经熨烫后不能消除,呈现明显折痕者。

B.3.15 剪毛痕:因剪毛不良,造成剪毛痕迹者,量其经向长度。

B.3.16 破边、边上破洞:织品边上破裂在边 1.5 cm 以内,以经向量计。

B.3.17 破洞:经、纬向纱连断两根或同时各断一根及以上者,量其最大长度。

B.3.18 刺毛边、边上稀密:由于边撑运转不良,致使织品边上形成刺毛或稀密不匀者。

B.3.19 边上针眼、针锈:拉幅烘干机钢针过粗或生锈,造成织品上呈现针眼或针锈,量其经向长度。

B.3.20 荷叶边:织品边上明显不整齐或起伏的波浪状态,按经向长度计。

B.3.21 小跳花:单根纱不依组织起伏,织品表面形成连续或断续的小跳花。

B.3.22 呢面歪斜:经纬纱未能呈现垂直位置,纬纱歪斜以距水平最大距离计算。

B.3.23 刺毛痕、边撑痕:经纬纱被刺毛辊或边撑勾损者,量其经向长度。

B.3.24 严重搭头印:织品在煮呢、蒸呢过程中处理不当,在织品表面呈现明显分界线者。

B.3.25 毛粒:因原料或工艺不当,造成小毛球者。

B.3.26 麻粒或深浅细点:麻纱起球、布面白点密集造成深浅细点。

B.3.27 轧梭痕、破损性轧梭:织造时发生轧梭,致使呢面呈现毛痕或稀密不匀者,为轧梭痕,量其经向长度。当经纱集中断裂或纬纱严重稀密时,为破损性轧梭,量其最大长度。

B.3.28 条干不匀:由于纱线条干不匀,严重影响织物外观者,造成呢面局部呈现花纹者。

B.3.29 水印(水花):由于煮呢加工不良,造成呢面局部呈现花纹者。

B.3.30 严重电压印:在电压过程中处理不当,使织品表面呈现严重明显分界线者。

B.3.31 擦伤:由于呢面表面受到不正常摩擦,在织品表面呈现白色条状或块状者。

ICS 85.080
Y 39

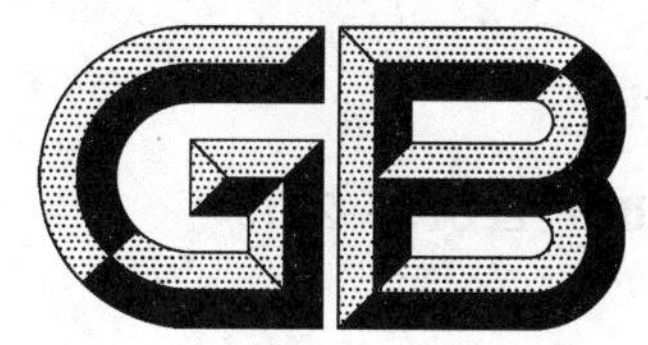

中华人民共和国国家标准

GB/T 22875—2018
代替 GB/T 22875—2008,GB/T 22905—2008

纸尿裤和卫生巾用高吸收性树脂

Super-absorbent polymer for sanitary towel and diapers

2018-06-07 发布　　2019-01-01 实施

国家市场监督管理总局
中国国家标准化管理委员会　发布

前　言

本标准按照 GB/T 1.1—2009 给出的规则起草。

本标准代替 GB/T 22875—2008《卫生巾高吸收性树脂》和 GB/T 22905—2008《纸尿裤高吸收性树脂》。

本标准与 GB/T 22875—2008 和 GB/T 22905—2008 相比，主要变化如下：

——整合了 GB/T 22875—2008 和 GB/T 22905—2008 两项标准内容，修改了标准名称；

——增加了产品分类；

——调整了残留单体(丙烯酸)指标要求和测定方法；

——调整了挥发物含量的测定方法；

——调整了吸收速度指标要求；

——调整了加压吸收量测试装置的尺寸；

——增加了返黄值、可萃取物含量指标及测定方法；

——增加了取样要求。

请注意本文件的某些内容可能涉及专利。本文件的发布机构不承担识别这些专利的责任。

本标准由中国轻工业联合会提出。

本标准由全国造纸工业标准化技术委员会(SAC/TC 141)归口。

本标准起草单位：中国制浆造纸研究院、浙江卫星新材料科技有限公司、宜兴丹森科技有限公司、住友精化贸易(上海)有限公司、日触化工(张家港)有限公司、邦丽达(福建)新材料股份有限公司、三大雅精细化学品(南通)有限公司、扬子石化-巴斯夫有限责任公司、乐金化学(中国)投资有限公司、万华化学集团股份有限公司、国家纸张质量监督检验中心。

本标准主要起草人：高君、邱文伦、黎的非。

本标准所代替标准的历次版本发布情况为：

——GB/T 22875—2008；

——GB/T 22905—2008。

纸尿裤和卫生巾用高吸收性树脂

1 范围

本标准规定了纸尿裤和卫生巾用聚丙烯酸盐类高吸收性树脂的产品分类、要求、试验方法、检验规则及标志、包装、运输和贮存。

本标准适用于各类纸尿裤(片、垫)和卫生巾(护垫)用聚丙烯酸盐类高吸收性树脂,其他一次性卫生用品用高吸收性树脂可参考本标准。

2 规范性引用文件

下列文件对于本文件的应用是必不可少的。凡是注日期的引用文件,仅注日期的版本适用于本文件。凡是不注日期的引用文件,其最新版本(包括所有的修改单)适用于本文件。

GB/T 6682 分析实验室用水规格和试验方法

GB/T 7974 纸、纸板和纸浆 蓝光漫反射因素 D65 亮度的测定(漫射/垂直法,室外日光条件)

3 产品分类

高吸收性树脂按产品用途分为纸尿裤(片、垫)用高吸收性树脂和卫生巾(护垫)用高吸收性树脂等。纸尿裤(片、垫)用高吸收性树脂按使用对象分为婴儿纸尿裤(片、垫)用高吸收性树脂和成人纸尿裤(片、垫)用高吸收性树脂。

4 要求

纸尿裤(片、垫)和卫生巾(护垫)用高吸收性树脂的技术指标应符合表1的规定。

表 1

指标名称			单位	规定		
				婴儿纸尿裤(片、垫)用高吸收性树脂	成人纸尿裤(片、垫)用高吸收性树脂	卫生巾(护垫)用高吸收性树脂
残留单体(丙烯酸)		≤	mg/kg	800	1 000	1 000
挥发物含量		≤	%	10.0		
pH			—	4.0~8.0		
粒度分布	<106 μm	≤	%	10.0		
	其中<45 μm	≤		1.0		
密度			g/cm³	0.3~0.9		

表 1（续）

<table>
<tr><td rowspan="2" colspan="2">指标名称</td><td rowspan="2">单位</td><td colspan="3">规定</td></tr>
<tr><td>婴儿纸尿裤（片、垫）用高吸收性树脂</td><td>成人纸尿裤（片、垫）用高吸收性树脂</td><td>卫生巾（护垫）用高吸收性树脂</td></tr>
<tr><td colspan="2">返黄值[a] ≤</td><td>%</td><td colspan="3">40.0</td></tr>
<tr><td colspan="2">吸收速度 ≤</td><td>s</td><td colspan="2">—</td><td>150</td></tr>
<tr><td rowspan="2">吸收量</td><td>合成液 ≥</td><td rowspan="2">g/g</td><td colspan="2">—</td><td>20.0</td></tr>
<tr><td>生理盐水 ≥</td><td colspan="2">40.0</td><td>—</td></tr>
<tr><td colspan="2">保水量 ≥</td><td>g/g</td><td colspan="2">20.0</td><td>—</td></tr>
<tr><td colspan="2">加压吸收量 ≥</td><td>g/g</td><td colspan="2">10.0</td><td>—</td></tr>
<tr><td colspan="2">可萃取物含量 ≤</td><td>%</td><td colspan="3">25.0</td></tr>
<tr><td colspan="2">外观</td><td>—</td><td colspan="3">色泽均一</td></tr>
<tr><td colspan="6">[a] 返黄值为参考指标，不作为合格与否的判定依据。</td></tr>
</table>

5 试验方法

5.1 取样

取样前应先摇晃盛装样品的容器 3 次～5 次，使样品混合均匀，然后放置 5 min，再打开包装取出样品，所取样品应具有代表性。

注：取样和试验推荐在温度(23±2) ℃ 、相对湿度(50±10)%的条件下进行，如果在其他温湿度条件下取样和试验，需在报告中注明。

5.2 残留单体(丙烯酸)

残留单体(丙烯酸)按附录 A 测定。

5.3 挥发物含量

挥发物含量按附录 B 测定。

5.4 pH

pH 按附录 C 测定。

5.5 粒度分布

粒度分布按附录 D 测定。

5.6 密度

密度按附录 E 测定。

5.7 返黄值

返黄值按附录 F 测定。

5.8 吸收速度

吸收速度按附录 G 测定。

5.9 吸收量和保水量

吸收量和保水量按附录 H 测定。

5.10 加压吸收量

加压吸收量按附录 I 测定。

5.11 可萃取物含量

可萃取物含量按附录 J 测定。

5.12 外观

将试样置于正常光线下目测检验。

6 检验规则

6.1 检验批的规定

以同一原料、同一工艺和同一时间段生产的产品为一批，每批不超过 500 t。

6.2 抽样方法

从同一批次且不少于 3 个包装袋中均匀取样，取样量应为 1kg。

6.3 判定规则

当检验产品符合本标准或合同要求时，则判为批合格；当检验项目中任一项出现不合格时，则判为批不合格。

6.4 质量保证

生产厂应保证产品质量符合本标准或合同要求，产品经检验合格并附质量合格标识方可出厂。

7 标志、包装、运输、贮存

7.1 销售标志及包装

7.1.1 产品销售包装上应标明以下内容：

a) 产品名称、执行标准编号、商标、产品种类；
b) 企业名称、地址、联系方式；
c) 生产日期和保质期或生产批号和限期使用日期；
d) 主要生产原料；
e) 运输及贮存条件。

7.1.2 产品应使用带有内衬塑料薄膜的包装袋进行包装，包装袋应具有足够的强度，保证使用时不会发生断裂、脱落等。销售包装上的各种标识信息应清晰且不易褪去。

7.2 运输和贮存

7.2.1 产品运输时应使用防雨、防潮、洁净的运输工具，不应与有污染的物质共同运输。

7.2.2 产品在搬运过程中不应从高处扔下或就地翻滚移动。

7.2.3 产品应保存在干燥通风，不受阳光直接照射的室内，防止雨雪淋袭和地面湿气的影响，不应与有污染或有毒化学品共存。

7.2.4 产品保质期一般不超过3年。

附 录 A
（规范性附录）
残留单体（丙烯酸）的测定

A.1 原理

用生理盐水萃取样品，样品中残留的丙烯酸单钠盐和丙烯酸转移到溶液中，1 h 后过滤溶液，取滤液用高效液相色谱仪测试丙烯酸的含量，结果以丙烯酸含量计。

A.2 试剂和材料

除非另有规定，仅使用色谱纯试剂。

A.2.1 水，GB/T 6682，一级。

A.2.2 生理盐水，浓度 0.9%。称量 9.00 g（精确至 0.01 g）氯化钠（分析纯）于烧杯中，溶解后转移到 1L 的容量瓶中，用水稀释至刻度并摇匀。

A.2.3 浓磷酸，$c(H_3PO_4)$ = 85%（质量比），色谱级或更高。

A.2.4 磷酸水溶液，$c(H_3PO_4)$=0.1%（质量比）。称取 1.0g 浓磷酸于 1L 的容量瓶中，用水稀释至刻度并摇匀。

A.2.5 乙腈，色谱级或更高。

A.2.6 丙烯酸，纯度大于 99.5%。

A.2.7 丙烯酸标准贮备溶液（1 000 mg/L）：称取 0.100 0 g 丙烯酸（A.2.6），精确到 0.000 1 g，放入 100 mL的容量瓶中，用水定容至 100 mL。

A.2.8 丙烯酸标准中间溶液（100 mg/L）：用移液管移取 10 mL 丙烯酸标准贮备溶液（A.2.7）于100 mL 容量瓶中，用水定容至 100 mL。

A.3 仪器设备

A.3.1 高效液相色谱仪。

A.3.2 紫外检测器，检测器波长为 210 nm。

A.3.3 天平，感量为 0.000 1 g。

A.3.4 烧杯，容量 250 mL。

A.3.5 磁力搅拌器及搅拌棒。

A.3.6 滤膜过滤器，滤膜孔径为 0.45 μm。

A.3.7 C_{18} 色谱柱，5 μm ，4.6 mm×150 mm 或相当的色谱柱，适用于保护柱。

A.3.8 C_{18} 保护柱，5 μm ，4.6 mm×10 mm 或相当的保护柱。

A.4 测定步骤

A.4.1 残留单体（丙烯酸）的抽出

称取 1.000 g ±0.005 g 的试样，倒入烧杯中。然后加入 200 mL 生理盐水（A.2.2），放入搅拌棒

(A.3.5)并用表面皿或石蜡膜盖上烧杯。将烧杯放置到磁力搅拌器(A.3.5)上用 250 r/min±50 r/min 速率搅拌 1 h,然后用滤膜过滤器(A.3.6)过滤溶液,保存滤液作为测试溶液。

A.4.2 测定

A.4.2.1 液相色谱分析条件

由于测试结果取决于所使用的仪器,因此不能给出色谱分析的普遍参数,下列参数已被证明对测试是合适的。

测试条件:

a) 流动相:乙腈∶磷酸水溶液=10∶90;

b) 流量:1.0 mL/min;

c) 进样量:20 μL;

d) 检测器:波长 210 nm。

A.4.2.2 标准工作溶液

用移液管准确移取丙烯酸标准中间溶液(A.2.8)0.5 mL、1.0 mL、2.0 mL、3.0 mL、4.0 mL 于 100 mL容量瓶中,用水定容。得到丙烯酸浓度为 0.5 mg/L、1.0 mg/L、2.0 mg/L、3.0 mg/L、4.0 mg/L 的标准工作溶液。

A.4.2.3 绘制工作曲线

按 A.4.2.1 的条件,测定标准工作溶液(A.4.2.2)的峰面积,以丙烯酸浓度为横坐标,峰面积为纵坐标,绘制标准曲线。

A.4.2.4 样品的测定

将测试溶液(A.4.1)注入高效液相色谱仪(A.3.1)中进行测试,并计算出峰面积。同时进行两次平行测试。

A.5 结果计算

根据测试溶液的峰面积及标准工作曲线,计算样品溶液中丙烯酸的浓度。按式(A.1)计算试样中残留单体(丙烯酸)含量:

$$A = \frac{c}{m} \times 200 \qquad \text{(A.1)}$$

式中:

A ——残留单体(丙烯酸)含量,单位为毫克每千克(mg/kg);

c ——样品溶液中丙烯酸的浓度,单位为毫克每升(mg/L);

m ——所称取试样的质量,单位为克(g)。

取两次检测结果的算术平均值作为测试结果,结果修约至整数位。

附 录 B
（规范性附录）
挥发物含量的测定

B.1 仪器设备

B.1.1 烘箱，能使温度保持在 105 ℃±2 ℃。

B.1.2 天平，感量为 0.001 g。

B.1.3 干燥器，带有活性干燥剂（如：硅胶）。

B.1.4 试样容器，用于试样的转移和称量。该容器由能防水蒸气，且在实验条件下不易发生变化的轻质材料制成，容器内直径为 55 mm±5 mm。

B.2 测定步骤

称取约 4.0 g 试样，精确至 0.001 g，装入已恒重的试样容器（B.1.4）中。将装有试样的容器放入温度为 105 ℃的烘箱（B.1.1），打开容器盖，烘干 3 h。3 h 后打开烘箱，在烘箱内盖上容器盖，然后将容器放入干燥器（B.1.3）内冷却 30min 后称取容器及试样的质量。同时进行两次平行测定。

B.3 结果计算

挥发物含量按式（B.1）计算：

$$M=\frac{m_1-m_2}{m_1}\times 100 \qquad \cdots\cdots(B.1)$$

式中：

M ——试样的挥发物含量，%；

m_1 ——烘干前试样的质量，单位为克（g）；

m_2 ——烘干后试样的质量，单位为克（g）。

取两次测定结果的算术平均值作为结果，结果修约至小数点后一位。两次测定结果的绝对误差应不超过 0.4%。

附　录　C
（规范性附录）
pH 的测定

C.1　试剂和材料

除非另有规定，仅使用分析纯试剂。

C.1.1　水

GB/T 6682，三级。

C.1.2　生理盐水

浓度为 0.9%：称量 9.000 g(精确至 0.001 g)氯化钠于 1 L 容量瓶中，溶解后加水至刻度并摇匀。

C.1.3　标准缓冲溶液

C.1.3.1　0.05 mol/L 的邻苯二甲酸氢钾($KHC_8H_4O_4$)溶液，pH(25 ℃)为 4.00。

C.1.3.2　磷酸二氢钾(KH_2PO_4)和磷酸氢二钠(Na_2HPO_4)溶液，pH(25 ℃)为 6.86。

C.1.3.3　0.01 mol/L 的四硼酸钠($Na_2B_4O_7$)溶液，pH(25 ℃)为 9.18。

C.2　仪器设备

C.2.1　天平，感量为 0.001 g。

C.2.2　烧杯，容量 150 mL。

C.2.3　磁力搅拌器及搅拌棒。

C.2.4　量筒，100 mL。

C.2.5　pH 计，准确至 0.01。

C.3　测定步骤

C.3.1　用量筒(C.2.4)准确量取生理盐水(C.1.2)100 mL，倒入 150 mL 烧杯中，加入搅拌棒(C.2.3)后将烧杯放置到磁力搅拌器(C.2.3)上，用小于 150 r/min 的速度搅拌，在搅拌时应确保溶液中不能有气泡产生。

C.3.2　用天平(C.2.1)称取 0.500 g(精确至 0.001 g)试样，然后将称好的试样缓缓加入到烧杯中，搅拌 10 min 后从磁力搅拌器上取下烧杯。

C.3.3　静置烧杯中的溶液 10 min，使试样沉淀到溶液的底部，然后将电极放入溶液上部的清液中。1 min后读取并记录 pH 计的数值。

C.4　结果计算

每种样品测定两份试样，取其算术平均值作为测定结果，结果修约至小数点后一位。

C.5 注意事项

每次使用pH计前应按仪器使用说明书使用标准缓冲溶液对仪器进行校准。为了防止电极污染，测试过程中电极不应接触到试样。每个试样测试完毕后，应立即用水洗净电极。

附 录 D
（规范性附录）
粒度分布的测定

D.1 仪器设备

D.1.1 天平，感量为 0.01 g。

D.1.2 筛网振动器，振幅 1 mm，频率 1 400 r/min。

D.1.3 筛网，直径为 200 mm，网孔为 45 μm 和 106 μm 的标准筛网。

D.1.4 接收底盘及盖子。

D.1.5 刷子。

D.2 测定步骤

D.2.1 每次使用前应先清洁筛网(D.1.3)，在光源下检查筛网的整个表面，检查每个筛网的损坏情况。如果发现任何破裂或破洞，则丢弃该破损筛网并用新筛网代替。如果筛网不干净，则需清洗。

D.2.2 将筛网叠放在筛网振动器(D.1.2)上，底部放置接收底盘(D.1.4)，将筛子按 106 μm 至 45 μm 的顺序自上而下叠放。用 250 mL 的玻璃烧杯称取 100 g 试样，准确至 0.01 g。将试样轻轻倒入顶部的筛子，加盖盖子(D.1.4)并开动筛网振动器振动 10 min。然后将筛网小心地取出，分别称量 45 μm 筛网和接收底盘上试样的质量。测定过程中应避免通风气流。用刷子(D.1.5)将筛下部分收集到废物皿中，并清洁筛网。

D.3 结果计算

粒度分布按式(D.1)和式(D.2)计算：

$$S_1 = \frac{m_2 + m_3}{m_1} \times 100 \qquad \cdots\cdots\cdots\cdots(\text{D.1})$$

$$S_2 = \frac{m_3}{m_1} \times 100 \qquad \cdots\cdots\cdots\cdots(\text{D.2})$$

式中：

S_1——试样中粒度小于 106 μm 的含量，%；

S_2——试样中粒度小于 45 μm 的含量，%；

m_1——试样的总质量，单位为克(g)；

m_2——45 μm 筛网上试样的质量，单位为克(g)；

m_3——接收底盘上的试样质量，单位为克(g)。

同时进行两次测定，取其算术平均值作为测定结果，结果修约至小数点后一位。

附 录 E
（规范性附录）
密度的测定

E.1 仪器设备

E.1.1 天平，感量为 0.01 g。
E.1.2 密度测试装置。
E.1.3 漏斗，容量大于 120 mL，且带有孔式节流阻尼或挡板，孔口内径 10.00 mm±0.01 mm。
E.1.4 密度杯，杯筒容量 100 cm^3 ±0.5 cm^3。

E.2 测定步骤

E.2.1 将密度测试装置(E.1.2)放在平台上，调节三个脚上的螺丝，使其保持水平。将洗净烘干的漏斗(E.1.3)垂直放置在密度杯(E.1.4)中心上方 40 mm±1 mm 高度处，确保漏斗水平。
E.2.2 称取空密度杯的质量，精确至 0.01 g，并将其质量记作 m_1。然后将已称重的空密度杯放在漏斗的正下方。
E.2.3 准确称取 100 g(精确至 0.01 g)试样，轻轻加入漏斗中，漏斗下方的孔式节流阻尼或挡板处于关闭状态。
E.2.4 快速打开漏斗下方的孔式节流阻尼或挡板，让漏斗内的试样全部自然落下。
E.2.5 用玻璃棒刮掉密度杯顶部多余的试样，不应拍打或震动密度杯。
E.2.6 称取装有试样的密度杯的质量，精确至 0.01 g，并将该质量记作 m_2。

E.3 结果计算

试样的密度按式(E.1)计算：

$$\rho = \frac{m_2 - m_1}{V} \qquad \cdots\cdots\cdots\cdots(E.1)$$

式中：

ρ ——试样的密度，单位为克每立方厘米(g/cm^3)；
m_1 ——空密度杯的质量，单位为克(g)；
m_2 ——装有试样的密度杯质量，单位为克(g)；
V ——密度杯的体积，单位为立方厘米(cm^3)。

同时进行两次测定，取其算术平均值作为测定结果，结果修约至小数点后一位。

附　录　F
（规范性附录）
返黄值的测定

F.1　原理

试样在规定的温湿度条件下处理一定时间后颜色发生变化，以试样处理前后的D65亮度差值与试样处理前的D65亮度值的比值表示返黄值。

F.2　仪器设备

F.2.1　天平，感量为0.01 g。

F.2.2　恒温恒湿箱，能使温度保持在50 ℃±2 ℃，相对湿度保持在90%±2%。

F.2.3　测试容器，玻璃或不锈钢材质，圆柱形，底面直径为35 mm±5 mm，高为10 mm±2 mm。

F.2.4　反射光度计，符合GB/T 7974的规定。

F.3　测定步骤

F.3.1　取足够量的试样，放入并填满测试容器(F.2.3)，确保试样表面平整，且与测试容器上边缘持平。

F.3.2　将装有试样的测试容器小心放置在反射光度计(F.2.4)的测试区，测定试样的D65亮度 R_1。

F.3.3　设置恒温恒湿箱(F.2.2)温度为50 ℃，相对湿度为90%，启动恒温恒湿箱，待达到设定的温湿度后，再将装有试样的测试容器放置到恒温恒湿箱中进行处理。

F.3.4　28 d后，将装有试样的测试容器取出，用玻璃平板压平试样表面，使试样表面与测试容器上边缘持平，再次将装有试样的测试容器小心放置在反射光度计的测试区，测定试样的D65亮度 R_2，测定时应确保前后两次测定的位置相同。

F.4　结果计算

返黄值按式(F.1)计算：

$$Y=\frac{R_1-R_2}{R_1}\times 100 \qquad \text{(F.1)}$$

式中：

Y ——试样的返黄值，%；

R_1 ——试样处理前的D65亮度，%；

R_2 ——试样处理后的D65亮度，%。

同时进行两次测定，取其算术平均值作为测定结果，结果修约至小数点后一位。

附　录　G
（规范性附录）
吸收速度的测定

G.1　试剂和材料

标准合成试液：见附录 K。

G.2　仪器设备

G.2.1　天平，感量为 0.001 g。
G.2.2　烧杯，容量 100 mL。
G.2.3　量筒，10 mL。
G.2.4　秒表。

G.3　测定步骤

G.3.1　用天平称取 1.000 g 试样，精确至 0.001 g，然后倒入 100 mL 的烧杯中。摇动烧杯使试样均匀分散在烧杯底部。

G.3.2　用量筒量取 5.0 mL23 ℃的标准合成试液，快速倒入盛有试样的烧杯中并快速摇动烧杯让试样分散均匀。倒入标准合成试液，同时开始计时，待烧杯内液体镜面消失瞬间，停止计时并记录时间。

注：摇动时避免试样粘附在烧杯壁上。

G.3.3　每个样品测定两次。

G.4　结果计算

取两次测定的算术平均值作为测定结果，吸收速度用秒(s)表示，结果修约至整数位。

附 录 H
（规范性附录）
吸收量和保水量的测定

H.1 试剂和材料

除非另有规定，仅使用分析纯试剂。

H.1.1 水，GB/T 6682，三级。

H.1.2 生理盐水，浓度0.9%。称量9.00 g(精确至0.01 g)氯化钠于烧杯中，溶解后转移到1L的容量瓶中，用水稀释至刻度并摇匀。

H.1.3 标准合成试液：见附录K。

H.2 仪器设备

H.2.1 天平，感量为0.001 g。

H.2.2 纸质茶袋，尺寸为60 mm×85 mm，透气性为(230±50)L/(min·100 cm^2)(压差124 Pa)。

H.2.3 夹子，固定茶袋用。

H.2.4 离心机，直径200 mm，转速1 500 r/min(可产生约250 g 的离心力)。

H.3 测定步骤

H.3.1 吸收量的测定

H.3.1.1 称取0.200 g试样，准确至0.001 g，并将该质量记作 m，将该试样全部倒入茶袋(H.2.2)底部，附着在茶袋内侧的试样也应全部倒入茶袋底部，将茶袋封口。

H.3.1.2 纸尿裤(片、垫)用高吸收性树脂选择生理盐水为试验溶液，卫生巾(护垫)用高吸收性树脂选择标准合成试液为试验溶液。将装有试样的茶袋浸泡至装有足够量试验溶液的烧杯中，浸泡时间为30 min。

H.3.1.3 轻轻地将装有试样的茶袋拎出，用夹子悬挂起来，静止状态下滴液10 min后称量装有试样的茶袋质量 m_1。多个茶袋同时悬挂时，注意茶袋之间不应接触。

H.3.1.4 使用未装试样的茶袋同时进行空白试验，称取空白试验茶袋的质量，并将该质量记作 m_2。

H.3.2 保水量的测定

H.3.2.1 将测定完吸收量的装有试样的茶袋用离心机(H.2.4)在250 g 离心力条件下脱水3 min。

H.3.2.2 脱水结束后，称量装有试样的茶袋质量，并将该质量记作 m_3。

H.3.2.3 使用未装试样的茶袋同时进行空白试验，称取空白试验茶袋的质量并将该质量记作 m_4。

H.4 结果计算

吸收量和保水量按式(H.1)和式(H.2)计算：

$$X=\frac{m_1-m_2-m}{m} \qquad \cdots\cdots(\text{H.1})$$

$$R = \frac{m_3 - m_4 - m}{m} \quad \text{(H.2)}$$

式中：

X ——试样的吸收量，单位为克每克(g/g)；

R ——试样的保水量，单位为克每克(g/g)；

m ——试样的质量，单位为克(g)；

m_1 ——装有试样的茶袋吸收液体后的质量，单位为克(g)；

m_2 ——空白试验茶袋的质量，单位为克(g)；

m_3 ——装有试样的茶袋脱水后的质量，单位为克(g)；

m_4 ——空白试验茶袋脱水后的质量，单位为克(g)。

同时进行两次测定，并取其算术平均值作为测定结果，结果修约至小数点后一位。

附 录 I
（规范性附录）
加压吸收量的测定

I.1 试剂和材料

除非另有规定，仅使用分析纯试剂。

I.1.1 水，GB/T 6682，三级。

I.1.2 生理盐水，浓度0.9%。称量9.00 g(精确至0.01 g)氯化钠于烧杯中，溶解后转移到1 L的容量瓶中，用水稀释至刻度并摇匀。

I.2 仪器设备

I.2.1 塑料圆桶，内径为60.0 mm±0.2 mm、高为50.0 mm±0.5 mm，且底面粘有36 μm尼龙网，如图I.1所示。

I.2.2 活塞(2 068 Pa)，圆桶型，外径60 mm，能与I.2.1中塑料圆桶紧密连接，且能上下自如活动。活塞为塑料圆筒和金属砝码组合，如图I.2所示。

I.2.3 电子天平，感量为0.001 g。

I.2.4 浅底盘，内径为85 mm、高为20 mm，且粘有两条直径为2 mm的金属线，如图I.3所示。

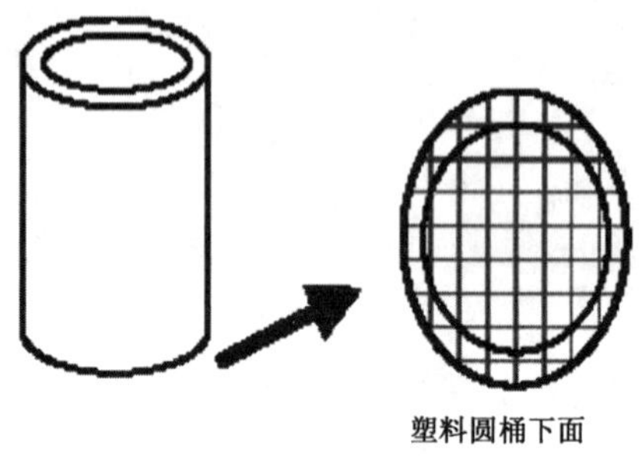

图 I.1 塑料圆桶

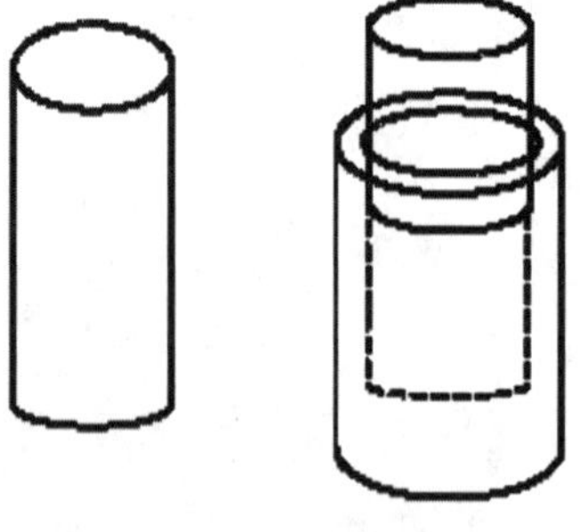

图 I.2 砝码和塑料圆筒

图 I.3 浅底盘

I.3 测定步骤

I.3.1 将浅底盘(I.2.4)放在平台上,加入生理盐水(I.1.2)至液面刚好超过浅底盘金属线。

I.3.2 称取 0.900 g 试样 m,准确至 0.001 g,装入塑料圆桶(I.2.1)中,使其均匀分布。

I.3.3 将活塞(I.2.2)的塑料圆筒装入已经装好测试试样的塑料圆桶(I.2.1)中,称量吸收液体前圆桶的质量 m_1。

I.3.4 将活塞(I.2.2)的金属砝码放置到塑料圆筒上,然后将整套装置置于浅底盘的中心位置。

I.3.5 60 min 后,将塑料圆桶从浅底盘中提出,移除活塞的金属砝码,称量吸收液体后圆桶的质量 m_2。

I.4 结果计算

加压吸收量按式(I.1)计算:

$$P=\frac{m_2-m_1}{m} \tag{I.1}$$

式中:

P ——试样的加压吸收量,单位为克每克(g/g);

m ——称取试样的质量,单位为克(g);

m_1 ——吸收液体前圆桶的质量,单位为克(g);

m_2 ——吸收液体后圆桶的质量,单位为克(g);

同时进行两次测定,并取其算术平均值作为测定结果,结果修约至小数点后一位。

附 录 J
（规范性附录）
可萃取物含量测试

J.1 试剂和材料

除非另有规定，仅使用分析纯试剂。

J.1.1 水，GB/T 6682，三级。

J.1.2 氢氧化钠溶液，$c(NaOH)=0.1\ mol/L$。

J.1.3 盐酸溶液，$c(HCl)=0.1\ mol/L$。

J.1.4 生理盐水，浓度0.9%。称量9.00 g(精确至0.01 g)氯化钠于烧杯中，溶解后转移到1L的容量瓶中，用水稀释至刻度并摇匀。

J.1.5 标准缓冲溶液，在25 ℃时pH为4.00、6.86、9.18。

J.2 仪器设备

J.2.1 天平，感量为0.000 1 g。

J.2.2 pH计。

J.2.3 烧杯，容量250 mL。

J.2.4 石蜡膜。

J.2.5 磁力搅拌器及搅拌棒。

J.2.6 真空过滤瓶和布氏漏斗。

J.2.7 滤纸，定量滤纸。

J.2.8 真空泵。

J.2.9 滴定管，10 mL或者20 mL，可读取的精度为0.01 mL。

J.3 测定步骤

J.3.1 用量筒准确量取200 mL生理盐水倒入250 mL的烧杯中，加入搅拌棒。

J.3.2 称取1.000 g样品，精确到0.001 g，然后全部倒入烧杯中，用石蜡膜封住烧杯口。打开磁力搅拌器(J.2.5)并调节转速到500 r/min，搅拌16 h。

J.3.3 16 h后停止搅拌，并使凝胶沉积，然后用带滤纸的布氏漏斗滤出上清液，并收集不少于50 mL的液体，保留待测。

J.3.4 按pH计仪器说明书校准仪器。

J.3.5 取50 mL测试液，用标准氢氧化钠溶液(J.1.2)滴定，pH计测量，滴定到pH为10.0。记录消耗氢氧化钠溶液的体积。

J.3.6 然后用盐酸溶液(J.1.3)滴定到pH为2.7。记录消耗盐酸溶液的体积。

J.3.7 同时进行空白试验。

J.4 结果计算

J.4.1 滤液中羧酸总量(如聚羧酸等)按式(J.1)计算:

$$n_{COOH}=(V_{NaOH,s}-V_{NaOH,b})c_{NaOH} \qquad (J.1)$$

式中:

n_{COOH} ——滤液中羧酸的总量,单位为摩尔(mol);

$V_{NaOH,s}$ ——用氢氧化钠溶液将滤出的样品上清液滴定到 pH 为 10.0 时需要的体积,单位为毫升(mL);

$V_{NaOH,b}$ ——用氢氧化钠溶液将滤出的空白液滴定到 pH 为 10.0 时需要的体积,单位为毫升(mL);

c_{NaOH} ——氢氧化钠溶液浓度,单位为摩尔每升(mol/L)。

J.4.2 滤液中羧酸盐(酯)的总量按式(J.2)计算:

$$n_{tot}=(V_{HCl,s}-V_{HCl,b})c_{HCl} \qquad (J.2)$$

式中:

n_{tot} ——滤液中羧酸盐(酯)的总量,单位为摩尔(mol);

$V_{HCl,s}$——用盐酸溶液将滤出的样品上清液滴定到 pH 为 2.7 时需要的体积,单位为毫升(mL);

$V_{HCl,b}$——用盐酸溶液将滤出的空白液滴定到 pH 为 2.7 时需要的体积,单位为毫升(mL);

c_{HCl} ——盐酸溶液浓度,单位为摩尔每升(mol/L)。

J.4.3 滤液中和掉的羧酸总量按式(J.3)计算:

$$n_{COONa}=n_{tot}-n_{COOH} \qquad (J.3)$$

式中:

n_{COONa}——滤液中和掉的羧酸总量,单位为摩尔(mol);

J.4.4 羧酸和羧酸盐的相对质量按式(J.4)和式(J.5)计算:

$$m_{COOH}=n_{COOH}\times M_{COOH}\times F_{dil} \qquad (J.4)$$

$$m_{COONa}=n_{COONa}\times M_{COONa}\times F_{dil} \qquad (J.5)$$

式中:

m_{COOH} ——丙烯酸的相对质量,单位为克(g);

m_{COONa} ——丙烯酸钠相对质量,单位为克(g);

M_{COOH} ——丙烯酸的摩尔质量,单位为克每摩尔(g/mol)($M_{COOH}=72.0$);

M_{COONa} ——丙烯酸钠的摩尔质量,单位为克每摩尔(g/mol)($M_{COONa}=94.0$);

F_{dil} ——稀释因子,为 200/50=4。

J.4.5 高吸收性树脂中可萃取物含量按式(J.6)计算:

$$w=\frac{m_{COOH}+m_{COONa}}{m_s}\times 100 \qquad (J.6)$$

式中

w ——试样中可萃取物含量,%;

m_s ——测试样品的质量,单位为克(g)。

同时进行两次测定,并取其算术平均值作为测定结果,结果修约至小数点后一位。

附 录 K
（规范性附录）
标准合成试液的配方和物理性能

K.1 配方

以下试剂均为化学纯。

K.1.1 蒸馏水或去离子水：860 mL。

K.1.2 氯化钠：10.00 g。

K.1.3 碳酸钠：40.00 g。

K.1.4 丙三醇(甘油)：140 mL。

K.1.5 苯甲酸钠：1.00 g。

K.1.6 食用色素：适量。

K.1.7 羧甲基纤维素钠：5.00 g。

K.1.8 标准媒剂：1%(体积分数)。

K.2 标准合成试液的物理性能

在(23±1) ℃时，标准合成试液的物理性能应满足以下要求：

a) 密度：(1.05±0.05)g/cm^3；

b) 黏度：(11.9±0.7)s(用 4 号涂料杯测)；

c) 表面张力：(36±4)mN/m。

ICS 35.240
L 67

中华人民共和国国家标准

GB/T 23003—2018

信息化和工业化融合管理体系 评定指南

Integration of informatization and industrialization management systems—Assessment guidance

2018-12-28 发布　　　　2018-12-28 实施

国家市场监督管理总局
中国国家标准化管理委员会　发布

前　言

本标准按照 GB/T 1.1—2009 给出的规则起草。

本标准由中华人民共和国工业和信息化部提出并归口。

本标准起草单位:国家工业信息安全发展研究中心(工业和信息化部电子第一研究所)、中国企业联合会、工业和信息化部电子第五研究所、中国信息通信研究院、中国电子技术标准化研究院、清华大学、中国航空工业集团有限公司、中国石油化工集团公司、国家电网有限公司、中国中车集团有限公司、北京协创信息化和工业化融合促进中心。

本标准主要起草人:周剑、张文彬、赵国祥、郑永亮、于秀明、李君、李清、陈杰、周翼、刘小茵、凌大兵、周平、陈春霖、窦克勤、李媛姗、姜晓阳、程志华、杜林明、柳杨、邱君降、侯石磊、崔丙锋、王晴、李尧、杨梦培。

引　言

信息化和工业化融合(以下简称两化融合)管理体系系列标准包括基础和术语、要求、实施指南、评估规范、评定指南等,共同构成了一组密切相关的标准族,可引导各类组织建立、实施、保持和改进两化融合管理体系,也可供相关方评价组织两化融合管理体系的符合性和有效性。

为系统指导标准应用,可进一步研制两化融合管理体系关键内容与框架、有关方法与工具标准,依据不同行业或不同领域的特色和需求制定分类标准,并给出相关参考模型。

信息化和工业化融合管理体系
评定指南

1 范围

本标准提供了信息化和工业化融合(以下简称两化融合)管理体系评定原则,给出了两化融合管理体系评定组织和评定过程,按过程方法实施评估审核的要求,以及 GB/T 23001—2017 的评估审核要点。

本标准适用于与两化融合管理体系评定活动有关的组织,用于规范评定组织和评定管理,可为评定机构、评定人员、实施两化融合管理体系的组织以及相关标准化活动提供参考。

2 规范性引用文件

下列文件对于本文件的应用是必不可少的。凡是注日期的引用文件,仅注日期的版本适用于本文件。凡是不注日期的引用文件,其最新版本(包括所有的修改单)适用于本文件。

GB/T 23000—2017 信息化和工业化融合管理体系 基础和术语

GB/T 23001—2017 信息化和工业化融合管理体系 要求

GB/T 23020 工业企业信息化和工业化融合评估规范

3 术语和定义

GB/T 23000—2017 界定的术语和定义适用于本文件。

4 评定原则

4.1 总则

评定的总体目标是使所有相关方认同组织所建立和运行的两化融合管理体系符合 GB/T 23001—2017 的要求。评定的公信力取决于评定活动遵循评定原则的程度。

4.2 价值创造

评价组织所建立和运行两化融合管理体系的有效性的核心准则是其在战略转型变革、新型能力打造、管理机制创新等方面获得的价值。

评定活动落实新发展理念,创新评定服务内容和形式,不断为组织创造新的价值。

4.3 客观公正

以事实为依据开展评定活动,科学合理获取客观证据,基于证据作出公正决定,不受个人偏见、自身利益、其他利益或其他方面的影响。

4.4 公开透明

对评定活动进行全流程在线管理,按需对社会公开非保密信息,形成广泛参与的社会化监督机制。

4.5 合规自律

评定活动的参与组织和个人严格遵守法律法规、标准规范、规章制度、行业自律、职业操守等要求,保守相关方商业秘密，合规开展评定工作，不在评定活动中谋取不正当利益。

5 评定组织

5.1 总则

两化融合管理体系评定组织体系包括第三方非盈利的两化融合管理体系评定工作委员会（以下简称评定工作委员会）、两化融合管理体系评定专家委员会（以下简称评定专家委员会），支撑评定活动全流程在线管理的两化融合管理体系评定管理平台（以下简称评定管理平台），以及由评定工作委员会委托的评定机构及评定人员。

5.2 评定工作委员会

评定工作委员会全面负责管理、协调两化融合管理体系评定工作，制订完善评定工作细则、流程和方法，管理、监督评定机构和评定人员，以及其他相关工作。评定工作委员会设立秘书处，处理日常工作。

5.3 评定专家委员会

评定专家委员会对两化融合管理体系评定工作提供指导和咨询，参与评定抽查、复核以及投诉和举报处理等相关工作，作出专家结论。

5.4 评定管理平台

评定工作委员会依托评定管理平台对评定活动参与组织、个人和评定工作进行全流程在线服务、管理与监督。

5.5 评定机构

5.5.1 评定工作委员会委托符合条件的第三方评定机构从事两化融合管理体系评定活动。评定机构的基本条件如下：

a） 具有法人资格；

b） 有固定的办公场所和必要的设施；

c） 有10名以上符合条件的两化融合管理体系专职评定人员；

d） 建立并有效运行评定工作体系，完善评定监督和责任机制，以确保从事的两化融合管理体系评定活动符合本标准的规定。

5.5.2 坚持咨询与评定分离原则，评定机构不可为其利益相关方提供评定服务。

5.5.3 评定机构在评定管理平台至少公开以下信息：

a） 可开展评定的主要业务范围；

b） 评定机构授予、保持、变更、暂停或撤销评定及其证书等环节的程序和规定；

c） 对所作出评定结论的申诉程序；

d） 评定机构以往开展的评定业务；

e） 评定机构的信用等级；

f） 评定机构聘用的评定人员及其信用等级。

5.5.4 对于违反本标准、相关法律法规、相关职业道德以及不遵守评定工作委员会管理要求的评定机构，评定工作委员会暂停或撤销其从事两化融合管理体系评定活动的委托。

5.6 评定人员

5.6.1 评定工作委员会委托符合条件的评定人员具体承担两化融合管理体系评定工作。评定人员的基本条件如下：

a） 拥有3年及以上从事管理、信息化、自动化、管理体系等相关工作的经验，或具有等同于相关领域3年工作经验的专业水平；

b） 通过评定工作委员会组织的考核，且每年至少参加1次两化融合管理体系评估审核工作，否则需重新通过考核；

c） 按评定工作委员会要求参加两化融合管理体系评定人员继续教育。

5.6.2 评定人员遵守相关的法律法规和被评定组织的规章制度，严守国家秘密和商业秘密，承担相应的法律责任。

5.6.3 评定人员按照所执业评定机构确定的工作程序和作业指导从事评定活动，对评估审核报告的真实性承担相应责任。

5.6.4 评定人员不得同时在2个及以上评定机构执业。

5.6.5 对于违反本标准、相关法律法规、职业道德以及不遵守评定工作委员会管理要求的评定人员，评定工作委员会暂停或撤销其从事两化融合管理体系评定活动的委托。

6 评定程序

6.1 概述

评定程序规定了两化融合管理体系初次评定、监督审核、再评定、评定证书以及评定过程监督与管理等方面的程序和要求。

6.2 初次评定

6.2.1 受理评定申请

6.2.1.1 申请两化融合管理体系评定的组织（以下简称申请组织）需在评定管理平台进行注册，选择评定机构，并提交以下评定申请材料：

a） 两化融合管理体系评定申请表；

b） 营业执照或法人证书等法律地位证明文件的复印件；

c） 两化融合管理体系文件，如：管理手册及必要的文件化信息等；

d） 两化融合管理体系已有效运行的证明文件；

e） 两化融合发展水平评估报告；

f） 其他与评定有关的文件。

6.2.1.2 评定机构对申请组织所提交的申请材料进行评审，确认申请组织所从事的活动符合相关法律法规规定，建立和实施了两化融合管理体系，且已有效运行；并根据申请组织所申请的评定范围、完成评估审核所需时间及其他影响评定活动的因素，综合确定是否受理评定申请。

6.2.1.3 对于有关材料不满足6.2.1.1中要求的，评定机构可通知申请组织补充和完善，或者不受理评定申请。

6.2.1.4 对于所受理的评定申请，评定机构将与申请组织所签定的评定合同提交至评定管理平台。

6.2.2 制定评估审核计划

6.2.2.1 评定机构在实施评估审核前，形成书面的评估审核计划，由申请组织确认，并提交至评定管理平台。评估审核计划的内容至少包括：评估审核计划名称和编号、评估审核目的、评估审核范围、评估审核任务、评估审核时间、评估审核组成员、评估审核组组长、评估审核日程安排等。

6.2.2.2 评估审核时间宜合理充分，以确保评估审核的完整有效。

6.2.2.3 评估审核组根据两化融合管理体系评估审核范围所覆盖的专业领域选择具备相关能力的评定人员和技术专家。每个评估审核组至少包含一名专职评定人员，评估审核组中的评定人员承担评估审核责任。

6.2.2.4 现场评估审核安排在评估审核范围覆盖的业务活动处于正常运行阶段，以使现场评估审核活动能够观察到业务活动的运行情况。

6.2.3 实施评估审核

6.2.3.1 开展第一阶段评估审核

6.2.3.1.1 第一阶段评估审核的主要目的是判断申请组织是否建立和实施了符合 GB/T 23001—2017 的管理制度，重点评估审核申请组织两化融合管理体系与标准的符合性。

6.2.3.1.2 第一阶段评估审核至少包含以下内容：

a) 评估审核申请组织的两化融合管理体系相关文件是否符合 GB/T 23001—2017，并初步确认申请组织的实际运行情况是否与其两化融合管理体系相关文件相一致；
b) 评估审核申请组织理解和实施 GB/T 23001—2017 的情况，特别是对两化融合管理体系的要素、过程、目标、运行机制及其关键绩效的识别情况；
c) 评估审核申请组织是否围绕与其战略相匹配的可持续竞争优势的需求，确定了信息化环境下新型能力的要求，并确定了新型能力目标及量化指标；
d) 确认两化融合管理体系覆盖的范围，以及该范围是否与申请组织对打造信息化环境下新型能力的要求相一致；
e) 确认申请组织的两化融合管理体系是否已实施运行、是否实施了内部审核与管理评审；
f) 结合新型能力目标及量化指标，并围绕所涉及的数据、技术、业务流程、组织结构四个基本要素，以及可持续竞争优势、领导作用、策划、支持、实施与运行、评测、改进等管理域，识别对新型能力目标实现具有重要影响的关键点，作为策划第二阶段评估审核的重要输入；
g) 结合识别的第二阶段重要评估审核点，审核第二阶段评估审核所需资源的配置情况，与申请组织相关人员进行讨论，确定第二阶段评估审核实施的可行性，并商定第二阶段评估审核的详细安排。

6.2.3.1.3 第一阶段的评估审核活动，原则上在申请组织的现场进行。

6.2.3.1.4 评定人员及时将第一阶段评估审核情况形成文件，告知申请组织，并将文件及相关材料提交至评定管理平台。

6.2.3.1.5 第一阶段评估审核和第二阶段评估审核宜安排适宜的间隔时间，使申请组织有充分的时间解决第一阶段评估审核中发现的问题。

6.2.3.2 开展第二阶段评估审核

6.2.3.2.1 第二阶段评估审核的主要目的是围绕申请组织所打造的信息化环境下的新型能力，判断申请组织两化融合管理体系运行的符合性和有效性。

6.2.3.2.2 第二阶段评估审核至少覆盖以下内容：

a) 围绕所打造的信息化环境下的新型能力，申请组织两化融合管理体系的实际运行情况与标准或其他规范性文件的所有要求的符合情况及证据；
b) 依据两化融合管理体系的关键绩效目标，对绩效进行的监视、测量、报告和评审，以及所获取的信息化环境下的新型能力的情况；
c) 申请组织两化融合管理过程的执行控制情况；
d) 申请组织两化融合管理体系的内部审核和管理评审情况；
e) 规范性要求、方针、绩效目标、适用的法律法规要求、职责、人员能力、运作、程序、绩效数据和内部审核发现及结论之间的联系。

6.2.3.2.3 第二阶段评估审核在申请组织的现场进行。

6.2.3.3 中止评估审核的情况

发生以下情况时，评估审核组中止评估审核，并向评定机构报告：

a) 申请组织对评估审核活动不予配合，评估审核活动无法进行；
b) 申请组织的两化融合管理体系有重大缺陷，不符合 GB/T 23001—2017 的要求；
c) 申请组织的两化融合管理体系文件不符合实际运行情况；

d) 发现申请组织存在严重违法违规的行为；

e) 其他导致评估审核程序无法完成的情况。

6.2.4 形成评估审核报告

6.2.4.1 评估审核结束后，评估审核组对评估审核活动形成书面的评估审核报告。评估审核报告由评估审核组组长组织编写并签字确认。评估审核报告宜准确、简明和清晰地描述评估审核活动的主要内容，至少包括：

a) 评定机构；

b) 申请组织的名称和地址及其管理者代表；

c) 评估审核类型(例如初次、监督或再评定)；

d) 评估审核准则；

e) 评估审核目的；

f) 评估审核范围；

g) 评估审核组组长、评估审核组成员及任何与评估审核组同行的人员；

h) 评估审核活动的实施日期和地点；

i) 与评估审核类型的要求一致的评估审核证据、评估审核发现和评估审核结论；

j) 已识别出的不符合项和任何未解决的问题。

6.2.4.2 评估审核报告宜附必要的用于证明相关事实的证据或记录，并提交至评定管理平台。

6.2.4.3 评定机构将评估审核报告的副本送交申请组织。

6.2.4.4 对中止评估审核的项目，评估审核组将已开展的工作情况形成报告，评定机构将此报告及中止评估审核的原因提交申请组织，并通过评定管理平台提交至评定工作委员会。

6.2.5 不符合项的纠正和纠正措施验证

6.2.5.1 对评估审核中发现的不符合项，评定机构要求申请组织在规定期限内分析原因并采取措施进行纠正，并说明为消除不符合项所采取的纠正和纠正措施。

6.2.5.2 对于申请组织已完成纠正的不符合项，评定机构采取适当方式对申请组织所采取的纠正和纠正措施的有效性进行验证。

6.2.6 给出评定结论

6.2.6.1 评定机构根据评估审核报告及相关验证结果，结合其他相关信息进行综合评价，给出评定结论，并通过评定管理平台提交至评定工作委员会。

6.2.6.2 评估审核组成员不得参与给出所评估审核项目的评定结论。

6.2.6.3 评定机构在给出评定结论前确认：

a) 评估审核报告及相关验证结果能够满足评定的需要。

b) 对于所有反映以下问题的不符合项，评定机构已评审、接受并证实了纠正和纠正措施的有效性：

1) 未能满足两化融合管理体系标准的一项或多项要求；

2) 对新型能力目标的实现具有重要影响的关键点的监视和测量未有效运行，或者对这些关键点的报告或评审记录不完整或无效；

3) 在持续改进两化融合管理体系的有效性方面存在缺陷，实现新型能力目标有重大疑问。

c) 对于任何其他不符合项，评定机构已评审并接受了申请组织计划采取的纠正和纠正措施。

6.2.6.4 在满足6.2.6.3中的要求的基础上，评定机构有充分的客观证据证明申请组织满足下列要求的，给出该申请组织符合评定要求的评定结论：

a) 申请组织的两化融合管理体系符合GB/T 23001—2017要求且运行有效；

b) 评定范围覆盖的业务活动符合相关法律法规要求；

c) 申请组织按照评定合同规定履行了相关义务。

申请组织不满足上述要求的，给出该申请组织不符合评定要求的评定结论，以书面的形式告知申请组织并说明原因。

6.2.7 评定决定

6.2.7.1 评定工作委员会对评定过程中所提交的文件和记录进行合规性审查,确认相关材料完整、齐全、合理。对于材料不符合要求的,由评定机构补充完善。

6.2.7.2 通过合规性审查后,由评定工作委员会组织评定专家委员会的专家对评定机构提交的评定结论进行复核,给出评定决定。对于未能通过复核的,予以驳回。

6.2.7.3 对于经评定机构评定合格,且通过评定工作委员会专家复核的组织,在评定管理平台进行为期10个工作日的公示。

6.2.7.4 对于公示后无异议的组织,由评定机构为其颁发两化融合管理体系评定证书(以下简称评定证书)。

6.3 监督审核

6.3.1 评定机构对获得评定证书的组织(以下简称获证组织)进行有效的跟踪监督,确保其两化融合管理体系持续符合评定要求。

6.3.2 评定机构在获证组织获得评定证书后的一定期限内进行监督审核。

6.3.3 在达到监督审核期限而有证据表明获证组织暂不具备实施监督审核的条件时,可适当延长监督审核期限。

6.3.4 监督审核至少包含以下内容:

- a) 上次评估审核以来两化融合管理体系覆盖的范围及运行体系的资源是否有变更;
- b) 上次评估审核以来两化融合管理体系是否持续有效运行;
- c) 对上次评估审核中确定的不符合项采取的纠正和纠正措施是否继续有效;
- d) 内部审核和管理评审是否规范和有效;
- e) 是否针对内部审核和管理评审发现的问题策划并实施了持续改进;
- f) 新型能力目标是否实现,未实现的原因;
- g) 两化融合管理体系覆盖的业务活动涉及法律法规规定的,是否持续符合相关规定;
- h) 获证组织对评定证书和标志的使用是否符合相关规定。

6.3.5 评估审核组根据监督审核情况形成书面的监督审核报告,并提交至评定管理平台。监督审核报告至少按6.3.4的内容逐项描述评估审核证据、评估审核发现和评估审核结论等,并提出是否继续保持评定证书的推荐性意见。

6.3.6 评定机构根据监督审核报告和掌握的其他相关信息,给出继续保持或暂停、撤销评定证书的结论,并通过评定管理平台提交至评定工作委员会。

6.4 再评定

6.4.1 获证组织在证书期满前3个月内提出再评定申请,不提出再评定申请或再评定不合格的,其两化融合管理体系评定证书到期自动失效。

6.4.2 再评定的评估审核程序原则上与6.2中规定的程序一致。若获证组织的两化融合管理体系及其内外部环境无重大变化时,可省略第一阶段现场评估审核。

6.4.3 获证组织申请再评定时,宜扩展评定范围,增加与新的新型能力建设相关的两化融合管理活动。

6.5 评定证书

6.5.1 评定证书的有效期

评定证书自颁发之日起有效期为3年。

6.5.2 评定证书要求

评定证书至少包含以下信息:

- a) 组织名称、地址;
- b) 授予、变更评定的日期;

c) 评定有效期;
d) 证书编号;
e) 两化融合管理体系评定范围;
f) 两化融合管理体系符合 GB/T 23001—2017 的表述,包括版次和(或)修订号;
g) 评定工作委员会授予的标志和评定机构的名称、签印、地址、标志;
h) 关于证书信息查询方式的说明:"本证书的最新有效状态可在两化融合管理体系评定管理平台查验"。

6.5.3 评定证书的暂停

6.5.3.1 获证组织发生以下情况时,评定机构在获得相关信息并调查核实后 15 个工作日内向评定工作委员会申请暂停其评定证书,评定工作委员会在收到申请 15 个工作日内作出答复:
a) 两化融合管理体系持续或严重不满足评定要求,包括对两化融合管理体系运行有效性的要求;
b) 没有按照规定实施监督审核;
c) 不承担、履行评定合同约定的监督审核过程中的责任和义务;
d) 不履行评定合同约定的信息通报义务;
e) 主动请求暂停;
f) 获证组织被有关行政监管部门责令停业整顿;
g) 其他需要暂停评定证书的情况。

6.5.3.2 评定证书暂停期不可超过 6 个月。

6.5.3.3 暂停评定证书时,及时在评定管理平台上公布相关信息;评定机构采取有效监督措施避免无效评定证书被继续使用。

6.5.3.4 暂停评定证书的信息明确暂停的起止日期,声明在暂停期间获证组织不得以任何方式使用评定证书或引用评定信息。

6.5.3.5 获证组织对导致评定证书暂停的问题予以纠正,并经评定机构验证和评定工作委员会确认后,方可恢复评定证书。

6.5.4 评定证书的撤销

6.5.4.1 获证组织发生以下情况时,评定机构在获得相关信息并调查核实后 15 个工作日内向评定工作委员会申请撤消其评定证书,评定工作委员会在收到申请 15 个工作日内作出答复:
a) 被注销或吊销营业执照等法律地位证明文件;
b) 拒绝配合评定工作委员会开展监督工作,或者对有关事项的询问和调查提供了虚假材料或信息;
c) 有严重违反法律法规的行为或者业务活动不符合法定要求并造成严重影响;
d) 暂停评定证书的期限已满但导致暂停的问题未得到解决或纠正;
e) 没有运行两化融合管理体系或者已不具备运行的条件;
f) 不按相关规定正确使用和宣传评定信息,评定机构已要求其纠正但超过 6 个月仍未纠正,或者造成严重影响或后果;
g) 其他需要撤销评定证书的情况。

6.5.4.2 撤销评定证书前,告知有关组织,听取其陈述和申辩。

6.5.4.3 撤销评定证书后,及时在评定管理平台上公布相关信息;评定机构及时收回撤销的评定证书,若无法收回,及时在相关媒体上公布或声明,并采取有效监督措施避免无效评定证书被继续使用。

6.5.5 评定证书的变更

评定证书有效期内,获证组织发生下列(但不限于)变化时,及时通报评定机构,评定机构根据实际情况决定是否需要重新评估审核,并作出变更证书或撤销证书的决定,及时提交至评定工作委员会:
a) 组织名称;
b) 联系地址和场所;
c) 获得评定的两化融合管理体系覆盖的运行范围;

d) 两化融合管理体系及其过程的重大变更。

6.5.6 评定证书的使用

获证组织在评定范围内正确使用评定证书和评定标志，标志或所附文字不可使人对评定对象和发证机构产生歧义。评定机构对获证组织使用评定证书、评定标志等评定信息的情况实施有效跟踪调查，对误用和未按规定使用评定证书和评定标志的，要求获证组织采取有效的纠正措施。

6.6 监督与管理

6.6.1 信息保留与公开

6.6.1.1 评定活动的相关参与组织依托评定管理平台对两化融合管理体系评定全流程相关资料和信息进行管理。对于不涉及各组织商业秘密的信息，按需对社会进行公开，并接受各方监督。

6.6.1.2 评定机构对评定活动全过程进行真实、准确的记录并妥善保存。

6.6.2 申诉、投诉、举报及处理

6.6.2.1 有关组织对评定结果有异议，可向评定机构提出申诉，评定机构接受其申诉，在 1 个月内将处理结果形成书面通知送交有关组织，并将申诉材料及其处理结果提交至评定管理平台。

6.6.2.2 有关组织对评定机构作出的申诉处理结果仍有异议，可通过评定管理平台向评定工作委员会投诉。

6.6.2.3 有关组织认为评定机构未遵守评定相关法规、规章或本标准并导致自身合法权益受到侵害，可通过评定管理平台向评定工作委员会投诉。

6.6.2.4 任何个人或机构可通过评定管理平台向评定工作委员会举报评定机构或评定人员的不当行为，并提供相关证据。

6.6.2.5 对于确认受理的投诉或举报，评定工作委员会组织评定专家委员会的专家进行处理。

6.6.3 评定机构与评定人员信用等级管理

6.6.3.1 评定工作委员会依托评定管理平台对评定机构进行信用评价，授予不同的信用等级，并进行动态管理。

6.6.3.2 评定工作委员会依托评定管理平台对评定人员进行信用评价，授予不同的信用等级，并进行动态管理。

6.6.4 抽查与复核

6.6.4.1 评定工作委员会组织专家开展必要的抽查与复核活动，确保评定机构评定活动的有效性。抽查主要包括现场见证与确认审核等形式。

6.6.4.2 评定机构的信用等级是评定工作委员会开展抽查与复核活动的重要依据。抽查与复核的结果是评定机构和评定人员信用等级调整的重要因素。

7 按过程方法实施评估审核

7.1 总则

GB/T 23000—2017 提出两化融合管理体系由相互关联的过程所组成，引导组织采用过程方法，建立、实施、保持和改进两化融合管理体系，确保两化融合管理过程持续受控，提升两化融合的整体有效性。

评定机构宜按照 GB/T 23000—2017 中 3.3.2 规定的过程方法，参考 7.2～7.10 提出的过程实施两化融合管理体系评估审核。

7.2 文件化管理体系的运行过程

本过程主要包括以文件化信息为载体的两化融合制度体系及运行证据的创建、更新和控制等活动，

其有效性主要体现在制度体系的完整性、系统性和可控性，以及制度的执行、协调与优化等方面的价值成效，涉及 GB/T 23001—2017 中 4.4.1 确定两化融合管理体系的范围、4.4.2 两化融合管理体系及其过程、4.4.3 文件化信息等条款内容。

7.3 最高管理者在体系中的履职过程

本过程主要包括最高管理者在建立、实施、保持和改进两化融合管理体系，打造、保持与提升信息化环境下的新型能力过程中的领导活动，其有效性主要体现在战略决策及时准确、组织建设完备有力、资源配置充分合理等方面，涉及 GB/T 23001—2017 中 4 可持续竞争优势、5.1 最高管理者、5.2 两化融合方针、5.4 职责与协调沟通、7.1 总则（支持）、9.6 管理评审等条款内容。

7.4 管理者代表在体系中的履职过程

本过程主要包括管理者代表在建立、实施、保持和改进两化融合管理体系，打造、保持与提升信息化环境下的新型能力过程中的管理活动，其有效性主要体现在统筹组织、协调落实、优化迭代等方面发挥的作用，涉及 GB/T 23001—2017 中 4.4 两化融合管理体系、5.3 管理者代表、5.4 职责与协调沟通、6 策划、8.1 总则（实施与运行）、9.1 总则（评测）、9.4 内部审核、10.2 持续改进等条款内容。

7.5 新型能力的识别及策划过程

本过程主要包括组织的战略、可持续竞争优势需求、新型能力及其目标的识别，围绕打造新型能力的两化融合实施方案的策划等活动，其有效性主要体现在战略、可持续竞争优势、新型能力及其目标清晰明确且相互匹配，以及两化融合实施方案中数据、技术、业务流程、组织结构互动创新和持续优化需求和方法的完整性、系统性、适宜性，涉及 GB/T 23001—2017 中 4.2 识别组织的内外部环境、4.3 以获取与组织战略相匹配的可持续竞争优势为关注焦点、5.4 职责与协调沟通、6 策划、9.2 评估与诊断、9.3 监视与测量等条款内容。

7.6 新型能力的建设及运行过程

本过程主要包括为打造新型能力、实现新型能力目标进行的业务流程和组织结构优化、技术实现、数据开发利用、匹配与规范等活动，其有效性主要体现在业务流程、组织结构、技术及数据方面的协同创新情况，涉及 GB/T 23001—2017 中 5.4 职责与协调沟通、7.2 资金投入、7.3 人才保障、7.4 设备设施、7.5 信息资源、8.1 总则（实施与运行）、8.2 业务流程与组织结构优化、8.3 技术实现、8.4 数据开发利用、8.5 匹配与规范、8.6 运行控制等条款内容。

7.7 两化融合及其管理体系绩效的评测与改进过程

本过程主要包括对两化融合管理体系的符合性、适宜性、充分性和有效性，以及新型能力建设成效进行的评测与改进活动，其有效性主要体现在问题发现及时、改进措施到位、新型能力目标达成等方面，涉及 GB/T 23001—2017 中 9.2 评估与诊断、9.3 监视与测量、9.4 内部审核、9.5 考核、9.6 管理评审、10 改进等条款内容。

7.8 全员参与培育过程

本过程主要包括组织围绕新型能力打造开展的理念宣贯、职责调整、沟通协调、绩效考核、员工赋能等活动，其有效性主要体现在全员认识深刻统一、参与积极踊跃、职责与能力匹配、激励精准充分等方面，涉及 GB/T 23001—2017 中 5.2 两化融合方针、5.4 职责与协调沟通、7.3 人才保障等条款内容。

7.9 设备设施及信息资源保障过程

本过程主要包括组织围绕新型能力打造开展的设备设施提供、维护、改造，信息资源管理，信息安全保障等活动，其有效性主要体现在信息设备设施和工业设备设施的统筹与协调建设、避免盲目改造，高效利用信息资源，提高安全性等方面，涉及 GB/T 23001—2017 中 7.4 设备设施、7.5 信息资源、7.6 信息安全等条款内容。

7.10 资金保障过程

本过程主要包括组织围绕新型能力打造开展的资金预算、投入和监管等活动，其有效性主要体现在资金投入的统筹安排及其充足、及时、适宜等情况，涉及 GB/T 23001—2017 中 7.2 资金投入等条款内容。

8 GB/T 23001—2017 的评估审核要点及方法

8.1 总则

依据第 7 章规定的过程进行评估审核时，可参考 8.2～8.8 给出的 GB/T 23001—2017 中相关条款的评估审核要点及方法。

8.2 可持续竞争优势

8.2.1 总则

根据 GB/T 23001—2017 中 4.2～4.4 的审核发现对 GB/T 23001—2017 中 4.1 的符合性和有效性进行综合判断。

8.2.2 识别组织的内外部环境

本条款给出了 GB/T 23001—2017 中 4.2 识别组织的内外部环境的评估审核要点及方法。

评估审核要点包括：

a） 组织是否建立了对内外部环境进行识别、分析和确定的制度；

b） 组织是否按照制度规定，开展了与其战略、可持续竞争优势有关的各种外部和内部环境的识别和分析；

c） 组织所识别和分析的内外部环境是否充分、适宜。

评估审核方法为：

查阅组织所建立的内外部环境识别、分析和确定的制度及其实施证据。通过查阅相关资料、交流访谈等方式，了解组织开展内外部环境识别和分析过程中所使用的方法与工具、识别和分析的内容及其应用效果，从而评价组织所开展的与战略、可持续竞争优势有关的内外部环境分析的充分性、适宜性和有效性。

8.2.3 以获取与组织战略相匹配的可持续竞争优势为关注焦点

本条款给出了 GB/T 23001—2017 中 4.3 以获取与组织战略相匹配的可持续竞争优势为关注焦点的评估审核要点及方法。

评估审核要点包括：

a） 组织的战略是否充分体现了两化融合发展方向和规律；

b） 组织是否建立了识别和确定其可持续竞争优势需求的制度；

c） 组织是否清晰确定了拟获取的可持续竞争优势需求，以及该需求是否与组织的战略相匹配；

d） 组织打造的新型能力是否有效支撑了可持续竞争优势的获取，所获取的可持续竞争优势是否有效支撑了战略实现。

评估审核方法为：

查阅组织所建立的识别和确定可持续竞争优势需求的制度及其实施证据。通过查阅相关资料、交流访谈等方式，了解组织的可持续竞争优势需求识别、调整、评审的过程，查阅组织的战略、所确定的可持续竞争优势需求及其与战略相匹配的证据。通过查阅相关资料、交流访谈等方式，了解组织新型能力的打造、可持续竞争优势的获取对战略落地的支撑情况。通过与最高管理者、管理者代表以及相关部门交流，了解其对组织的战略、可持续竞争优势需求、新型能力打造及三者之间匹配与联系的理解和认识。

8.2.4 两化融合管理体系

8.2.4.1 确定两化融合管理体系的范围

本条款主要提出 GB/T 23001—2017 中 4.4.1 确定两化融合管理体系的范围的评估审核要点及方法。

评估审核要点包括：

a) 范围和边界限定了两化融合管理体系管理的对象，明确了贯标实施、自我声明及评估审核的界限，是影响采信方对两化融合管理体系评定结果信任程度的重要因素。在两化融合管理体系保持和改进过程中，组织可适时对两化融合管理体系的范围和边界做出更新或调整；

b) 组织的两化融合管理体系范围是否覆盖了拟打造的新型能力，包含了所涉及的业务活动、组织单元及区域等要素，并在文件化信息中加以明确；

c) 组织的两化融合管理体系范围是否与其业务和管理现状、两化融合水平相适宜。

评估审核方法为：

查阅组织有关两化融合管理体系范围的文件化信息。通过交流访谈、现场查看、查阅资料等方式，了解评定范围所涉及新型能力相关的业务活动开展情况，评价新型能力的表述是否准确、评定范围是否与组织的业务和管理现状及两化融合水平等相适宜、评定范围是否覆盖两化融合管理体系的全部过程和职责及新型能力涉及的业务活动，判断组织两化融合管理体系范围的适宜性。

8.2.4.2 两化融合管理体系及其过程

本条款主要提出 GB/T 23001—2017 中 4.4.2 两化融合管理体系及其过程的评估审核要点及方法。

评估审核要点包括：

a) 组织的两化融合管理体系是否得以建立和实施，是否涵盖并满足了 GB/T 23001—2017 所规定的所有过程和要求，明确了实施这些过程的机制安排和职责分工，确保其有效运作并处于受控状态；

b) 组织的两化融合管理体系是否得到了有效的保持和改进；

c) 组织的两化融合管理体系在变更时是否仍保持完整并持续有效运行。

注：体系变更通常指由于标准的变更，或组织发生重大的、系统性的管理调整和变化而引起的体系调整。

评估审核方法为：

基于文件评估审核及现场评估审核中获取的正反两方面审核发现，对组织两化融合管理体系的运行情况做出总体评价，评价包括对两化融合管理体系符合性和有效性的描述及结论性意见。其中，符合性包括组织两化融合管理体系的规定符合 GB/T 23001—2017 的要求、管理体系运行符合 GB/T 23001—2017 和其自身管理体系的要求、管理体系运行与评定范围相适宜；有效性包括两化融合管理体系对于组织打造新型能力、实现预期目标及获取可持续竞争优势的有效性。通过与最高管理者或管理者代表交流，了解其对两化融合管理体系标准的理解与认识情况。

对于组织两化融合管理体系的变更，通过查阅变更策划及实施证据、交流访谈等方式，了解组织是否对变更活动进行了必要的策划，是否通过修订完善相关文件化信息、人员培训、采取新的控制措施等方式，确保两化融合管理体系的变更要求得到满足。

8.2.4.3 文件化信息

本条款主要提出 GB/T 23001—2017 中 4.4.3 文件化信息的评估审核要点及方法。

评估审核要点包括：

a) 组织的两化融合管理体系文件化信息是否包括了 GB/T 23001—2017 要求的内容；

b) 组织所保持的文件化信息是否经过了事先的评审和批准，使用过程中是否对分发、更改等进行了控制；

c) 组织所保留的文件化信息是否清晰、易于识别，并对访问、检索、存储、防护、保留、处置等进行了控制。

评估审核方法为：

文件评估审核主要评价组织的管理手册是否对 GB/T 23001—2017 要求的全部过程及顺序和其相互作用进行了描述，是否指出了必要的支持性信息的查询途径；GB/T 23001—2017 要求的管理体系范围和边界、方针、可持续竞争优势需求、新型能力及其目标等是否形成了文件化信息；管理手册及其他文件化信息的规定是否符合 GB/T 23001—2017 的要求。

现场评估审核主要是结合对 GB/T 23001—2017 中 4.4.3 以外的其他条款的评估审核，评价组织对 GB/T 23001—2017 所要求的全部过程进行有效策划、运行和控制所需的文件化信息是否充分、适宜。

在文件化信息的归口控制部门查看清单。抽查组织是否按照规定对两化融合管理体系相关文件化信息进行审批，是否对其更改和现行修订状态进行标识，是否将其发放至预期使用者，是否有措施防止作废文件化信息的非预期使用。查看组织是否保留了 GB/T 23001—2017 要求的以及其他用于证实体系稳定运行的文件化信息，是否规定了保留期限、保存部门等。

在其他部门结合相应条款的评估审核进行检查。查看两化融合管理体系相关文件化信息所规定的内容是否具有可操作性、是否得到相关岗位的准确理解、是否得到实施和保持、是否实现了预期的效果、适用时是否从制度优化的角度进行了持续改进、相关变更是否得到了有效的沟通和理解。查看两化融合管理体系相关的文件化信息是否足以证实体系运行的符合性和有效性，数据是否真实准确，是否得到妥善的标识、存储、保护，是否便于检索和识别。

8.3 领导作用

8.3.1 最高管理者

本条款主要提出 GB/T 23001—2017 中 5.1 最高管理者的评估审核要点及方法。

评估审核要点包括：

a) 最高管理者在组织当中的具体人选及其在组织当中的领导地位；

b) 最高管理者是否充分认识到本组织推进两化融合的必要性、紧迫性和长期性；

c) 最高管理者是否对两化融合管理体系有全面、准确、深刻的理解；

d) 最高管理者是否履行了 GB/T 23001—2017 中 5.1 所规定的职责。

评估审核方法为：

查阅对最高管理者职责进行规定的文件化信息，评价组织是否对最高管理者的职责进行了合理规定。了解最高管理者在组织当中的具体人选及其在组织当中的领导地位，并与最高管理者交流访谈，了解其对组织推进两化融合及建设两化融合管理体系的意义、作用和艰巨性是否有充分的理解和认识，对自身及相关人员在两化融合管理体系中的职责是否清楚，对两化融合管理体系运行现状和成效是否清楚，从而评价最高管理者的履职情况。重点结合 GB/T 23001—2017 中 4.3 以获取与组织战略相匹配的可持续竞争优势为关注焦点、5.2 两化融合方针、5.4 职责与协调沟通、6 策划、7 支持、9.6 管理评审等条款一并审核。

8.3.2 两化融合方针

本条款主要提出 GB/T 23001—2017 中 5.2 两化融合方针的评估审核要点及方法。

评估审核要点包括：

a) 组织是否制定了两化融合方针；

b) 组织所制定的两化融合方针是否体现了组织文化和管理特点，能否结合数据、技术、业务流程、组织结构四要素互动发展的要求为新型能力打造提供指导，是否持续适宜；

c) 组织的两化融合方针是否得到评审，是否由最高管理者批准发布；

d) 组织是否对两化融合方针进行了有效宣贯和传达。

评估审核方法为：

查阅组织规定并评审两化融合方针的文件化信息，以评价其持续适宜性。通过与最高管理者交流访谈，了解其是否组织制定了两化融合方针以及对两化融合方针内涵的诠释，了解其是否在组织内对两化融合方针进行了有效传达和宣贯。通过与相关职能与层次的员工的交流，了解其对两化融合方针的认识，评价两化融合方针是否得到全面沟通和理解，是否得到普遍认同。

8.3.3 管理者代表

本条款主要提出 GB/T 23001—2017 中 5.3 管理者代表的评估审核要点及方法。

评估审核要点包括：

a) 管理者代表是否属于组织的决策层，其行政级别是否是该组织的副职及以上；
b) 管理者代表是否得到最高管理者的充分授权，所授权限是否足以推动两化融合管理体系的建立、实施、保持和改进；
c) 所任命的管理者代表是否具备履行 GB/T 23001—2017 中 5.3 所规定职责的相应条件；
d) 管理者代表是否深刻理解两化融合管理体系并有效推动其建立、实施、保持和改进，是否履行了 GB/T 23001—2017 中 5.3 所规定的职责。

评估审核方法为：

查阅对管理者代表进行任命并对其职责进行规定的文件化信息，了解其行政级别是否是组织的副职及以上，评价管理者代表是否符合条件、对其进行的授权和职责规定是否符合 GB/T 23001—2017 中 5.3 的要求且合理适宜。与管理者代表交流访谈，了解其对组织推进两化融合及建设两化融合管理体系的理解和认识，对自身及相关人员在两化融合管理体系中的职责和作用是否清楚，对如何履行自身职责以确保拟打造的新型能力有效实现是否清楚，对两化融合管理体系运行现状和成效是否清楚，从而评价管理者代表的履职情况。重点结合 GB/T 23001—2017 中 4.4 两化融合管理体系、6 策划、7 支持、8 实施与运行、9.4 内部审核等条款一并评估审核。

8.3.4 职责与协调沟通

本条款主要提出 GB/T 23001—2017 中 5.4 职责与协调沟通的评估审核要点及方法。

评估审核要点包括：

a) 组织是否明确了两化融合管理体系及其过程的相关角色，相关角色是否覆盖了两化融合管理体系战略循环、要素循环、管理循环、以及新型能力识别和打造所涉及的组织单元和人员；
b) 组织是否对上述角色的职责和权限进行了合理划分和规定，并得到了有效沟通、理解和执行；
c) 组织是否建立了两化融合管理体系运行过程中的协调与沟通机制，包括协调与沟通的时机、责权、流程、方式、要求等。

评估审核方法为：

查阅组织对两化融合管理体系及其过程中相关角色及其职责、协调与沟通机制等进行安排的文件化信息。通过查阅相关资料、交流访谈等方式，了解相关角色对其职责的理解和执行情况，了解协调与沟通机制的运行情况，以评价组织的两化融合组织体系、两化融合管理职责、协调与沟通机制的符合性、适宜性、充分性和有效性。

8.4 策划

8.4.1 新型能力的识别与确定

本条款主要提出 GB/T 23001—2017 中 6.1 新型能力的识别与确定的评估审核要点及方法。

评估审核要点包括：

a) 组织是否建立了识别和确定新型能力（新型能力体系）及其关键指标的制度；
b) 组织是否按照制度要求，识别和确定了拟打造的新型能力（新型能力体系）及其关键指标，新型能力（新型能力体系）的表述是否准确。新型能力的关键指标是否能够全面、准确表征拟打造的新型能力；
c) 组织拟打造的新型能力（新型能力体系）能否有效支撑可持续竞争优势的获取；
d) 组织“战略-可持续竞争优势-新型能力及其关键指标”这一主线是否清晰、相互匹配。

评估审核方法为：

查阅组织所建立的识别和确定新型能力（新型能力体系）及其关键指标的制度及其实施证据。通过查阅相关资料、交流访谈等方式，了解组织拟打造的新型能力（新型能力体系）及其与可持续竞争优势相匹配的情况，以评价新型能力(新型能力体系)识别的准确性、适宜性。通过与最高管理者、管理者代表交流，了解其对可持续竞争优势、拟打造的新型能力(新型能力体系)及其关键指标之间的匹配与联系的理解和认识。

8.4.2 新型能力目标的确定

本条款主要提出 GB/T 23001—2017 中 6.2 新型能力目标的确定的评估审核要点及方法。

评估审核要点包括：

a) 组织是否建立了确定新型能力目标的制度；
b) 组织是否按照规定的制度确定了新型能力目标，目标是否是具体的、可测量的、可实现的且有时间要求的；
c) 新型能力关键指标目标值的达成是否能够确保新型能力的实现。

评估审核方法为：

查阅组织所建立的确定新型能力目标的制度及其实施证据。通过查阅相关资料、交流访谈等方式，了解组织所确定的新型能力关键指标当前值，评价新型能力关键指标目标值的适宜性。与管理者代表及相关人员交流其对新型能力目标设置的考虑及对当前完成情况的了解。

8.4.3 两化融合实施方案的策划

本条款主要提出 GB/T 23001—2017 中 6.3 两化融合实施方案的策划的评估审核要点及方法。

评估审核要点包括：

a) 组织是否建立了策划及确定两化融合实施方案的制度；
b) 组织是否按照制度安排，开展了两化融合实施方案的策划、评审、批准、更改和控制，相关方是否充分参与了两化融合实施方案的策划和评审；
c) 组织的两化融合实施方案的内容是否以新型能力为主线进行制定，输入是否包含了 GB/T 23001—2017 中 6.3.2 的要求，输出是否包含了 GB/T 23001—2017 中 6.3.3 的要求。

评估审核方法为：

查阅组织所建立的策划及确定两化融合实施方案的制度及其执行证据。查阅组织的两化融合实施方案策划、评审、批准、更改和控制过程中所形成的文件化信息，评价相关过程是否符合 GB/T 23001—2017 要求及组织的相关规定。通过与两化融合实施方案策划的相关人员访谈交流、查阅两化融合实施方案内容等方式，了解组织在进行两化融合实施方案策划时，是否围绕拟打造的新型能力考虑了 GB/T 23001—2017 要求的输入信息，并在策划的结果中明确了 GB/T 23001—2017 要求的全部输出信息，从而评价两化融合实施方案对新型能力打造的充分性和适宜性。

8.5 支持

8.5.1 总则

本条款主要提出 GB/T 23001—2017 中 7.1 总则(支持)的评估审核要点及方法。

评估审核要点包括：

a) 支持条件和资源是两化融合管理体系赋予最高管理者及管理者代表的职责之一，要求最高管理者及管理者代表对两化融合工作的资源配置进行统筹策划和安排；
b) 组织是否围绕打造新型能力，建立了支持条件和资源保障相关的长效机制；
c) 最高管理者及管理者代表是否了解新型能力打造对支持条件和资源的需求及其满足情况；
d) 组织两化融合工作所需支持条件和资源的整体情况是否充分、适宜。组织是否围绕新型能力的建设，识别、配置、维护、并持续优化所需要的资金、人才、设备设施、信息资源、信息安全等支持条件和资源，不同支持条件和资源之间是否相互协调和匹配；
e) 组织是否采用了必要的外部条件和资源。

评估审核方法为：

通过与最高管理者及管理者代表交流、查阅相关资料等方式，了解组织围绕新型能力建设对支持条件和资源保障所做的制度化安排情况，围绕新型能力目标对所需的资金、人才、设备设施、信息资源和信息安全等进行适宜性评估、统筹安排及其与新型能力建设的匹配情况，以评价组织的支持条件和资源保障能否有效支撑新型能力的获取。

根据 GB/T 23001—2017 中 7.2～7.6 的审核发现对 GB/T 23001—2017 中 7.1 的符合性和有效性进行综合判断。

8.5.2 资金投入

本条款主要提出 GB/T 23001—2017 中 7.2 资金投入的评估审核要点及方法。

评估审核要点包括：

a) 组织是否建立了围绕新型能力打造进行资金统筹管理的制度；
b) 组织是否按照制度规定，围绕新型能力目标进行资金投入和使用的统筹安排、优化调整、协同管理和精准核算，是否保留了相关文件化信息；
c) 围绕新型能力打造的资金投入是否合理、适度、及时、充分且长期稳定。

评估审核方法为：

查阅组织所建立的围绕新型能力打造的资金统筹管理制度及其实施证据。通过与财务部门、新型能力打造所涉及部门的相关负责人交流，查阅新型能力打造的资金预算、执行和监管等方面证据，以评价组织能否围绕新型能力打造提供合理、适度、及时、充分且长期稳定的资金支持。重点结合 GB/T 23001—2017 中 6 策划、8 实施与运行等条款一并评估审核。

8.5.3 人才保障

本条款主要提出 GB/T 23001—2017 中 7.3 人才保障的评估审核要点及方法。

评估审核要点包括：

a) 最高管理者是否采取了相关措施以提升全员融合创新发展的意识；
b) 组织是否确立了两化融合相关的宣贯、培训、评价、考核、激励等方面的制度，引导员工全面参与两化融合工作；
c) 组织是否围绕打造新型能力的动态要求，按照业务流程职责、部门职责和岗位职责协同机制的要求，对相关岗位职能进行设计和调整，是否明确了相应的岗位技能要求；
d) 组织是否采用适宜的方式开展了两化融合相关的教育培训和培养锻炼，确保员工满足岗位技能要求；
e) 组织是否将新型能力打造过程中相关人员的绩效纳入到了组织的绩效考核体系，以有效激励相关人员；
f) 组织是否将聘用的外部相关专业人员纳入本体系管理的范围内；
g) 组织是否保留了岗位设置和调整、培训、激励等的文件化信息，并对相关人才保障措施的有效性进行及时评价和持续改进。

评估审核方法为：

查阅组织所建立的围绕新型能力打造的员工意识培养、岗位设置和技能要求、培训和激励等人才保障制度及其实施证据。通过与人力资源部门、新型能力打造所涉及部门的相关负责人交流，查阅业务流程职责、部门职责、岗位职责协同识别过程的文件化信息，以及新型能力相关的岗位设置、培训、考核等文件化信息，了解组织是否识别和确定了新型能力打造相关人员的岗位职责及所需技能、是否提供培训或采取其他措施帮助员工获得相应能力、是否对新型能力打造的相关人员进行了考核和激励，以评价所采取人才保障措施的充分性、适宜性和有效性。重点结合 GB/T 23001—2017 中 6 策划、8 实施与运行、9.5 考核等条款一并评估审核。

此外，与新型能力打造的相关员工进行交流访谈，了解其对两化融合方针的理解、在新型能力打造过程中发挥的作用以及为实现新型能力目标做出的贡献。结合 GB/T 23001—2017 中 5.2 两化融合方针条款一并评估审核。

8.5.4 设备设施

本条款主要提出 GB/T 23001—2017 中 7.4 设备设施的评估审核要点及方法。

评估审核要点包括：

a) 组织是否建立了围绕新型能力打造进行设备设施配置、维护和升级改造的制度；

b) 组织是否按照制度规定，围绕新型能力的建设对设备设施的配置、改造、升级、更新换代等进行了统筹部署，是否对设备设施满足新型能力建设要求的充分性、适宜性和有效性进行了持续评价，设备设施的自动化、数字化、网络化、智能化水平是否与新型能力目标相适宜；

c) 组织是否采取措施以保障设备设施的可用性、可维护性、完整性、可靠性和安全性；

d) 组织是否识别和评价了与设备设施相关的风险，是否建立了必要的应急预案，确保异常发生时能够按照规程对其进行正确处理。

评估审核方法为：

查阅组织所建立的围绕新型能力打造的设备设施管理制度及其实施证据。通过与设备设施归口管理部门、新型能力打造所涉及部门的相关负责人交流，查阅围绕新型能力进行设备设施配置、改造、升级、更新换代等的文件化信息，对设备设施自动化、数字化、网络化、智能化水平及其他相关方面等的适宜性进行评价的文件化信息，以及对设备设施风险进行识别、评价及管控等的文件化信息，以评价组织对设备设施的提供和升级改造是否满足新型能力打造的要求。重点结合 GB/T 23001—2017 中 6 策划、7.6 信息安全、8 实施与运行等条款一并评估审核。

8.5.5 信息资源

本条款主要提出 GB/T 23001—2017 中 7.5 信息资源的评估审核要点及方法。

评估审核要点包括：

a) 组织是否建立了信息资源管理制度，至少包括责任主体、内容、范围、方法等；

b) 组织是否采取了有效措施，开展信息资源标准化工作；

c) 组织是否采取了必要的措施，对数据进行识别、采集、存储、传递和共享；

d) 组织是否采取了有效措施，对信息资源的可用性、完整性和保密性进行保障；

e) 适宜时，组织是否对数据进行开发利用，将其提炼为信息和知识。

评估审核方法为：

查阅组织所建立的信息资源管理制度及其实施证据。通过与信息资源归口管理部门、其他相关部门的工作负责人交流，查阅信息资源标准化规定及执行的文件化信息，查看数据采集、存储、传递情况等方式，了解组织信息资源管理和信息资源标准化、数据识别采集和使用等的情况，以评价组织信息资源管理的符合性、充分性和有效性。重点结合 GB/T 23001—2017 中 6 策划、7.6 信息安全、8 实施与运行等条款一并评估审核。

8.5.6 信息安全

本条款主要提出 GB/T 23001—2017 中 7.6 信息安全的评估审核要点及方法。

评估审核要点包括：

a) 组织是否建立了信息安全管理制度，包括信息安全承诺、要求、实施、维持、监视、风险评估和管理等，是否明确了信息安全管理的岗位和职责；

b) 组织是否采取培训或其他手段加强员工的信息安全意识；

c) 组织是否对信息安全风险进行了识别，并建立了信息安全事件管理规程，以确保安全事件得到及时处理；

d) 对于已参照 GB/T 22080、GB/T 22081、GB/T 30146 等相关标准对信息安全和业务连续性实施了管理的组织，在两化融合管理体系的评估审核时，可重点关注上述管理体系内外部评估审核和管理评审提示的结果。

评估审核方法为：

查阅组织所建立的信息安全管理制度及其实施证据。通过与信息安全归口管理部门、其他相关部门工作负责人交流,查阅相关资料等方式,了解组织的信息安全责任制、信息安全风险及事件管理、信息安全意识培养等方面的执行情况。重点结合 GB/T 23001—2017 中 7.4 设备设施、7.5 信息资源等条款一并评估审核。

8.6 实施与运行

8.6.1 总则

本条款主要提出 GB/T 23001—2017 中 8.1 总则(实施与运行)的评估审核要点及方法。

评估审核要点包括:

a) 管理者代表是否了解新型能力打造的主要过程和核心环节,以及新型能力打造过程中相关环节的工作情况及成效;

b) 组织是否按照 GB/T 23001—2017 中 6.3 要求形成的两化融合实施方案,通过业务流程与组织结构优化、技术实现、数据开发利用、匹配与规范、运行控制等,开展了新型能力建设。组织是否通过数据、技术、业务流程、组织结构四要素的互动创新和协同优化,确保新型能力目标的有效达成;

c) 组织是否采取了有效的措施,以确保实施与运行过程的持续受控以及相关方的充分参与;

d) 形成新型能力后,组织是否采取了有效措施,对新型能力相关活动的运行进行持续控制,以有效保持新型能力;

e) 在打造新型能力的不同阶段,组织是否与咨询、技术、系统集成、运行维护等供方进行了有效的沟通合作,是否确保了深度参与和合作过程的有效可控。

评估审核方法为:

围绕组织评定申请范围所涉及的新型能力打造过程,对 GB/T 23001—2017 中 8.2~8.6 的审核发现进行综合判断,从而评价 GB/T 23001—2017 中 8.1 的符合性和有效性,评价包括实施与运行过程的时效性、有效性、持续受控、员工参与、供方合作等方面的情况。通过与管理者代表访谈交流,了解其对 GB/T 23001—2017 中新型能力建设过程和要求等方法论的认知情况,以及该方法论在评定范围所涉及新型能力打造过程中的应用情况。

8.6.2 业务流程与组织结构优化

本条款主要提出 GB/T 23001—2017 中 8.2 业务流程与组织结构优化的评估审核要点及方法。

评估审核要点包括:

a) 组织是否建立了业务流程与组织结构优化方案制定、沟通、确认、批准、实施及监督等的制度,包括明确优化和调整的归口管理部门、时机、流程、方法等;

b) 组织是否建立了以业务流程职责为主导,业务流程职责、部门职责、岗位职责协调运转的机制,对业务流程职责、部门职责与岗位职责识别和确定的时机、责权、流程、要求等做出通用化安排,以确保业务流程职责、部门职责与岗位职责得到合理划分、协调沟通及有效执行,从而实现业务流程的高效运行。职责识别和确认的输出可以是程序文件、作业指导书、岗位说明书或多种形式的组合;

c) 组织是否围绕新型能力目标,依据两化融合实施方案,对现有业务流程进行梳理和差距分析,对新的业务流程进行设计,形成了业务流程和组织结构优化方案。业务流程和组织结构优化方案是否对业务流程和组织结构优化的内容、责任人、参与人、进度等做出了明确安排,内容是否充分、适宜;

d) 业务流程与组织结构优化方案是否得到了业务流程与组织结构优化相关方的认可,并得到了业务流程与组织结构优化、技术实现、数据开发利用相关主管部门的确认;

e) 组织是否按照业务流程与组织结构优化方案,围绕新型能力建设需求,对新型能力相关业务活动进行了优化调整,并依据新的业务流程,以业务流程职责为牵引,优化调整相关的部门职责、岗位职责。组织所开展的业务流程与组织结构优化工作对于新型能力建设是否充分、适宜、有效;

f) 组织在业务流程与组织结构优化过程中,是否采取有效措施妥善处理了相关方的利益分歧,并对业务流程与组织结构优化过程进行持续跟踪，规避了必要的职能和利益调整所带来的冲突和风险；

g) 必要时，组织是否借助外部专业人员的经验开展业务流程与组织结构优化工作，并确保组织内部相关职能和层次人员的深度参与。

评估审核方法为：

查阅组织所建立的业务流程与组织结构优化方案制定、沟通、确认、批准、实施及监督等的制度及其执行证据。与业务流程与组织结构优化、技术实现、数据开发利用相关人员访谈交流，查阅评定范围所涉及新型能力相关的业务流程与组织结构优化方案的内容及其沟通、确认、执行、监督等的文件化信息，查阅围绕新的业务流程设计进行业务流程职责、部门职责和岗位职责识别、调整和确认的文件化信息，以评价组织的业务流程与组织结构优化方案是否包含了 GB/T 23001—2017 中 8.2.1 要求的内容，是否得到了相关方及业务流程与组织结构优化、技术实现和数据开发利用主管部门的确认，是否兼顾了各方的诉求，对优化过程中的抵触、冲突和其他风险是否进行了有效预防和处理，从而对组织在新型能力打造过程中业务流程与组织结构优化的充分性、适宜性、有效性作出整体评价。

8.6.3 技术实现

本条款主要提出 GB/T 23001—2017 中 8.3 技术实现的评估审核要点及方法。

评估审核要点包括：

a) 组织是否建立了技术方案制定、沟通、确认和批准及技术获取过程的实施和监督等的制度，包括明确技术实现的归口管理部门、时机、流程、方法、对外部合作方的管控要求等；
b) 组织是否围绕新型能力目标，依据两化融合实施方案、业务流程与组织结构优化方案，对组织的相关技术现状进行详细分析，对技术实现进行详细设计，形成了技术方案。技术方案是否对技术实现的内容、责任人、参与人、进度等做出了明确安排，内容是否充分、适宜；
c) 技术方案是否得到了业务流程与组织结构优化相关方的认可，并得到了业务流程与组织结构优化、技术实现、数据开发利用相关主管部门的确认；
d) 组织是否按照技术化方案，围绕新型能力建设需求开展了技术获取工作，是否在技术获取过程中开展了必要的基础资源数字化和标准化工作，是否对技术获取过程进行了持续跟踪并有效防范了技术风险。组织所开展的技术获取工作对于新型能力建设是否充分、适宜、有效；
e) 组织是否采取了有效措施，确保技术知识向应用主体的有效转移；
f) 必要时，组织是否借助外部专业人员的经验开展技术实现工作，并确保组织内部相关职能和层次人员的深度参与，特别是业务流程与组织结构优化涉及的部门和岗位、组织内部技术人员和运维人员等。

评估审核方法为：

查阅组织所建立的技术方案制定、沟通、确认和批准及技术获取过程的实施和监督等的制度及其执行证据。与技术实现、业务流程与组织结构优化、数据开发利用相关人员访谈交流，查阅评定范围所涉及新型能力相关的技术方案的内容及其沟通、确认、执行、监督等的文件化信息，查看技术实现的相关现场，查看进行技术实现相关资源数字化和标准化的文件化信息，查阅向应用主体进行技术知识转移的文件化信息，以评价组织的技术方案是否包含了 GB/T 23001—2017 中 8.3.1 要求的内容，是否得到了相关方及技术实现、业务流程与组织结构优化和数据开发利用主管部门的确认，技术实现过程是否受控，是否借助技术获取和部署实现了业务流程和组织结构优化的预期成果，是否对技术获取过程中的风险进行了有效预防和处理，从而对新型能力打造过程中技术获取的充分性、适宜性、有效性做出整体评价。

8.6.4 数据开发利用

本条款主要提出 GB/T 23001—2017 中 8.4 数据开发利用的评估审核要点及方法。

评估审核要点包括：

a) 组织是否建立了数据开发利用方案制定、沟通、确认、批准、实施及监督等的制度；
b) 数据开发利用方案是否明确了数据开发利用的主体及相关方的责任和权限，是否对数据开发利用计划、范围、关键环节和实施路径等做出了明确安排，内容是否充分、适宜；

c） 数据开发利用方案是否得到了业务流程与组织结构优化、技术实现、数据开发利用相关的主管部门的确认；

d） 组织是否按照数据开发利用方案，围绕新型能力建设需求，开展了数据开发利用工作，建立、部署并使用了充分融合其业务需求、业务逻辑和业务经验的数据应用模型。组织所开展的数据开发利用工作对于新型能力建设是否充分、适宜、有效；

e） 必要时，组织是否使用了外部数据服务开展数据开发利用，是否应用数据开发利用结果向外部提供服务；

f） 组织是否采取了适当的方式对数据开发利用过程进行持续跟踪，是否有效防范了数据开发利用风险。

评估审核方法为：

查阅组织所建立的数据开发利用方案制定、沟通、确认、批准、实施及监督等的制度及其执行证据。通过与数据开发利用、业务流程与组织结构优化、技术实现相关人员访谈交流，查阅数据开发利用方案得到相关方及数据开发利用、业务流程与组织结构优化、技术实现相关主管部门确认的文件化信息，查阅数据开发利用方案内容及其执行情况的文件化信息等方式，了解数据开发利用的广度、深度，以评价其与拟打造的新型能力的充分性、适宜性、有效性。

8.6.5 匹配与规范

本条款主要提出 GB/T 23001—2017 中 8.5 匹配与规范的评估审核要点及方法。

评估审核要点包括：

a） 在围绕新型能力建设开展了业务流程与组织结构优化、技术实现、数据开发利用等工作之后，组织是否在合理的时间范围内开展了新型能力相关业务活动的试运行，并结合试运行情况对业务流程与组织结构优化、技术实现、数据开发利用进行了必要的优化调整，以确保新型能力相关的数据、技术、业务流程、组织结构能够有效匹配；

b） 在数据、技术、业务流程、组织结构有效匹配后，组织是否针对新型能力涉及的业务活动确立了新的制度规范，确保匹配后的数据、技术、业务流程与组织结构得以持续有效执行。

评估审核方法为：

与相关人员交流访谈，查阅组织对新型能力相关业务活动所制定的试运行方案，查阅试运行过程中所进行的业务流程与组织结构优化、技术实现、数据开发利用等优化调整的文件化信息，查阅匹配性调整后所形成的数据、技术、业务流程、组织结构的制度规范，以评价组织是否开展了有效的匹配性调整工作，匹配性调整过程中所发现的问题是否得到妥善解决，匹配性调整后新型能力的相关业务活动是否得到有效规范。

8.6.6 运行控制

本条款主要提出 GB/T 23001—2017 中 8.6 运行控制的评估审核要点及方法。

评估审核要点包括：

a） 组织能否确保 GB/T 23001—2017 中 8.5.2 所确立的制度规范得以有效执行；

b） 组织是否对运行控制过程中的风险防范建立了必要的制度。

评估审核方法为：

通过与新型能力所涉及业务活动的相关工作负责人交流访谈，查阅运行控制的文件化信息，了解组织是否有效开展运行控制及其过程中的风险防范，评价组织按照 GB/T 23001—2017 中 8.5.2 的要求所确立的制度规范执行的有效性以及新型能力的保持情况。

8.7 评测

8.7.1 总则

本条款主要提出 GB/T 23001—2017 中 9.1 总则（评测）的评估审核要点及方法。

评估审核要点包括：

a) 组织是否建立了评测的机制,对评测的过程进行了策划和安排;
b) 组织是否按照制度规定,对两化融合管理体系的持续符合性、适宜性、充分性、有效性和新型能力目标的实现情况及可持续竞争优势的获取情况进行了评测。

评估审核方法为:

根据 GB/T 23001—2017 中 9.2～9.6 的审核发现对 GB/T 23001—2017 中 9.1 的符合性和有效性进行综合判断。

8.7.2 评估与诊断

本条款主要提出 GB/T 23001—2017 中 9.2 评估与诊断的评估审核要点及方法。

评估审核要点包括:

a) 组织是否对两化融合评估与诊断的职责、流程、周期、内容和方法等做出制度化安排;
b) 组织是否依据 GB/T 23020 建立了数据采集和报送的制度,以确保两化融合评估与诊断数据的真实性和准确性。组织是否按照策划的周期开展了两化融合自评估和自诊断,并明确了持续改进的重点和方向;
c) 适宜时,组织是否依据自身特点及需求制定了必要的个性化两化融合评估体系,该体系与 GB/T 23020 评估框架是否保持一致;
d) 组织是否在两化融合管理体系建立之前及新型能力打造之初,开展评估、诊断和对标,明确两化融合的切入点和关键环节。评估是否覆盖了新型能力相关的所有职能和层次;
e) 两化融合管理体系运行过程中,组织是否依据既定的评估体系,按照策划的周期实施系统性评估、诊断和对标,并与之前的评估结果、行业标杆和行业平均水平进行对照,对两化融合实施与运行过程的适宜性、新型能力目标的达成情况、可持续竞争优势的获取结果进行分析和诊断,寻求改进机会。

评估审核方法为:

与相关部门负责人交流,查阅组织两化融合评估与诊断的制度、所制定的个性化评估体系、通过两化融合服务平台或其他方式开展评估诊断对标的信息与结果、评估诊断与分析报告等,抽查评价数据的采集处理及准确性等信息,以评价组织是否按照策划的周期开展了评估和诊断工作,是否通过评估诊断对两化融合实施与运行过程的适宜性、新型能力目标的达成情况、可持续竞争优势的获取结果进行了有效分析,是否准确识别了存在问题的原因和改进机会。

8.7.3 监视与测量

本条款主要提出 GB/T 23001—2017 中 9.3 监视与测量的评估审核要点及方法。

评估审核要点包括:

a) 组织是否对监视与测量活动做出制度化安排,至少包括明确监视与测量的对象、职责、方法、频次、改进等要求;
b) 组织是否在两化融合管理体系建立之前及新型能力打造之初考虑监视与测量的需求,并做出安排;
c) 组织是否明确了监视与测量的关键指标,监视与测量的关键指标是否涵盖新型能力目标的完成情况,两化融合实施方案的执行过程,以及数据、技术、业务流程、组织结构匹配调整后的制度规范执行情况;
d) 组织是否制定了监视与测量计划,并采取适宜的手段提升监视与测量数据的及时性、准确性和完整性,以确保监视与测量计划的有效执行;
e) 组织是否对监视与测量的结果加以利用,包括但不限于与考核挂钩、与纠正措施或预防措施挂钩、用于数据开发利用、输入管理评审等;
f) 当监视与测量的结果未达到预期时,组织是否采取了措施进行改进。

评估审核方法为:

与相关部门负责人交流,查阅监视与测量的制度、监视与测量的关键指标、监视与测量计划及其实施证据,抽查监视与测量数据采集处理及准确性等信息,以评价组织是否有效开展了监视与测量工作,是否通过监视与测量对新型能力目标的完成情况,两化融合实施方案的执行过程,以及数据、技术、业务流程、组织结构匹配调整后的制度规范执行情况进行了有效跟踪监测,组织的两化融合管理体系运行是否达到了预期结果。

8.7.4 内部审核

本条款主要提出 GB/T 23001—2017 中 9.4 内部审核的评估审核要点及方法。

评估审核要点包括:

a) 组织是否对内部审核做出制度化安排,至少规定策划和实施评估审核、报告审核结果等的职责和要求,以及审核的准则、范围、频次和方法等;

b) 《信息化和工业化融合管理体系评定管理办法》中所述的审核方法和审核要求同样适用于两化融合管理体系内部审核;

c) 组织是否制定了审核方案和审核计划,审核方案和审核计划是否充分、适宜;

d) 组织的内部评定人员是否接受过 GB/T 23001—2017 的培训,是否保留了培训的证据。内部审核组是否具备审核所需的专业能力,是否在必要时借助了内外部技术专家的帮助。内审员是否未对自己的工作进行审核;

e) 对于内部审核发现的不符合,组织是否安排相关部门进行了原因分析、采取了有效的纠正措施,并对纠正措施的执行情况及效果加以跟踪验证,是否保存了跟踪验证的证据;

f) 审核结束后是否基于内部审核结果形成了正式报告(包括对两化融合管理体系符合性和有效性的明确评价),并向管理者代表报告。评估审核报告及后续有关纠正措施的执行和验证情况是否作为当期管理评审的正式输入材料。

评估审核方法为:

与管理者代表、内部审核组长等相关人员交流,查阅内部审核制度、审核方案、审核计划、审核过程信息、不符合报告、评估审核报告、内审员培训及考核记录等,评价组织内审员是否具备必要的专业能力,是否按制度要求定期开展了系统、客观、公正、有效的内部审核,是否对内部审核发现的问题采取了有效的纠正措施。

8.7.5 考核

本条款主要提出 GB/T 23001—2017 中 9.5 考核的评估审核要点及方法。

评估审核要点包括:

a) 组织是否建立了两化融合管理体系及其过程相关的考核指标和考核制度,至少包括考核的职责、对象、指标、频次、激励措施等,并在组织内进行传达;

b) 组织的两化融合管理体系及其过程相关的考核指标是否纳入了绩效考核体系,形成长效机制,确保考核的整体有效性;

c) 组织的两化融合管理体系及其过程相关的考核指标是否围绕新型能力打造制定,并将其分解至相关的部门和岗位。考核指标是否覆盖了评估与诊断结果、监视与测量结果、审核结果等;

d) 组织是否采取了适宜的方式将考核结果反馈至被考核部门和岗位。

评估审核方法为:

与相关部门负责人交流,查阅组织的两化融合管理体系及其过程相关的考核制度、考核指标、考核过程信息、考核结果等,了解考核指标在相关部门和岗位的分解情况,评价组织是否按照规定围绕新型能力打造实施了有效的考核和激励。

8.7.6 管理评审

本条款主要提出 GB/T 23001—2017 中 9.6 管理评审的评估审核要点及方法。

评估审核要点包括:

a) 管理评审是两化融合管理体系赋予最高管理者的职责之一;

b) 组织是否对管理评审做出了制度化安排,至少包括管理评审的责任主体(最高管理者)、参与部门、范围、周期、输入、输出、流程等;

c) 最高管理者是否按照策划的周期定期主持管理评审,并全面准确掌握当前两化融合管理体系的持续适宜性、充分性和有效性的情况。组织的相关部门和职能的负责人是否参加了管理评审；

d) 组织是否按照 GB/T 23001—2017 中 9.6.2 的要求逐项准备管理评审的输入材料；

e) 管理评审是否结合输入信息及与上一周期管理评审的对比分析，对两化融合管理体系的持续适宜性、充分性和有效性做出评价，并识别出下一周期内的改进需求，形成管理评审正式决议。管理评审所形成的决议内容是否包括对两化融合管理体系持续适宜性、充分性和有效性评价的结论，所识别出的管理体系规定、执行以及资源配置等方面的问题，所提出的具体改进方向和要求，是否覆盖了 GB/T 23001—2017 中 9.6.3 的内容。对于决议中所提出的问题，是否明确了原因分析、采取措施及跟踪验证的具体责任部门、责任人和完成期限。

评估审核方法为：

通过与最高管理者及管理评审参与人员交流，查阅管理评审计划、通知安排、准备材料、管理评审过程信息、管理评审报告及后续措施的落实证据等，了解管理评审输入、输出对 GB/T 23001—2017 中 9.6 要求的符合性，以及管理评审后续措施的落实情况及其有效性，考察最高管理者是否准确理解管理评审的意义和作用，是否亲自主持了管理评审，是否了解当前两化融合管理体系及其运行对实现战略落地、获取可持续竞争优势、打造新型能力的持续适宜性、充分性和有效性，是否了解两化融合管理体系及其运行的改进方向以及与此相关的需要最高管理层决策的事项，是否了解上次管理评审决议的落实情况。

8.8 改进

8.8.1 不符合、纠正措施和预防措施

本条款主要提出 GB/T 23001—2017 中 10.1 不符合、纠正措施和预防措施的评估审核要点及方法。

评估审核要点包括：

a) 组织是否建立了处理不符合并采取纠正措施和预防措施的制度，制度是否明确了 GB/T 23001—2017 中 10.1 中 a)～e)的内容；

b) 组织是否按照制度要求，识别和处理了实际或潜在的不符合，并采取了纠正措施或预防措施。需采取纠正措施的不符合至少包括评估与诊断、监视与测量、内外部评估审核、管理评审等发现的问题；需采取预防措施的不符合至少包括管理评审提出的改进事项、监视与测量发现的潜在问题或改进机会等；

c) 组织采取的纠正措施或预防措施是否及时、充分、适宜、有效，能否避免实际不符合的重复发生或潜在不符合的实际发生。

评估审核方法为：

与相关负责人交流，查阅组织所建立的处理不符合并采取纠正措施和预防措施的制度，查阅组织所识别的不符合、所采取的纠正措施和预防措施等证据，了解组织利用评估与诊断、监视与测量、内外部评估审核、管理评审等渠道识别不符合并进行原因分析的情况，针对实际或潜在不符合所采取的纠正措施或预防措施及其成效，并评价纠正措施和预防措施实施的符合性和有效性。

8.8.2 持续改进

本条款主要提出 GB/T 23001—2017 中 10.2 持续改进的评估审核要点及方法。

评估审核要点包括：

a) 组织是否通过评估与诊断、监视与测量、审核、考核、管理评审等机制确定并选择持续改进的需求和机会；

b) 组织能否切实推动两化融合管理体系实现 PDCA 循环，所采取的改进措施能否有效支撑两化融合管理体系的持续有效运行、新型能力的持续打造和可持续竞争优势的稳定获取。

评估审核方法为：

通过查阅相关资料、交流访谈等方式，了解组织利用评估与诊断、监视与测量、内外部评估审核、考核、管理评审等渠道对改进机会进行识别和确定的情况，所采取的改进措施有效性的情况，从而评价组织持续改进活动的适宜性、充分性和有效性。通过与最高管理者、管理者代表交流，了解其识别改进机会并对已识别的改进机会加以利用，以推动持续改进的情况。

参 考 文 献

[1] GB/T 16642 企业集成 企业建模框架
[2] GB/T 18757 工业自动化系统 企业参考体系结构与方法论的需求
[3] GB/T 19011 管理体系审核指南
[4] GB/T 22080 信息技术 安全技术 信息安全管理体系 要求
[5] GB/T 22081 信息技术 安全技术 信息安全控制实践指南
[6] GB/T 23002 信息化和工业化融合管理体系 实施指南
[7] GB/T 30146 公共安全 业务连续性管理体系 要求
[8] ISO/IEC 17021-1 合格评定 管理体系审核与认证机构的要求 第1部分:要求(Conformity assessment—Requirements for bodies providing audit and certification of management systems—Part 1:Requirements)

ICS 97.180
Y 89

中华人民共和国国家标准

GB/T 23103—2018
代替 GB/T 23103—2008

太 阳 伞

Beach umbrella

2018-05-14 发布 2018-12-01 实施

国家市场监督管理总局
中国国家标准化管理委员会 发布

前　言

本标准按照 GB/T 1.1—2009 给出的规则起草。

本标准代替 GB/T 23103—2008《太阳伞》。与 GB/T 23103—2008 相比，除编辑性修改外主要技术变化如下：

——增加了规范性引用文件(见第 2 章，2008 版的第 2 章)；

——增加了通则要求和试验方法(见 5.1 和 6.1)；

——修改了规格尺寸要求和试验方法(见 5.6 和 6.6，2008 版的 5.5 和 6.5)；

——修改了产品完整性要求和试验方法(见 5.7 和 6.7，2008 版的 5.6 和 6.6)；

——修改了太阳伞结构示意图(见图 1，2008 版的图 1)；

——删除了使用安全要求和试验方法(见 2008 版的 5.7 和 6.7)；

——删除了开关性能要求和试验方法(见 2008 版的 5.8 和 6.8)；

——删除了伞杆结合牢度要求和试验方法(2008 版的 5.9 和 6.9)；

——修改了无故障连续开关次数要求(见 5.9，2008 版的 5.11)；

——修改了防雨性能要求和试验方法(见 5.10 和 6.10，2008 版的 5.12 和 6.12)；

——修改了染色牢度要求(见 5.11，2008 版的 5.13)；

——删除了塑料伞面抗拉强度要求和试验方法(见 2008 版的 5.14 和 6.14)；

——删除了伞面防紫外线要求和试验方法(见 2008 版的 5.17 和 6.17)；

——修改了伞骨试验方法(见 6.12，2008 版的 6.15)；

——修改了检验规则(见第 7 章，2008 版的第 7 章)；

——修改了标志要求(见 8.1，2008 版的 8.1)。

本标准由中国轻工业联合会提出。

本标准由全国制伞标准化技术委员会(SAC/TC 556)归口。

本标准起草单位：杭州天堂伞业集团有限公司、太阳城(厦门)户外用品科技股份有限公司、北京市轻工产品质量监督检验一站、梅花(晋江)伞业有限公司、浙江宝丽姿伞业有限公司、晋江市恒溢雨具有限公司、福建集成伞业有限公司、绍兴市金鼎伞业有限公司、江西勤德实业有限公司、日信纺织有限公司、厦门市同安合鑫雨具工艺有限公司、浙江天玮雨具有限公司、浙江友谊菲诺伞业有限公司、雨中鸟(福建)户外用品有限公司。

本标准主要起草人：李传和、王奇伟、陈晓雷、胡伟和、王卿泳、周细妹、王有余、郑勇城、吕信苗、蔡金磅、吕世良、卢景祥、潘伟、吕苗芬、丁敬堂、龚大舒、魏晓英、相晓霞。

本标准所代替标准的历次版本发布情况为：

——GB/T 23103—2008。

引　　言

本文件的发布机构提请注意，声明符合本文件时，本文件6.10中相关内容涉及淋雨试验装置及试验方法专利的使用。

本文件的发布机构对该专利的真实性、有效性和范围无任何立场。

该专利持有人已向本文件的发布机构保证，他同意在公平、合理、无歧视基础上，免费许可任何组织或个人在使用本文件时使用该专利的相关技术内容。该专利持有人的声明已在本文件的发布机构备案。相关信息可以通过以下方式获得：

专利持有人：杭州天堂伞业集团有限公司

通迅地址：浙江省杭州市西湖区西溪路978号

邮政编码：310023

电子邮件：info@umbrella.org.cn

联系电话：0571-85183111

请注意除上述专利外，本文件的某些内容仍可能涉及专利。本文件的发布机构不承担识别这些专利的责任。

太　阳　伞

1　范围

本标准规定了太阳伞产品的产品分类、要求、试验方法、检验规则及标志、包装、运输、贮存。

本标准适用于不同材料的面料和伞架制作的手开式太阳伞。

本标准不适用于机械、电动式太阳伞。

2　规范性引用文件

下列文件对于本文件的应用是必不可少的。凡是注日期的引用文件，仅注日期的版本适用于本文件。凡是不注日期的引用文件，其最新版本(包括所有的修改单)适用于本文件。

GB/T 250—2008　纺织品　色牢度试验　评定变色用灰色样卡

GB/T 251—2008　纺织品　色牢度试验　评定沾色用灰色样卡

GB/T 2828.1—2012　计数抽样检验程序　第1部分：按接收质量限(AQL)检索的逐批检验抽样计划

GB/T 2829—2002　周期检验计数抽样程序及表(适用于对过程稳定性的检验)

GB/T 5713　纺织品　色牢度试验　耐水色牢度

GB/T 18457—2015　制造医疗器械用不锈钢针管

GB 31892　伞类产品安全通用技术条件

GB/T 31895　伞类产品　抗风强度测试方法

QB/T 3826　轻工产品金属镀层和化学处理层的耐腐蚀试验方法　中性盐雾试验(NSS)法

QB/T 3832—1999　轻工产品金属镀层腐蚀试验结果的评价

QB/T 4743　伞类产品　规格尺寸

3　术语和定义

下列术语和定义适用于本文件。

3.1

太阳伞　beach umbrella

在不同场所可固定使用的伞。

3.2

定向　directional

伞杆不可调节角度。

3.3

转向　direction changeable

伞杆可调节角度。

4　产品分类

4.1　按伞骨结构分为直骨伞、缩折伞。

4.2 按伞杆结构分为定向伞、转向伞。

5 要求

5.1 通则

产品安全性能应符合 GB 31892 中的相关规定。

5.2 外观

5.2.1 外观应清洁,无污渍、锈迹。

5.2.2 电镀件、喷涂件不应有起皮、毛刺、皱褶、生锈、起泡或露底现象。

5.2.3 塑料件不应有毛刺、皱褶或起泡现象。

5.3 缝制

伞面接缝不应脱离、露边,不应有跳针、断线等缺陷,针距密度不应少于 13 针/5 cm。规格不大于 1 m的伞面上图案错位不超过 8 mm,规格大于 1 m 的伞面上图案错位不超过 12 mm。

5.4 伞面

伞面不应有破洞,织物面料同一三角片跳纱、断经线或断纬线总和不应大于 2 处,同一把伞面跳纱、断经线或断纬线总和不应大于 5 处。

5.5 伞面粘连性

伞面不应有粘连,印花、涂层不应有脱落现象。

5.6 规格尺寸

规格尺寸应明示在产品上,其表示形式和公差应符合 QB/T 4743 的规定。

5.7 产品完整性

产品应完整,经 6.7 试验后,不允许零部件脱落。

5.8 伞杆强度

经 6.8 试验后,伞杆不应有明显变形、弯曲或影响正常使用的损坏。

5.9 无故障连续开关次数

伞开关 260 次,不应发生铆钉脱落、夹马移位、串盘丝断裂、松散、伞盘缺损、跳簧失灵、伞骨折断、接缝脱离、缝眼脱线或镀(涂)层剥落现象。各零部件图示见图 1。

5.10 防雨性能

经 6.10 试验后,伞杆不应淌水,伞面内不应有滴水或明显的水珠现象。不具有防雨性能的应在产品上明示。

5.11 染色牢度

伞面耐水色牢度不应低于 GB/T 250—2008 和 GB/T 251—2008 中规定的 3-4 级。

5.12 伞骨

5.12.1 直骨伞伞骨弹性

经 6.12.1 试验后，弦高不应大于 10 mm。

5.12.2 伞骨抗风强度

经 6.12.2 试验后，伞骨允许翻顶，但不应有影响正常使用的损坏。

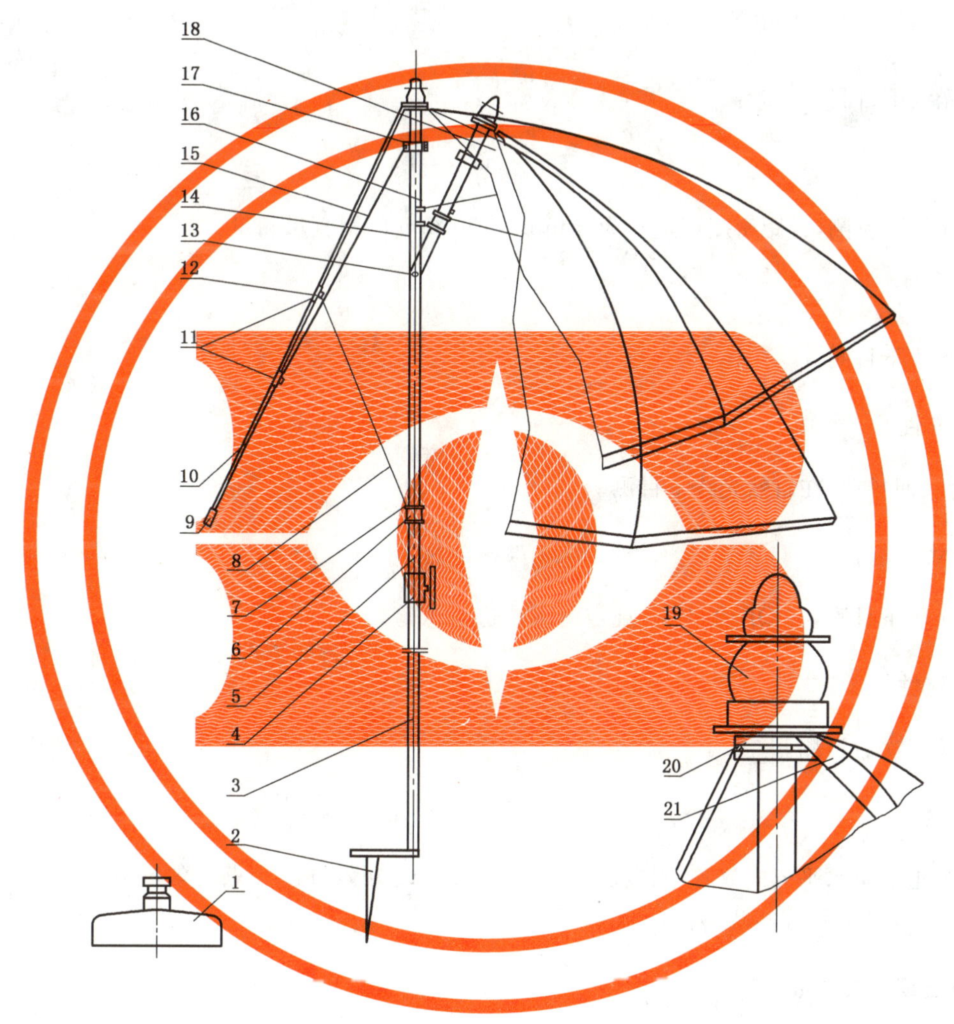

说明：

1——底座；
2——固定插杆；
3——下杆；
4——连接件；
5——中杆；
6——下盘(下巢)；
7——串盘丝；
8——二档骨(撑骨)；
9——珠尾；
10——一档骨(长骨)；
11——小马鞍(夹马)；
12——铆钉；
13——转向器；
14——上杆；
15——防风拉骨；
16——跳簧；
17——中盘(中巢)；
18——伞面；
19——伞帽(伞尾)；
20——上盘(上巢)；
21——帽花/天布。

图 1 太阳伞结构示意图

5.13 耐腐蚀

5.13.1 金属电镀件按 QB/T 3826 规定，伞杆经 4 h，其他零件经 2 h 中性盐雾试验后，其耐腐蚀性不应低于 QB/T 3832—1999 中规定的 4 级。

5.13.2 涂漆、喷塑件经 6.13.2 试验后不应有起皱、脱落或生锈现象。

6 试验方法

6.1 通则

按 GB 31892 中规定的方法进行试验。

6.2 外观

在自然光线下目测。

6.3 缝制

在自然光线下目测,针距密度用量程为 0 mm～150 mm 的钢直尺测量。

6.4 伞面

在自然光线下目测。

6.5 伞面粘连性

打开伞,来回抖动,在自然光线下目测。

6.6 规格尺寸

在自然光线下目测,按 QB/T 4743 规定的方法进行试验。

6.7 产品完整性

将伞开关三次后目测。

6.8 伞杆强度

将伞杆与地面呈水平方向放置,固定两端,然后将 24 kg 砝码分 3 个点均匀同时加载于伞杆上,每个点加载 8 kg,保持 5 min 卸载,目测。

6.9 无故障连续开关次数

在室内手工或采用模拟开伞机进行开关试验,一开一关为一次,频率为 1 次/min～5 次/min,以 5.9 中所列的任何一个故障出现时的次数为实测值。

6.10 防雨性能

6.10.1 试验仪器

试验仪器包括:

a) 雨量器;

b) 调节阀;

c) 计时器,测量分辨率 1 s;

d) 不锈钢针头,规格为 22 G。

6.10.2 试验装置

由雨量器、调节阀、转动装置、水管及不锈钢针头构成。不锈钢针头选用GB/T 18457—2015中22G规格,针孔间距为(50±5)mm×(50±5)mm。试验装置见图2所示。

6.10.3 试验步骤

6.10.3.1 将雨量器固定在距转动装置轴心(200±10)mm处,使其以(5±0.25)r/min的转速旋转,然后打开水源,使自来水通过针孔流下,调整水量,直至降水量达到(1.8±0.2)mm/min为止,关掉水源。

6.10.3.2 将伞撑开,使伞杆与地面垂直,伞面顶端到针头的距离 H>500 mm(见图2),并使伞面以(5±0.25)r/min的转速绕伞杆旋转,打开水源,使降水量达到(1.8±0.2)mm/min,并使整个伞面均在淋雨范围,测试2 min,关掉水源立即观察伞面内情况,是否符合5.10的要求。若采用其他装置测试,伞面转速、喷水量、淋雨范围均应满足本标准规定。

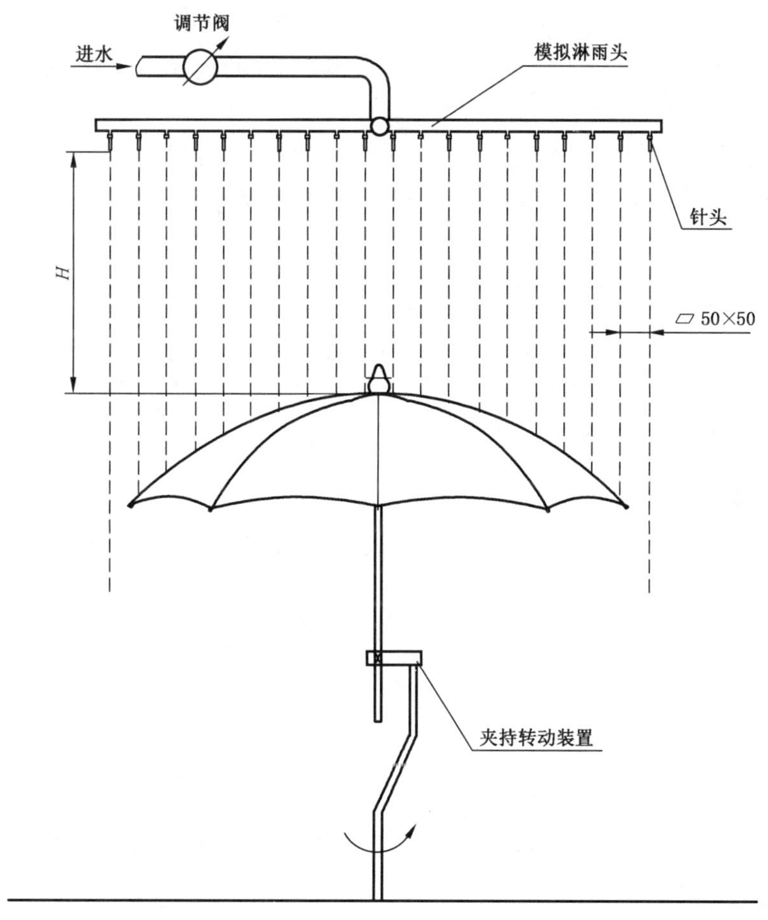

说明:

H——伞面顶端到针头的距离。

图2 淋雨装置示意图

6.11 染色牢度

按GB/T 5713的方法进行试验,并按GB/T 250—2008和GB/T 251—2008规定的等级判定。

6.12 伞骨

6.12.1 直骨伞伞骨弹性

将钢卷尺固定，以钢卷尺边为基准，使每根长骨弯曲，且长骨两端间距离沿钢卷尺边缩短，使缩短部分等于长骨长度的15%，30 s后卸载，立即测量其弦高，取最大值（弦高测量时应减去初始弦高）。

6.12.2 伞骨抗风强度

按GB/T 31895规定的方法进行试验，试验时风速为10 m/s。

6.13 耐腐蚀

6.13.1 金属电镀件

6.13.1.1 金属镀层按QB/T 3826规定的方法进行试验。

6.13.1.2 评定方法应符合QB/T 3832—1999的规定，考核面规定如下：

a) 伞骨：在活动关节中心部位，单向20 mm，双向40 mm的范围外为考核面，槽骨里面不考核；

b) 伞杆：圆孔和槽口周围2 mm范围外为考核面；

c) 伞骨、伞杆及其他零部件的考核面均需满足0.01 m^2 方可评级。

6.13.1.3 检查腐蚀点：按QB/T 3832—1999的规定计算腐蚀率和评级。

6.13.2 涂漆、喷塑件

6.13.2.1 试验取样

在受检的成品上随机抽取3件同样涂漆、喷塑件金属件，长度适宜，将试样上的截口和特殊部位用1∶1石蜡和松香混合物或防水胶粘带封闭。

6.13.2.2 试验设备与器材

试验设备与器材包括：

a) 恒温设备；

b) 玻璃容器；

c) 蒸馏水。

6.13.2.3 试验程序

将蒸馏水倒入玻璃容器内，利用恒温设备，使蒸馏水保持在(23±2)℃，然后将试样三分之二的长度浸在蒸馏水中，试样之间的间距、试样与容器壁的间距均应大于30 mm，保持8 h后取出试样。

6.13.2.4 评价方法

完成6.13.2.3的程序后，立即检查每件试样的表面，如3件试样中的2件涂漆、喷塑有起皱、脱落或生锈现象即为不合格。

7 检验规则

7.1 检验分类

检验分为出厂检验和型式检验。

7.2 出厂检验

7.2.1 凡提出交货的产品均应进行出厂检验。产品应经生产厂质量检验部门按本标准检验合格后方能出厂,并附有使用说明和检验合格标识。

7.2.2 出厂检验按 GB/T 2828.1—2012 的规定进行,采用一般检验水平Ⅰ、正常检验一次抽样方案,检验项目、要求、试验方法及接收质量限 AQL 值见表 1。

表 1

序号	检验项目	要求	试验方法	AQL
1	伞帽或伞顶尖(套)、使用安全要求	5.1	6.1	10
2	外观	5.2	6.2	
3	缝制	5.3	6.3	
4	伞面	5.4	6.4	
5	伞面粘连性	5.5	6.5	
6	产品完整性	5.7	6.7	

7.3 型式检验

7.3.1 有下列情况之一时,应进行型式检验:

a) 新产品或老产品转厂生产的试制定型鉴定时;

b) 正式生产后,如结构、材料、工艺有较大变动时,可能影响产品性能时;

c) 正常生产后,对批量产品进行抽样检查,每 12 个月至少进行 1 次;

d) 产品停产超过 6 个月,恢复生产时;

e) 出厂检验结果与上次型式检验有较大差异时;

f) 国家产品质量监督机构提出进行型式检验要求时。

7.3.2 型式检验的样本应从经过出厂检验的合格批中抽取 6 把分组检验,型式检验的评定以不合格把数计算。

7.3.3 型式检验按 GB/T 2829—2002 的规定进行,采用判别水平Ⅰ的一次抽样方案,检验项目、要求、试验方法、RQL 值、样本大小及判定数组见表 2。

表 2

序号	检验项目	要求	试验方法	RQL 值	样本大小	判定数组	
						Ac	Re
1	外观	5.2	6.2	65	3	1	2
2	缝制	5.3	6.3				
3	伞面	5.4	6.4				
4	伞面粘连性	5.5	6.5				

表 2（续）

序号	检验项目	要求	试验方法	RQL 值	样本大小	判定数组	
						Ac	Re
5	规格尺寸	5.6	6.6	65	3	1	2
6	产品完整性	5.7	6.7				
7	伞杆强度	5.8	6.8	40	2	0	1
8	无故障连续开关次数	5.9	6.9				
9	防雨性能	5.10	6.10				
10	染色牢度	5.11	6.11				
11	伞骨	5.12	6.12				
12	耐腐蚀	5.13	6.13				

7.3.4 通则按 GB 31892 中规定的判定要求进行判定。

7.3.5 有一项不合格判定为型式检验不合格。

8 标志、包装、运输、贮存

8.1 标志

8.1.1 每把伞应附有如下中文内容：

a) 产品名称；

b) 生产厂厂名、厂址；

c) 产品质量检验合格标识；

d) 产品执行标准编号；

e) 商标；

f) 规格尺寸；

g) 防紫外线性能(适用时)；

h) 不具备防雨性能(适用时)。

8.1.2 产品包装箱应有以下中文内容：

a) 产品名称；

b) 生产厂厂名、厂址；

c) 商标；

d) 产品型号；

e) 规格尺寸、数量。

8.2 包装

包装应牢固，无破损、防挤压、防潮。

8.3 运输

产品搬运时应轻装、轻卸，切勿重压。

8.4 贮存

产品应存放在干燥、通风的仓库内。

ICS 97.180
Y 89

中华人民共和国国家标准

GB/T 23147—2018
代替 GB/T 23147—2008

晴 雨 伞

Umbrella

2018-05-14 发布 2018-12-01 实施

国家市场监督管理总局
中国国家标准化管理委员会 发布

前　　言

本标准按照 GB/T 1.1—2009 给出的规则起草。

本标准代替 GB/T 23147—2008《晴雨伞》。与 GB/T 23147—2008 相比，除编辑性修改外主要技术变化如下：

——增加了规范性引用文件(见第 2 章，2008 版的第 2 章)；
——修改了术语和定义(见第 3 章，2008 版的第 3 章)；
——增加了通则要求和试验方法(见 5.1 和 6.1)；
——修改了缝制和规格尺寸要求(见 5.4 和 5.5，2008 版的 5.3 和 5.4)；
——修改了产品完整性要求和试验方法(见 5.6 和 6.6，2008 版的 5.5 和 6.5)；
——删除了使用安全要求和试验方法(见 2008 版的 5.7 和 6.7)；
——删除了开关性能要求和试验方法(见 2008 版的 5.8 和 6.8)；
——修改了自开伞、自开自收伞的开、关伞力要求和试验方法(见 5.8 和 6.8，2008 版的 5.9 和 6.9)；
——删除了部件结合牢度要求和试验方法(2008 版的 5.10 和 6.10)；
——修改了无故障连续开关次数要求(见 5.10，2008 版的 5.12)；
——修改了防雨性能要求和试验方法(见 5.11 和 6.11，2008 版的 5.13 和 6.13)；
——修改了染色牢度要求(见 5.12.1，2008 版的 5.14)；
——增加了塑料伞面染色牢度要求和试验方法(见 5.12.2 和 6.12.2)；
——修改了塑料伞面抗拉强度试验方法(见 6.4.2，2008 版的 6.3.2)；
——修改了伞杆和伞骨抗风强度试验方法(见 6.9 和 6.13.2，2008 版的 6.11 和 6.15.2)；
——修改了检验规则(见第 7 章，2008 版的第 7 章)；
——修改了标志要求(见 8.1，2008 版的 8.1)；
——修改了晴雨伞结构示意图(见附录 A，2008 版的附录 A)。

本标准由中国轻工业联合会提出。

本标准由全国制伞标准化技术委员会(SAC/TC 556)归口。

本标准起草单位：杭州天堂伞业集团有限公司、太阳城(厦门)户外用品科技股份有限公司、北京市轻工产品质量监督检验一站、梅花(晋江)伞业有限公司、浙江宝丽姿伞业有限公司、江西大地走红伞业有限公司、温州海螺集团有限公司、晋江市恒溢雨具有限公司、浙江红叶制伞有限公司、福建集成伞业有限公司、绍兴市金鼎伞业有限公司、江西勤德实业有限公司、日信纺织有限公司、厦门市同安合鑫雨具工艺有限公司、浙江天玮雨具有限公司、福建雨丝梦洋伞实业有限公司、浙江友谊菲诺伞业有限公司、雨中鸟(福建)户外用品有限公司。

本标准主要起草人：李传和、王奇伟、陈晓雷、蔡荣湍、王卿泳、周细妹、徐君、陈海和、王有余、虞成荣、黄文集、吕信苗、蔡金磅、吕世良、卢景祥、潘伟、刘基山、吕苗芬、丁敬堂、龚大舒、魏晓英、相晓霞、陈仕天。

本标准所代替标准的历次版本发布情况为：

——GB/T 23147—2008。

引　　言

本文件的发布机构提请注意，声明符合本文件时，本文件6.11中相关内容涉及淋雨试验装置及试验方法专利的使用。

本文件的发布机构对该专利的真实性、有效性和范围无任何立场。

该专利持有人已向本文件的发布机构保证，他同意在公平、合理、无歧视基础上，免费许可任何组织或个人在使用本文件时使用该专利的相关技术内容。该专利持有人的声明已在本文件的发布机构备案。相关信息可以通过以下方式获得：

专利持有人：杭州天堂伞业集团有限公司

通迅地址：浙江省杭州市西湖区西溪路978号

邮政编码：310023

电子邮件：info@umbrella.org.cn

联系电话：0571-85183111

请注意除上述专利外，本文件的某些内容仍可能涉及专利。本文件的发布机构不承担识别这些专利的责任。

晴 雨 伞

1 范围

本标准规定了晴雨伞的产品分类、要求、试验方法、检验规则及标志、包装、运输、贮存。

本标准适用于织物伞面、塑料伞面及不同材料伞架制作的晴雨伞。

2 规范性引用文件

下列文件对于本文件的应用是必不可少的。凡是注日期的引用文件，仅注日期的版本适用于本文件。凡是不注日期的引用文件，其最新版本(包括所有的修改单)适用于本文件。

GB/T 250—2008 纺织品 色牢度试验 评定变色用灰色样卡

GB/T 251—2008 纺织品 色牢度试验 评定沾色用灰色样卡

GB/T 2828.1—2012 计数抽样检验程序 第1部分：按接收质量限(AQL)检索的逐批检验抽样计划

GB/T 2829—2002 周期检验计数抽样程序及表(适用于对过程稳定性的检验)

GB/T 5713 纺织品 色牢度试验 耐水色牢度

GB/T 18457—2015 制造医疗器械用不锈钢针管

GB/T 18830 纺织品 防紫外线性能的评定

GB 28477 儿童伞安全技术要求

GB 31892 伞类产品安全通用技术条件

GB/T 31895 伞类产品 抗风强度测试方法

QB/T 3826 轻工产品金属镀层和化学处理层的耐腐蚀试验方法 中性盐雾试验(NSS)法

QB/T 3832—1999 轻工产品金属镀层腐蚀试验结果的评价

QB/T 4152—2010 塑料伞

QB/T 4743 伞类产品 规格尺寸

3 术语和定义

下列术语和定义适用于本文件。

3.1

儿童伞 child umbrella

从伞帽或伞顶中心位置到伞面珠尾孔(槽)中心50 cm以下(含50 cm)供儿童使用的伞。

3.2

压缩伞杆力 compressive force of the umbrella rod

自开自收伞压缩伞杆至关伞槽的作用力。

4 产品分类

4.1 按开关伞形式可划分为手开伞、自开伞、自开自收伞。

4.2 按伞骨结构分为直骨伞、缩折伞。

5 要求

5.1 通则

产品安全性能应符合 GB 31892 和 GB 28477 中的相关规定。

5.2 外观

外观应清洁,无污渍、锈迹。

5.3 缝制

伞面接缝不应脱离、露边,不应有跳针、断线等缺陷,针距密度不应少于 15 针/5 cm。

5.4 伞面

5.4.1 织物伞面不应有破洞,织物面料不应有跳纱且同一点经线和纬线断开的总和不应大于 4 根。

5.4.2 塑料伞面抗拉强度经 6.4.2 试验后,不应断裂、破损。

5.5 规格尺寸

规格尺寸应明示在产品上,其表示形式和公差应符合 QB/T 4743 的规定。

5.6 产品完整性

产品应完整,经 6.6 试验后,不允许零部件脱落。

5.7 自开伞、自开自收伞下盘稳定性

开伞后,下盘与缓冲簧(圈)应定位可靠,手感不窜动。

5.8 自开伞、自开自收伞的开、关伞力和压缩伞杆力

5.8.1 成人伞开伞或收伞时按键(按钮)的力值应为 10 N～55 N。

5.8.2 自开自收伞压缩伞杆力不应大于 100 N。

5.9 伞杆抗风强度

经 6.9 试验后,伞杆、伞骨不应有明显变形、弯曲或影响正常使用的损坏。

5.10 无故障连续开关次数

手开直骨伞开关 600 次,自开直骨伞开关 400 次,手开缩折伞开关 400 次,自开缩折伞开关 400 次,自开自收伞开关 400 次后,不应发生铆钉脱落、夹马移位、串盘丝断裂、松散、伞盘缺损、弹簧失灵、伞骨折断、接缝脱离、缝眼脱线、柄移位或镀涂层剥落现象。各零部件图示见附录 A。

5.11 防雨性能

经 6.11 试验后,伞杆不应淌水,伞面内不应有滴水或明显的水珠现象。不具备防雨性能的应在产品上明示。

5.12 染色牢度

5.12.1 织物伞面耐水色牢度不应低于 GB/T 250—2008 和 GB/T 251—2008 中规定的 3-4 级。

5.12.2 塑料伞面色牢度经 6.12.2 试验后，试样不应掉色。

5.13 伞骨

5.13.1 直骨伞伞骨弹性

经 6.13.1 试验后，弦高不应大于 10 mm。

5.13.2 伞骨抗风强度

经 6.13.2 试验后，伞骨允许翻顶，但不应有影响正常使用的损坏。

5.14 耐腐蚀

5.14.1 金属电镀件按 QB/T 3826 规定，伞杆经 4 h，其他零件经 2 h 中性盐雾试验后，其耐腐蚀性不应低于 QB/T 3832—1999 中规定的 4 级。

5.14.2 涂漆、喷塑件经 6.14.2 试验后不应有起皱、脱落或生锈现象。

5.15 伞面防紫外线

防紫外线产品，应明示在产品上，应达到 UPF＞40，且 $T(UVA)_{AV}$＜5%。

6 试验方法

6.1 通则

按 GB 31892 和 GB 28477 中规定的方法进行试验。

6.2 外观

在自然光线下目测。

6.3 缝制

在自然光线下目测，针距密度用量程为 0 mm～150 mm 的钢直尺测量。

6.4 伞面

6.4.1 织物伞面

在自然光线下目测。

6.4.2 塑料伞面抗拉强度

按 QB/T 4152—2010 中 6.6 规定的方法进行试验。

6.5 规格尺寸

在自然光线下目测，按 QB/T 4743 规定的方法进行试验。

6.6 产品完整性

将伞开关3次后目测。

6.7 自开伞、自开自收伞下盘稳定性

将伞撑开后，手握手柄，垂直上下约300 mm的幅度以1次/s的频率(一上一下为1次)上下运动3次，手感伞的下盘与缓冲簧(圈)有无明显窜动。

6.8 自开伞、自开自收伞的开、关伞力和压缩伞杆力

6.8.1 将伞柄用夹具固定，沿垂直于按键(按钮)的方向施力直至伞打开或收起，用测力计或测力装置测量按键(按钮)的力值。

6.8.2 将自开自收伞收起，伞柄用夹具固定，在伞帽处沿伞杆方向施力压缩伞杆至关伞槽，用测力计或测力装置测量力值。

6.9 伞杆抗风强度

按GB/T 31895规定的方法进行试验，试验时风速为10 m/s。

6.10 无故障连续开关次数

在室内手工或采用模拟开伞机进行开关试验，一开一关为1次，频率为10次/min～20次/min，以5.10中所列的任何一个故障出现时的次数为实测值。

6.11 防雨性能

6.11.1 试验仪器

试验仪器包括：

a) 雨量器；
b) 调节阀；
c) 计时器，测量分辨率1 s；
d) 不锈钢针头，规格为22 G。

6.11.2 试验装置

由雨量器、调节阀、转动装置、水管及不锈钢针头构成。不锈钢针头选用GB/T 18457—2015中的22 G，针孔间距为(50±5)mm×(50±5)mm。试验装置见图1所示。

6.11.3 试验步骤

6.11.3.1 将雨量器固定在距转动装置轴心(200±10)mm处，使其以(5±0.25)r/min的转速旋转，然后打开水源，使自来水通过针孔流下，调整水量，直至降水量达到(4.4±0.2)mm/min为止，关掉水源。

6.11.3.2 将伞撑开，使伞杆与地面垂直，伞面顶端到针头的距离$H>500$ mm(见图1)，并使伞面以(5±0.25)r/min的转速绕伞杆旋转，打开水源，使降水量达到(4.4±0.2)mm/min，并使整个伞面均在淋雨范围，测试2 min，关掉水源立即观察伞面内情况，是否符合5.11的要求。若采用其他装置测试，伞面转速、喷水量、淋雨范围均应满足本标准规定。

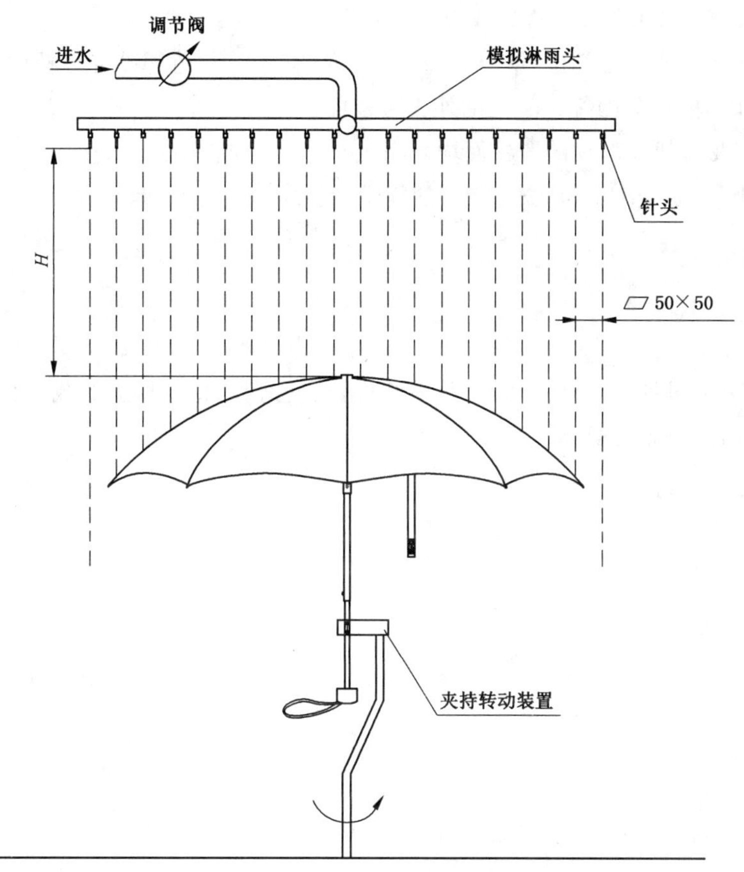

说明：

H——伞面顶端到针头的距离。

图 1　淋雨装置示意图

6.12　染色牢度

6.12.1　织物伞面耐水色牢度按 GB/T 5713 的方法进行试验，并按 GB/T 250—2008 和 GB/T 251—2008 规定的等级判定。

6.12.2　塑料伞面色牢度按 QB/T 4152—2010 中 6.10 规定的方法进行试验。

6.13　伞骨

6.13.1　直骨伞伞骨弹性

将长度为 1 000 mm 的钢直尺固定，以钢直尺边为基准，使每根长骨弯曲，且长骨两端间距离沿钢直尺边缩短，使缩短部分等于长骨长度的 20%，30 s 后卸载，立即测量其弦高，取最大值（弦高测量时应减去初始弦高）。

6.13.2　伞骨抗风强度

按 GB/T 31895 规定的方法进行试验，试验时风速为 10 m/s。

6.14　耐腐蚀

6.14.1　金属电镀件

6.14.1.1　金属镀层按 QB/T 3826 规定的方法进行试验。

6.14.1.2 评定方法应符合 QB/T 3832—1999 的规定,考核面规定如下:

a) 伞骨:在活动关节中心部位,单向 20 mm,双向 40 mm 的范围外为考核面,槽骨里面不考核;

b) 伞杆:圆孔和槽口周围 2 mm 范围外为考核面;

c) 伞骨、伞杆及其他零部件的考核面均需满足 0.01 m^2 方可评级。

6.14.1.3 检查腐蚀点:按 QB/T 3832—1999 的规定计算腐蚀率和评级。

6.14.2 涂漆、喷塑件

6.14.2.1 试验取样

在受检的成品上随机抽取 3 件同样涂漆、喷塑件,长度适宜,将试样上的截口和特殊部位用 1∶1 石腊和松香混合物或防水胶粘带封闭。

6.14.2.2 试验设备与器材

试验设备与器材包括:

a) 恒温设备;

b) 玻璃容器;

c) 蒸馏水。

6.14.2.3 试验程序

将蒸馏水倒入玻璃容器内,利用恒温设备,使蒸馏水保持在(23±2)℃,然后将试样三分之二的长度浸在蒸馏水中,试样之间的间距、试样与容器壁的间距均应大于 30 mm,保持 8 h 后取出试样目测。

6.14.2.4 评价方法

完成 6.14.2.3 的程序后,立即检查每件试样的表面,如 3 件试样中的 2 件涂漆、喷塑有起皱、脱落或生锈现象即为不合格。

6.15 伞面防紫外线

按 GB/T 18830 中规定的方法进行试验。

7 检验规则

7.1 检验分类

检验分为出厂检验和型式检验。

7.2 出厂检验

7.2.1 凡提出交货的产品均应进行出厂检验。产品应经生产厂质量检验部门按本标准检验合格后方能出厂,并附有检验合格标识。

7.2.2 出厂检验按 GB/T 2828.1—2012 的规定进行,采用一般检验水平Ⅰ、正常检验一次抽样方案,检验项目、要求、试验方法及接收质量限 AQL 值见表 1。

表 1

序号	检验项目	要求	试验方法	AQL
1	成人伞和儿童伞的伞帽或伞顶尖(套)、珠尾、使用安全要求及儿童伞的手柄	5.1	6.1	10
2	外观	5.2	6.2	
3	缝制	5.3	6.3	
4	伞面	5.4	6.4	
5	产品完整性	5.6	6.6	
6	自开伞、自开自收伞下盘稳定性	5.7	6.7	

7.3 型式检验

7.3.1 有下列情况之一时,应进行型式检验:

a) 新产品或老产品转厂生产的试制定型鉴定时;

b) 正式生产后,如结构、材料、工艺有较大变动,可能影响产品性能时;

c) 正常生产后,对批量产品进行抽样检查,每 12 个月至少进行 1 次;

d) 产品停产超过 6 个月,恢复生产时;

e) 出厂检验结果与上次型式检验有较大差异时;

f) 国家产品质量监督机构提出进行型式检验要求时。

7.3.2 型式检验的样本应从经过出厂检验的合格批中抽取 8 把检验,型式检验的评定以不合格把数计算。

7.3.3 型式检验按 GB/T 2829—2002 的规定进行,采用判别水平 Ⅰ 的一次抽样方案,检验项目、要求、试验方法、RQL 值、样本大小及判定数组见表 2。

表 2

序号	检验项目	要求	试验方法	RQL 值	样本大小	判定数组	
						Ac	Re
1	外观	5.2	6.2	65	3	1	2
2	缝制	5.3	6.3				
3	伞面	5.4	6.4				
4	规格尺寸	5.5	6.5				
5	产品完整性	5.6	6.6				
6	自开伞、自开自收伞下盘稳定性	5.7	6.7				
7	自开伞、自开自收伞的开、关伞力和压缩伞杆力	5.8	6.8				
8	伞杆抗风强度	5.9	6.9	40	2	0	1
9	无故障连续开关次数	5.10	6.10				
10	防雨性能	5.11	6.11				
11	染色牢度	5.12	6.12				
12	伞骨	5.13	6.13				
13	耐腐蚀	5.14	6.14				
14	伞面防紫外线	5.15	6.15	50	1	0	1

7.3.4 通则按 GB 31892 和 GB 28477 中规定的判定要求进行判定。

7.3.5 有一项不合格判定为型式检验不合格。

8 标志、包装、运输、贮存

8.1 标志

8.1.1 每把伞应附有如下中文内容：

a) 产品名称；

b) 生产厂厂名、厂址；

c) 产品质量检验合格标识；

d) 产品执行标准编号；

e) 商标；

f) 防紫外线性能(适用时)；

g) 不具备防雨性能(适用时)；

h) 规格尺寸。

8.1.2 产品包装箱应有以下中文内容：

a) 产品名称；

b) 生产厂厂名、厂址；

c) 商标；

d) 产品型号；

e) 规格尺寸、数量。

8.2 包装

产品包装应牢固，无破损、防挤压、防潮。

8.3 运输

产品搬运时应轻装轻卸，切勿重压。

8.4 贮存

产品应存放在干燥、通风的仓库内。

附 录 A
(规范性附录)
晴雨伞结构示意图

手开缩折伞结构示意图(外翻式·倒杆)见图 A.1。

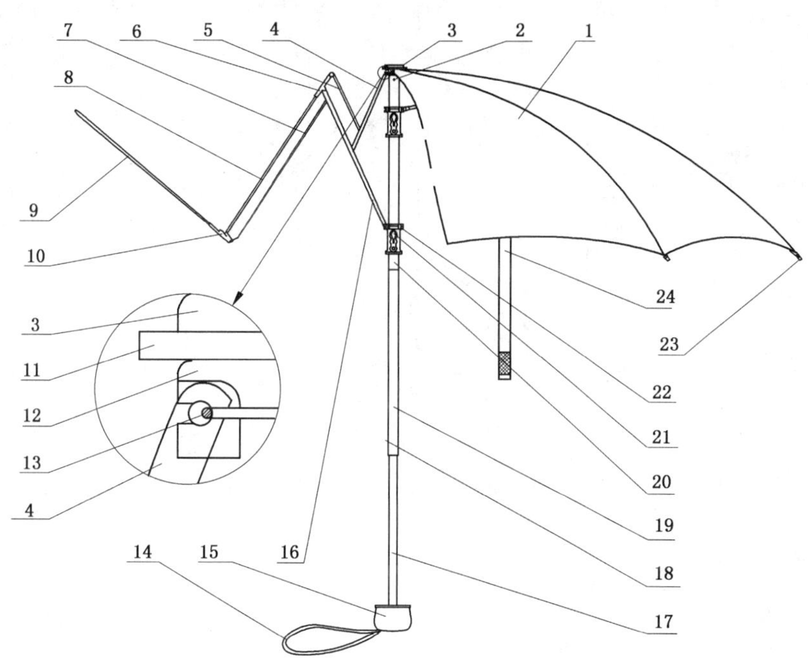

说明:

1——伞面;

2——上盘(上巢)销;

3——伞帽(伞尾);

4——三档骨(短槽骨);

5——四档骨(短骨);

6——大马鞍(夹马);

7——六档骨(拉骨);

8——五档骨(中槽骨);

9——一档骨(尾骨);

10——中马鞍(夹马);

11——垫圈;

12——上盘(上巢);

13——串盘(巢)丝;

14——挂襻;

15——手柄(伞头);

16——二档骨(长槽骨);

17——内杆(内管);

18——锁珠;

19——中杆(中管);

20——外杆(外管);

21——按键(按钮);

22——下盘(下巢);

23——水珠(珠尾);

24——伞襻(伞带)。

图 A.1 手开缩折伞结构示意图(外翻式·倒杆)

手开缩折伞结构示意图(内翻式·顺杆)见图A.2。

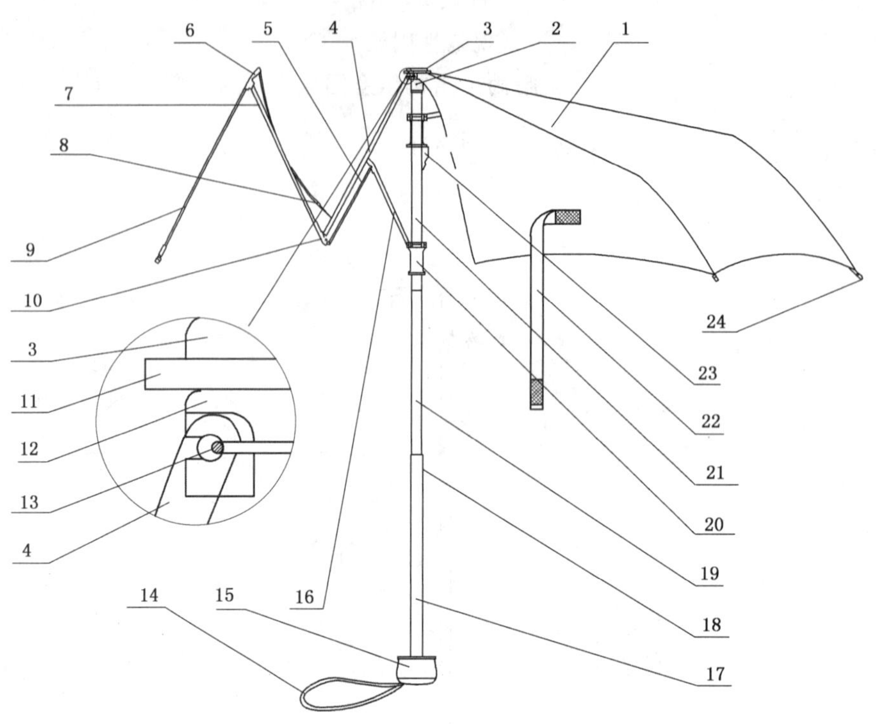

说明:

1——伞面;	9——一档骨(尾骨);	17——外杆(外管);
2——上盘(上巢)销;	10——大马鞍(夹马);	18——锁珠;
3——伞帽(伞尾);	11——垫圈;	19——中杆(中管);
4——二档骨(长槽骨);	12——上盘(上巢);	20——下盘(下巢);
5——四档骨(短骨);	13——串盘(巢)丝;	21——内杆(内管);
6——中马鞍(夹马);	14——挂襻;	22——伞襻(伞带);
7——五档骨(中槽骨);	15——手柄(伞头);	23——上跳簧(撑伞弓片);
8——六档骨(拉骨);	16——三档骨(短槽骨);	24——水珠(珠尾)。

图A.2 手开缩折伞结构示意图(内翻式·顺杆)

自开直骨伞结构示意图见图 A.3。

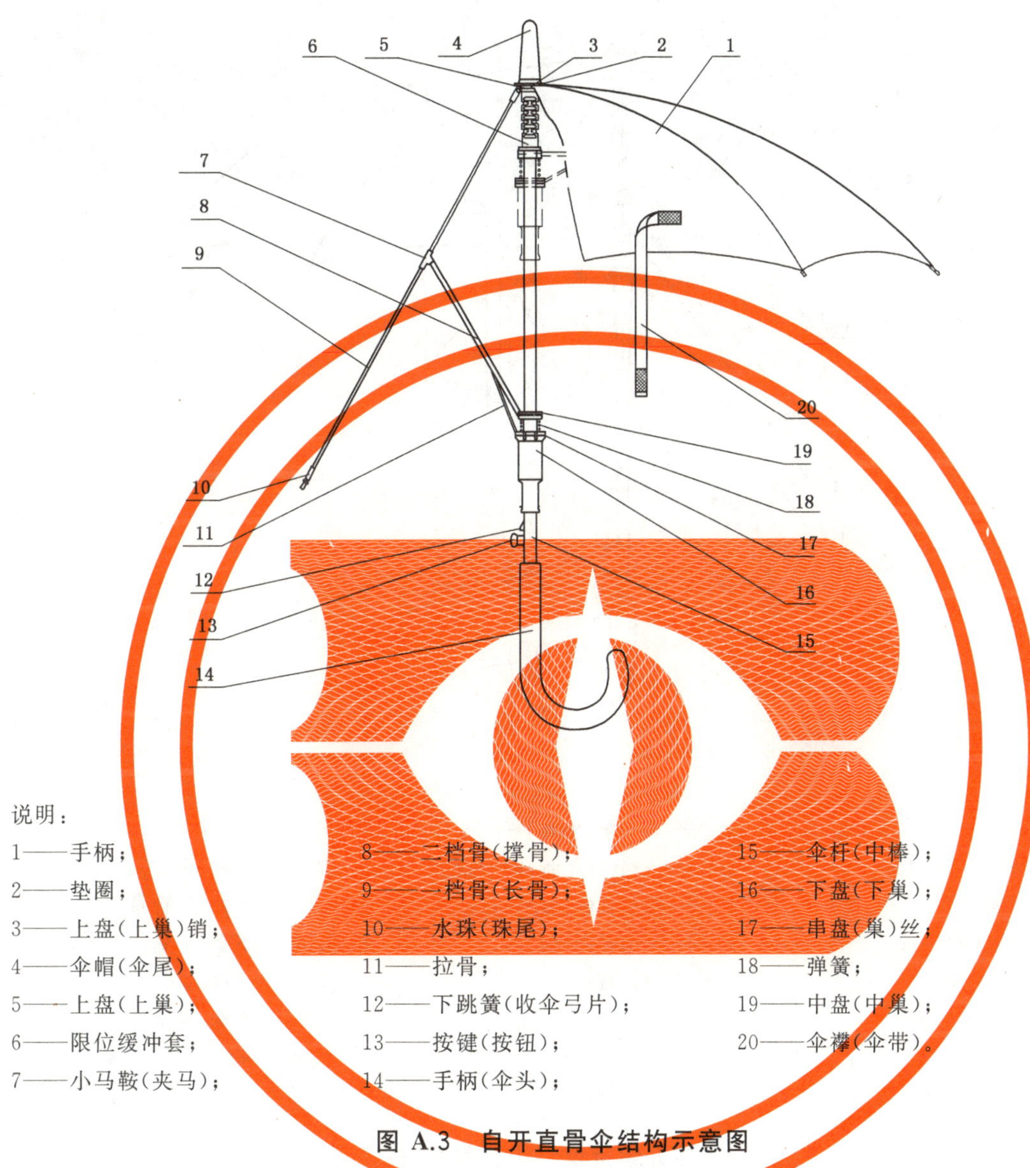

说明：

1——手柄；
2——垫圈；
3——上盘(上巢)销；
4——伞帽(伞尾)；
5——上盘(上巢)；
6——限位缓冲套；
7——小马鞍(夹马)；
8——二档骨(撑骨)；
9——一档骨(长骨)；
10——水珠(珠尾)；
11——拉骨；
12——下跳簧(收伞弓片)；
13——按键(按钮)；
14——手柄(伞头)；
15——伞杆(中棒)；
16——下盘(下巢)；
17——串盘(巢)丝；
18——弹簧；
19——中盘(中巢)；
20——伞襻(伞带)。

图 A.3　自开直骨伞结构示意图

自开缩折伞结构示意图(拉锁式)见图 A.4。

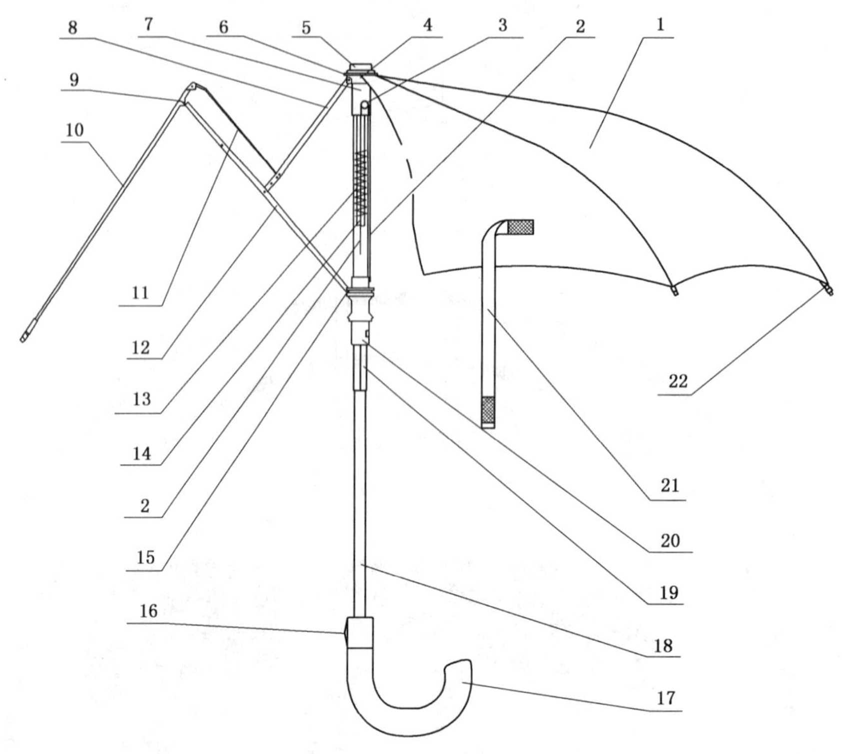

说明：

1——伞面；
2——拉索；
3——定滑轮；
4——上盘(上巢)销；
5——伞帽(伞尾)；
6——垫圈；
7——上盘(上巢)；
8——三档骨(短槽骨)；
9 ——大马鞍(夹马)；
10——一档骨(尾骨)；
11——四档骨(短骨)；
12——二档骨(长槽骨)；
13——内弹簧；
14——线管；
15——串盘(巢)丝；
16——按键(按钮)；
17——手柄(伞头)；
18——内杆(内管)；
19——外杆(外管)；
20——下盘(下巢)；
21——伞襻(伞带)；
22——水珠(珠尾)。

图 A.4 自开缩折伞结构示意图(拉索式)

自开自收缩折伞结构示意图见图 A.5。

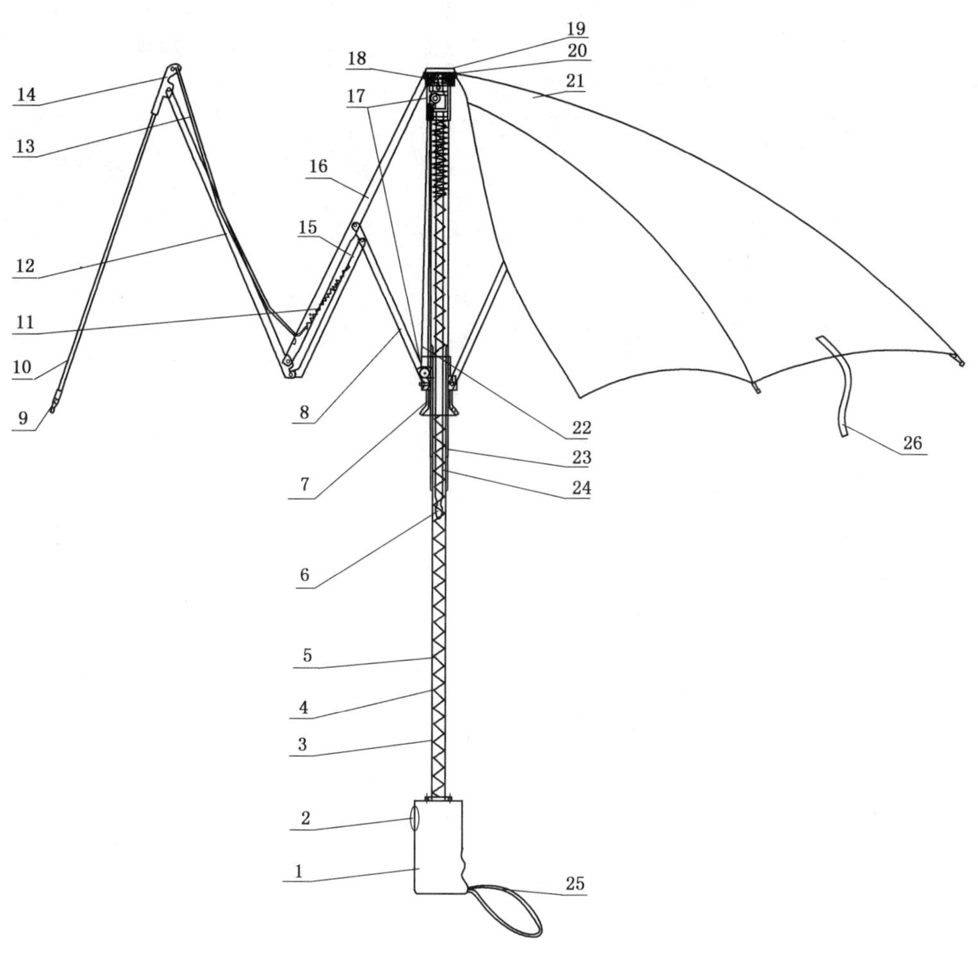

说明：

1——手柄(伞头)；
2——按键(按钮)；
3——内杆(内管)；
4——内弹簧；
5——中杆(中管)；
6——扣头；
7——下盘(下巢)；
8——三档骨(短槽骨)；
9——水珠(珠尾)；
10——一档骨(尾骨)；
11——收伞弹簧；
12——五档骨(中槽骨)；
13——六档骨(拉骨)；
14——中马鞍(夹马)；
15——四档骨(短骨)；
16——二档骨(长槽骨)；
17——上、下滑轮；
18——串盘(巢)丝；
19——伞帽(伞尾)；
20——上盘(上巢)；
21——伞面；
22——拉索(拉绳)；
23——外杆(外管)；
24——连杆管(线管)；
25——挂襻(伞头带)；
26——伞襻(伞带)。

图 A.5 自开自收缩折伞结构示意图

ICS 65.160
X 85

中华人民共和国国家标准

GB/T 23227—2018
代替 GB/T 23227—2008

卷烟纸、成形纸、接装纸、具有间断或连续透气区的材料以及具有不同透气带的材料 透气度的测定

Materials used as cigarette papers, filter plug wrap and filter joining paper, including materials having a discrete or oriented permeable zone and materials with bands of differing permeability—Determination of air permeability

(ISO 2965:2009, MOD)

2018-05-14 发布　　2018-09-01 实施

国家市场监督管理总局
中国国家标准化管理委员会 发布

前 言

本标准按照 GB/T 1.1—2009 给出的规则起草。

本标准代替 GB/T 23227—2008《卷烟纸、成形纸、接装纸及具有定向透气带的材料　透气度的测定》。本标准与 GB/T 23227—2008 相比，除编辑性修改外主要技术变化如下：

——修改了“术语和定义”的内容；

——修改了“仪器”的内容；

——修改了“步骤”的内容；

——修改了“精密度”的内容；

——修改了附录 B“透气度标准流量盘和透气度测量仪器的校准”的内容；

——删除了附录 E“本标准与 ISO 2965:1997 的对照”；

——增加了附录 E“标准流量盘的补偿”；

——增加了附录 F“本标准与 ISO 2965:2009 的对照”。

本标准采用重新起草法修改采用 ISO 2965:2009《卷烟纸、成形纸、接装纸、具有间断或连续透气区的材料以及具有不同透气带的材料　透气度的测定》(英文版)。

本标准与 ISO 2965:2009 相比存在部分技术性差异，有关技术性差异已编入正文中并在它们所涉及条款的页边空白处用垂直单线标识。在附录 F 中给出了这些技术性差异及其原因的一览表以供参考。

为了便于使用，对于 ISO 2965:2009 还做了下列编辑性修改：

——删除了 ISO 2965:2009 的参考文献。

请注意本文件的某些内容可能涉及专利。本文件的发布机构不承担识别这些专利的责任。

本标准由国家烟草专卖局提出。

本标准由全国烟草标准化技术委员会(SAC/TC 144)归口。

本标准起草单位：中国烟草标准化研究中心、国家烟草质量监督检验中心、中国科学院合肥物质科学研究院、河南中烟工业有限责任公司、广西中烟工业有限责任公司、贵州中烟工业有限责任公司、广东中烟工业有限责任公司、湖北中烟工业有限责任公司、山东中烟工业有限责任公司。

本标准主要起草人：苗芊、范黎、赵航、张勍、杨荣超、周明珠、李晓辉、朱震、李志刚、卓浩廉、周俊、李明哲、米芳芳、王惠、张鹏飞、陈旭、杨守臣、向兰康。

本标准所代替标准的历次版本发布情况为：

——GB/T 23227—2008。

卷烟纸、成形纸、接装纸、具有间断或连续透气区的材料以及具有不同透气带的材料　透气度的测定

1　范围

本标准规定了一种测定透气度的方法。

本标准适用于在 1 kPa 压差条件下透气度测量值超过 10 $cm^3/(min \cdot cm^2)$的卷烟纸、成形纸、接装纸及具有间断或连续透气区的材料。此外，本方法也适用于透气带宽度大于 4 mm 的带状卷烟纸。

注：对于透气度估计值在本标准范围之外的材料，参见 5.1.3 的注 2 和 7.6.1 的注 2。

2　规范性引用文件

下列文件对于本文件的应用是必不可少的。凡是注日期的引用文件，仅注日期的版本适用于本文件。凡是不注日期的引用文件，其最新版本(包括所有的修改单)适用于本文件。

GB/T 10739　纸、纸板和纸浆　试样处理和试验的标准大气条件(GB/T 10739—2002，eqv ISO 187：1990)

GB/T 16447　烟草及烟草制品　调节和测试的大气环境(GB/T 16447—2004，ISO 3402：1999，IDT)

3　术语和定义

下列术语和定义适用于本文件。

3.1

透气度　air permeability

在 1.00 kPa 测量压差条件下，每分钟通过表面积为 1 cm^2 的被测样品的空气体积量(cm^3)。

注：透气度的单位为 1 kPa 压差条件下立方厘米每分平方厘米 $cm^3/(min \cdot cm^2)$。

3.2

测量压差　measuring pressure

在测量过程中，被测样品两个表面之间的压力差。

3.3

泄漏　leakage

通过样品夹持器和其他的密封面由大气中吸入或逸出到大气的空气流量。

3.4

透气度均匀分布的纸张　paper with uniformly distributed permeability

仅具有自然透气度的纸张。

注：又称为标准纸(standard paper)。

3.5

具有连续透气区的纸张　paper with oriented permeable zone

通过在连续区域打孔获得更高透气度的纸张。

3.6

具有间断透气区的纸张　paper with discrete permeable zone

通过在不连续的区域打孔获得更高透气度的纸张。

3.7

带状纸　banded paper

具有一些不同透气带的纸张。

注：这种纸张通常具有透气度明显低于原纸的带状区域。

3.8

特种纸　special paper

透气度经过改变的纸张。

注：这种纸包括3.5、3.6和3.7中定义的类型。

4　原理

将测试样品放置在合适的测量位置，对样品施加一个压差，测量通过测试样品的气体体积流量。

测量原理如图1所示。

通过被测样品的气流可通过在测试样品一侧施加一正压或负压而产生。当测试样品为成品时，通过样品的气流方向应为确定的，例如，由外表面向内表面。

若气流通过施加正压来产生，则所用测试仪器应装过滤器，以免测试样品被油、水及灰尘污染。

注1：对于某些材料而言，通过测试样的体积流量与被施加的压差可能是非线性关系。因此，需要在两个不同压差条件下测量通过测试样品的体积流量以确定纸张的流量与压差关系是线性或非线性。如果为非线性，在0.25 kPa压差条件下的流量测量有助于更全面地表征该材料的特性。

注2：测量气体体积流量时，气体是由测试样品外表面流入还是内表面流入会导致体积流量值理论上存在1%的差异。

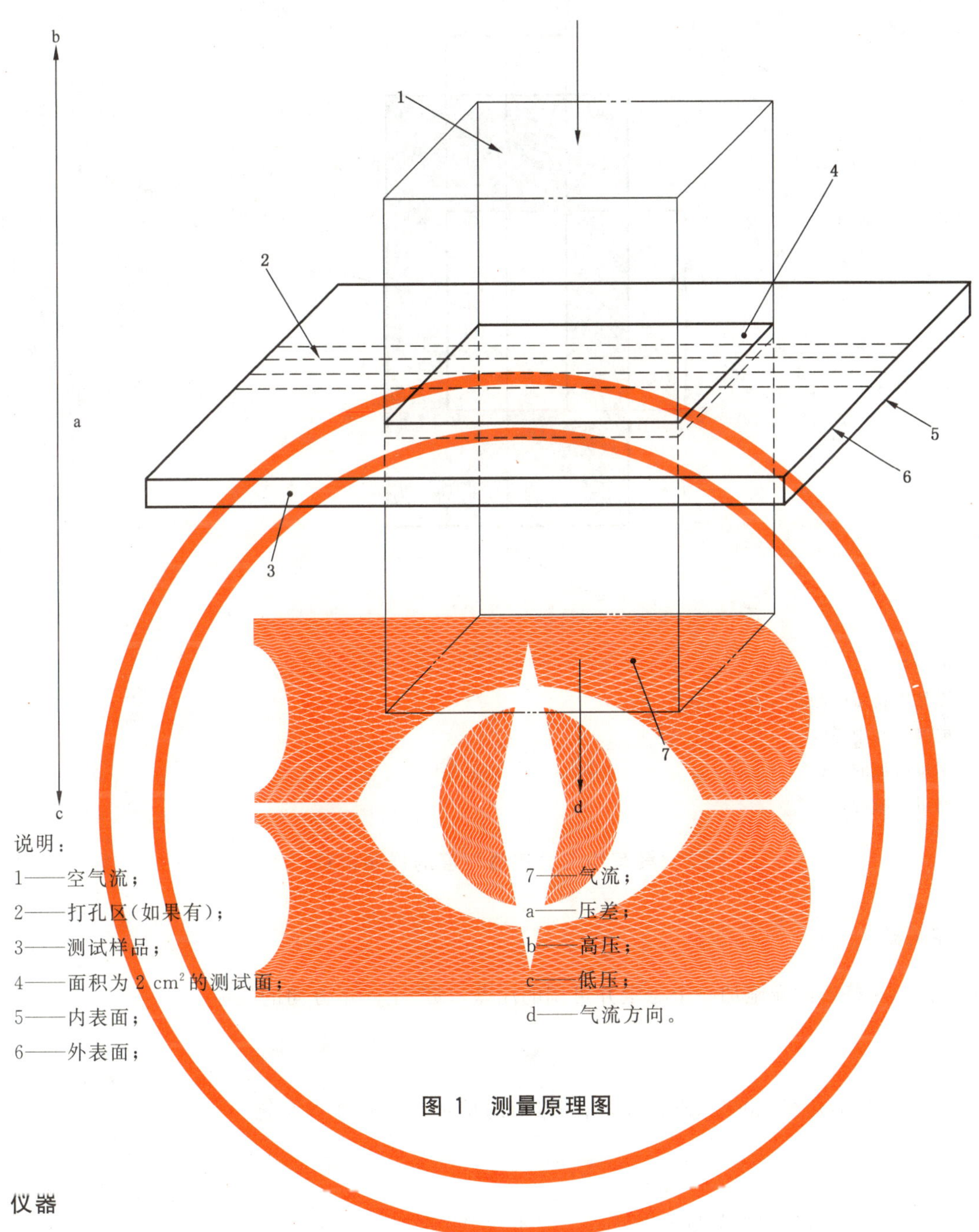

说明：

1——空气流；

2——打孔区(如果有)；

3——测试样品；

4——面积为 2 cm^2 的测试面；

5——内表面；

6——外表面；

7——气流；

a——压差；

b——高压；

c——低压；

d——气流方向。

图 1 测量原理图

5 仪器

5.1 样品夹持器

5.1.1 夹持被测样品的样品夹持器不应泄漏。

5.1.2 对于具有均匀分布透气度和具有连续或间断透气区的纸张：样品夹持器的测量区域为矩形，面积为 2.00 cm^2 ±0.02 cm^2，内倒角半径不大于 0.1 cm，其长边 L 的长度应满足 2.000 cm±0.005 cm(见图 2)。

5.1.3 对于具有不同透气带的纸张：样品夹持器的测量区域为矩形，面积为 0.30 cm^2 ±0.01 cm^2，其短边的长度应满足 2.00 mm±0.05 mm[见 7.5.6 和图 3d)]。

注 1：对于不同类型的纸张，样品夹持器在被测样品上的夹持位置是不同的(见 7.5 和图 2、图 3)。

注 2：当需要对超出本标准规定范围的特种纸的透气度进行测定时，可使用具有不同测试面积的特殊样品夹持器。

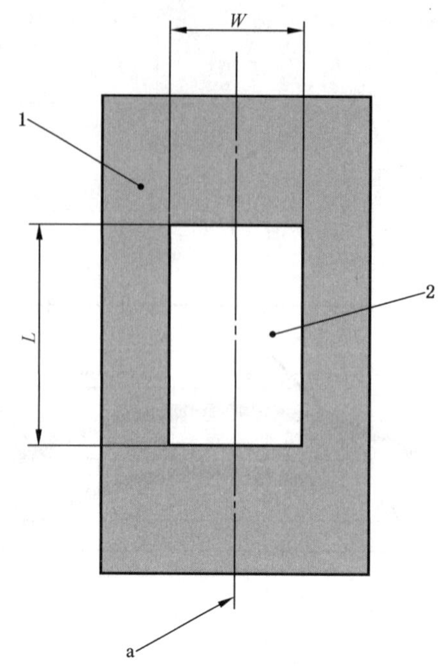

说明：
1 ——被测样品；
2 ——样品夹持器的测量区域；
a ——被测样品中心线；
W——测量区域的宽；
L ——测量区域的长。

图 2 具有均匀分布透气度的样品位置

5.2 气动控制器

用于在样品夹持器两端施加一个稳定并可调的压差，以产生固定方向的气流。

5.3 压力计

用于测量压差，精确至 0.001 kPa，量程内测量值的相对误差不超过 2%。

5.4 流量计

用于测量气体流量，量程内测量值的相对误差不超过 5%。

5.5 调节环境

应符合 GB/T 10739 规定的条件(见 7.3)。

6 取样

按统计学原理抽取可以代表总体特性的样品。
样品应无影响其测量性能的可见缺陷和折皱。

7 程序

7.1 总则

由于很多纸张的流量与压差关系是非线性的，因此应严格遵循测量程序，以确保测量结果具有可比性。如测量程序有任何的改变(例如使用非标准尺寸的样品夹持器，或者因测试样品尺寸而改变样品夹持器的夹持位置)，都应该在测试报告中予以注明(见7.5和第10章)。

7.2 样品夹持器的检漏

仪器使用前按照附录A规定的程序进行检漏。

样品夹持器结合面之间的气体泄漏不应大于2.0 cm^3/min。

注：当用户需要确定某些特殊纸张表面泄漏对流量测量的影响时，可以采用合适的被测样品按附录C给出的程序确定泄漏量，并在测试报告中予以说明。

7.3 样品的准备

根据第6章要求随机选取样品，样品数量为测试所需样品加上三个用于确定样品流量与压差关系的样品。

如果需要可制备适于测试的样品(按所需尺寸剪切，并排除折痕、接头等缺陷)。

测试前，按GB/T 10739要求将环境温度调节为23 ℃±1 ℃，相对湿度调节为50%±2%。样品放置时应确保其所有表面与环境空气能充分接触。

注：完整的盘纸样品，可能无法将其所有表面暴露于调节大气中，因而需要一段较长的调节时间。所需时间取决于实际情况和经验。被测样品调节时间的长短在本标准中未具体给出，但应在测试报告中注明。

7.4 校准

按附录B中的步骤用标准流量盘校准测试仪器。

7.5 被测样品的放置

7.5.1 总则

成品纸张测试时，所有纸张应放置在样品夹持器中，样品放置时应使测量气流能从被测样品的外表面流向被测样品的内表面。

被测样品在样品夹持器上的位置如图2、图3所示。

7.5.2 均匀分布透气区的材料

放置样品时，尽可能将样品夹持器测量区域宽边(W)的中心对准样品的中心线(见图2)。

7.5.3 具有狭窄的连续透气区的材料

透气区应与样品夹持器测量区域2 cm的长边平行[见图3a)]。

透气区边缘与测量区域边缘的距离不应小于1 mm。理论上，被测样品至少应比样品夹持器测量区域的每边宽3 mm。如因技术原因不能满足(如测试试样的总宽度小于16 mm或透气区距离样品边缘小于4 mm)，应在测试报告中注明。

7.5.4 具有加宽的连续透气区的材料

样品夹持器的放置应尽可能覆盖透气区的最大宽度，同时应使透气区尽可能充满测量区域[见

图 3b)]。

理论上,样品夹持器测量区域的长边 L 应比透气区边缘至少宽 1 mm,同时样品应该超出样品夹持器测量区域各边缘至少 3 mm。如不能满足(例如由于样品尺寸原因),应在测试报告中注明。

7.5.5 具有间断透气区的材料

测试样品的放置应使尽量多的透气区处于样品夹持器测量区域内[见图 3c)]。

理论上,样品夹持器测量区域的 2 cm 长边应比透气区的边缘至少宽 1 mm,同时样品应该超出样品夹持器测量区域各边缘至少 3 mm。如不能满足(例如由于样品尺寸原因),应在测试报告中注明。

7.5.6 具有不同透气带的材料

测量具有不同透气带材料的透气度时,应使用一个 0.30 cm^2 的样品夹持器。

样品夹持器放置时应使测量区域的长边与透气带平行,并根据实际情况,尽量使测量区域位于透气带的中间位置[见图 3d)]。

测量原纸的透气度时,应使用 2.00 cm^2 的样品夹持器。

样品夹持器应该放置在透气带之间的中间位置,使夹持器测量区域距离不同透气带至少 2.5 mm。放置时应使测量区域 2 cm 长边与透气带平行[见图 3d)]。如不能满足,应在测试报告中注明样品夹持器的大小和放置方向。

单位为毫米

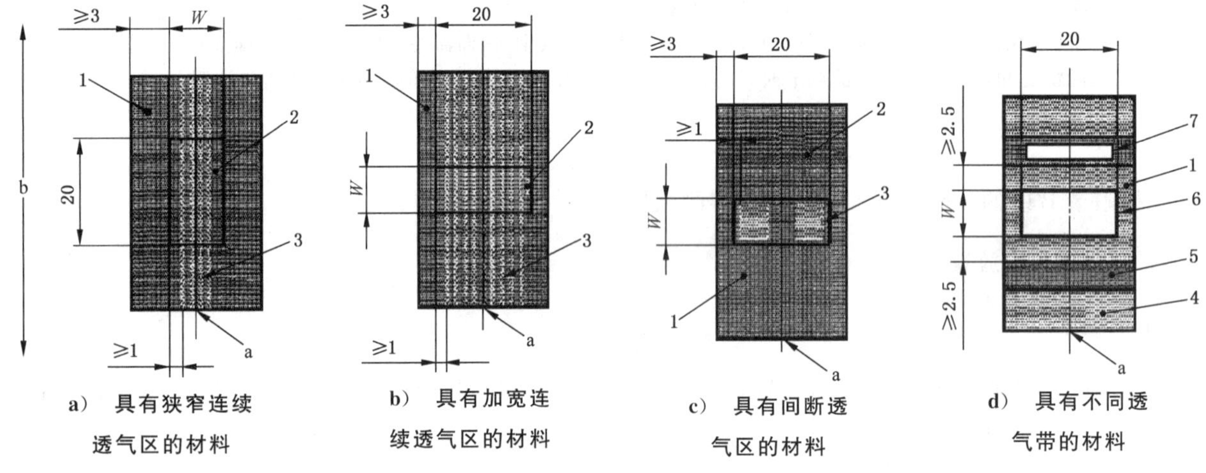

a) 具有狭窄连续透气区的材料　b) 具有加宽连续透气区的材料　c) 具有间断透气区的材料　d) 具有不同透气带的材料

说明:

1——被测样品;

2——样品夹持器的测量区域;

3——透气区域;

4——高透气度原纸区域(不含带区域);

5——具有不同透气度的透气带;

6——测量原纸透气度时样品夹持器放置的位置(使用 2.00 cm^2 的样品夹持器);

7——测量透气带的透气度时样品夹持器放置的位置(使用 0.3 cm^2 的样品夹持器);

a——测试样品的中心线;

b——纸张运动的方向。

图 3 具有连续或间断透气区以及具有不同透气带的材料测试样品的放置位置

7.6 测量

7.6.1 概述

将一被测样品放入样品夹持器，在被测样品两面施加 1.00 kPa±0.05 kPa 的压差，准确记录此时的压差值和体积流量。

注 1：被测样品的透气性在其不同位置会有变化。本标准采用 10 次单独测量值的平均值作为被测样品透气度的测定值。亦可根据实际应用的要求改变测量的次数。

以上述的方法对所有被测样品进行测试，测试结果按第 8 章的规定处理。

如果认为材料的流量与压差的关系是非线性的，就需进一步对材料特性进行验证，可额外选取三个样品针对流量与压差关系进行下述试验。

对第一个样品进行测试，不移动样品的情况下，分别设置测试样品两个面之间的压差为 0.25 kPa 和 1.00 kPa，记录通过测试样品的空气体积流量 Q_1(cm³/min)和 Q_2(cm³/min)。

用式(1)计算两个流量的比值 Y：

$$Y=\frac{Q_1}{Q_2}\times\frac{1.0}{0.25} \qquad \cdots\cdots(1)$$

对其余两个样品重复上述测试过程，并计算三次所得 Y 值的平均值。如果 Y 的平均值与 1.00 的偏差不大于 2%(在实际中即平均值不大于 1.02)，则该样品的流量与压差关系为线性的，否则是非线性。

若确认该测试样品的流量与压差关系是非线性，那么在一个压差条件下测得的体积流量值是不足以反映该样品特性的，需在 0.25 kPa 的压差条件下再次对该样品的体积流量进行测量。

进一步的详细说明可以参见附录 D。

注 2：对于透气度在 1 kPa 条件下小于 10 cm³/(min·cm²)且流量与压差特性为线性的材料，可采用下列方法重新测量，以便对透气度进行估算：

——一个具有单一较大测量区域的样品夹持器；

——一个具有多个测量区域的样品夹持器，可同时对若干个面积为 2.00 cm² 矩形测量区域进行测量，各测量区域均应满足 5.1 中所述的尺寸要求；

——采用 2.0 kPa 的压差条件。

上述方法只能给出样品透气度的估算值。

7.6.2 条状纸张样品的测量

连续进行 10 次独立测量，测量区域之间的距离至少应有 20 mm。

7.6.3 从卷烟成品上剥离的纸张样品的测量

逐一对 10 个剥离的纸张样品进行单次独立测量，可测得 10 个测量数据。需确保搭口不在样品测量区域内。

8 结果的表示

最终得到的透气度值应为多次独立测量值的平均值，见 7.6.2 和 7.6.3。

如使用的样品夹持器具有 7.6.1 注 2 所描述的多测试区域，所获得的测量值已是样品夹持器各测试区的平均值，应在重复性值(r)和再现性值(R)中进行说明。

透气度以 1 kPa 压差条件下每平方厘米面积上每分钟流过多少立方厘米空气量来表示。当使用测量区域面积为 2 cm² 的样品夹持器时，由式(2)给出：

$$\mathrm{AP}=\frac{Q}{2} \qquad \cdots\cdots(2)$$

式中：

AP ——透气度，单位为 1 kPa 下压差条件下立方厘米每分平方厘米[$cm^3/(min \cdot cm^2)$]；

Q ——通过被测样品的空气体积流量，单位为立方厘米每分(cm^3/min)。

由于 Q 并非在完全准确的 1 kPa 压差下条件测量得到的，故需要修正到 1 kPa 压差条件下。当使用测量区域面积不是 2 cm^2 的样品夹持器时(见 7.6.1 的注 2)，也需要进行相应的修正，按式(3)进行计算：

$$\mathrm{AP}=\frac{Q}{A}\times\frac{p}{\Delta p} \qquad \cdots\cdots (3)$$

式中：

p ——标准压差值，数值为 1，单位为千帕(kPa)；

A ——测量区域面积值，单位为平方厘米(cm^2)；

Δp ——试样两面之间的实际压差值，单位为千帕(kPa)。

9 精密度

9.1 重复性

同一实验室的同一操作者在尽可能短的时间间隔内，采用正确的方法和规范的操作，用同一设备对相似样品进行测量，每两次独立测量结果之差超出重复性值(r)的次数，平均每 20 次不超过 1 次。

9.2 再现性

两个不同实验室采用正确的方法和规范的操作，对相似样品进行测量，每两次测量结果之差超出再现性值(R)的次数，平均每 20 次不超过 1 次。

注：事实上，最佳再现性值可以在用户和供货方采用相同试验条件下获得(尤其是采用同一个标准)。

9.3 一份国际共同合作研究的结果(研究 1)

1994 年进行了一次采用 6 个样品并有 24 家国际实验室参与的国际共同研究，对于卷烟纸、成形纸和接装纸(包括具有连续透气区的材料)样品依据本标准所述方法进行测量，获得的重复性限(r)和再现性限(R)结果见表 1。

表 1 研究 1 的重复性限和再现性限

透气度平均值 $cm^3/(min \cdot cm^2)$ (在 1 kPa 时)	重复性限 r	再现性限 R
26.9	2.37	6.01
49.2	4.15	8.37
221	17.4	26.3
1 334	96.6	133
2 376	281[a]	326
21 449	1 182	2 077

为计算 r 和 R，规定以一条纸带样品 10 次测量的平均值或 10 支成品拆下的纸张样品测量的平均值作为一个测试结果。

表 1 中所给出的 r 和 R 值，仅对所用的特定纸张有效。根据共同研究的实际情况，在相同被测样品上进行重复性测试是不现实的。因此，被测样品的非均质性会导致实验室间的结果不一致。

如果被检测的对象是固体物质而它又是非均质的(例如：金属、橡胶或纺织物)，且检测不可能在同一检测对象上重复，在此情况下被检测物质本身的非均质性构成了测量精密度的重要组成部分，并导致该物质检测后不能再保持初始完好状态。这时精密度实验也还是可以进行的，只不过 r 和 R 的值仅对所采用的特定物质有效，而在使用 r 和 R 时也应是这样的物质。只有在不同的时间或不同的生产者所生产的被测物质之间不存在明显差异的情况下才能得到可以更广泛使用的 r 与 R。这需要进行更为复杂的实验。

根据本次共同研究实验所获得的数据，通过剔除不同时间和不同样品导致的差异从而有可能估算出实验室内部条件不同导致的差异，实验室内部条件不同导致的差异可作为重复性值替代使用。最终所获得的重复性限以及相应的再现性限结果见表 2。

表 2　研究 1 替代的重复性限和再现性限

透气度平均值 $cm^3/(min \cdot cm^2)$ (在 1 kPa 时)	重复性限 r	再现性限 R
26.9	1.57	5.72
49.2	3.12	7.89
221	11.7	22.9
1 334	45.2	95.1
2 376	249*	297
21 449	519	1 773

表中数值是采用等同于单个样品重复测量 10 次取平均值的方法进行计算而获得。

9.4　关于 r 和 R 结果的统计学讨论(针对研究 1)

从表 1 和表 2 的分析结果可以看出，r 和 R 与透气度平均值的百分比对于低透气度纸均表现为最高，由此表明 r 和 R 与透气度平均值的百分比有随透气度平均值增大而减小的趋势。

然而，表 1 和表 2 中标注一个星号(*)的纸样出现了与此趋势不一致的结果。表 1 表明该纸样较高的 r 百分比(与其他纸样相比)是由于实验室内部条件产生的差异较大。而在本研究中，并没有证据表明该纸样的实验室间差异(以 R 与透气度平均值的百分比形式表示)比其他测试纸样更高。

通过实验室内和实验室间标准偏差的分析证实了该结论。实验室内平均值的相对标准偏差与 r 百分比(作为预期)呈现同样的结果，但实验室间平均值的相对标准偏差并没有表明该纸样会有一个超预期的高值。

该纸样的结果表明，由本研究获得的 r 和 R 仅可应用于本研究中所测试的纸张样品。

9.5　一份国际共同合作研究的结果(研究 2)

2005 年再次进行了一次国际实验室间的共同合作研究，主要是评估那些通过引入加宽连续打孔透气区和间断打孔透气区以及带状纸等方式从而人为改变透气度的特殊卷烟纸、接装纸的 r 和 R 值。本次共同研究的对象还包括普通卷烟纸(具有自然透气度的卷烟纸)和成形纸，这样可以与上一次共同研究的结果进行比较。对每一种类型的纸样，在一条纸带样品的不同位置分别测量 10 次，然后取平均值作为测试结果。重复测 5 天，每天都在不同类型的纸样中选取新的样品。

表 3 中所给出本次国际合作研究第一次实验的 r 和 R 值，仅对所用的特定纸张有效。根据共同研究的实际情况，在相同被测样品上进行重复性测试是不现实的。因此，被测样品的非均质性会导致实验室间的结果不一致。

表 3　研究 2 第一次实验的重复性限和再现性限

样品描述	透气度平均值 $cm^3/(min \cdot cm^2)$ (在 1 kPa 时)	重复性限 r	再现性限 R	r	R
				透气度平均值的百分比	
带状卷烟纸	5.52	3.97	5.13	71.92	92.93
自然透气度卷烟纸	31.75	3.30	3.70	10.45	11.72
具有加宽透气区的卷烟纸	99.00	8.78	17.66	8.87	17.84
	202.00	9.02	13.78	4.46	6.82
具有间断透气区的卷烟纸	341.79	34.46	40.18	10.08	11.76
	744.30	48.61	67.56	6.53	9.08
接装纸	1 013.90	44.42	73.02	4.38	7.20
	3 709.80	141.00	533.08	3.80	14.37
成形纸	11 171.14	1 423.69	1 782.06	12.74	15.95

为了减少样品间的差异，本研究又进行了一次共同实验测试。对每一种类型的纸样，在一条纸带样品的不同位置分别测量 10 次，然后取平均值作为测试结果。每个实验室对从各类纸样中挑选出的单个样品，分别在 5 天中进行重复测试。选择样品时对样品进行标记，以便每次重复测试时测试位置都和第一次相同。因此，由于每个实验室进行样品重复测试时的测试位置都是确定的，使得每种类型纸样的 r 值都比第一次共同研究获得的 r 值低的多。

本次国际合作研究第二次实验的最终结果见表 4。

注 1：通常不应对一个样品在同一个位置多次测量，因为这样可能会损坏样品。但对于该测试，为了避免损坏样品，已规定了专门的操作说明和注意事项，这样重复测试时样品的差异会被最小化。

注 2：该测试没有包括带状卷烟纸，因为对这种纸在同一位置进行多次测量十分困难。

表 4　研究 2 第二次实验的重复性限和再现性限

样品描述	透气度平均值 $cm^3/(min \cdot cm^2)$ (在 1 kPa 时)	重复性限 r	再现性限 R	r	R
				透气度平均值的百分比	
自然透气度卷烟纸	30.99	0.49	1.47	1.58	4.74
具有加宽透气区的卷烟纸	100.37	1.04	18.18	1.04	18.11
	208.69	2.92	45.96	1.40	22.02
具有间断透气区的卷烟纸	347.89	6.49	17.50	1.87	5.03
	754.35	13.46	42.23	1.78	5.60
接装纸	1 006.50	9.28	26.85	0.92	2.67
	3 718.39	38.16	475.68	1.03	12.79
成形纸	10 710.06	122.91	833.22	1.15	7.78

9.6 关于 r 和 R 结果的统计学讨论（针对研究 2）

从表 3 的分析结果可以看出，低透气度纸的 r 和 R 与透气度平均值百分比最高，由此表明 r 和 R 与透气度平均值的百分比具有随透气度平均值增大而减小的趋势。成形纸以及低透气度、具有间断透气区的卷烟纸不遵循该变化趋势。

从表 4 中第二次实验结果的分析可以看出，所有纸样的 r 与透气度平均值百分比均接近 1%。这个值接近该测试方法的实际重复性（但对于纸带样品，由于纸带上不同测量位置透气度存在差异，所以最终样品结果仍存在一定的差异）。

R 值显示了不同类型纸样之间存在较大差异。表 3 中实验室内的主要差异是由于同一类型纸样不同样品间透气性差异所产生的。而且，实验室间的测量数据也证明了上述观点，并表明一些纸样（特别是具有加宽透气区的卷烟纸和高透接装纸）在不同实验室间的测试结果具有较大差异。

注：在共同研究开展实验之前，同一类型纸样的所有样品均取自同一盘纸并随机分发，因此所有实验室都将得到理论上一致的样品。但是较高的 R 值表明各实验室所得到的样品之间存在较大的差异性，同时也表明同一盘纸样本身也具有较大的差异性。

显然，样品间以及样品本身的差异对实验室内和实验室间透气度测量结果差异有显著影响。还需要强调的是，表 3 中的结果以及表 4 中的 R 结果，仅适用于本研究中所测试的纸张样品。

10 测试报告

测试报告应给出所用方法和得到的结果，还应记录本标准未做规定的其他操作条件以及任何可能影响结果的情况。

测试报告应包括样品的所有完整识别信息，尤其应包括以下内容：

a) 取样日期和取样方法；

b) 测试样品的全部信息资料，具有连续透气区的样品属性的说明（如：种类、宽度）；

c) 测试日期；

d) 注明详细的测量条件（尤其要注明气流方向是采用正面吹还是反面抽），包括偏离本标准要求的情况或任何可能影响到测试结果的因素；

e) 调节大气环境和样品调节时间；

f) 测试时的大气压；

g) 以透气度（AP）单位表示的结果；

h) 与结果相关的初步统计：

——测量次数；

——平均值和标准偏差。

附　录　A
（规范性附录）
样品夹持器的泄漏测试

A.1　概述

卷烟纸、成形纸、接装纸(包括具有间断或连续透气区的材料以及具有不同透气带的材料)透气度测量仪器的性能测试应按生产厂商的产品说明书进行。

本附录描述了用于测试样品夹持器接合面之间空气泄漏的常规测试方法。

A.2　程序

密封从样品夹持器到大气的气流通道。

用常规方法操作透气度测量仪器并确保仪器样品夹持器两接合面之间未放置样品。

记录测量仪器显示的泄漏率。样品夹持器接合面之间要形成密封,此时记录的流量测试结果不应大于 2 cm^3/min。

重复上述步骤五次,如果任何一次测试结果大于 2 cm^3/min,则该样品夹持器的安装是不合格的。

所有读数应随测试结果一起在报告中注明。

样品夹持器的泄漏测试原理如图 A.1 所示。

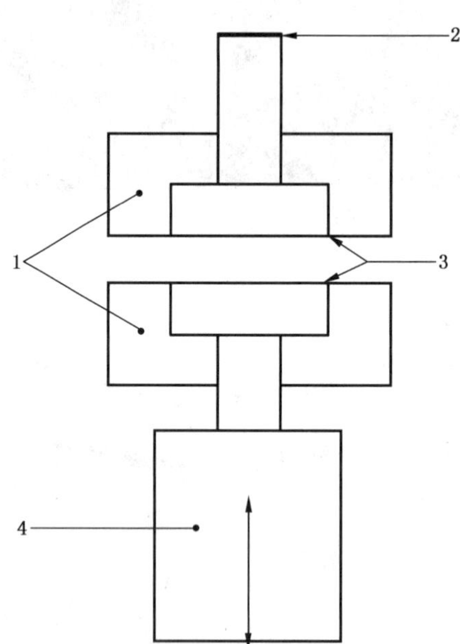

说明：

1——样品夹持器；

2——已密封的连通大气的气流通道；

3——密封结合面；

4——气体流量测量设备。

图 A.1　样品夹持器的泄漏测试图

附　录　B
（规范性附录）
透气度标准流量盘和透气度测量仪器的校准

B.1　标准流量盘的基本参数

透气度标准流量盘用于校准可测量卷烟纸、成形纸、接装纸（包括具有间断或连续透气区的材料以及具有不同透气带的材料）透气度的仪器。

标准流量盘在规定的压差（1 kPa）条件下应具有已知且可重复测得的气体体积流量值，该值是在标准流量盘出口端测量得到的。标准流量盘的流量与压差特性参数应保持不变，并在最大程度上不受大气环境条件变化的影响。标准流量盘应标注 1 kPa 压差条件下，准确度在0.5％以内的体积流量值，该体积流量值可根据需要修正补偿到 22 ℃和101.3 kPa 的标准大气条件。

标准流量盘的材质构造取决于需要使用它们的透气度测量仪器的设计。

标准流量盘应提供体积流量值及可溯源的校准证书。

B.2　标准流量盘校准程序

B.2.1　概述

校准实验室的测试大气应符合 GB/T 10739 的要求。测试大气的条件应记录在随标准流量盘提供的校准证书中。

标准流量盘应放置在夹持器中，夹持器应设计为不影响标准流量盘的参数。

通过标准流量盘的气流可分别利用吹气或抽吸装置产生正压或负压而获得。气流通过标准流量盘的方向应与流量盘用来校准透气度测量仪器时保持一致。

应在夹持着标准流量盘的夹持器出口测量气体流量、温度和大气压力。依据使用的流量校准仪器的类型和操作方式，及标准流量盘的特性，采用合适的数学修正方法，将流量修正至 22 ℃和 101.3 kPa 标准条件下的值。体积流量的修正补偿在附录 E 中进行了详细的讨论。

一个典型标准流量盘校准装置示意图如图 B.1 所示。

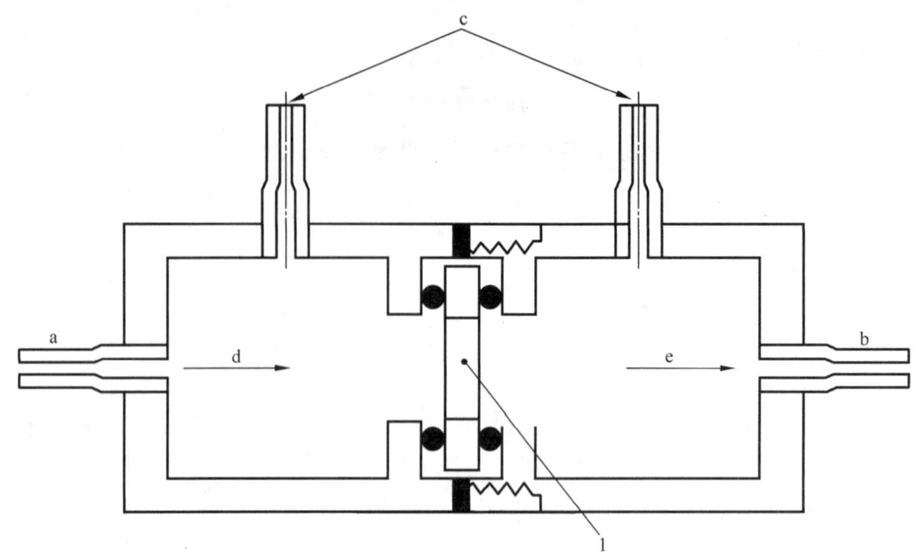

说明：
1——被校准流量盘；
a——高压；
b——低压；
c——测量压差；
d——空气进；
e——空气出。

图 B.1 流量盘校准装置示意图

B.2.2 方法 1

调整气流，使标准流量盘两端产生满足 1.000 kPa±0.005 kPa 的稳定压力差。用一台对气路不产生明显影响的流量测量仪器在标准流量盘出口端测量气体体积流量，并记录校准时的温度和压力。

校准每个标准流量盘都应重复上述步骤五次。

标准流量盘的校准值应为标准条件下的五次体积流量值的平均值。

B.2.3 方法 2

调节气流，使标准流量盘两端保持在一稳定压差，将压差值依次分别设置为高于 1 kPa 的 5%和10%以及低于 1 kPa 的 5%和 10%。在每一压差设置点，记录流量盘两端的压差并精确到 0.005 kPa。在每个压差设置点，用一台对气路不产生明显影响的流量测量仪器在标准流量盘出口端测量体积流量，并记录校准时的气体温度和大气压力。

在每个压差设置点，至少要测得两个测量值。

最终所得到标准流量盘的校准值是流量盘两端压差为 1.000 kPa 时，标准大气条件下的体积流量插值计算结果。

B.3 仪器的校准

透气度测量仪器的校准和性能测试应按照仪器生产厂商的产品说明书进行。

B.4 仪器校准原理

为获得较好的测量精度，仪器应在其标称的测量量程范围内校准。进行校准时应采用符合仪器测量量程并与测量值对应的传感元件来实现。

B.5 仪器校准步骤

应按照透气度测量仪器使用说明书给出的步骤进行操作，典型的操作步骤如下：

——安装标准流量盘并使其平衡至测试大气环境的温度；

——连接一个参考压力计到测量回路，以测量标准流量盘两端的压力差，参考压力计的最大相对误差应小于其测量值的0.5%；

——在标准流量盘两端设置1.0 kPa±0.1 kPa范围内的压差；

——调整透气度测量仪器的测量系统，使仪器显示的压差值为参考压力计的示值；

——卸下参考压力计并密封连接点；

——调整标准流量盘两端压差至1.000 kPa±0.005 kPa范围内，调整仪器的测量系统，使仪器显示的流量值为标准流量盘上的标定值；

——对每个标准流量盘重复上述步骤；

——返回至仪器的测量模式，对每个标准流量盘进行透气度测量，检查结果是否符合仪器说明书和标准流量盘所规定的校准允差范围。

B.6 标准流量盘校准证书

每一个透气度标准流量盘都应配具有唯一索引号和标定值的校准证书，且校准证书还应包括校准时的环境大气条件以及将体积流量测量值修正补偿到标准大气条件下的计算过程。

校准证书应当包括用户用于识别和使用标准流量盘的所有必要信息，包括但不限于以下内容：

——校准时的环境温度、相对湿度和大气压力；

——标准流量盘出口端的体积流量、气体温度和大气压力；

——校准时标准流量盘两端的压差；

——体积流量修正补偿后的标定值；

——标定值对应的压差；

修正补偿至标定值的标准人气条件；

——采用的修正补偿公式，以及对公式的详细解释；

——校准日期；

——校准技术人员的身份识别和姓名。

附　录　C
（规范性附录）
关于样品夹持器中被测样品表面泄漏的测定

C.1　原理

表面泄漏是指气体通过样品夹持器的密封面由环境大气中吸入或逸出到环境大气中。

图 C.1 给出了测试表面泄漏的原理示意图。

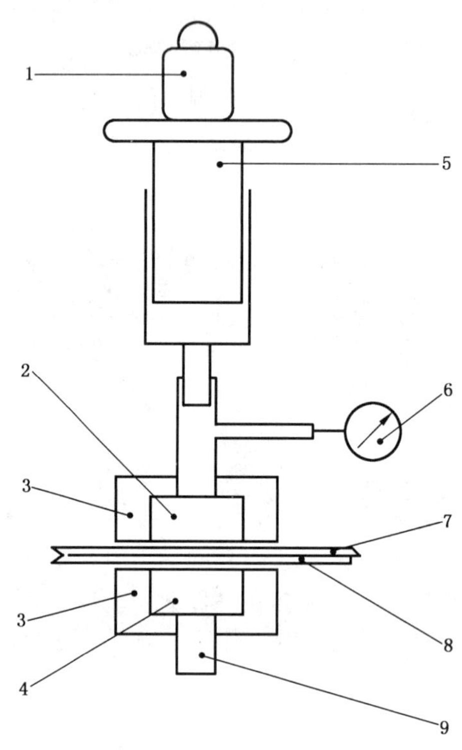

说明：

1——使用的砝码；

2——入口腔；

3——样品夹持器；

4——出口腔；

5——针筒；

6——压差计；

7——测试样品；

8——不透气薄膜；

9——出口。

图 C.1　表面泄漏的测试原理

C.2　步骤

表面泄漏的测定可以按下述步骤进行：

——将一个已校准的针筒连接到样品夹持器的入口；

——将一个压差计连接到针筒和样品夹持器的入口的连接处，确保所有连接部分的气密性；

——将一个测试材料样品和一个覆盖整个测量区域(包括密封面)的不透气薄膜放入样品夹持器，测试材料样品放入样品夹持器的正确位置，不透气薄膜则用于确保所有与透气度测定有关的泄漏都已被考虑在内；

——闭合样品夹持器，在针筒上部使用砝码以在样品夹持器入口产生约 1 kPa 的压差；

——通过针筒中活塞位置随时间的变化来测量泄漏量，应选择一段合适的时间以准确判断是否存在表面泄漏，在这段时间内，要观察样品夹持器入口侧的压力，确保其值始终接近 1 kPa；

——任何压力的变化都可能表明针筒内具有不正常的阻力，此时测试应重做。

注：此项测试也可以不使用不透气薄膜而通过密封样品夹持器的出口端来完成。

附 录 D
（资料性附录）
通过多孔材料的空气流量

D.1 理论研究

通过多孔材料的气体流量取决于流动气体的粘性力和惯性力。通过多孔材料的总气体流量如式(D.1)所示：

$$Q = ZA\Delta p + Z'A\Delta p^n \qquad \text{(D.1)}$$

式中：

Q ——总气体流量，单位为立方厘米每分(cm^3/min)；

Z ——由粘性力确定的多孔材料的透气性系数，单位为立方厘米每分平方厘米千帕[$cm^3/(min \cdot cm^2 \cdot kPa)$]；

A ——材料暴露在流动气体中的面积，单位为平方厘米(cm^2)；

Δp——材料两边的压差，单位为千帕(kPa)；

Z' ——由惯性力确定的多孔材料的透气性系数，单位为立方厘米每分平方厘米千帕之 n 分之一方[$cm^3/(min \cdot cm^2 \cdot kPa^{1/n})$]；

n ——取值在 0.5 和 1.0 之间的一个常数，该常数取决于气流所通过的材料上的间隙或孔的尺寸分布。

由式(D.1)可以看出，总气体流量(Q)与压差(Δp)两者具有非线性关系。因材料的透气度已被定义为 1 kPa 压差时通过 1 cm^2 材料的空气流量，所以由式(D.1)得出材料的“总透气度”等于($Z+Z'$)。

可以考虑式(D.1)的两种极限可能。

a) 对有孔隙的卷烟纸而言，由于材料上的间隙(典型的为 1 μm 宽)相对于纸厚(20 μm～40 μm)很小，因此气流惯性力可忽略，此时 $Z'=0$，则式(D.1)可简化为式(D.2)。

$$Q = ZA\Delta p \qquad \text{(D.2)}$$

这种情况下，总气体流量(Q)和压差(Δp)的关系为线性的。

b) 对于打孔接装纸而言，由于孔直径(通常大于 100 μm)比纸厚(通常约 40 μm)大，在这种情况下，$n=0.5$，则式(D.1)变化为二次方程，如式(D.3)。

$$Q = ZA\Delta p + Z'A\sqrt{\Delta p} \qquad \text{(D.3)}$$

如果在接装纸上除打孔区外没有其他间隙，则 $Z=0$，式(D.3)可简化为式(D.4)。

$$Q = Z'A\sqrt{\Delta p} \qquad \text{(D.4)}$$

D.2 具有非线性流量与压差关系的材料的特性

若被测材料具有非线性的流量与压差特性，Z、Z' 和 n 的值可以通过测试一系列 Δp 值下的 Q 值，并采用上文所述公式进行回归计算而得到。

被测材料最少需要 0.25 kPa 和 1.00 kPa 两个压差条件下测得的气体体积流量值来进行特性描述。

由式(D.1)得到式(D.5)：

$$Q = Z_T A\Delta p^k \qquad \text{(D.5)}$$

式中：

Q ——总气体流量，单位为立方厘米每分(cm^3/min)；

Z_T ——纸张的总透气度；

A ——材料暴露在流动气体中的面积，单位为平方厘米(cm^2)；

Δp ——材料两边的压差，单位为千帕(kPa)；

k ——取值在0.5和1.0之间的一个常数，该常数取决于气流所通过的材料上的间隙或孔的尺寸分布。

如果已测得了两个不同压差条件下的气体流量，可由式(D.6)计算得到常数 k。

$$k=\frac{\lg\frac{Q_1}{Q_2}}{\lg\frac{p_1}{p_2}} \qquad \text{(D.6)}$$

式中：

Q_1——第一次施加压力测量的气体流量，单位为立方厘米每分(cm^3/min)；

Q_2——第二次施加压力测量的气体流量，单位为立方厘米每分(cm^3/min)；

p_1——第一次施加的压力，单位为千帕(kPa)；

p_2——第二次施加的压力，单位为千帕(kPa)。

当实际压力与标称压力相差很小时，气体流量可以采用并不会导致明显误差的式(D.7)来计算获得：

$$Q_1=Q_2\left(\frac{p_1}{p_2}\right)^k \qquad \text{(D.7)}$$

式中：

Q_1——第一次施加压力测量的气体流量，单位为立方厘米每分(cm^3/min)；

Q_2——第二次施加压力测量的气体流量，单位为立方厘米每分(cm^3/min)；

p_1——第一次施加的压力，单位为千帕(kPa)；

p_2——第二次施加的压力，单位为千帕(kPa)；

k ——取值在0.5和1.0之间的一个常数，该常数取决于气流所通过的材料上的间隙或孔的尺寸分布。

附 录 E
(资料性附录)
标准流量盘的补偿

E.1 线性和非线性标准流量盘

E.1.1 概述

如附录B中所述,透气度标准流量盘应在标准大气环境条件下,通过在流量盘两端施加1 kPa的压差,测量通过流量盘的气体体积流量来进行标定。但是当处于非标准大气环境时,就需要对测得的体积流量值进行数学修正。修正方法取决于标准流量盘的流量与压差特性。

E.1.2 具有线性流量与压差特性的标准流量盘

线性标准流量盘的流量与压差特性主要受气体粘性效应影响,其流量与压差特性公式如式(E.1)所示:

$$\Delta p = \alpha \times Q \qquad \cdots\cdots\cdots\cdots (E.1)$$

式中:

Δp ——标准流量盘两侧的压差;

α ——常数;

Q ——通过标准流量盘的体积流量。

E.1.3 具有非线性流量与压差特性的标准流量盘

非线性标准流量盘可能具有多种的流量与压差特性,通常可以用式(E.2)所示来描述:

$$\Delta p = (\alpha \times Q) + (\beta \times Q^n) \qquad \cdots\cdots\cdots\cdots (E.2)$$

式中:

Δp ——标准流量盘两侧的压差;

α ——取决于空气粘性及标准流量盘具体构造的系数;

Q ——通过标准流量盘的体积流量;

β ——取决于空气密度及标准流量盘具体构造的系数;

n ——与标准流量盘的结构相关的系数。

因此,体积流量与气流的粘性以及惯性力都有关。

E.2 气体体积流量的修正和补偿

E.2.1 线性标准流量盘

对于线性标准流量盘,当气体温度基本不变,仅环境大气压发生变化时不需进行修正补偿;当环境大气压基本不变,而气体温度在18 ℃~26 ℃范围内发生变化时也不需进行修正补偿。

E.2.2 非线性标准流量盘

非线性标准流量盘的修正补偿取决于标准流量盘的特性。为了方便说明,这里以多孔材料(例如烧结玻璃或金属颗粒)制成的非线性标准流量盘为例,介绍了其修正补偿方法。

多孔材料的特性如式(E.3)所示：

$$\Delta p=(\alpha\times\eta\times Q)+(\beta\times\rho\times Q^{2}) \qquad \text{(E.3)}$$

式中：

α 和 β——取决于多孔材料自身特性的特征常数；

η ——通过非线性标准流量盘的气体粘性系数；

ρ ——通过非线性标准流量盘的气体密度系数。

式(E.3)可改写为如式(E.4)所示的线性关系：

$$\frac{\Delta p}{\eta Q}=\alpha+\beta\left(\frac{\rho Q}{\eta}\right) \qquad \text{(E.4)}$$

通过非线性标准流量盘的体积流量可在多个不同的压差下测量得到，并绘制成以$\frac{\Delta p}{\eta Q}$和$\frac{\rho Q}{\eta}$分别作为纵坐标和横坐标的图。

常量 α(截距)和 β(斜率)可通过上文所述的图计算得到。

注：空气粘性 η 和密度 ρ 可以通过查找有关文献得到。

α 和 β 描述了通过非线性标准流量盘的气体特性，并可用于修正特定温度、压力和相对湿度条件下测得的气体体积流量。

因此，可将式(E.4)改写为式(E.5)：

$$\beta\times\rho\times Q^{2}+\alpha\times\eta\times Q-\Delta p=0 \qquad \text{(E.5)}$$

最终可得到式(E.6)：

$$Q_{s}=\frac{-\alpha\times\eta_{s}+\sqrt{(\alpha\times\eta_{s})^{2}+(4\times\rho_{s}\times\beta\times\Delta p)}}{2\times\beta\times\rho_{s}} \qquad \text{(E.6)}$$

式中：

Q_s ——修正补偿到标准大气条件下的体积流量；

α 和 β ——式(E.3)中所定义的非线性标准流量盘的特征常数；

η_s ——标准大气条件下的空气粘性系数；

ρ_s ——标准大气条件下的空气密度系数。

附 录 F
（资料性附录）
本标准与 ISO 2965:2009 的对照

表 F.1 给出了本标准与 ISO 2965:2009 的技术性差异及其原因一览表。

表 F.1 本标准与 ISO 2965:2009 的技术性差异及其原因

本标准的章条编号	技术性差异	原 因
7.3	删除了 ISO 2965:2009 中 7.3 的要点“实验室中不能达到 ISO 187 所规定的条件时，可采用 ISO 3402 所规定的条件，温度 22 ℃±1 ℃和相对湿度 60%±2%。此时应在测试报告中给予说明。”	根据我国已有的标准要求和我国国情，实验室通常能够达到 ISO 187(GB/T 10739)的要求，删除此要点更便于标准的理解和执行
B.2	删除了 ISO 2965:2009 中附录 B 的 B.2 所述“在无法达到 ISO 187 给出条件的实验室中，可以采用本标准和 ISO 3402 给出的条件 22 ℃±1 ℃和(60±2)%RH。”	根据我国已有的标准要求和我国国情，实验室能够达到 ISO 187(GB/T 10739)的要求，删除此段叙述更便于标准的理解和执行
E.2.1	删除了 ISO 2965:2009 中附录 E 的 E.2.1 所述的内容，修改为“对于线性标准流量盘，当气体温度基本不变，仅环境大气压发生变化时不需进行修正补偿；当环境大气压基本不变，而气体温度在 18 ℃～26 ℃范围内发生变化时也不需进行修正补偿。”	通过实验发现线性标准流量盘透气度测量值未修正和补偿时极差较小，采用 E.2.1 方法对大气压力和温度修正后，极差却明显增大，而且直接使用仪器在不同大气压及不同气体温度条件下测试线性标准流量盘时示值也没有明显变化，证明国际标准中关于线性流量盘的修正补偿方法无效

ICS 59.080.01
W 04

中华人民共和国国家标准

GB/T 23322—2018
代替 GB/T 23322—2009

纺织品　表面活性剂的测定　烷基酚和烷基酚聚氧乙烯醚

Textiles—Determination of surfactant—Alkylphenols and Alkylphenol ethoxylates

2018-12-28 发布　　2019-07-01 实施

国家市场监督管理总局
中国国家标准化管理委员会　发布

前　言

本标准按照 GB/T 1.1—2009 给出的规则起草。

本标准代替 GB/T 23322—2009《纺织品　表面活性剂的测定　烷基酚聚氧乙烯醚》，与 GB/T 23322—2009 相比，主要技术变化如下：

——标准名称修改为“纺织品　表面活性剂的测定　烷基酚和烷基酚聚氧乙烯醚”；

——增加了标准品的 CAS 号信息（见 4.9、4.10、4.11 和 4.12）；

——增加了烷基酚的分析方法；

——增加了液相色谱-质谱（LC-MS）测定方法；

——修改了结果计算和表述方法；

——在附录中增加亲水作用色谱测定方法；

——将反相高效液相色谱法、正相高效液相色谱法从正文移至附录 A 和附录 B。

本标准由中国纺织工业联合会提出。

本标准由全国纺织品标准化技术委员会（SAC/TC 209）归口。

本标准起草单位：浙江省检验检疫科学技术研究院、浙江出入境检验检疫局、中纺标检验认证股份有限公司、浙江理工大学、深圳出入境检验检疫局。

本标准主要起草人：陈笑梅、吕春华、刘海山、章辉、陈海相、朱缨、张伟亚、赵珊红。

本标准所代替标准的历次版本发布情况为：

——GB/T 23322—2009。

纺织品　表面活性剂的测定
烷基酚和烷基酚聚氧乙烯醚

警示——使用本标准的人员应有正规实验室工作的实践经验。本标准并未指出所有可能的安全问题。使用者有责任采取适当的安全和健康措施，并保证符合国家有关法规规定的条件。

1　范围

本标准规定了纺织品中烷基酚(AP)和烷基酚聚氧乙烯醚(APnEO，n=2～16)的液相色谱-质谱检测方法。

本标准适用于各类纺织产品。

注1：AP的分子结构通式为：R—C_6H_4—OH。本标准中AP是指常见的辛基酚[OP，C_8H_{17}—C_6H_4—OH]和壬基酚[NP，C_9H_{19}—C_6H_4—OH]。APnEO的分子结构通式为：R—C_6H_4—$(OC_2H_4)_nOH$。本标准中APnEO是指常用的辛基酚聚氧乙烯醚[OPnEO，C_8H_{17}—C_6H_4—$(OC_2H_4)_nOH$]和壬基酚聚氧乙烯醚[NPnEO，C_9H_{19}—C_6H_4—$(OC_2H_4)_nOH$]。

注2：烷基酚和烷基酚聚氧乙烯醚的反相高效液相色谱测定方法、正相高效液相色谱测定方法和亲水作用色谱(HILIC)测定方法分别参见附录A、附录B和附录C。

2　规范性引用文件

下列文件对于本文件的应用是必不可少的。凡是注日期的引用文件，仅注日期的版本适用于本文件。凡是不注日期的引用文件，其最新版本(包括所有的修改单)适用于本文件。

GB/T 6682　分析实验室用水规格和试验方法

3　原理

用甲醇超声提取试样中的AP和APnEO，提取液经浓缩和净化后，用液相色谱-质谱仪测定，外标法定量。

4　试剂或材料

4.1　除另有规定外，本方法所用试剂均为分析纯，水为GB/T 6682规定的一级水。

4.2　甲醇(HPLC级)。

4.3　乙腈(HPLC级)。

4.4　正己烷(HPLC级)。

4.5　异丙醇(HPLC级)。

4.6　二氯甲烷(HPLC级)。

4.7　甲醇-水溶液(3+2)：准确量取300 mL甲醇(4.2)和200 mL水，混匀后备用。

4.8　甲醇-二氯甲烷溶液(1+4)：准确量取100 mL甲醇(4.2)和400 mL二氯甲烷(4.6)，混匀后备用。

4.9　辛基酚标准品(OP，CAS号140-66-9，纯度≥97%)。

4.10 壬基酚标准品(NP,CAS号25154-52-3,优级纯)。

4.11 辛基酚聚氧乙烯醚标准品(OP*n*EO,CAS号9002-93-1,平均聚合度$n=9$,优级纯)。

4.12 壬基酚聚氧乙烯醚标准品(NP*n*EO,CAS号9016-45-9,平均聚合度$n=9$,纯度≥99%)。

4.13 标准储备液:分别准确称取适量OP(4.9)、NP(4.10)、OP*n*EO(4.11)和NP*n*EO(4.12),用甲醇配制成浓度为10 mg/mL的单组分标准储备液。

4.14 标准工作溶液:分别移取OP、NP、OP*n*EO和NP*n*EO标准储备液(4.13)适量体积,置于同一容量瓶中,用甲醇稀释,配制成所需浓度的混合标准工作溶液。

4.15 固相萃取柱:填料为亲脂性二乙烯苯和亲水性*N*-乙烯基吡咯烷酮共聚物,60 mg,3 mL。使用前依次用2 mL甲醇、4 mL水活化。

4.16 有机系滤膜:0.22 μm。

5 仪器和设备

5.1 液相色谱-质谱仪,配有电喷雾离子源(ESI)。

5.2 分析天平:感量0.000 1 g。

5.3 分析天平:感量0.01 g。

5.4 超声波清洗器:可控温至(70±2)℃。

5.5 旋转蒸发仪。

5.6 固相萃取装置。

5.7 氮吹仪。

6 测定步骤

6.1 试样的提取和净化

取代表性试样,剪成约5 mm×5 mm的碎片,混匀。称取1 g剪碎的试样(精确至0.01 g),置于50 mL离心管中,加入30 mL甲醇,在(70±2)℃下超声提取(60±5)min。用旋转蒸发仪在40 ℃以下将提取液浓缩至近干,准确加入2 mL甲醇溶解残渣,过0.22 μm滤膜(4.16)后,供液相色谱-质谱测定。

当试样(如蚕丝类)中杂质干扰检测时,采用以下的净化方法。用10 mL甲醇-水溶液(4.7)溶解上述浓缩瓶中的残渣,全部转移至固相萃取柱(4.15)中,控制流速为1 mL/min~2 mL/min。弃去流出液,减压抽干10 min,用5 mL甲醇-二氯甲烷溶液(4.8)洗脱,收集洗脱液。将洗脱液在40 ℃以下用氮气吹干,准确加入2 mL甲醇溶解残渣,过0.22 μm滤膜(4.16)后,供液相色谱-质谱测定。

6.2 测定

6.2.1 液相色谱-质谱法(LC-MS)参考色谱和质谱条件

由于测试结果取决于所使用的仪器,因此不可能给出色谱分析的普遍参数。采用下列参数已被证明对测试是合适的:

a) 参考色谱条件:
   1) 色谱柱:C_{18}柱,3.5 μm,2.1 mm×150 mm,或相当者;
   2) 流动相:AP分析流动相为甲醇-水-乙腈(19+75+6),等度洗脱;AP*n*EO梯度洗脱条件参见表1;
   3) 流速:0.3 mL/min;
   4) 进样量:10 μL;

5） 柱温：35 ℃。

表 1 AP*n*EO 分析 LC-MS 梯度洗脱条件

时间/min	甲醇/%	水/%	乙腈/%
0.00	19	75	6
12.00	10	84	6
12.50	19	75	6
17.50	19	75	6

b） 参考质谱条件：

1） 离子源：电喷雾离子源；

2） 扫描方式：选择离子扫描；

3） AP 采用负离子扫描模式，质量扫描范围：m/z 200～225，选择监测离子 m/z 205(OP)，m/z 219(NP)；AP*n*EO 采用正离子扫描模式，质量扫描范围：m/z 150～1 000，选择监测离子 m/z 361.5+Δ44(OPEO，n_{EO}=3～16)，m/z 361.5+Δ44(NPEO，n_{EO}=3～16)；

4） 毛细管电压：4 500 V；

5） 干燥气为高纯氮气，干燥气温度：350 ℃，干燥气流速：10 L/min。

6.2.2 液相色谱-串联质谱法(LC-MS/MS)参考色谱和质谱条件

由于测试结果取决于所使用的仪器，因此不可能给出色谱分析的普遍参数。采用下列参数已被证明对测试是合适的：

a） 参考色谱条件：

1） 色谱柱：C_{18} 柱，5.0 μm，4.6 mm×150 mm，或相当者；

2） 流动相：AP 梯度洗脱条件参见表 2，AP*n*EO 梯度洗脱条件参见表 3；

3） 流速：0.6 mL/min；

4） 进样量：5 μL；

5） 柱温：30 ℃。

b） 参考质谱条件：

1） 离子源：电喷雾离子源；

2） 扫描极性：AP 采用负离子扫描，AP*n*EO 采用正离子扫描；

3） 扫描方式：多反应监测(MRM)；

4） 雾化气、碰撞气均为高纯氮气；

5） 监测离子对及电压等参数参见附录 D。

表 2 AP 分析 LC-MS/MS 梯度洗脱条件

时间/min	水/%	甲醇/%
0.00	80	20
2.00	20	80
4.00	20	80
4.10	80	20
8.00	80	20

表 3 APnEO 分析 LC-MS/MS 梯度洗脱条件

时间/min	0.005 mol/L 乙酸铵/%	甲醇/%
0.00	80	20
2.00	20	80
4.00	20	80
4.10	80	20
8.00	80	20

6.2.3 定性测定

6.2.3.1 LC-MS 定性

标准工作溶液和样液等体积穿插进样，首先对待测样进行全扫描分析，然后与标准品的保留时间和质谱图对照，对待测组分进行定性。

6.2.3.2 LC-MS/MS 定性

按照 LC-MS/MS 条件测定样品和标准工作溶液，样品的质量色谱峰保留时间与标准品中对应的保留时间一致；且样品中各组分定性离子的相对丰度与接近浓度的标准工作溶液中相应的定性离子的相对丰度进行比较，偏差不超过表 4 规定的范围，则可判定样品中存在对应的被测物。

表 4 定性确证时相对离子丰度的最大允许偏差

相对离子丰度	>50%	>20%～50%	>10%～20%	≤10%
允许的相对偏差	±20%	±25%	±30%	±50%

6.2.4 定量测定

在仪器最佳工作条件下，对标准工作溶液进行测定，以待测物的浓度为横坐标，以待测物的峰面积为纵坐标绘制标准工作曲线，用标准工作曲线按外标法对待测样品进行定量，样品溶液中待测物的响应值均应在仪器测定的线性范围内。在上述分析条件下，LC-MS 法测定 AP 和 AP*n*EO 的选择离子监测色谱图参见附录 D 中图 D.1 和图 D.2；LC-MS-MS 法测定 AP 和 AP*n*EO 的保留时间参见附录 E 中表 E.1，AP 和 AP*n*EO 的多反应监测(MRM)色谱图参见附录 E 中图 E.1～图 E.7。

6.3 空白试验

除不加试样外，均按上述步骤进行。

7 结果计算和表述

7.1 LC-MS 法计算公式

按式(1)计算试样中烷基苯酚类和烷基苯酚聚氧乙烯醚类含量：

$$X = \frac{(c - c_0) \times V}{m} \qquad \cdots\cdots(1)$$

式中：

X ——试样中待测物的含量，单位为毫克每千克(mg/kg)；

c ——从标准工作曲线得到的样液中待测物的浓度，单位为毫克每升(mg/L)；

c_0 ——从标准工作曲线得到的空白试验溶液中待测物的浓度，单位为毫克每升(mg/L)；

V ——样液最终定容体积，单位为毫升(mL)；

m ——最终样液所代表试样的质量，单位为克(g)。

结果保留至小数点后两位。

7.2 LC-MS/MS 法计算公式

7.2.1 标准工作溶液中聚合度为 *n* 的 AP*n*EO 浓度计算

按式(2)计算 AP*n*EO 中每种组分的质量分数：

$$R_n = \frac{A_n}{\sum A_i} \qquad \cdots\cdots(2)$$

式中：

R_n ——聚合度为 n 的 AP*n*EO 质量分数；

A_n ——聚合度为 n 的 AP*n*EO 峰面积；

$\sum A_i$——AP*n*EO 峰面积之和(聚合度从 2～16)。

按式(3)计算标准工作溶液中聚合度为 n 的 AP*n*EO 浓度：

$$C_n = R_n \times C_s \qquad \cdots\cdots(3)$$

式中：

C_n——标准工作溶液中聚合度为 n 的 AP*n*EO 浓度，单位为毫克每升(mg/L)；

R_n——聚合度为 n 的 AP*n*EO 质量分数；

C_s——AP*n*EO 标准工作溶液的浓度，单位为毫克每升(mg/L)。

7.2.2 AP 和 AP*n*EO 含量计算

按式(4)计算试样中 AP 的含量：

$$X = \frac{(c - c_0) \times V}{m} \qquad \cdots\cdots(4)$$

式中：

X ——试样中 OP 或 NP 的含量，单位为毫克每千克(mg/kg)；

c ——从标准⊥作曲线得到的样液中 OP 或 NP 的浓度，单位为毫克每升(mg/L)；

c_0 ——从标准工作曲线得到的空白试验溶液中 OP 或 NP 的浓度，单位为毫克每升(mg/L)；

V ——样液最终定容体积，单位为毫升(mL)；

m ——最终样液所代表试样的质量，单位为克(g)。

按式(5)计算试样中 AP*n*EO 的含量：

$$X = \sum \frac{(c_i - c_0) \times V}{m} \qquad \cdots\cdots(5)$$

式中：

X ——试样中 OP*n*EO 或 NP*n*EO 的含量，单位为毫克每千克(mg/kg)；

c_i ——从标准工作曲线得到的样液中聚合度为 i 的 OP*n*EO 或 NP*n*EO 的浓度，单位为毫克每升(mg/L)；

c_0 ——从标准工作曲线得到的空白试验溶液中聚合度为 i 的 OPnEO 或 NPnEO 的浓度，单位为毫克每升(mg/L)；

V ——样液最终定容体积，单位为毫升(mL)；

m ——最终样液所代表试样的质量，单位为克(g)。

结果保留至小数点后两位。

8 方法的测定低限、回收率和精密度

8.1 测定低限

LC-MS 法对试样中辛基苯酚、壬基苯酚、辛基苯酚聚氧乙烯醚和壬基苯酚聚氧乙烯醚的测定低限分别为 0.25 mg/kg、0.5 mg/kg、0.5 mg/kg、0.5 mg/kg；LC-MS/MS 法对试样中 AP 的测定低限为 0.1 mg/kg，APnEO 的测定低限为 1.0 mg/kg。

8.2 回收率

方法回收率范围为 80%～110%。

8.3 精密度

在同一实验室，由同一操作者使用相同的设备、按相同的测试方法，在短时间内对同一被测对象进行独立的测试，两次独立测试结果的绝对差值不大于这两个测定值的算术平均值的 10%。以大于这两个测定值的算术平均值的 10%的情况不超过 5%为前提。

9 试验报告

试验报告至少应给出下述内容：

a) 样品来源及描述；

b) 采用的测试方法；

c) 测试结果；

d) 任何偏离本标准的细节；

e) 试验日期。

附 录 A
（资料性附录）
烷基酚和烷基酚聚氧乙烯醚的反相高效液相色谱测定方法

A.1 概述

本附录给出了纺织品中烷基酚(AP)和烷基酚聚氧乙烯醚(APnEO,n＝2～16)的反相高效液相色谱测定方法。

A.2 原理

用甲醇超声提取试样中的 AP 和 APnEO,提取液经浓缩和净化后,用配有荧光检测器的高效液相色谱仪测定,外标法定量。

A.3 试剂或材料

同第 4 章。

A.4 仪器和设备

A.4.1 高效液相色谱仪,配有荧光检测器。
A.4.2 分析天平:感量 0.000 1 g。
A.4.3 分析天平:感量 0.01 g。
A.4.4 超声波清洗器:可控温至(70±2)℃。
A.4.5 旋转蒸发仪。
A.4.6 固相萃取装置。
A.4.7 氮吹仪。

A.5 测定步骤

A.5.1 试样的提取和净化

取代表性试样,剪成约 5 mm×5 mm 的碎片,混匀。称取 1 g 剪碎的试样(精确至 0.01 g),置于 50 mL离心管中,加入 30 mL 甲醇,在(70±2)℃下超声提取(60±5)min。用旋转蒸发仪在 40 ℃以下将提取液浓缩至近干,准确加入 2 mL 甲醇溶解残渣,过 0.22 μm 滤膜(4.16)后,供反相高效液相色谱测定。

当试样(如蚕丝类)中杂质干扰检测时,采用以下的净化方法。用 10 mL 甲醇-水溶液(4.7)溶解上述浓缩瓶中的残渣,全部转移至固相萃取柱(4.15)中,控制流速为 1 mL/min～2 mL/min。弃去流出液,减压抽干 10 min,用 5 mL 甲醇-二氯甲烷溶液(4.8)洗脱,收集洗脱液。将洗脱液在 40 ℃以下用氮气吹干,准确加入 2 mL 甲醇溶解残渣,过 0.22 μm 滤膜(4.16)后,供反相高效液相色谱测定。

A.5.2 测定

A.5.2.1 参考色谱条件

由于测试结果取决于所使用的仪器，因此不可能给出色谱分析的普遍参数。采用下列参数已被证明对测试是合适的：

a) 色谱柱：C_{18}柱，5.0 μm，4.6 mm×250 mm，或相当者；

b) 色谱柱温度：35 ℃；

c) 流动相：甲醇-水-乙腈(81+13+6，体积比)；

d) 检测波长：激发波长 230 nm，发射波长 296 nm；

e) 流速：1.0 mL/min；

f) 进样量：10 μL。

A.5.2.2 色谱测定

根据样液中 AP 和 AP*n*EO 含量，选择浓度相近的标准工作溶液(4.14)。对标准工作溶液和样液等体积穿插进样测定。标准工作溶液和样液中 AP 和 AP*n*EO 的响应值均应在仪器检测的线性范围内。在上述色谱条件下，AP 和 AP*n*EO 的保留时间参见表 A.1，液相色谱图参见图 A.1。当样液的色谱峰保留时间与标准工作溶液一致时，可用 LC-MS/MS 法进一步分析确证。

表 A.1 烷基酚和烷基酚聚氧乙烯醚标准品的反相 HPLC 参考保留时间

序号	中文名称	英文简称	参考保留时间/min
1	辛基酚	OP	7.88
2	辛基酚聚氧乙烯醚	OP*n*EO	9.02
3	壬基酚	NP	10.19
4	壬基酚聚氧乙烯醚	NP*n*EO	11.81

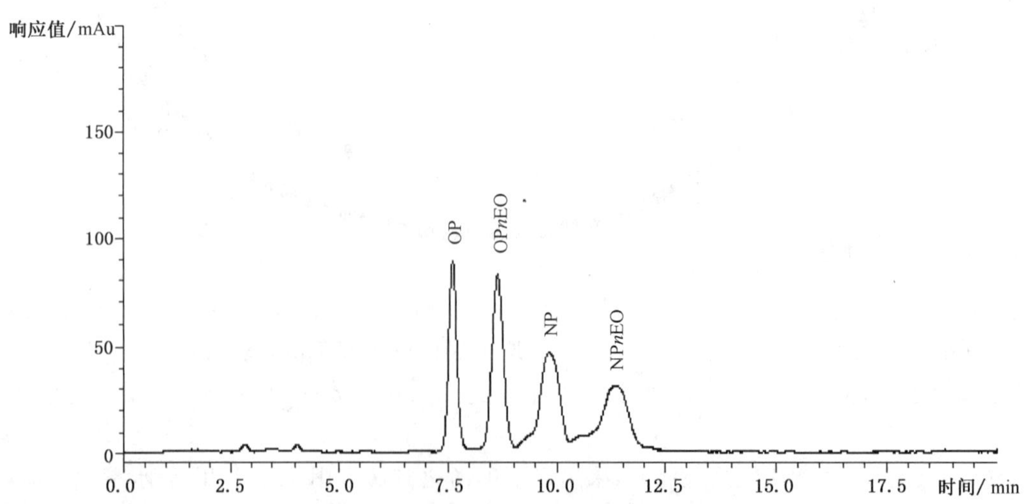

图 A.1 烷基酚和烷基酚聚氧乙烯醚标准品的反相 HPLC 色谱图

A.5.3 空白试验

除不加试样外,均按上述步骤进行。

A.6 结果计算和表述

按式(A.1)计算试样中待测物的含量:

$$X=\frac{(c-c_0)\times V}{m} \qquad \cdots\cdots\cdots\cdots(\text{A.1})$$

式中:

X ——试样中待测物的含量,单位为毫克每千克(mg/kg);

c ——从标准工作曲线得到的样液中待测物的浓度,单位为毫克每升(mg/L);

c_0 ——从标准工作曲线得到的空白试验溶液中待测物的浓度,单位为毫克每升(mg/L);

V ——样液最终定容体积,单位为毫升(mL);

m ——最终样液所代表试样的质量,单位为克(g)。

结果保留至小数点后两位。

A.7 方法的测定低限、回收率和精密度

A.7.1 测定低限

本方法对试样中 AP 和 AP*n*EO 的测定低限为 1.0 mg/kg。

A.7.2 回收率

方法回收率范围为 80%～110%。

A.7.3 精密度

在同一实验室,由同一操作者使用相同的设备、按相同的测试方法,在短时间内对同一被测对象进行独立的测试,两次独立测试结果的绝对差值不大于这两个测定值的算术平均值的 10%。以大于这两个测定值的算术平均值的 10%的情况不超过 5%为前提。

A.8 试验报告

同第 9 章。

附 录 B
（资料性附录）
烷基酚和烷基酚聚氧乙烯醚的正相高效液相色谱测定方法

B.1 概述

本附录给出了纺织品中烷基酚(AP)和烷基酚聚氧乙烯醚(AP*n*EO，*n*=2～16)的正相高效液相色谱测定方法。

B.2 原理

用甲醇超声提取试样中的AP和AP*n*EO，提取液经浓缩和净化后，用配有荧光检测器的高效液相色谱仪测定，外标法定量。

B.3 试剂或材料

B.3.1 除另有规定外，本方法所用试剂均为分析纯，水为GB/T 6682规定的一级水。
B.3.2 甲醇(HPLC级)。
B.3.3 乙腈(HPLC级)。
B.3.4 正已烷(HPLC级)。
B.3.5 异丙醇(HPLC级)。
B.3.6 二氯甲烷(HPLC级)。
B.3.7 甲醇-水溶液(3+2)：准确量取300 mL甲醇(B.3.2)和200 mL水，混匀后备用。
B.3.8 甲醇-二氯甲烷溶液(1+4)：准确量取100 mL甲醇(4.2)和400 mL二氯甲烷(B.3.6)，混匀后备用。
B.3.9 辛基酚标准品(OP，CAS号140-66-9，纯度≥97%)。
B.3.10 壬基酚标准品(NP，CAS号25154-52-3，优级纯)。
B.3.11 辛基酚聚氧乙烯醚标准品(OP*n*EO，CAS号9002-93-1，平均聚合度*n*=9，优级纯)。
B.3.12 壬基酚聚氧乙烯醚标准品(NP*n*EO，CAS号9016-45-9，平均聚合度*n*= 9，纯度≥99%)。
B.3.13 标准储备液：分别准确称取适量OP(B.3.9)、NP(B.3.10)、OP*n*EO(B.3.11)和NP*n*EO(B.3.12)，用异丙醇配制成浓度为10 mg/mL的单组分标准储备液。
B.3.14 标准工作溶液：分别移取OP、NP、OP*n*EO和NP*n*EO标准储备液(B.3.13)适量体积，置于同一容量瓶中，用异丙醇稀释，配制成所需浓度的混合标准工作溶液。
B.3.15 固相萃取柱：填料为亲脂性二乙烯苯和亲水性*N*-乙烯基吡咯烷酮共聚物，60 mg，3 mL。使用前依次用2 mL甲醇、4 mL水活化。
B.3.16 有机系滤膜：0.22 μm。

B.4 仪器和设备

B.4.1 高效液相色谱仪，配有荧光检测器。
B.4.2 分析天平：感量0.000 1 g。

B.4.3 分析天平:感量 0.01 g。

B.4.4 超声波清洗器:可控温至(70±2) ℃。

B.4.5 旋转蒸发仪。

B.4.6 固相萃取装置。

B.4.7 氮吹仪。

B.5 测定步骤

B.5.1 试样的提取和净化

取代表性试样,剪成约 5 mm×5 mm 的碎片,混匀。称取 1 g 剪碎的试样(精确至 0.01 g),置于 50 mL离心管中,加入 30 mL 甲醇,在(70±2)℃下超声提取(60±5)min。用旋转蒸发仪在 40 ℃以下将提取液浓缩至近干,准确加入 2 mL 异丙醇溶解残渣,过 0.22 μm 滤膜(B.3.16)后,供正相高效液相色谱测定。

当试样(如蚕丝类)中杂质干扰检测时,采用以下的净化方法。用 10 mL 甲醇-水溶液(B.3.7)溶解上述浓缩瓶中的残渣,全部转移至固相萃取柱(B.3.15)中,控制流速为 1 mL/min~2 mL/min。弃去流出液,减压抽干 10 min,用 5 mL 甲醇-二氯甲烷溶液(B.3.8)洗脱,收集洗脱液。将洗脱液在 40 ℃以下用氮气吹干,准确加入 2 mL 异丙醇溶解残渣,过 0.22 μm 滤膜(B.3.16)后,供正相高效液相色谱测定。

B.5.2 测定

B.5.2.1 参考色谱条件

由于测试结果取决于所使用的仪器,因此不可能给出色谱分析的普遍参数。采用下列参数已被证明对测试是合适的:

a) 色谱柱:氨基柱,5.0 μm,4.6 mm×250 mm,或相当者;

b) 色谱柱温度:30 ℃;

c) 流动相:梯度洗脱条件见表 B.1;

d) 检测波长:激发波长 230 nm,发射波长 296 nm;

e) 流速:1.0 mL/min;

f) 进样体积:20 μL。

表 B.1 正相 HPLC 梯度洗脱条件

时间/min	正己烷-异丙醇(90+10,体积比)/%	异丙醇-水(90+10,体积比)/%
0	100	0
20	70	30
30	70	30
40	40	60
45	40	60
50	100	0
55	100	0

B.5.2.2 色谱测定

根据样液中 AP 和 AP*n*EO 含量,选择浓度相近的标准工作溶液(B.3.14)。对标准工作溶液和样液等体积穿插进样测定。标准工作溶液和样液中 AP 和 AP*n*EO 的响应值均应在仪器检测的线性范围内。在上述色谱条件下,AP 和 AP*n*EO 的保留时间参见表 B.2,液相色谱图参见图 B.1 和图 B.2。当样液的色谱峰保留时间与标准工作溶液一致时,可用 LC-MS/MS 法进一步分析确证。

表 B.2 烷基酚和烷基酚聚氧乙烯醚标准品的正相 HPLC 的参考保留时间

OP 和 OP*n*EO			NP 和 NP*n*EO		
出峰序号	待测物	参考保留时间/min	出峰序号	待测物	参考保留时间/min
1	OP	5.193	1	NP	5.087
2	OP2EO	7.711	2	NP2EO	7.628
3	OP3EO	10.610	3	NP3EO	10.478
4	OP4EO	15.261	4	NP4EO	14.831
5	OP5EO	17.595	5	NP5EO	17.577
6	OP6EO	20.525	6	NP6EO	20.440
7	OP7EO	22.616	7	NP7EO	22.393
8	OP8EO	24.473	8	NP8EO	24.186
9	OP9EO	26.393	9	NP9EO	26.039
10	OP10EO	28.358	10	NP10EO	27.961
11	OP11EO	30.362	11	NP11EO	29.869
12	OP12EO	32.758	12	NP12EO	31.847
13	OP13EO	37.219	13	NP13EO	36.490
14	OP14EO	40.265	14	NP14EO	39.816
15	OP15EO	43.341	15	NP15EO	42.938
16	OP16EO	46.480	16	NP16EO	46.247

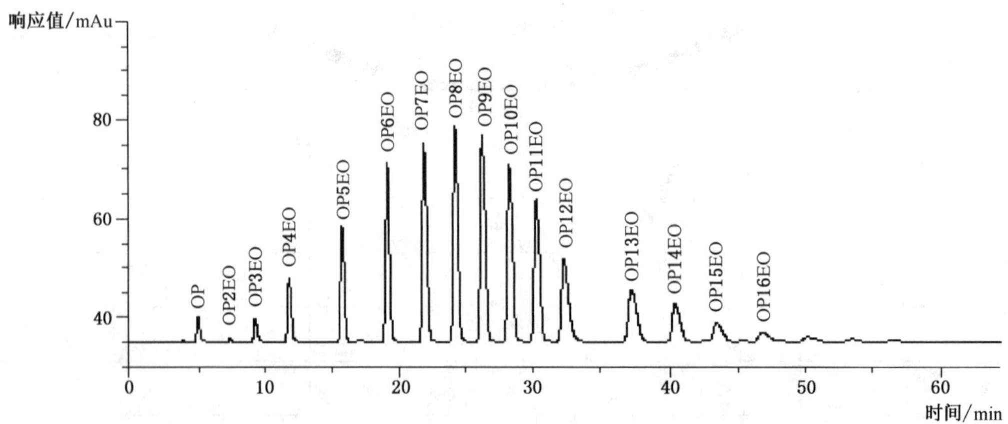

图 B.1 辛基酚和辛基酚聚氧乙烯醚标准品的正相 HPLC 色谱图

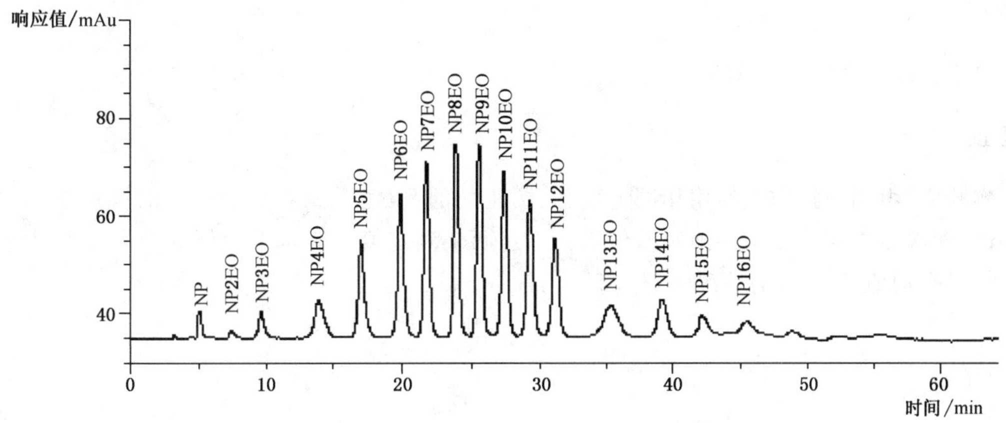

图 B.2 壬基酚和壬基酚聚氧乙烯醚标准品的正相 HPLC 色谱图

B.5.3 空白试验

除不加试样外,均按上述步骤进行。

B.6 结果计算和表述

按 7.2 中式(3)计算试样中 OP 或 NP 的含量。按式(B.1)、式(B.2)和式(B.3)计算试样中 OPnEO 和 NPnEO 的含量:

$$X = \sum X_n \qquad \cdots\cdots (B.1)$$

$$X_n = \frac{A_n \times c_{ns} \times V}{A_{ns} \times m} \qquad \cdots\cdots (B.2)$$

$$c_{ns} = \frac{A_{ns} \times M_{ns} \times c_s}{\sum (A_{ns} \times M_{ns})} \qquad \cdots\cdots (B.3)$$

式中:

X ——试样中各聚合度 n(n= 2~16)的 OPnEO 或 NPnEO 含量总和,单位为毫克每千克(mg/kg);

X_n ——试样中聚合度为 n 的 OPnEO 或 NPnEO 的含量,单位为毫克每千克(mg/kg);

A_n ——样液中聚合度为 n 的 OPnEO 或 NPnEO 的峰面积;

c_{ns} ——标准工作溶液中聚合度为 n 的 OPnEO 或 NPnEO 的浓度,单位为毫克每升(mg/L);

V ——样液最终定容体积,单位为毫升(mL);

A_{ns} ——标准工作溶液中聚合度为 n 的 OPnEO 或 NPnEO 的峰面积;

m ——样液所代表试样的质量,单位为克(g);

M_{ns} ——聚合度为 n 的 OPnEO 或 NPnEO 的相对分子质量;

c_s ——标准工作溶液中 OPnEO 或 NPnEO 的浓度,单位为毫克每升(mg/L)。

结果保留至小数点后两位。

B.7 方法的测定低限、回收率和精密度

B.7.1 测定低限

本方法对试样中 AP 的测定低限为 1.0 mg/kg,APnEO 的测定低限为 10 mg/kg。

B.7.2 回收率

方法回收率范围为80%～110%。

B.7.3 精密度

在同一实验室，由同一操作者使用相同的设备、按相同的测试方法，在短时间内对同一被测对象进行独立的测试，两次独立测试结果的绝对差值不大于这两个测定值的算术平均值的10%。以大于这两个测定值的算术平均值的10%的情况不超过5%为前提。

B.8 试验报告

同第9章。

附 录 C
（资料性附录）
烷基酚和烷基酚聚氧乙烯醚的亲水作用色谱(HILIC)测定方法

C.1 概述

本附录给出了纺织品中烷基酚(AP)和烷基酚聚氧乙烯醚(AP*n*EO，$n=2\sim16$)的亲水作用色谱(HILIC)测定方法。

C.2 原理

用甲醇超声提取试样中的AP和AP*n*EO，提取液经浓缩和净化后，用配有荧光检测器的高效液相色谱仪测定，外标法定量。

C.3 试剂或材料

C.3.1 除另有规定外，本方法所用试剂均为分析纯，水为GB/T 6682规定的一级水。

C.3.2 甲醇(HPLC级)。

C.3.3 乙腈(HPLC级)。

C.3.4 正己烷(HPLC级)。

C.3.5 异丙醇(HPLC级)。

C.3.6 二氯甲烷(HPLC级)。

C.3.7 甲醇-水溶液(3+2)：准确量取300 mL甲醇(C.3.2)和200 mL水，混匀后备用。

C.3.8 甲醇-二氯甲烷溶液(1+4)：准确量取100 mL甲醇(C.3.2)和400 mL二氯甲烷(C.3.6)，混匀后备用。

C.3.9 辛基酚标准品(OP，CAS号140-66-9，纯度≥97%)。

C.3.10 壬基酚标准品(NP，CAS号25154-52-3，优级纯)。

C.3.11 辛基酚聚氧乙烯醚标准品(OP*n*EO，CAS号9002-93-1，平均聚合度$n=9$，优级纯)。

C.3.12 壬基酚聚氧乙烯醚标准品(NP*n*EO，CAS号9016-45-9，平均聚合度$n=9$，纯度≥99%)。

C.3.13 标准储备液：分别准确称取适量OP(C.3.9)、NP(C.3.10)、OP*n*EO(C.3.11)和NP*n*EO(C.3.12)，用乙腈配制成浓度为10 mg/mL的单组分标准储备液。

C.3.14 标准工作溶液：分别移取OP、NP、OP*n*EO和NP*n*EO标准储备液(C.3.13)适量体积，置于同一容量瓶中，用乙腈稀释，配制成所需浓度的混合标准工作溶液。

C.3.15 固相萃取柱：填料为亲脂性二乙烯苯和亲水性*N*-乙烯基吡咯烷酮共聚物，60 mg，3 mL。使用前依次用2 mL甲醇、4 mL水活化。

C.3.16 有机系滤膜：0.22 μm。

C.4 仪器和设备

C.4.1 高效液相色谱仪，配有荧光检测器。

C.4.2 分析天平：感量0.000 1 g。

C.4.3 分析天平:感量 0.01 g。

C.4.4 超声波清洗器:可控温至(70±2)℃。

C.4.5 旋转蒸发仪。

C.4.6 固相萃取装置。

C.4.7 氮吹仪。

C.5 测定步骤

C.5.1 试样的提取和净化

取代表性试样,剪成约 5 mm×5 mm 的碎片,混匀。称取 1 g 剪碎的试样(精确至 0.01 g),置于 50 mL离心管中,加入 30 mL 甲醇,在(70±2)℃下超声提取(60±5)min。用旋转蒸发仪在 40℃以下将提取液浓缩至近干,准确加入 2 mL 乙腈溶解残渣,过 0.22 μm 滤膜(C.3.16)后,供亲水作用色谱测定。

当试样(如蚕丝类)中杂质干扰检测时,采用以下的净化方法。用 10 mL 甲醇-水溶液(C.3.7)溶解上述浓缩瓶中的残渣,全部转移至固相萃取柱(C.3.15)中,控制流速为 1 mL/min～2 mL/min。弃去流出液,减压抽干 10 min,用 5 mL 甲醇-二氯甲烷溶液(C.3.8)洗脱,收集洗脱液。将洗脱液在 40℃以下用氮气吹干,准确加入 2 mL 乙腈溶解残渣,过 0.22 μm 滤膜(C.3.16)后,供亲水作用色谱测定。

C.5.2 测定

C.5.2.1 参考色谱条件

由于测试结果取决于所使用的仪器,因此不可能给出色谱分析的普遍参数。采用下列参数已被证明对测试是合适的:

a) 色谱柱:HILIC 柱,5.0 μm,4.6 mm×250 mm,或相当者;
b) 色谱柱温度:30 ℃;
c) 流动相:梯度洗脱条件见表 2;
d) 检测波长:激发波长 230 nm,发射波长 296 nm;
e) 流速:1.0 mL/min;
f) 进样量:20 μL。

表 C.1 HILIC 色谱梯度洗脱条件

时间/min	乙腈/%	水/%
0	99	1
4	99	1
10	93	7
15	93	7
16	99	1
22	99	1

C.5.2.2 色谱测定

根据样液中 AP 和 AP*n*EO 含量,选择浓度相近的标准工作溶液(C.3.14)。对标准工作溶液和样液等体积穿插进样测定。标准工作溶液和样液中 AP 和 AP*n*EO 的响应值均应在仪器检测的线性范围内。在上述色谱条件下,AP 和 APnEO 的保留时间参见表 C.2,液相色谱图参见图 C.1 和图 C.2。当样液的色谱峰保留时间与标准工作溶液一致时,可用 LC-MS/MS 法进一步分析确证。

表 C.2 烷基酚和烷基酚聚氧乙烯醚标准品的 HILIC 的参考保留时间

OP 和 OPnEO			NP 和 NPnEO		
出峰序号	待测物	参考保留时间/min	出峰序号	待测物	参考保留时间/min
1	OP	3.277	1	NP	3.238
2	OP3EO	3.893	2	NP3EO	3.854
3	OP4EO	4.241	3	NP4EO	4.184
4	OP5EO	4.782	4	NP5EO	4.723
5	OP6EO	5.423	5	NP6EO	5.362
6	OP7EO	6.207	6	NP7EO	6.130
7	OP8EO	7.040	7	NP8EO	6.954
8	OP9EO	7.864	8	NP9EO	7.787
9	OP10EO	8.486	9	NP10EO	8.378
10	OP11EO	9.279	10	NP11EO	9.154
11	OP12EO	10.114	11	NP12EO	9.966
12	OP13EO	11.046	12	NP13EO	10.888
13	OP14EO	12.119	13	NP14EO	11.968
14	OP15EO	13.306	14	NP15EO	13.154
15	OP16EO	14.595	15	NP16EO	14.429

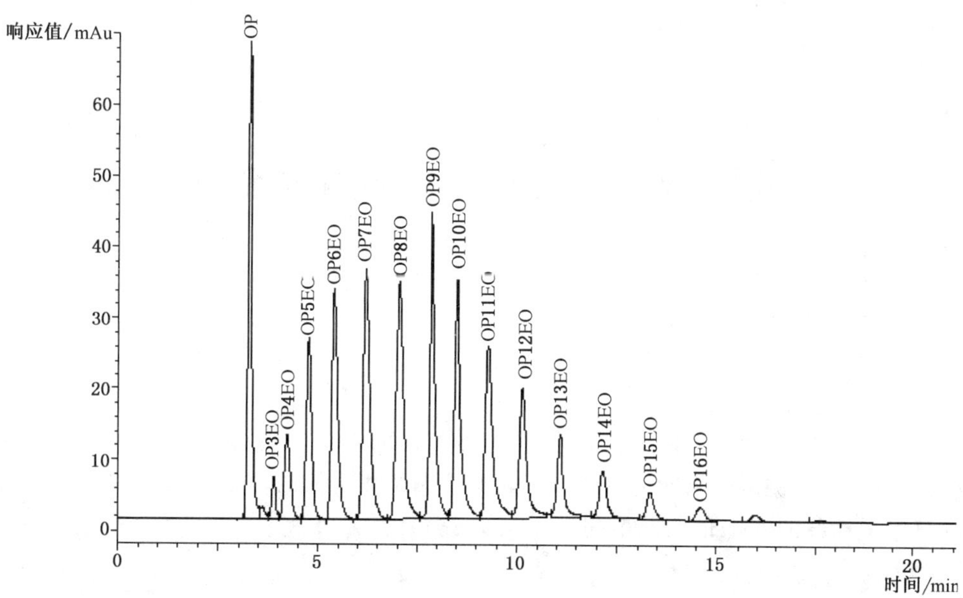

图 C.1 辛基酚和辛基酚聚氧乙烯醚标准品的 HILIC 色谱图

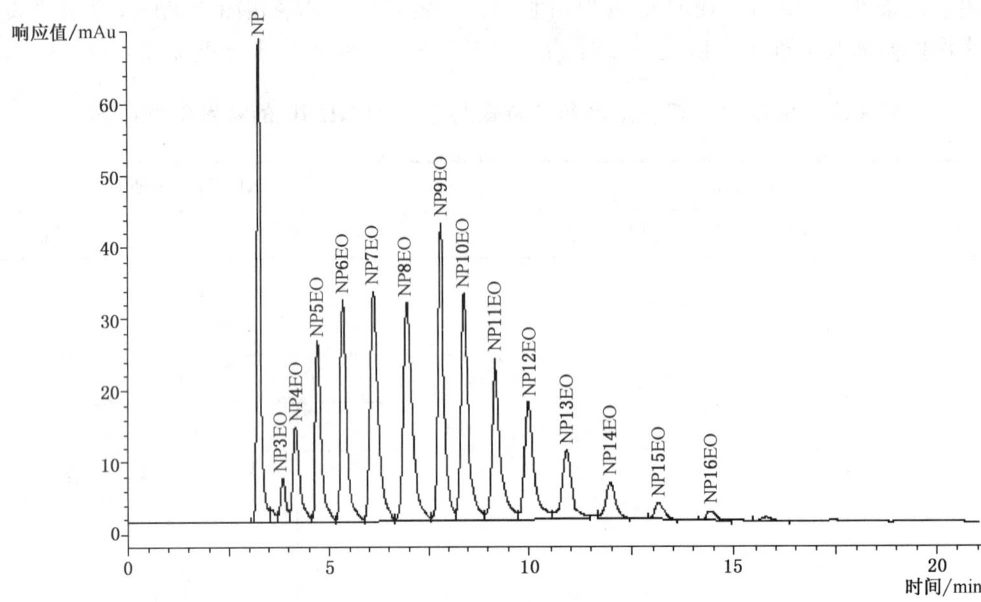

图 C.2 壬基酚和壬基酚聚氧乙烯醚标准品的 HILIC 色谱图

C.5.3 空白试验

除不加试样外,均按上述步骤进行。

C.6 结果计算和表述

同附录 B 第 B.6 章。

C.7 方法的测定低限、回收率和精密度

C.7.1 测定低限

本方法对试样中 AP 的测定低限为 1.0 mg/kg,APnEO 的测定低限为 10 mg/kg。

C.7.2 回收率

方法回收率范围为 80%～110%。

C.7.3 精密度

在同一实验室,由同一操作者使用相同的设备、按相同的测试方法,在短时间内对同一被测对象进行独立的测试,两次独立测试结果的绝对差值不大于这两个测定值的算术平均值的 10%。以大于这两个测定值的算术平均值的 10%的情况不超过 5%为前提。

C.8 试验报告

同第 9 章。

附　录　D
（资料性附录）
LC-MS 法测定 AP 和 APEO 的选择离子监测色谱图

LC-MS 法测定 AP 和 APEO 的选择离子监测色谱图见图 D.1 和图 D.2。

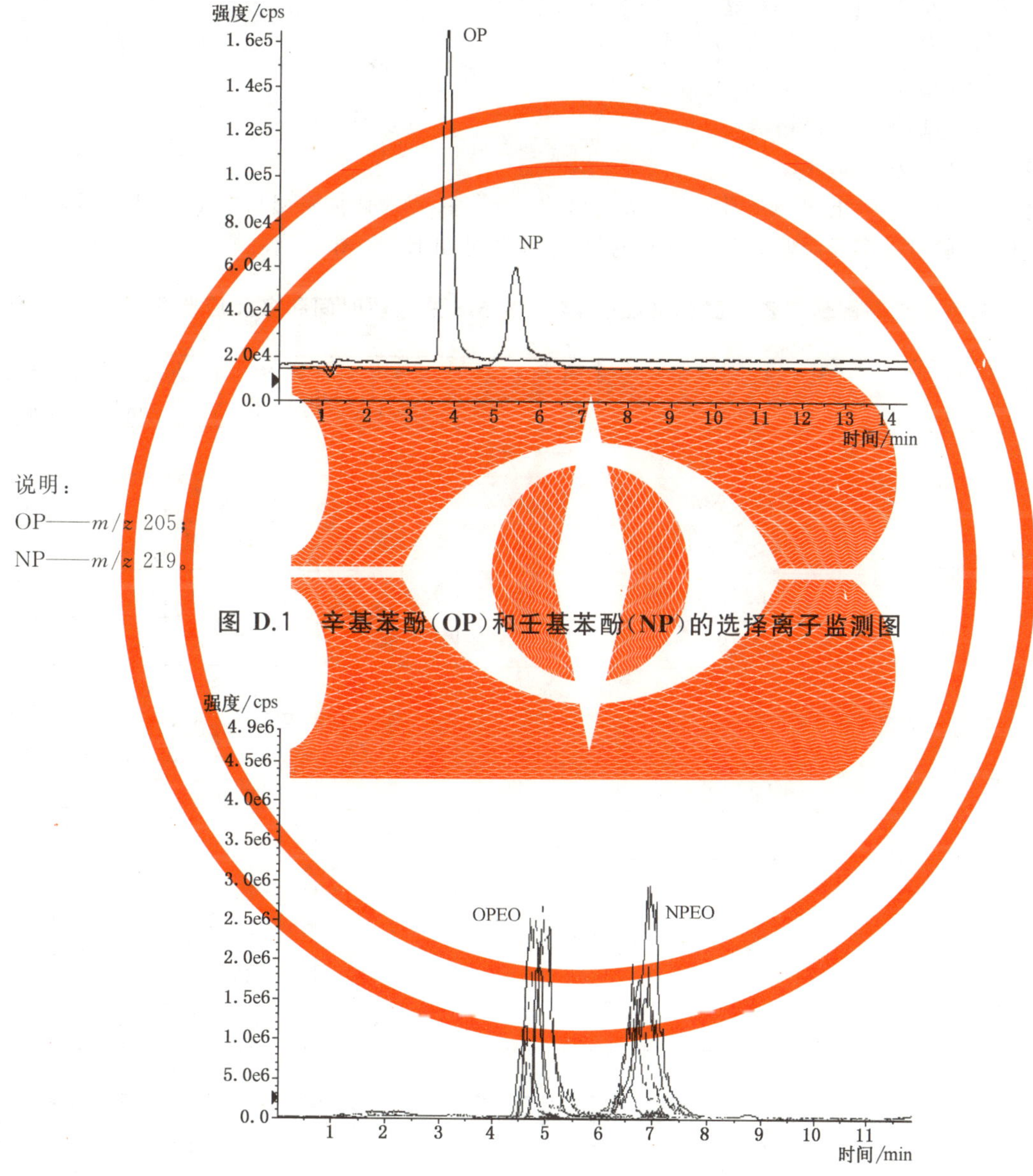

说明：

OP——m/z 205；

NP——m/z 219。

图 D.1　辛基苯酚(OP)和壬基苯酚(NP)的选择离子监测图

说明：

OPEO——m/z 361.5+Δ44(n_{EO}=3～16)；

NPEO——m/z 375.5+Δ44(n_{EO}=3～16)。

图 D.2　辛基苯酚聚氧乙烯醚(OPEO)和壬基苯酚聚氧乙烯醚(NPEO)的选择离子监测图

附 录 E
（资料性附录）
质谱参考条件

监测离子对及电压参数：

a） 气帘气压力(CUR)：172.4 kPa (25 psi)；

b） 雾化气压力(GS1)：289.6 kPa (42 psi)；

c） 辅助气流速(GS2)：310.3 kPa (45 psi)；

d） 离子源温度(TEM)：540 ℃；

e） 碰撞气(CAD)：41.4 kPa (6 psi)；

f） 离子对、电喷雾电压(IS)、去簇电压(DP)、碰撞气能量(CE)及碰撞室出口电压(CXP)见表 E.1。

液相色谱-串联质谱多反应监测(MRM)选择离子流图见图 E.1～图 E.7。

表 E.1 烷基酚和烷基酚聚氧乙烯醚标准品的 LC-MS/MS 法保留时间和多反应监测(MRM)条件

待测物	保留时间/min	定性和定量离子对 m/z	电喷雾电压(IS)/V	去簇电压(DP)/V	碰撞气能量(CE)/V	碰撞室出口电压(CXP)/V
OP	4.29	205.2/132.9*	−4 500	−85	−33	−5
		205.2/93.0	−4 500	−85	−63	−5
NP	4.50	219.2/132.9*	−4 500	−85	−42	−5
		219.2/146.9	−4 500	−85	−37	−5
OP2EO	3.75	312.2/183.5*	5 500	50	19	10
		312.2/113.3	5 500	50	22	10
OP3EO	3.72	356.0/227.3*	5 500	50	18	10
		356.0/165.5	5 500	50	26	10
OP4EO	3.69	400.5/383.5*	5 500	70	23	10
		400.5/271.5	5 500	70	34	10
OP5EO	3.69	444.6/427.5	5 500	74	24	10
		444.6/315.4*	5 500	74	28	10
OP6EO	3.66	488.6/471.4*	5 500	90	27	10
		488.6/359.4	5 500	90	39	10
OP7EO	3.69	532.5/515.6*	5 500	95	29	10
		532.5/133.4	5 500	95	41	10
OP8EO	3.69	576.6/559.5*	5 500	100	29	10
		576.5/447.4	5 500	100	43	10
OP9EO	3.69	620.7/603.4*	5 500	110	30	10
		620.7/277.2	5 500	110	44	10
OP10EO	3.68	664.6/647.5*	5 500	110	31	10
		664.6/277.2	5 500	110	45	10

表 E.1（续）

待测物	保留时间/min	定性和定量离子对 m/z	电喷雾电压(IS)/V	去簇电压(DP)/V	碰撞气能量(CE)/V	碰撞室出口电压(CXP)/V
OP11EO	3.64	708.7/691.5*	5 500	110	33	10
		708.7/277.2	5 500	110	48	10
OP12EO	3.44	752.8/735.6*	5 500	115	34	10
		752.8/277.2	5 500	115	50	10
OP13EO	3.44	796.8/779.6*	5 500	120	33	10
		796.8/277.2	5 500	120	50	10
OP14EO	3.29	840.8/823.6*	5 500	110	33	10
		840.8/277.2	5 500	110	48	10
OP15EO	3.26	884.8/867.6	5 500	115	34	10
		884.8/277.2*	5 500	115	50	10
OP16EO	3.24	929.0/911.7	5 500	120	33	10
		929.0/277.2*	5 500	120	50	10
NP2EO	4.16	326.3/183.0*	5 500	48	15	10
		326.3/127.3	5 500	48	18	10
NP3EO	4.16	370.3/353.3	5 500	57	12	10
		370.3/227.1*	5 500	57	17	10
NP4EO	4.13	414.4/397.4*	5 500	60	15	10
		414.4/271.6	5 500	60	22	10
NP5EO	4.13	458.5/441.3*	5 500	60	19	10
		458.5/315.4	5 500	60	25	10
NP6EO	4.13	502.5/485.6*	5 500	70	20	10
		502.5/359.4	5 500	70	25	10
NP7EO	4.10	546.5/529.5*	5 500	70	24	10
		546.5/291.5	5 500	70	32	10
NP8EO	4.10	590.6/573.5*	5 500	80	25	10
		590.6/291.5	5 500	80	35	10
NP9EO	4.10	634.8/617.6*	5 500	90	25	10
		634.8/291.5	5 500	90	35	10
NP10EO	4.07	678.5/661.5*	5 500	90	27	10
		678.5/291.5	5 500	90	39	10
NP11EO	4.07	722.6/705.7*	5 500	90	28	10
		722.6/291.5	5 500	90	40	10
NP12EO	4.13	766.9/335.3	5 500	100	34	10
		766.9/291.5*	5 500	100	42	10
NP13EO	4.13	810.8/793.4*	5 500	100	30	10
		810.8/291.5	5 500	100	45	10
NP14EO	4.10	854.8/837.5*	5 500	100	32	10
		854.8/291.2	5 500	100	47	10

表 E.1（续）

待测物	保留时间/min	定性和定量离子对 m/z	电喷雾电压(IS)/V	去簇电压(DP)/V	碰撞气能量(CE)/V	碰撞室出口电压(CXP)/V
NP15EO	4.10	898.8/881.6*	5 500	110	33	10
		898.8/291.2	5 500	110	49	10
NP16EO	4.13	942.9/925.5*	5 500	110	35	10
		942.9/291.2	5 500	110	50	10
注：带“*”为定量离子对。						

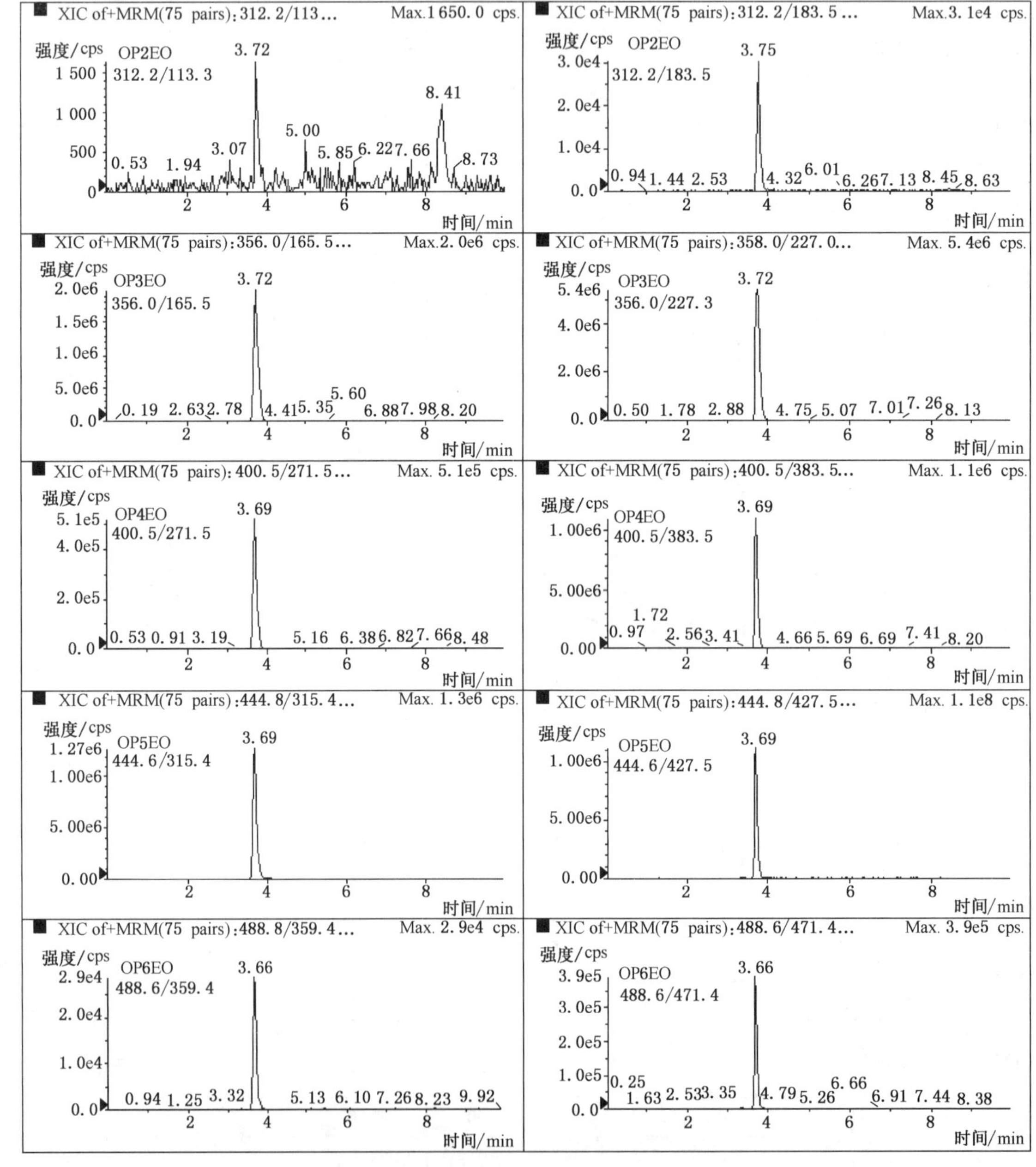

图 E.1　OP2EO、OP3EO、OP4EO、OP5EO、OP6EO 液相色谱-串联质谱多反应监测(MRM)选择离子流图

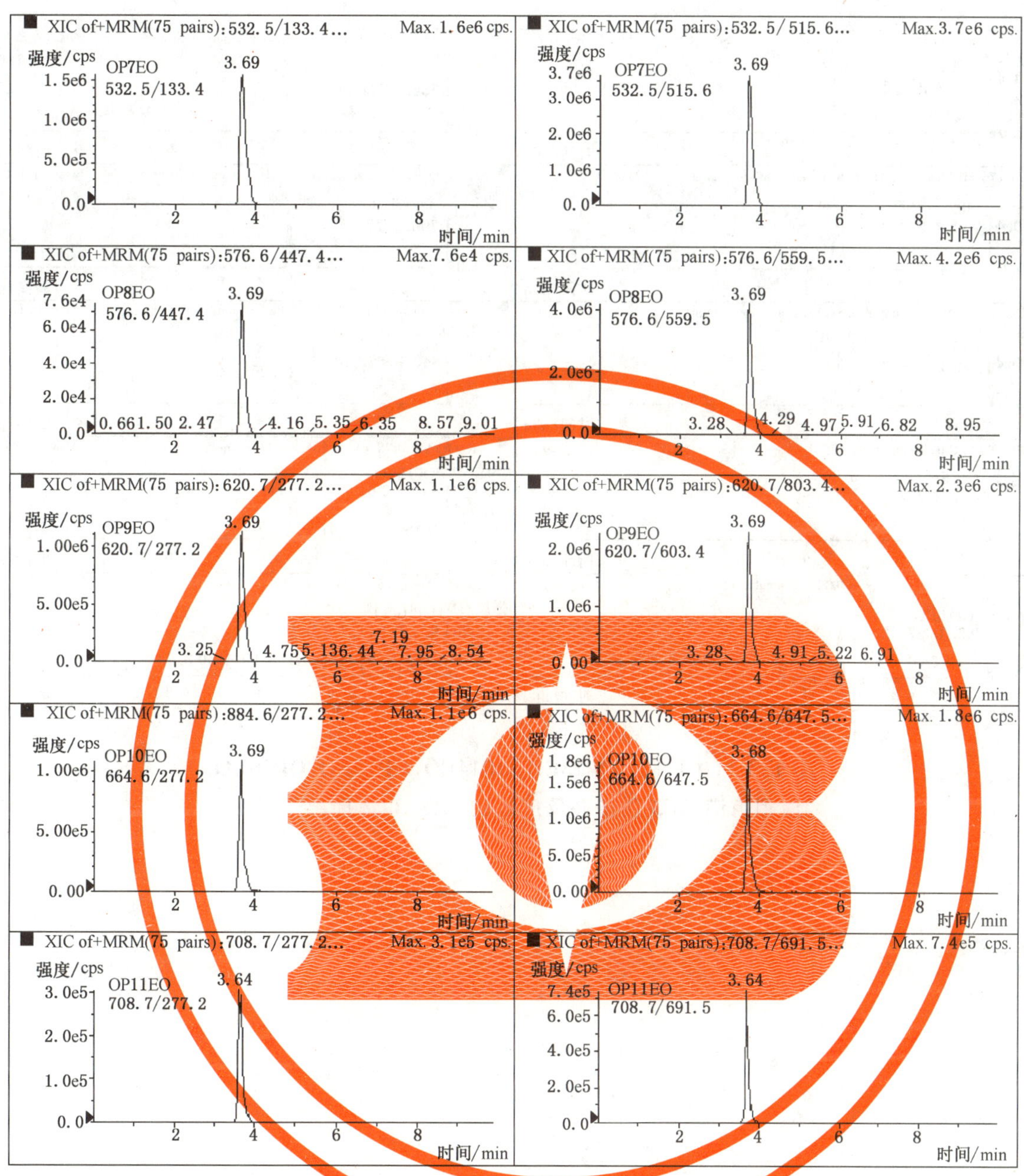

图 E.2 OP7EO、OP8EO、OP9EO、OP10EO、OP11EO 液相色谱-串联质谱多反应监测(MRM)选择离子流图

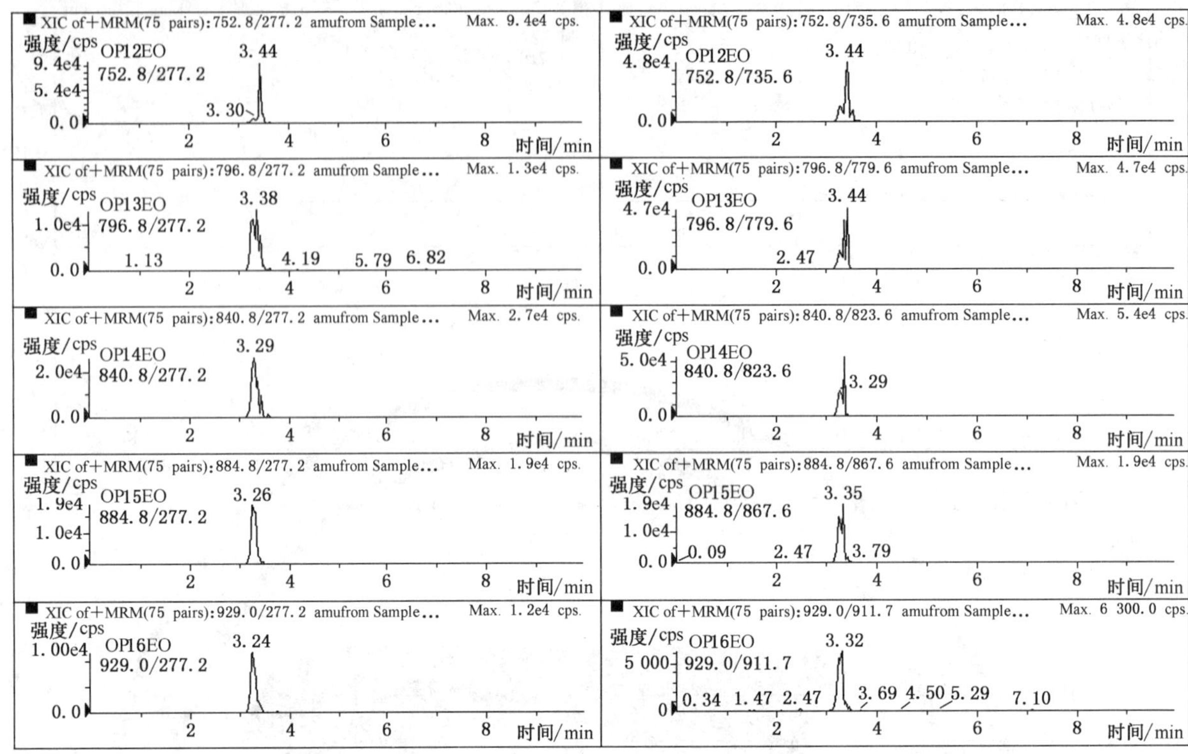

图 E.3 OP12EO、OP13EO、OP14EO、OP15EO、OP16EO
液相色谱-串联质谱多反应监测(MRM)选择离子流图

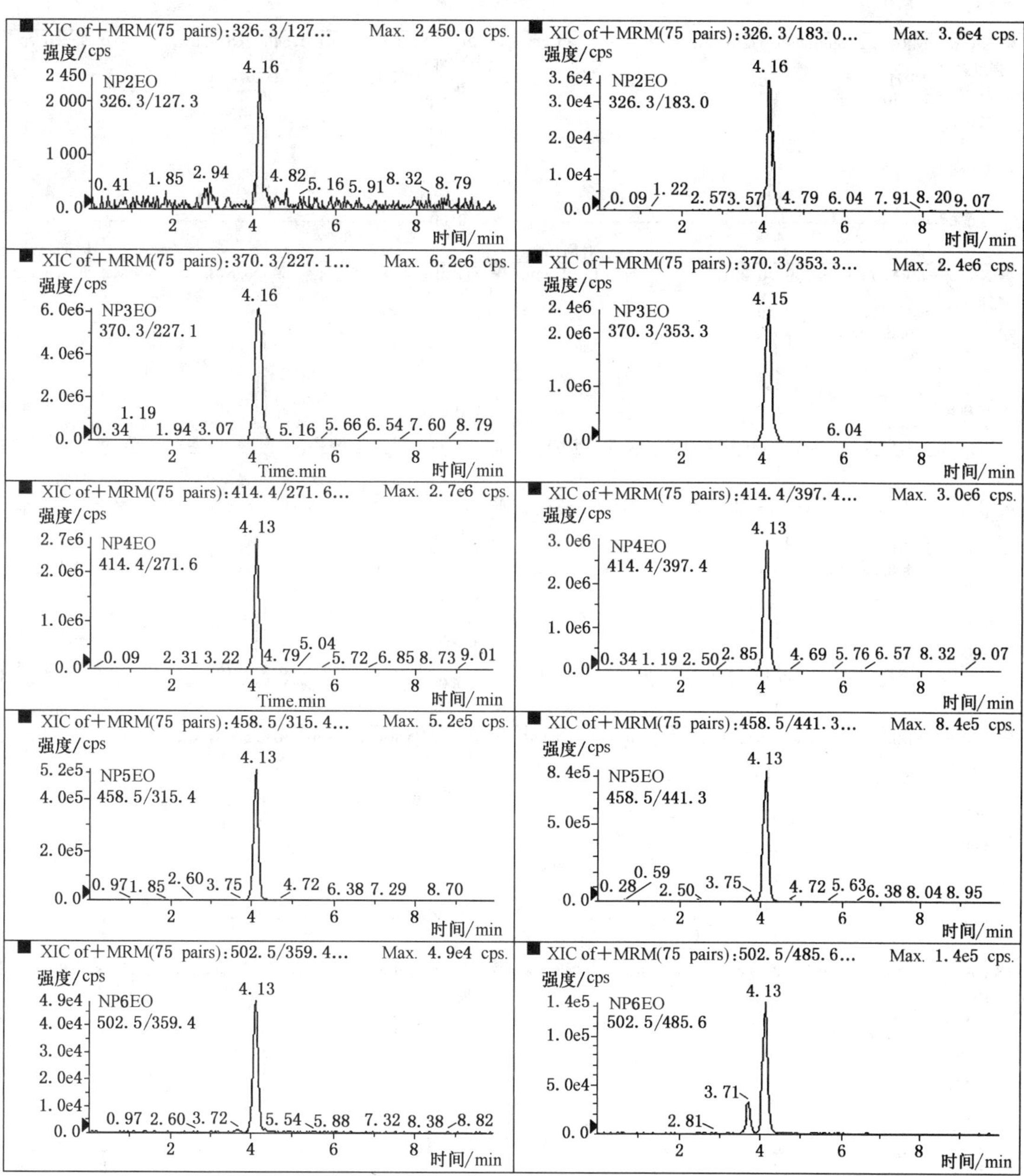

图 E.4　NP2EO、NP3EO、NP4EO、NP5EO、NP6EO 液相色谱-串联质谱多反应监测(MRM)选择离子流图

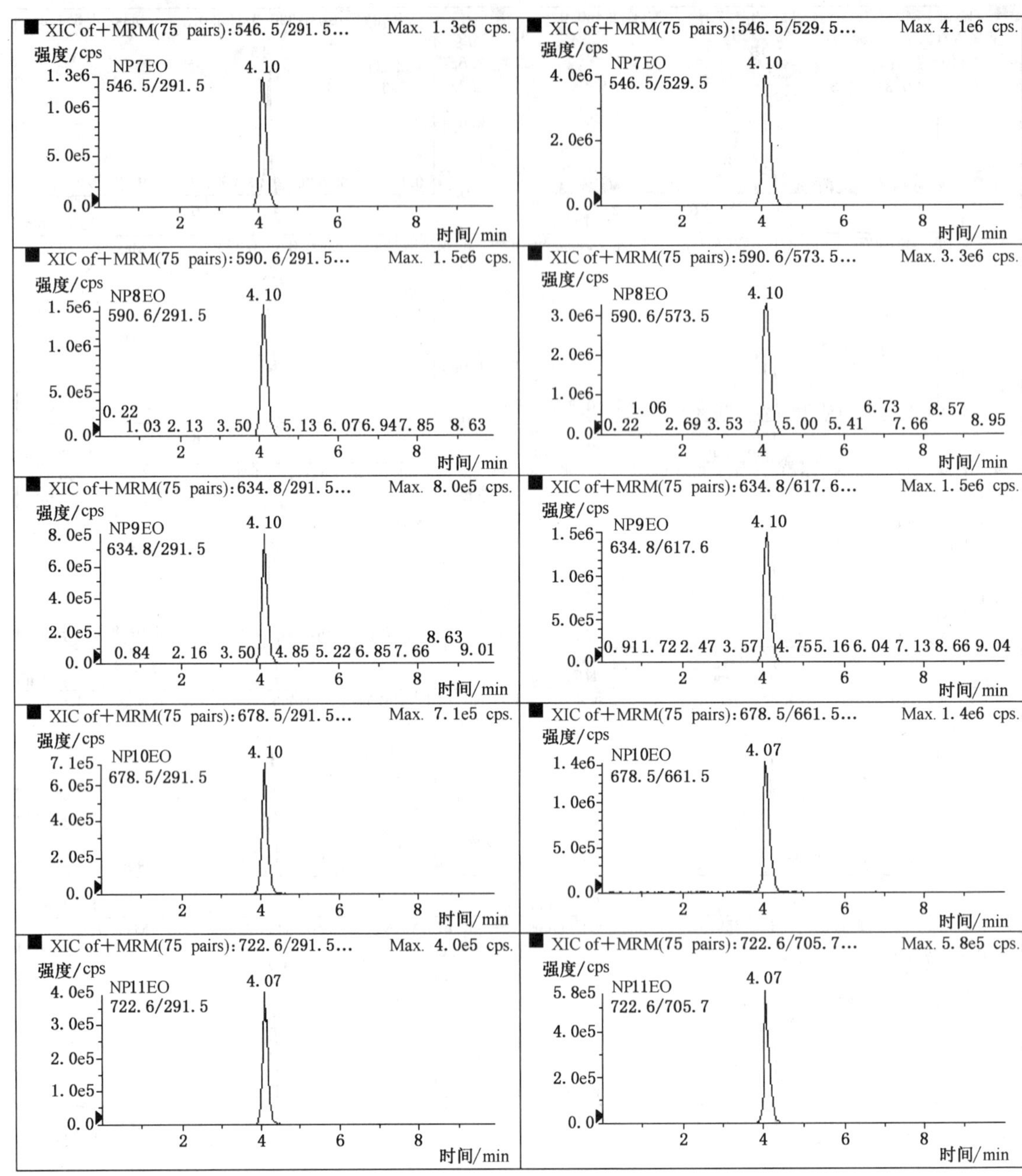

图 E.5 NP7EO、NP8EO、NP9EO、NP10EO、NP11EO 液相色谱-串联质谱多反应监测(MRM)选择离子流图

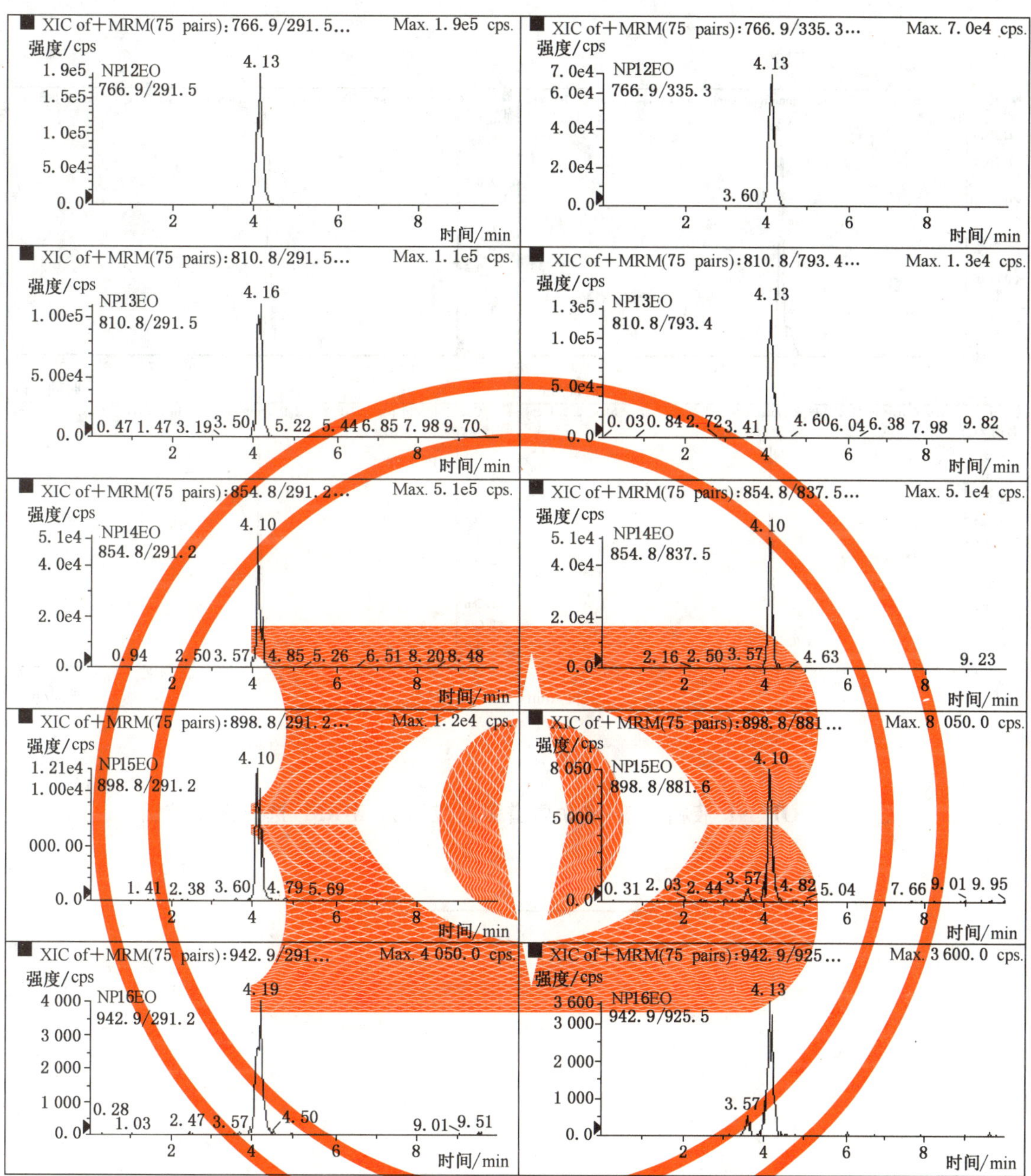

图 E.6 NP12EO、NP13EO、NP14EO、NP15EO、NP16EO
液相色谱-串联质谱多反应监测(MRM)选择离子流图

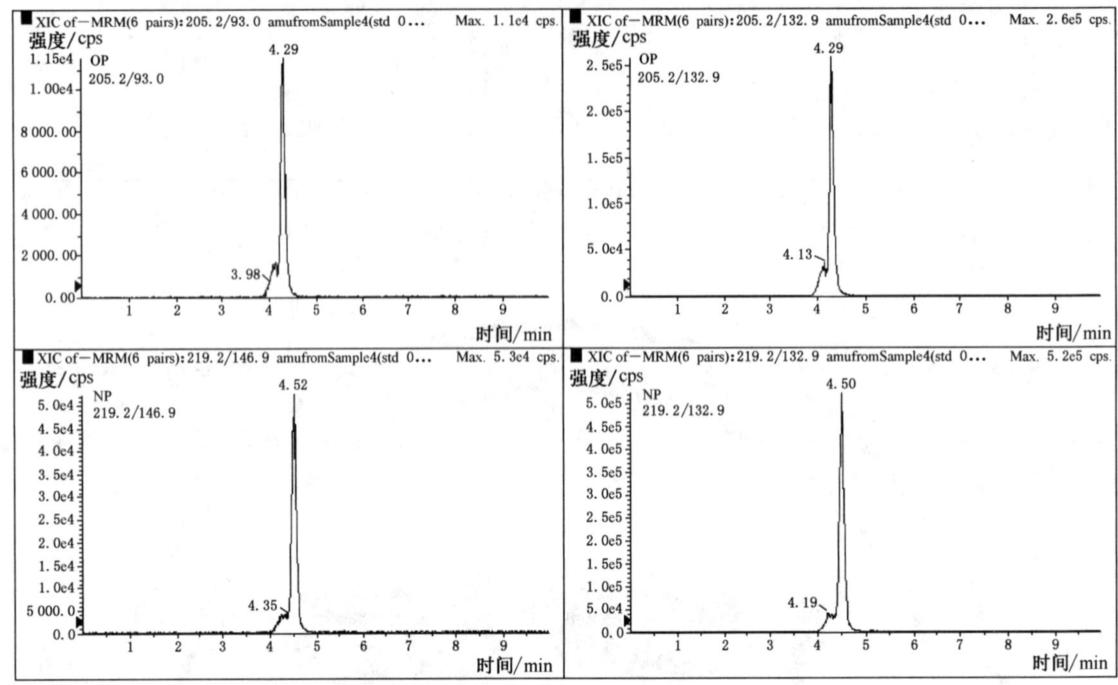

图 E.7 OP、NP 液相色谱-串联质谱多反应监测(MRM)选择离子流图

ICS 97.180
Y 62

中华人民共和国国家标准

GB/T 23332—2018
代替 GB/T 23332—2009

加　湿　器

Humidifiers

2018-12-28 发布　　2019-07-01 实施

国家市场监督管理总局
中国国家标准化管理委员会　发布

前　言

本标准按照 GB/T 1.1—2009 给出的规则起草。

本标准代替 GB/T 23332—2009《加湿器》。本标准与 GB/T 23332—2009 相比，除编辑性修改外主要技术变化如下：

——修改了标准适用范围(见第 1 章，2009 年版第 1 章)；

——增加了 GB/T 7477、GB 21551.2—2010、GB/T 23119 等标准(见第 2 章)，删除了 GB/T 13306、GB/T 2829 等标准(见第 2 章，见 2009 年版第 2 章)；

——修改了“蒸发式加湿器”、“电热式加湿器”等定义(见 3.1.2 和 3.1.3，2009 年版的 3.3 和 3.4)；删除了“光波式加湿器”、“普通型加湿器”、“自动控制型加湿器”、“主机”、“水箱”、“开放式水箱”、“封闭式水箱”、“水位保护功能”、“蒸发芯(器)使用寿命、“水质硬度”、“初始硬度”和“软化水硬度”等术语和定义(见 2009 年版 3.5、3.10、3.11、3.12、3.13、3.14、3.15、3.18、3.19、3.21、3.22 和 3.23)；增加了“功能组合一体机”的定义(见 3.1.5)；

——修改了加湿器的分类和型号命名(见第 4 章，2009 年版第 4 章)；

——增加了使用条件的注释、软水器及水位保护功能、耐久性、抗菌和防霉等内容及限值、额定水箱容量(见 5.1、5.8、5.9、5.11 和 5.12)；删除了使用水条件、“一般要求”中对于产品制造程序的要求、试运转要求、水位指示(显示)、蒸发芯(器)使用寿命、蒸发芯(器)更换指示、湿度显示误差、软水器功能要求、包装防护功能(见 2009 年版 5.1.2、5.2.1、5.5、5.10、5.11、5.12、5.13、5.15 和 5.16)；修改了外观要求(见 5.4，2009 年版 5.4)、加湿量要求(见 5.5，2009 年版 5.6)、不同种类加湿器“加湿效率”等级(见 5.6，2009 年版 5.7)、噪声限值(见 5.7，2009 年版 5.8)；

——增加了软水器及水位保护功能、耐久性、抗菌、防霉和除菌、水箱容量试验方法(见 6.8、6.9、6.11 和 6.13)；删除了试运转试验、水位指示(显示)、蒸发芯(器)使用寿命、蒸发芯(器)更换指示、湿度显示误差、软水器功能要求、包装防护功能(见 2009 年版 6.5、6.10、6.11、6.12、6.13、6.15 和 6.16)；修改了试验条件(见 6.1，2009 年版 6.1)、仪器条件(见 6.2，2009 年版 6.2)、加湿效率的试验方法(见 6.6，2009 年版 6.7)、整机渗漏试验(见 6.10，2009 年版 6.14)；

——修改了出厂检验(见 7.2、2009 年版 7.4)和型式试验(见 7.3，2009 年版 7.5)；删除了检验规则、检验说明(见 2009 年版 7.1 和 7.2)；

——修改了“使用说明”的内容(见 8.3，2009 年版 8.3)；

——增加了“规格和型号命名方法”和“加湿器除菌试验方法”(见附录 A 和附录 E)；

——修改了“加湿量的测定方法”(见附录 B，2009 年版附录 A)；

——修改了“软水器性能试验方法”(见附录 D，2009 年版附录 C)。

本标准由中国轻工业联合会提出。

本标准由全国家用电器标准化技术委员会(SAC/TC 46)归口。

本标准起草单位：中国家用电器研究院、珠海格力电器股份有限公司、飞利浦(中国)投资有限公司、佛山市南海科日超声电子有限公司、广东松下环境系统有限公司、北京亚都环保科技有限公司、佛山市顺德区阿波罗环保器材有限公司、欧兰普电子科技(厦门)有限公司、大金空调(上海)有限公司、佛山市金星徽电器有限公司、戴森贸易(上海)有限公司、清华大学、上海飞科电器股份有限公司、北京智米科技有限公司、广州工业微生物检测中心、北京零微科技有限公司、国家家用电器质量监督检验中心。

本标准主要起草人：马德军、朱焰、吴畏、孔涛、叶卫忠、刘民、吴秀玲、韩曙鹏、钟耀武、徐金波、宋立强、罗俊华、戴涛国、孔颖、莫金汉、霍雨佳、赵广展、陈安居、张庆玲、杜少平、于书权。

本标准的历次版本发布情况为：

——GB/T 23332—2009。

加 湿 器

1 范围

本标准规定了加湿器的术语和定义、分类和型号命名、技术要求、试验方法、检验规则、标志、包装、使用说明、运输和贮存。

本标准适用于家用和类似用途的加湿器。本标准也适用于带有加湿功能的空气净化器或空气调节器等类似器具的加湿功能的评价。

注意下述情况使用的加湿器可能需要附加要求：

——交通工具(如车辆、船舶、飞机等)上使用的加湿器。

本标准不适用于：

——专门为工业用途设计的加湿器；

——在腐蚀性和爆炸性气体(如粉尘、蒸汽和瓦斯气体)特殊环境场所使用的加湿器；

——具有医疗用途的加湿器。

2 规范性引用文件

下列文件对于本文件的应用是必不可少的。凡是注日期的引用文件，仅注日期的版本适用于本文件。凡是不注日期的引用文件，其最新版本(包括所有的修改单)适用于本文件。

GB/T 191 包装储运图示标志

GB/T 1019 家用和类似用途电器包装通则

GB/T 2828.1 计数抽样检验程序 第1部分：按接收质量限(AQL)检索的逐批检验抽样计划

GB/T 4214.1—2017 家用和类似用途电器噪声测试方法 通用要求

GB 4706.1 家用和类似用途电器的安全 第1部分：通用要求

GB 4706.48 家用和类似用途电器的安全 加湿器的特殊要求

GB 4789.2 食品安全国家标准 食品微生物学检验 菌落总数测定

GB/T 4857.5 包装 运输包装件 跌落试验方法

GB/T 5296.2 消费品使用说明 家用和类似用途电器

GB/T 5750.4 生活饮用水标准检验方法 感官性状和物理指标

GB/T 7477 水质 钙和镁总量的测定 EDTA滴定法

GB 21551.2—2010 家用和类似用途电器的抗菌、除菌、净化功能 抗菌材料的特殊要求

GB/T 23119 家用和类似用途电器 性能测试用水

3 术语和定义

下列术语和定义适用于本文件。

3.1

加湿器 humidifier

由电力驱动、增加空气相对湿度的器具。

3.1.1

超声波式加湿器 ultrasonic humidifier

通过超声波将水雾化，并将水雾分散到空气中的加湿器。

3.1.2

蒸发式加湿器 evaporative humidifier

在风机的作用下使蒸发水分扩散到空气中的加湿器。

注：包括通过离心力将水甩成微粒并吹散在空气中的离心式加湿器。

3.1.3

电热式加湿器 electrical heating humidifier

通过电加热的方式使水汽化，产生蒸汽的加湿器。

注：包括用电极加热水，使水汽化的电极式加湿器。

3.1.4

复合式加湿器 hybrid humidifier

同时使用上述任意两种或两种以上原理实现加湿功能的加湿器。

3.1.5

功能组合一体机 multifunctional humidifier

同时具有加湿功能和其他功能的一体机。

注：如空气净化加湿一体机、空气调节加湿一体机、新风加湿一体机等。

3.2

额定加湿量 rated output of humidity

在额定工作条件下，加湿器在最大加湿状态，1 h 雾(汽)化水的能力。

3.3

加湿效率 efficiency of humidify

在额定工作条件下，加湿器单位功耗所产生的加湿量。

3.4

额定水箱容量 water tank capacity

水箱加水到规定刻度(无刻度水箱加满)时所容纳的水量。

3.5

水槽 water tray

除水箱外用于盛装直接加湿用水的容器。

3.6

软水器 water softener

一种能有效除去水中的钙、镁离子，降低水质硬度的装置。

4 分类、规格和型号命名

4.1 分类

4.1.1 按加湿方式分为：

a) 超声波式加湿器；
b) 蒸发式加湿器；
c) 电热式加湿器；
d) 复合式加湿器。

4.1.2 按功能组合分为：

a) 单一功能加湿器；
b) 功能组合一体机。

4.2 规格和型号

参见附录A。

5 技术要求

5.1 使用条件

器具的使用条件应满足：
a) 环境温度：10 ℃～40 ℃；
b) 环境湿度：相对湿度不大于80%（温度为25 ℃）。

注：使用说明书有规定时，按规定条件运行。

5.2 一般要求

主要零部件应采用安全、无害、无异味、不造成二次污染的材料制造，并坚固耐用。

5.3 安全

器具应符合GB 4706.1和GB 4706.48的要求。

5.4 外观

器具表面应平整光滑、色泽均匀、耐老化，不得有裂纹、气泡、缩孔等缺陷。

5.5 加湿量

实测加湿量应不低于额定加湿量的90%。

5.6 加湿效率

加湿器加湿效率应不低于D级。
加湿效率由高到低分为A、B、C、D四个等级，具体指标见表1。

表1 加湿效率分级一览表

加湿效率等级	加湿效率 η/[mL/(h·W)]			
	超声波式	蒸发式及复合式	电热式	功能组合一体机
A	$\eta \geqslant 13.5$	$\eta \geqslant 14.5$	$\eta \geqslant 1.9$	$\eta \geqslant 17.0$
B	$11.5 \leqslant \eta < 13.5$	$12.5 \leqslant \eta < 14.5$	$1.5 \leqslant \eta < 1.9$	$13.0 \leqslant \eta < 17.0$
C	$9.5 \leqslant \eta < 11.5$	$10.5 \leqslant \eta < 12.5$	$1.1 \leqslant \eta < 1.5$	$9.0 \leqslant \eta < 13.0$
D	$7.0 \leqslant \eta < 9.5$	$8.0 \leqslant \eta < 10.5$	$0.7 \leqslant \eta < 1.1$	$6.0 \leqslant \eta < 9.0$
注：带有加热功能的器具，按电热式划分。				

5.7 噪声

加湿器的A计权声功率级噪声应符合表2要求，实测值与明示值的允差不应超过+3 dB，且最高不应超过限定值。

表 2　A 计权声功率级噪声一览表

产品类型	加湿量实测值 Q/(mL/h)	噪声限值/dB(A)
超声波式	$Q \leqslant 350$	≤38
	$Q > 350$	≤42
蒸发式	$Q \leqslant 180$	≤45
	$180 < Q \leqslant 500$	≤50
	$500 < Q \leqslant 1\ 000$	≤55
	$Q > 1\ 000$	≤60
电热式	$Q \leqslant 300$	≤50
	$300 < Q \leqslant 500$	≤55
	$Q > 500$	≤60
其他类型	$Q \leqslant 350$	≤40
	$Q > 350$	≤45
注：功能组合一体机或复合式器具，按功能测量，结果取较大者，按照对应的较大限值的标准限值考核噪声功能，室外机噪声除外。		

5.8　软水器及水位保护功能

5.8.1　软水器软化水硬度应不大于 0.7 mmol/L (Ca^{2+}/Mg^{2+})。

5.8.2　软水器软化水硬度大于初始值的 50%时的累计软化水量应不少于 100 L。

5.8.3　软化后的水的 pH 值应在 6.5～8.5 范围内。

5.8.4　器具应具有水位保护功能，并带有缺水提示功能。

5.9　耐久性

耐久性不应低于表 3 中的 D 级。

耐久性由高到低分为 A、B、C、D 四个等级，具体指标见表 3。

表 3　耐久性分级一览表

耐久性等级	限值/h		
	电热式	超声波式	其他类型
A	≥3 500	≥5 000	≥5 000
B	≥3 000	≥4 500	≥4 400
C	≥2 500	≥4 000	≥3 800
D	≥1 500	≥3 500	≥3 200
注 1：复合式按对应类型高要求限值。 注 2：功能组合一体机按加湿方式分级。			

5.10 整机渗漏要求

运行过程中,器具不应有渗漏现象。

5.11 抗菌和防霉

声明具有抗菌、防霉功能的材料,应符合表4要求。

表4 抗菌、防霉限值一览表

项目	限值
抗菌率	≥90%
防霉等级	1级

5.12 额定水箱容量

实测值应不低于标称值的95%。

6 试验方法

6.1 试验条件

6.1.1 试验环境条件

6.1.1.1 额定加湿量试验环境按附录B规定。

6.1.1.2 其他试验按具体试验规定。

6.1.1.3 试验水温按具体试验规定。

6.1.2 试验水样

按照产品使用说明要求配制;使用说明无要求的,按GB/T 23119规定的方法配制,水的总硬度(1.50±0.20)mmol/L(Ca^{2+}/Mg^{2+})。

6.2 仪器条件

6.2.1 用于型式检验的电工测量仪表,其相对不确定度应不高于1.0%,出厂检验应不高于2.0%。

6.2.2 温度计,不确定度应不高于0.5 ℃。

6.2.3 计时仪表,相对不确定度应不高于0.5%。

6.2.4 衡器以克(g)计,相对不确定度应不高于1.0%。

6.2.5 水量计以升(L)计,不确定度应不高于0.1 L。

6.2.6 湿度计不确定度应不高于2%。

6.3 安全检验项目

安全项目按GB 4706.1和GB 4706.48的要求进行检验。

6.4 外观质量

通过视检检查其是否符合5.4的要求。

6.5 加湿量

按附录B规定的方法进行。

6.6 加湿效率

在额定工作条件下,器具在最大挡位,测量输入功率W。

按式(1)计算加湿效率:

$$\eta=\frac{Q}{W} \quad \cdots\cdots(1)$$

式中:

η ——加湿效率,单位为毫升每小时瓦特[mL/(h·W)];

Q ——加湿量实测值,单位为毫升每小时(mL/h);

W ——输入功率实测值,单位为瓦特(W)。

6.7 噪声试验

按附录C规定的方法进行。

6.8 软水器及水位保护功能

6.8.1 附带软水器功能的加湿器,按附录D规定的方法进行。

6.8.2 按使用说明要求运行,检查水位保护功能是否有效可靠。

6.9 耐久性

在环境温度(25±5)℃、相对湿度不高于60%、无强制对流环境下连续运行。并采用6.1.2规定的试验用水试验。

在正常工作状态下,先测定初始加湿量,然后以最高档连续运行工作,当累计运行时间达到表3规定的相应要求时,停止试验,并测定加湿量,如该加湿量大于初始值的50%,试验有效。

上述试验后,水位保护功能应能正常工作。

注1:在试验过程中,按照使用说明的要求定时清洗或更换组件。

注2:蒸发式加湿器每500 h更换一次蒸发器。

注3:超声波式加湿器可更换一次超声波发生器。

注4:到达累计时间,按照说明书要求清洗加湿器后再进行加湿量测试。

6.10 整机渗漏试验

按水箱容量注满水,不通电状态静置24 h后,在正常工作状态下连续工作0.5 h。

观察是否有渗漏现象。

6.11 抗菌、防霉和除菌

抗菌、防霉试验按GB 21551.2中规定的方法试验。

除菌试验参照附录E进行。

6.12 包装防护试验

按GB/T 4857.5中规定的方法试验。

6.13 水箱容量

称量不加水时的水箱质量 m_0(g)，加水到规定刻度(无刻度水箱加满)后，再称量其质量 m_1(g)。

按式(2)计算水箱容量：

$$C=\frac{m_1-m_0}{\rho\times 1\ 000} \qquad \cdots\cdots(2)$$

式中：

C ——水箱容量，单位为升(L)；

m_1——水箱加水到规定刻度(无刻度水箱加满)的质量，单位为克(g)；

m_0——水箱不加水时的质量，单位为克(g)；

ρ ——水密度，为 1 g/mL。

7 检验规则

7.1 检验分类

检验分为出厂检验和型式试验。

7.2 出厂检验

7.2.1 出厂检验的必检项目

凡正式提出交货的加湿器，均应进行出厂检验。

出厂检验的必检项目见表 5 序号 1、序号 2、序号 4、序号 5、序号 6、序号 7 的内容。

7.2.2 出厂检验的抽查项目

出厂检验抽样应按 GB/T 2828.1 进行。检验批量、抽样方案、检验水平及接收质量限，由生产厂和订货方共同商定。

出厂检验的抽检项目见表 5 序号 1～序号 10 的内容。

表 5 检验项目一览表

序号	检验项目	不合格分类	技术要求	试验方法
1	标志	A	8.1	视检
2	电气强度	A	GB 4706.48	GB 4706.48
3	泄漏电流	A	GB 4706.48	GB 4706.48
4	接地电阻	A	GB 4706.48	GB 4706.48
5	包装	C	8.2	视检
6	使用说明	B	8.3	视检
7	外观质量	C	5.4	6.4
8	加湿量	B	5.5	6.5 及附录 B
9	加湿效率	B	5.6	6.6
10	噪声	A	5.7	6.7 及附录 C
11	软水器及水位保护功能	B	5.8	6.8 及附录 D

表 5（续）

序号	检验项目	不合格分类	技术要求	试验方法
12	耐久性	B	5.9	6.9
13	整机渗漏	A	5.10	6.10
14	抗菌和防霉	A	5.11	6.11
15	包装防护功能	B	GB/T 4857.5	6.12

7.2.3 检验样品处理

经型式检验的样品一律不能作为合格产品出厂。

7.3 型式试验

7.3.1 存在下列情况之一时，应进行型式试验：

a) 新产品试制、定型、鉴定时；

b) 正式生产后，当产品在设计、工艺、材料发生较大变化，可能影响产品的性能时；

c) 停产半年以上恢复生产时；

d) 出厂检验结果与上次型式检验结果有较大差异时；

e) 正常生产时，每年至少进行一次。

7.3.2 型式试验应包括本标准和 GB 4706.1 以及 GB 4706.48 中所规定的所有检验项目。

8 标志、包装、使用说明、运输与贮存

8.1 标志

8.1.1 每台加湿器应有铭牌，并标有下列内容：

a) 制造商或责任承销商的名称、商标或标识；

b) 产品型号及名称；

c) 主要技术参数：额定电压、额定频率、额定输入功率、额定加湿量；

d) 制造日期和/或产品编号。

8.1.2 包装上的标志应符合 GB/T 5296.2 和 GB/T 191 的要求。

8.2 包装

8.2.1 应按 GB/T 191 和 GB/T 1019 的有关规定进行包装。

8.2.2 包装箱内应附有合格证、装箱单和产品使用说明。

包装箱上应有产品执行标准编号及名称。

8.3 使用说明

使用说明内容应有：

a) 使用条件：环境温湿度、加湿用水等；

b) 额定加湿量；

c) 加湿效率；

d) 额定水箱容量；

e) 噪声；

f) 清洁保养及故障说明(包含长期放置后再使用的说明)；

g) 其他应需要说明的情况。

8.4 运输

在运输过程中应避免碰撞、挤压、抛扔和强烈的振动以及雨淋、受潮和暴晒。

8.5 贮存

贮存于干燥、通风、无腐蚀性及爆炸性气体的库房内,并防止产品损坏。

附　录　A
（资料性附录）
规格和型号命名方法

A.1　规格

以额定加湿量表示。

A.2　型号及其含义

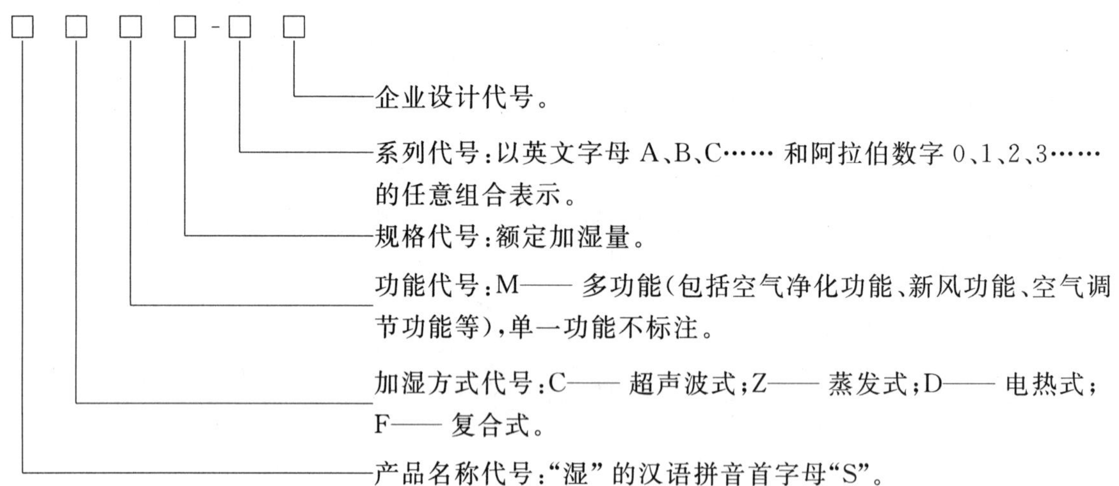

型号示例：

SZM500-21AC01 即额定加湿量为 500 mL/h 的 21AC 系列带有蒸发加湿功能的多功能一体机，企业设计代号为 01。

附 录 B
（规范性附录）
加湿量测定方法

B.1 测试的标准条件

测定的条件应符合表B.1的要求。

表B.1 测定条件

<table>
<tr><td rowspan="2">试验条件</td><td colspan="3">加湿方式[b]</td></tr>
<tr><td>蒸发式及含有蒸发式的器具</td><td>电极式</td><td>其他类型</td></tr>
<tr><td>电源电压/V</td><td colspan="3">220±1</td></tr>
<tr><td>电源频率/Hz</td><td colspan="3">50±1</td></tr>
<tr><td>温度/℃</td><td colspan="3">23±2</td></tr>
<tr><td>相对湿度/%</td><td>30±5</td><td colspan="2">30～70</td></tr>
<tr><td>试验水温/℃</td><td colspan="3">23±2</td></tr>
<tr><td>水质</td><td>应符合6.1.2的要求</td><td>电导率(450±10)μS/cm NaCl水溶液[c]</td><td>应符合6.1.2的要求</td></tr>
<tr><td>放置方式</td><td colspan="3">器具应置于试验室中心位置，台式器具放置在试验台上，如图B.1所示；落地式器具直接放置地面上，如图B.2所示。若说明书中有要求，则按照使用说明要求放置</td></tr>
<tr><td>工作状态</td><td colspan="3">最大加湿量工作状态或说明书标称工作状态</td></tr>
<tr><td>预运转时间[a]/h</td><td colspan="3">0.5</td></tr>
<tr><td colspan="4">注：其他额定电压和额定频率的加湿器加湿量的测定参照本方法。</td></tr>
<tr><td colspan="4">[a] 在试验开始前运转时间。
[b] 多功能的器具，选择表中对应的加湿功能条件进行试验。
[c] 纯净水加NaCl配成的溶液。</td></tr>
</table>

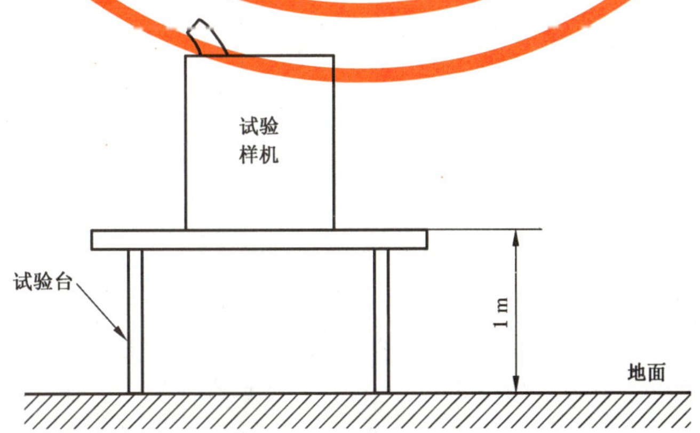

图B.1 台式加湿器放置位置示意图

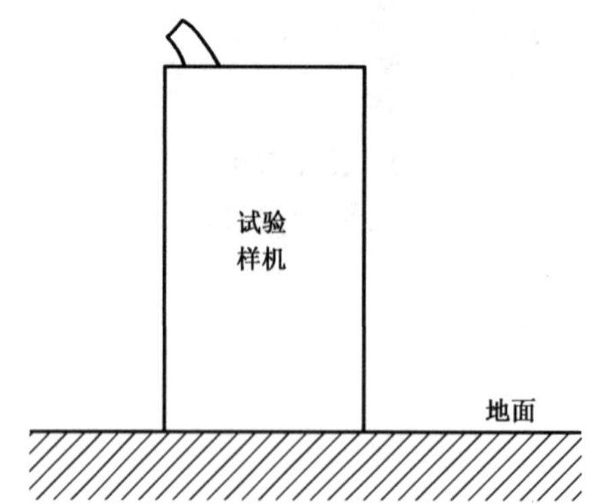

图 B.2　落地式加湿器放置位置示意图

B.2　测定方法

B.2.1　按说明书要求对加湿器或其部件进行预处理后进行试验。若未要求则直接进行试验。

B.2.2　预运转工作 0.5 h 后，称量加湿器的整机质量 m_1。

B.2.3　试验运行：试验运行至最低水位限或缺水提示或运行大于 3 h 的器具运行至 3 h 停止试验，称量加湿器的整机质量 m_2。

B.3　加湿量的计算

加湿量按式(B.1)计算，其中水的密度按 1 kg/L 计。

$$Q=\frac{m_1-m_2}{\rho\times T}\times 3\ 600 \qquad \text{(B.1)}$$

式中：

Q ——加湿量，单位为毫升每小时(mL/h)；

m_1——试验开始时加湿器的整机质量，单位为克(g)；

m_2——试验结束时加湿器的整机质量，单位为克(g)；

ρ ——水密度，为 1 g/mL；

T ——加湿量试验的时间，单位为秒(s)。

附 录 C
（规范性附录）
噪声测定方法

C.1 测量依据

加湿器噪声测量按 GB/T 4214.1—2017 相关规定进行。

C.2 测试条件

C.2.1 噪声测试环境为半消声室。

C.2.2 将加湿器放置于测试场地面几何中心位置，厚度 5 mm～10 mm 的弹性橡胶垫层上。

C.2.3 使加湿器在额定工作状态下，正常工作 1 h 后开始进行噪声测试。直接蒸发式、离心式加湿器调至最高风速挡位进行测试，其他类型加湿器调至最大加湿工作状态进行测试。

C.3 测量方法

C.3.1 测试量

测试量为 A 计权声功率级，L_W，以分贝(dB)为单位(基准量 1 pW)。

C.3.2 传声器的布置

C.3.2.1 如果加湿器的每一边长都不超过 0.7 m，则测量表面为半球面，带有 10 个测点。半球面测量表面的半径 r 不小于 1.5 m。测点位置示意图见 GB/T 4214.1—2017 中的图 4。

C.3.2.2 如果加湿器的某一边长超过 0.7 m，测量表面是带有 9 个测点的矩形六面体。测量距离 d 采用 1 m。测点位置示意图见 GB/T 4214.1—2017 中的图 1。

C.3.3 声压级和声功率级的计算

如果测量的噪声过小，则背景噪声级对测量产生的影响应按照 GB/T 4214.1—2017 进行修正。对 A 计权声压级，其各测点所测的声压级的平均值按式(C.1)计算：

$$L_P = 10\lg\left[\frac{1}{N}\sum_{i=1}^{N}10^{0.1L_{P_i}}\right] \qquad \cdots\cdots (C.1)$$

式中：

L_P ——各测点的平均声压级噪声值，单位为分贝(dB)；

L_{P_i} ——第 i 个测点测得的声压级噪声值，单位为分贝(dB)；

N ——测点数。

被测加湿器的声功率级的平均值按照式(C.2)计算：

$$L_W = L_P + 10\lg\frac{S}{S_0} \qquad \cdots\cdots (C.2)$$

式中：

L_P ——各测点的平均声压级噪声值，单位为分贝(dB)；

L_W——被测加湿器的声功率级噪声值，单位为分贝(dB)；

S ——测量表面面积，单位为平方米(m^2)；

S_0 ——基准面面积，取 $S_0 = 1\ m^2$，单位为平方米(m^2)。

附 录 D
(规范性附录)
软水器性能试验方法

D.1 范围

本方法适用于加湿器配装使用的软水器性能测试。

D.2 基本性能与指标

D.2.1 初始硬度

试验用水的初始硬度为(2.50±0.20)mmol/L(Ca^{2+}/Mg^{2+})。

D.2.2 软化水硬度

软化后水的硬度不大于0.7 mmol/L(Ca^{2+}/Mg^{2+})。

D.2.3 软化水 pH 值

软化后水的 pH 值应在6.5～8.5之间。

D.3 试验条件

D.3.1 试验环境

软水器性能试验环境为:

a) 环境温度:(20±5)℃;

b) 环境相对湿度:30%～70%。

D.3.2 试验仪器

应符合 GB/T 7477 的相关要求。

D.3.3 试验水样制备

试验用水样选用纯净水,处理至标准试验水样硬度。

按 GB/T 5750.4 的要求测试其初始硬度,应为(2.50±0.20)mmol/L(Ca^{2+}/Mg^{2+})。

D.4 试验方法

D.4.1 软化水硬度试验

选取符合 D.2.1 规定的水样,用软水器将水样进行软化,按 GB/T 5750.4 的要求测试软化后的水样硬度。

D.4.2 软化水 pH 值试验

测定经 D.4.1 试验软化后的水样 pH 值。

D.4.3 软化水量试验

D.4.3.1 用软水器对试验用水进行软化试验。

试验过程中每软化10 L水，等间隔取出3组水样，每次取水样量为25 mL，按GB/T 5750.4的要求测试三组水样的硬度，计算其算术平均值。

持续试验，直至3组水样硬度算术平均值不符合D.2.2的要求，记录软化水量。

D.4.3.2 对软水器进行再生，重复D.4.3.1试验。

D.4.3.3 软水器经再生后单次软化水量小于初次使用软化水量的50%时，视为软水器失效，结束试验。

D.4.3.4 经软化处理水的总量即为软水器的软化水量。

附　录　E
（资料性附录）
加湿器除菌试验方法

E.1　范围

本方法适用于声称带有除菌功能的加湿器。

E.2　方法概述

使一定浓度的菌悬液与除菌模块或除菌部件相接触，通过接触前后试验组和对照组含菌量的变化计算除菌率。

E.3　试验菌种和仪器

E.3.1　试验菌种

E.3.1.1　试验菌种的选择

大肠埃希氏菌 *Escherichia coli* AS 1.90
金黄色葡萄球菌 *Staphylococcus aureus* AS 1.89

E.3.1.2　一般要求

试验菌种应满足以下基本要求：

a)　根据使用要求，也可选用产品明示菌种或菌株作为试验用菌，但所有菌种或菌株由国家相应菌种保藏管理中心提供并在报告中标明试验用菌种名称及分类号；
b)　试验室要依据国家相关规定安全使用试验微生物，并且尽量选择非致病或低致病微生物；
c)　培养菌种使用的各种培养基组分，要符合菌种保藏管理中心的要求；
d)　所有涉及微生物操作的器皿和材料都要提前进行灭菌，首选湿热灭菌(121 ℃，20 min)。

E.3.1.3　培养条件

E.3.1.3.1　菌种培养条件

如果菌种提供机构有特殊要求，应以其要求为准。没有特殊要求的，试验菌种的一般性培养条件应符合 GB 21551.2—2010 中 A.5.2 和 A.5.3 的要求。

本附录的试验条件都是以大肠埃希氏菌和金黄色葡萄球菌为例，如果是其他试验菌种，相应的试验条件要随之改变。

E.3.1.3.2　磷酸盐缓冲液

磷酸氢二钠(无水)(Na_2HPO_4)	2.83 g
磷酸二氢钾(KH_2PO_4)	1.36 g
非离子表面活性剂吐温-80	1.0 g
蒸馏水	1 000 mL

高压蒸汽灭菌 121 ℃,20 min。

E.3.1.4 试验菌种的活化和菌液的制备

将标准试验菌株接种于斜面固体培养基上,在(37±1)℃ 条件下培养(24±1)h 后,在 5 ℃～10 ℃ 下保藏(不得超过 1 个月),作为斜面保藏菌。

将斜面保藏菌转接到平板固体培养基上,在(37±1)℃ 条件下培养(24±1)h,每天转接 1 次,不超过 2 周。试验时应采用 3 代～14 代、24 h 内转接的新鲜细菌培养物。

用接种环从新鲜培养物上刮 1 环～2 环新鲜细菌,加入适量磷酸盐缓冲液中,并依次做 10 倍梯度稀释液,选择菌液浓度为 5.0×10^5 CFU/mL～1.0×10^6 CFU/mL 的稀释液作为试验用菌液,按 GB 4789.2 的方法操作。

E.3.2 仪器

生化培养箱 温控精度±1 ℃

冷藏箱 5 ℃～10 ℃

干燥箱 0 ℃～300 ℃

超净工作台(100 级)或生物安全柜

压力蒸汽灭菌器

平皿、试管、移液枪、接种环、酒精灯等试验室常用器具。

E.4 试验步骤

E.4.1 样机预处理

试验样品需要先在无菌室预运转消耗 5 L 水后再进行如下处理。

试验样品预运转结束后,水槽、水箱用 75%的乙醇溶液冲洗 2 次,再用无菌水或者 PBS 冲洗 3 次,自然晾干或在无菌室内吹干。

E.4.2 除菌

根据除菌模块或者除菌部件的位置,在相应的位置加入 500 mL 菌悬液,在无菌烧杯或者三角瓶中加入同等量的菌悬液,试验样机和对照组在室温下静置 24 h 或开启除菌功能,按照制造商声称的除菌时间运行。

注 1:如果水箱或者水槽容积小于 500 mL,按照水箱或水槽的最大容积 V(单位:mL)添加菌液,静置时间 T(单位:h)按照式(E.1)调整:

$$T=\frac{V}{500}\times24 \qquad \cdots\cdots(\text{E.1})$$

式中:

T ——静置时间,单位为小时(h);

V ——水箱或水槽的最大容积,单位为毫升(mL)。

注 2:取样位置可根据加湿器加湿原理和出雾方式的不同,调整为水槽或出雾口等处取样。

E.4.3 回收

结束后,将试验组和对照组菌液混合均匀,在相应位置处取样,分别进行 10 倍梯度稀释,选取合适的稀释度,倾注平板,(37±1)℃培养 24 h～48 h,计数。

E.5 计算

E.5.1 试验有效性判定

试验结果应满足：经静置或运行后，对照组回收的菌落数应不低于 1×10^4 CFU/mL，否则试验无效。

E.5.2 除菌率按照式(E.2)计算：

$$R=\frac{B-A}{B}\times100\% \qquad \cdots\cdots(E.2)$$

式中：

R ——除菌率；

A ——试验样品平均回收菌数，单位为 CFU/mL；

B ——对照样品平均回收菌数，单位为 CFU/mL。

ICS 27.020
J 96

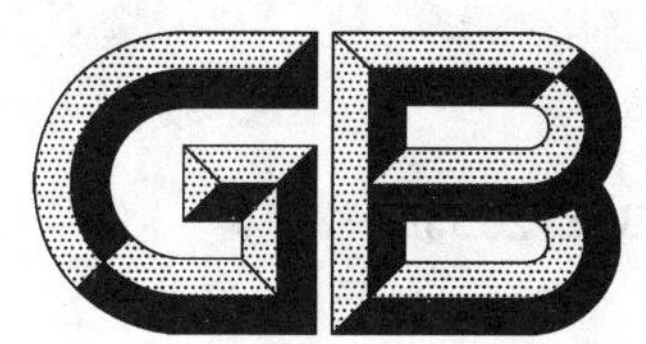

中华人民共和国国家标准

GB/T 23338—2018
代替 GB/T 23338—2009

内燃机　增压空气冷却器　技术条件

Internal combustion engines—Charge air coolers—Specification

2018-02-06 发布　　2018-09-01 实施

中华人民共和国国家质量监督检验检疫总局
中国国家标准化管理委员会　发布

前　言

本标准按照GB/T 1.1—2009给出的规则起草。

本标准代替GB/T 23338—2009《内燃机　增压空气冷却器　技术条件》，与GB/T 23338—2009相比，除编辑性修改外主要技术变化如下：

——删除了准确度、精密度、表压的术语和定义（见2009年版的第3章）；

——删除了符号和缩略语一章（见2009年版的第4章）；

——修改了换热效率中指定条件及技术指标（见4.6，2009年版的5.6）；

——修改了耐振性能技术指标（见4.7，2009年版的5.7）；

——修改了耐压力脉冲性能技术指标（见4.8，2009年版的5.8）；

——修改了耐热冲击性能技术指标（见4.9，2009年版的5.9）；

——增加了耐外部腐蚀性能技术指标和试验方法（见4.11、5.5）；

——增加了耐落锤试验技术指标和试验方法（见4.12、5.6）；

——修改了散热量、阻力及换热效率测量方法（见5.3，2009年版的6.3）。

本标准由中国机械工业联合会提出。

本标准由全国内燃机标准化技术委员会（SAC/TC 177）归口。

本标准起草单位：浙江银轮机械股份有限公司、潍坊恒安散热器集团有限公司、江苏嘉和热系统股份有限公司、上海内燃机研究所、浙江正信车辆检测有限公司、南宁八菱科技股份有限公司、广西玉林达业机械配件有限公司、江苏和平动力机械有限公司、天津格特斯检测设备技术开发有限公司、上海汽车集团股份有限公司商用车技术中心。

本标准主要起草人：夏立峰、吴国荣、李宝民、沈红节、尉武杰、杨经宇、韦世宝、魏纲、蔡志雄、乔亮亮、黄洪波。

本标准所代替标准的历次版本发布情况为：

——GB/T 23338—2009。

内燃机　增压空气冷却器　技术条件

1　范围

本标准规定了内燃机增压空气冷却器的术语和定义、技术要求、试验方法、检验规则、标志、包装、运输和贮存。

本标准适用于汽车、农用机械、工程机械用内燃机增压空气冷却器(以下简称“中冷器”)。其他用途的内燃机增压空气冷却器也可参照使用。

2　规范性引用文件

下列文件对于本文件的应用是必不可少的。凡是注日期的引用文件,仅注日期的版本适用于本文件。凡是不注日期的引用文件,其最新版本(包括所有的修改单)适用于本文件。

GB/T 2423.17　电工电子产品环境试验　第2部分:试验方法　试验Ka:盐雾

GB/T 2828.1　计数抽样检验程序　第1部分:按接收质量限(AQL)检索的逐批检验抽样计划

GB/T 3821　中小功率内燃机　清洁度限值和测定方法

JB/T 10408　内燃机　换热器　可靠性试验方法

JB/T 11798　内燃机　换热器　风洞试验装置

3　术语和定义

JB/T 11798界定的以及下列术语和定义适用于本文件。

3.1

迎风面积　fronted area

冷却介质为空气的中冷器芯子迎风侧的面积。

3.2

换热效率　heat exchange efficiency

中冷器实际换热量与在相同条件下最大可能换热量之比。

3.3

热侧　hot side

中冷器中增压空气的通道。

3.4

冷侧　cold side

中冷器中冷却介质(冷却水或空气)的通道。

3.5

水冷型　water cooling type

中冷器的一种类型,以水为冷却介质。

3.6

空冷型　air cooling type

中冷器的一种类型,以空气为冷却介质。

3.7

标准空气　standard air

温度为 20 ℃,气压为 101.3 kPa 状况下的空气。

4　技术要求

4.1　总则

中冷器应按经规定程序批准的产品图样及技术文件制造,并符合本标准的规定。

4.2　密封性

4.2.1　中冷器热侧应密封,通入不低于 1.5 倍工作压力且不小于 200 kPa 的干燥压缩空气,保压 1 min 不应出现泄漏现象。

4.2.2　水冷型中冷器冷侧应密封,通入不低于 350 kPa 的干燥压缩空气,保压 1 min 不应出现泄漏现象。

4.3　热侧清洁度

中冷器热侧清洁度以从每只中冷器热侧表面清洗下来杂质量 W_c 来表示,其 W_c 应符合式(1)的规定:

$$W_c \leqslant a + bF_h \qquad \cdots\cdots(1)$$

式中:

a ——经验常数,取 10 mg;

b ——经验常数,取 25 mg/m^2;

F_h——热侧传热面积,单位为平方米(m^2)。

4.4　散热量

中冷器的散热量应符合产品图样或供货协议的要求。在进行比较时,应将试验条件下增压空气的实际散热量换算为换算散热量。

4.5　阻力

介质流过中冷器的阻力应符合产品图样或供货协议的要求,其中空冷型中冷器冷侧阻力应按式(2)修正到标准空气状况后进行比较:

$$\Delta p'_a = \frac{P}{101.3} \times \frac{293}{t + 273} \times \Delta p_a \qquad \cdots\cdots(2)$$

式中:

$\Delta p'_a$——标准空气状况冷侧阻力,单位为千帕(kPa);

P ——试验时大气绝对压力,单位为千帕(kPa);

t ——试验时环境温度,单位为摄氏度(℃);

Δp_a——冷侧实测阻力,单位为千帕(kPa)。

4.6　换热效率

4.6.1　空冷型中冷器

空冷型中冷器的换热效率应符合表 1 的规定。

表 1 空冷型中冷器的换热效率

试验介质	参数	柴油机		汽油机(≤200 kW)	
		指定条件	换热效率/%	指定条件	换热效率/%
增压空气	进口温度/℃	室温+150	≥83	室温+125	≥80
	进口压力/kPa	200		150	
	热侧阻力/kPa	10		10	
冷却空气	进口温度/℃	室温		室温	
	标准空气状况冷侧阻力/kPa	0.200		0.300	

4.6.2 水冷型中冷器

水冷型中冷器的换热效率应符合表 2 的要求。

表 2 水冷型中冷器的换热效率

试验介质	参数	柴油机		汽油机(≤200 kW)	
		指定条件	换热效率/%	指定条件	换热效率/%
增压空气	进口温度/℃	180	≥87	150	≥90
	进口压力/kPa	200		150	
	热侧阻力/kPa	10		7	
冷却水	进口温度/℃	60		50	
	冷侧阻力/kPa	30		30	

4.7 耐振性能

中冷器内部充满工作介质，按工作时的安装方式固定在振动试验台上，控制传感器固定在振动试验台工作台面上，振动方向为垂直上下。按表 3 要求在每个频率下各振动 3 h，不准许出现泄漏和零件损坏，试验结束后应满足 4.2 密封性能要求。

表 3 耐振试验条件

参数	柴油机	汽油机(≤200 kW)
频率/Hz	20、30、40、50	30、40、50
加速度	4*g*	2*g*

4.8 耐压力脉冲性能

对中冷器热侧和水冷型中冷器冷侧按表 4 的规定进行压力脉冲试验，不准许出现泄漏和变形现象，试验结束后应满足 4.2 密封性能要求。

表 4　耐压力脉冲性能要求

项　目	热侧		冷侧(水冷型)	
	柴油机	汽油机(≤200 kW)	柴油机	汽油机(≤200 kW)
介　质	空气		水、冷却液、油	
进口介质温度/℃	220	160	90	50
峰值压力/kPa	250	200	300	200
谷值压力/kPa	≤10	≤10	≤5	≤5
频率/Hz	0.2～1		0.5～3	
最小循环次数	10^5	10^5	10^5	10^5

4.9　耐热冲击性能

对中冷器热侧按表 5 的规定进行耐热冲击试验,不准许出现泄漏和变形现象,试验结束后应满足 4.2 密封性能要求。

表 5　耐热冲击性能要求

项目	柴油机	汽油机(≤200 kW)
温差[a]/℃	180±10	150±10
循环频率/(次/h)	10～30	
最少循环次数	3 000	
[a] 最低温度不高于 50 ℃,最高温度不低于 160 ℃。		

4.10　静压强度

对中冷器增压空气芯子内腔施加 500 kPa 静压,保压 5 min,不准许出现泄漏和永久性变形,试验结束后应满足 4.2 密封性能要求。

4.11　耐外部腐蚀性能

中冷器经 200 h 中性盐雾腐蚀后,不准许出现涂层剥落现象,试验结束后应满足 4.2 密封性能要求。

4.12　耐落锤试验

进、出口气室为塑料气室并采用压封工艺的中冷器,经受重量为 1 kg,冲击功为 0.3 J 钢球的锤击,锤击部位不得碎裂、变形等损坏。

4.13　表面质量

中冷器表面不准许有影响产品性能的碰伤、换热片(带)边缘碎裂和倒伏。

5　试验方法

5.1　密封性试验

5.1.1　密封性试验在湿式或干式密封性试验台上进行,当两种方式检查所得结论不一致时,以湿式密封性试验台上检测结果为准。

5.1.2 在湿式密封性试验台上，向沉没在水槽内的中冷器通入按 4.2 规定压力的干燥压缩空气，保压 1 min，同一位置不应出现连续的气泡。

5.1.3 在干式密封性试验台上，向中冷器通入按 4.2 规定压力的干燥压缩空气，保压 1 min，漏气量应小于 6 mL(标准空气状态)。

5.2 热侧清洁度的测定

向中冷器增压空气腔注入占内腔容积 60 %的试验用清洗液后，按照 GB/T 3821 规定的方法进行测定。试验用清洗液应符合 GB/T 3821 的规定。

5.3 散热量、阻力及换热效率测量

5.3.1 试验条件

进行中冷器综合性能试验的试验条件要求如下：

a) 试件为中冷器成品；
b) 试验用水应清洁，不应含有泥沙、铁锈和其他杂物；
c) 试验装置应符合 JB/T 11798 的规定。

5.3.2 试验方法

5.3.2.1 试验前的准备

试验前应按下述要求进行准备：

a) 将中冷器在试验台上装接好后，先检查增压空气管路、水路及试件与风洞连接处，回路应畅通、无泄漏。
b) 试验前开启加热装置、增压空气气源、风机(水泵)，并调节空气流量(水流量)、增压空气流量，待增压空气温度、冷却空气(水)温度达到规定值，且工况稳定后方可进行试验。对于水冷型中冷器，还应排尽水路中的气体。

5.3.2.2 试验规范

进行中冷器综合性能试验的试验规范要求如下：

a) 试验介质：空冷型为增压空气和空气，水冷型为增压空气和冷却液(或清水)；
b) 试验时冷侧空气进气温度为大气温度，且温度波动不应超过 ±2 ℃；
c) 试验介质进口温度、进口压力以及阻力等参数按 4.6 要求进行设定。

5.3.2.3 试验程序

试验程序按 JB/T 11798 的规定进行。

5.3.2.4 试验数据的记录和整理

中冷器综合性能试验按 JB/T 11798 的规定进行试验数据的记录和整理。

5.4 振动试验、压力脉冲试验、热冲击试验、静压强度试验

中冷器的耐振性能、耐压力脉冲性能、耐热冲击性能、静压强度按 JB/T 10408 的规定进行测试。试验介质为液压油、空气或清水，试验结束后按 5.1 进行密封性试验。

5.5 耐外部腐蚀性能

按 GB/T 2423.17 的规定进行，试验周期为 200 h，试验过程中参照附录 A 的格式填写试验记录。试验结束后按 5.1 的规定进行密封性试验。

5.6 耐落锤试验

中冷器置于－30 ℃的低温箱中保温 6 h，取出后 5 min 内，在室温环境下对塑料气室进行落锤冲击试验，标准落锤为钢制球形，直径 63.5 mm，自由落下高度为 0.3 m，冲击功 0.3 J，落锤点在气室体背面无筋位置，落锤后 10 min 内按 5.1 的规定进行密封性试验。

6 检验规则

6.1 检验类别

检验类别分为型式检验和出厂检验。每只中冷器应经检验部门检验合格后方能出厂。

6.2 检验内容

型式检验和出厂检验的检验项目按表 6 的规定，其中散热量应为换算散热量检验结果。

表 6 检验内容

序号	条款	检验项目	型式检验	出厂检验
1	4.1	安装尺寸	√	√
2	4.2	密封性	√	√
3	4.3	热侧清洁度	√	△
4	4.4	散热量	√	—
5	4.5	阻力	√	—
6	4.6	换热效率	√	—
7	4.7	耐振性能	√	—
8	4.8	耐压力脉冲性能	√	—
9	4.9	耐热冲击性能	√	—
10	4.10	静压强度	√	—
11	4.11	耐外部腐蚀性能	√	—
12	4.12	耐落锤性能	√	—
13	4.13	表面质量	√	√
注：“√”指必检项目；“△”指抽检项目；“—”指不适用。				

6.3 抽样检查方案和质量合格水平

需方抽查产品质量时，应按 GB/T 2828.1 的规定抽检，检验项目、组批原则、抽样方案、判定与复验规则按制造厂与客户商定的技术文件的规定。

7 标志、包装、运输和贮存

7.1 标志

7.1.1 中冷器上应有制造厂的标识。

7.1.2 中冷器出厂应带有经质量检验员签章的产品合格证。合格证上应标明：

a) 制造厂名称或商标；

b) 产品名称、型号规格和执行标准号；

c) 制造日期。

7.1.3 包装箱外表面应注明：

a) 制造厂名称、商标和地址；

b) 产品名称、规格和执行标准号；

c) 数量；

d) 质量；

e) 收货单位及地址；

f) 出厂日期。

7.2 包装

7.2.1 每只中冷器进、出气口应有防尘措施，以保持增压空气腔清洁。

7.2.2 中冷器的包装方式应保证产品在运输和贮存中不受损坏。

7.3 运输

在运输过程中，要防磕碰、防雨和防潮。

7.4 贮存

中冷器应存放在通风和干燥的仓库内。在正常保管情况下，自出厂之日起，制造厂应保证产品在12个月内不致锈蚀。

7.5 其他

标志、包装、运输和贮存也可由供需双方商定。

附　录　A
（资料性附录）
中性盐雾试验原始记录表

中性盐雾试验原始记录表可参照表 A.1 的格式。

表 A.1　中性盐雾试验原始记录表

项目	周一	周二	周三	周四	周五
箱内温度(35 ℃±2 ℃)					
塔内温度/℃					
塔内气压/Pa					
左前方集雾量(1.0 mL/h～2.0 mL/h)					
左后方集雾量(1.0 mL/h～2.0 mL/h)					
右前方集雾量(1.0 mL/h～2.0 mL/h)					
左后方集雾量(1.0 mL/h～2.0 mL/h)					
pH 值(6.5～7.2)					
25 ℃时试液密度(1.026 g/mL～1.040 g/mL)					
塔内设置集雾器的数量根据塔内水平面大小而增减，但每平方米水平面不得少于两只集雾器。					

ICS 27.020
J 92

中华人民共和国国家标准

GB/T 23339—2018
代替 GB/T 23339—2009

内燃机 曲轴 技术条件

Internal combustion engines—Crankshafts—Specification

2018-02-06 发布 2018-09-01 实施

中华人民共和国国家质量监督检验检疫总局
中国国家标准化管理委员会 发布

前　言

本标准按照 GB/T 1.1—2009 给出的规则起草。

本标准代替 GB/T 23339—2009《内燃机　曲轴　技术条件》。本标准与 GB/T 23339—2009 相比，除编辑性修改外主要技术变化如下：

——修改了规范性引用文件(见第 2 章，2009 年版的第 2 章)；

——修改了锻钢曲轴材料化学成分的要求(见 3.2.1.2，2009 年版的 3.2.1.2.1)；

——增加了“非调质钢 A 类夹杂物级别由供需双方协商确定”(见 3.2.1.3)；

——增加了球铁曲轴材料化学成分、力学性能的要求(见 3.2.2.2、3.2.2.3)；

——修改直线度技术要求为按图样的规定执行(见 3.3.7、3.4.6，2009 年版的 3.3.6、3.4.4)；

——修改了曲轴锻件晶粒度(见 3.3.8.1、3.3.8.3，2009 年版的 3.3.7.1、3.3.7.3)；

——修改了金相组织要求(见 3.4.7.1，2009 年版的 3.4.5.1)；

——修改了曲轴表面强化方式的选择(见 3.5.1.1，2009 年版的 3.5.1)；

——修改了锻钢曲轴轴颈表面淬硬层深度及硬度的要求(见 3.5.1.2.1，2009 年版的 3.5.2.1)；

——修改了轴颈淬火相关要求(见 3.5.1.2.3，2009 年版的 3.5.2.3)；

——增加了圆角滚压的要求(见 3.5.1.5)；

——修改了表面粗糙度的要求(见 3.5.2，2009 年版的 3.6 中的表 2、4.8.2)；

——删除了“6 缸机及其以上的曲轴，允许采用中间辅助支承”(见 2009 年版的 3.7.5)；

——增加了扭转疲劳强度要求及试验方法(见 3.5.8、4.15)；

——修改了耐久试验的要求(见 3.5.9，2009 年版的 3.12)；

——修改了取样部位的要求(见 4.4.1，2009 年版的 4.4.1)；

——修改了淬硬层检验方法(见 4.5.2.2，2009 年版的 4.5.2.2)；

——删除了“箱子总质量不得超过 50 kg(单件包装时，不受此限)”的要求(见 2009 年版的 6.2)。

本标准由中国机械工业联合会提出。

本标准由全国内燃机标准化技术委员会(SAC/TC 177)归口。

本标准起草单位：天润曲轴股份有限公司、上海内燃机研究所、广西玉柴机器股份有限公司、昆明云内动力股份有限公司、上海汽车集团股份有限公司商用车技术中心。

本标准主要起草人：丛建臣、孙军、孟红霞、邓斌、杨振东、李俊强、沈红节、尤晓阳、乔亮亮、谢正良、徐孝军、郭华、陈云清。

本标准所代替标准的历次版本发布情况为：

——GB/T 23339—2009。

内燃机　曲轴　技术条件

1　范围

本标准规定了内燃机曲轴的技术要求、检验方法、检验规则及标志、包装、运输和贮存。

本标准适用于气缸直径不大于200 mm的往复式内燃机曲轴(以下简称"曲轴")。

2　规范性引用文件

下列文件对于本文件的应用是必不可少的。凡是注日期的引用文件,仅注日期的版本适用于本文件。凡是不注日期的引用文件,其最新版本(包括所有的修改单)适用于本文件。

GB/T 223(所有部分)　钢铁及合金化学分析方法

GB/T 225　钢　淬透性的末端淬火试验方法(Jominy试验)

GB/T 228.1　金属材料　拉伸试验　第1部分:室温试验方法

GB/T 229　金属材料　夏比摆锤冲击试验方法

GB/T 230.1　金属材料　洛氏硬度试验　第1部分:试验方法(A、B、C、D、E、F、G、H、K、N、T标尺)

GB/T 231.1　金属材料　布氏硬度试验　第1部分:试验方法

GB/T 699—2015　优质碳素结构钢

GB/T 1147.2　中小功率内燃机　第2部分:试验方法

GB/T 1184—1996　形状和位置公差　未注公差值

GB/T 1348—2009　球墨铸铁件

GB/T 1800.1—2009　产品几何技术规范(GPS)　极限与配合　第1部分:公差、偏差和配合的基础

GB/T 1958　产品几何量技术规范(GPS)　形状和位置公差　检测规定

GB/T 2828.1　计数抽样检验程序　第1部分:按接收质量限(AQL)检索的逐批检验抽样计划

GB/T 3077—2015　合金结构钢

GB/T 3821　中小功率内燃机　清洁度限值和测定方法

GB/T 4340.1　金属材料　维氏硬度试验　第1部分:试验方法

GB/T 5617　钢的感应淬火或火焰淬火后有效硬化层深度的测定

GB/T 6394—2002　金属平均晶粒度测定方法

GB/T 9441—2009　球墨铸铁金相检验

GB/T 10561—2005　钢中非金属夹杂物含量的测定　标准评级图显微检验法

GB/T 11354—2005　钢铁零件　渗氮层深度测定和金相组织检验

GB/T 13299—1991　钢的显微组织评定方法

GB/T 13320—2007　钢质模锻件　金相组织评级图及评定方法

GB/T 15712—2016　非调质机械结构钢

GB/T 19055　汽车发动机可靠性试验方法

JB/T 6729　内燃机　曲轴、凸轮轴磁粉探伤

JB/T 9204—2008　钢件感应淬火金相检验

JB/T 9205—2008　珠光体球墨铸铁零件感应淬火金相检验

JB/T 12662　内燃机曲轴扭转疲劳试验方法

QC/T 637　汽车发动机曲轴弯曲疲劳强度试验方法

3　技术要求

3.1　总则

曲轴应按经规定程序批准的产品图样及技术文件制造。

3.2　曲轴材料

3.2.1　锻钢曲轴材料

3.2.1.1　推荐材料牌号

锻钢曲轴推荐按如下材料牌号制造：

a） 按 GB/T 15712—2016 中规定的 F38MnVS、F40MnVS 非调质钢或其他类似用途的非调质钢。

b） 按 GB/T 699—2015 中规定的 45 号优质碳素结构钢或按 GB/T 3077—2015 中规定的 42CrMo、45Mn2、35CrMo、40Cr、40MnB 合金钢制造，也可采用力学性能不低于上述牌号的其他钢材制造。

3.2.1.2　化学成分

曲轴材料的化学成分在满足力学性能要求前提下由各制造厂自行确定，并由需方进行确认。

当需方对曲轴材料的化学成分有特殊要求时，由供需双方协商确定。

3.2.1.3　非金属夹杂物

钢的非金属夹杂物含量的标准纯度，A、B 类每项不大于 GB/T 10561—2005 中 2.5 级（非调质钢 A 类夹杂物级别由供需双方协商确定），C、D 类每项不大于 GB/T 10561—2005 中 1 级。

3.2.1.4　淬透性

钢淬透性曲线应在制造厂规定的淬透性曲线范围内。

3.2.2　球墨铸铁（以下简称“球铁”）曲轴材料

3.2.2.1　牌号

球铁曲轴的材料牌号应按 GB/T 1348—2009 的规定，一般采用不低于 QT 700-2 的球铁制造，内燃机标定转速低于 1 500 r/min 的球铁曲轴可以采用不低于 QT 600-3 的球铁制造。也可按供需双方协议规定的材料牌号制造。

3.2.2.2　化学成分

球铁曲轴化学成分的选取应保证曲轴材料满足产品性能指标，可由供方自行确定，并由需方进行确认。球铁曲轴化学成分不作为验收依据。

当需方对球铁曲轴的化学成分有特殊要求时，由供需双方协商确定。

3.2.2.3　力学性能

球铁曲轴材料力学性能按产品图样规定执行（通常指非本体试棒性能）。本体取样时其抗拉强度应至少达到牌号性能的95%、伸长率应至少达到牌号性能的90%。

3.3 曲轴锻件

3.3.1 锻件标识

锻件上应按产品图样规定的部位清晰地标注产品标识,保证产品的可追溯性,如制造商代码、炉号等。

3.3.2 形状、尺寸偏差及加工余量

锻件的形状、尺寸偏差及加工余量,按图样(产品图和毛坯图)规定验收。

3.3.3 锻造比

曲轴锻件的锻造比法兰部分应不小于1.5,其余部分应不小于2。钢锭锻造比不小于7。

3.3.4 表面质量

锻件非加工表面上的凹坑、麻点、碰伤等缺陷深度应不大于厚度公差的1/3。非加工表面上的折叠、裂纹等缺陷允许打磨消除,打磨表面应圆滑过渡,其打磨宽度不小于打磨深度的6倍,打磨长度应在两端超出长度3 mm以上,打磨深度不大于厚度公差的1/3。加工表面缺陷不得超过实际加工余量的1/2。不准许用压整和焊补的方法消除曲轴毛坯的缺陷。对有平衡块的锻钢曲轴,允许在平衡块顶部的非填满部分进行焊补,焊补强度不应低于曲轴平衡块其他处的强度,补焊后应进行去除内应力的热处理和探伤。

锻件不准许有过烧现象,表面总脱碳层深度不准许超过0.7 mm。

3.3.5 锻后冷却与热处理

锻件允许调质处理或正火处理,但只允许重复一次,回火次数不限。采用非调质钢的曲轴锻件可以采用正火或控制冷却处理。

锻件在热处理后,应做喷丸或喷砂等处理。

3.3.6 硬度及硬度差

3.3.6.1 硬度

经正火处理的曲轴锻件,正火处理硬度为163 HBW～277 HBW;经调质处理的曲轴锻件,调质硬度为207 HBW～320 HBW;非调质钢锻件控冷后,在图样规定位置的硬度在207 HBW～277 HBW之间。

3.3.6.2 硬度差

同一根曲轴的硬度差不大于50 HBW。

3.3.7 直线度

直线度应符合产品图样的规定。

3.3.8 金相组织

3.3.8.1 经正火处理的曲轴锻件,正火后金相组织应符合下列要求:

a) 晶粒度应不低于GB/T 6394—2002中规定的5级,晶粒不均匀度级差不大于3级;

b） 不准许有 GB/T 13299—1991 中规定的魏氏组织。

3.3.8.2 经调质处理的曲轴锻件，调质后基体的金相显微组织为索氏体（其深度由材质的化学成分、工件直径等而定），并符合 GB/T 13320—2007 中的 1～4 级。

3.3.8.3 非调质钢锻件控冷后的金相组织应符合下列要求：

a） 不低于 GB/T 6394—2002 中所规定的 2 级晶粒度；

b） 金相组织应为珠光体＋铁素体，不准许有 GB/T 13299—1991 中规定的魏氏组织。

3.4 球铁曲轴铸件

3.4.1 铸件标识

球铁曲轴铸件上应按产品图样规定的部位清晰地铸上产品标识，保证产品的可追溯性，如制造商代码、商标、产品生产日期、编号、炉号等。

3.4.2 形状、尺寸偏差及加工余量

球铁曲轴铸件的形状、尺寸偏差及加工余量，应符合图样（产品图和毛坯图）的规定。

3.4.3 热处理

铸件允许正火处理或等温淬火处理。铸件在热处理后，应经喷丸或喷砂处理。

3.4.4 硬度及硬度差

经正火处理的曲轴铸件，正火处理硬度为 220 HBW～320 HBW，同一根曲轴的硬度差不大于 50 HBW；经等温淬火处理的曲轴铸件，其硬度为 35 HRC～48 HRC，同一根曲轴的硬度差不大于 6 HRC（除图样特别注明外）。

3.4.5 缺陷

球铁曲轴铸件上允许的缺陷要求按图样的规定或供需双方协商确定。

3.4.6 直线度

直线度应符合产品图样的规定。

3.4.7 金相组织

3.4.7.1 铸态或经正火处理的球铁曲轴铸件，其组织应符合 GB/T 9441—2009 中以下要求：

a） 石墨球化级别应为 1～3 级；

b） 石墨球径大小应为 5～8 级；

c） 珠光体含量应不低于珠 75 级；

d） 允许有不大于 2％的碳化物和不大于 1.5％的磷共晶存在，但其总量应不大于 3％。

3.4.7.2 经等温淬火处理的球铁曲轴铸件，等温淬火后的金相组织，在距表面 3 mm 以内的区域内应符合 GB/T 9441—2009 和附录 A 中以下要求：

a） 石墨球化级别应为 1～3 级；

b） 石墨球径大小应为 5～8 级；

c） 允许有不大于 2％的游离渗碳体和不大于 1.5％的磷共晶存在，但其总量不大于 3％；

d） 贝氏体组织的级别应不低于 3 级；

e） 白区数量级别应不低于 2 级；

f) 铁素体数量级别应不低于 1 级；

g) 心部组织允许为索氏体＋屈氏体＋少量铁素体，但不准许有未溶铁素体存在。

3.5 曲轴成品

3.5.1 表面处理

3.5.1.1 表面处理方法的选择

曲轴的表面处理方法、硬化层深度和表面硬度一般按图样和技术文件的规定。为提高曲轴的抗疲劳强度，曲轴可采用淬火、氮化处理及圆角滚压等强化处理方式。

3.5.1.2 曲轴表面的中(高)频淬火

3.5.1.2.1 锻钢曲轴表面淬火后应回火，淬硬层深度不低于 1.0 mm。淬火表面硬度按产品图样规定，一般不低于 45 HRC。同一根曲轴表面硬度差应不大于 6 HRC。硬化层金相显微组织为细针状马氏体，并符合 JB/T 9204—2008 中的 3～7 级。

3.5.1.2.2 球铁曲轴轴颈表面淬火后应回火，其硬化层深度为 1.0 mm～4.5 mm；表面硬度不低于 42 HRC。同一根曲轴上表面硬度差应不大于 6 HRC。硬化层金相显微组织为细针状马氏体，并符合 JB/T 9205—2008 中的 3～6 级。

3.5.1.2.3 淬硬层的分布可分为以下两种情况：

a) 对于轴颈淬火、圆角不淬火的曲轴，轴颈淬硬层在轴颈轴向上不得小于轴颈总长(包括过渡圆角)的 50%，淬硬区两端距轴颈与过渡圆角连接处为 2 mm。

b) 对于轴颈及圆角淬火的曲轴，轴颈及圆角可以同时淬火，圆角淬硬层深度允许较轴颈淬硬层深度适当减小，轴颈凸台淬硬层高度应避开正好在圆角处，应适当低于或高于圆角处位置。

3.5.1.3 曲轴氮化处理

3.5.1.3.1 氮化层深度和表面硬度按表 1 的规定。

表 1 氮化层深度和表面硬度

氮化处理种类	氮化层深度 mm	表面硬度 HV0.1
气体软氮化、液体软氮化	≥0.15	≥420
离子氮化	≥0.10	≥500
氮碳共渗	≥0.15	≥500

3.5.1.3.2 氮化层的脆性、疏松和氮化物形态应符合 GB/T 11354—2005 中的 1～2 级要求。

3.5.1.3.3 氮化处理后，轴颈表面应抛光。

3.5.1.4 表面油孔的处理

3.5.1.4.1 轴颈表面油孔处的淬硬层和软点(未淬硬处)的分布和大小应符合图样的要求。

3.5.1.4.2 曲轴油孔口处，淬火后不准许有裂纹，油孔口应按图样要求加工。

3.5.1.5 圆角滚压强化处理

3.5.1.5.1 圆角滚压一般分为大圆角滚压和沉割槽滚压两种方式。

3.5.1.5.2 滚压后的曲轴圆角(沉割槽)内表面应光滑,有光泽,无挤痕(折叠)、孔隙、裂纹和划痕、碰伤等缺陷存在。

3.5.1.6 其他

采用滚动轴承的曲轴,其表面硬度按产品图样规定。

3.5.2 表面粗糙度

曲轴加工表面粗糙度 Ra、轴颈表面轮廓支承长度率 $Rmr(c)$ 应符合表 2 的规定。对球铁曲轴表面粗糙度进行评价时,因石墨球凹坑导致粗糙度的超差是允许的。

表 2 曲轴加工表面粗糙度及轴颈表面轮廓支承长度率

项目	非氮化曲轴表面 粗糙度 Ra/μm	氮化曲轴表面 粗糙度 Ra/μm	轴颈表面 轮廓支承长度率 $Rmr(c)$%
主轴颈及连杆轴颈	≤0.40	≤0.63	$Rmr(1.2)$≥90%
轴颈过渡圆角	≤0.63	≤1.25	—
止推凸台端面	≤0.63	≤1.25	—
带内圈的滚动轴承的主轴颈	≤1.25	≤1.25	—

3.5.3 尺寸公差和形状位置公差

3.5.3.1 主轴颈和连杆轴颈直径尺寸公差等级应按 GB/T 1800.1—2009 表 1 中不低于 IT6 级制造。氮化曲轴允许较 IT6 放大 0.01 mm。

3.5.3.2 主轴颈和连杆轴颈的圆柱度按 GB/T 1184—1996 表 B2 中不低于 7 级制造。

3.5.3.3 主轴颈与连杆轴颈轴线距离的尺寸公差为 0.10 mm。

3.5.3.4 连杆轴颈轴线对两端主轴颈公共轴线的平行度为 GB/T 1184—1996 表 B3 中不低于 6 级。

3.5.3.5 当曲轴用两端主轴颈支承时,各轴颈及端面对主轴颈公共轴线的圆跳动公差等级应符合表 3 的规定。经氮化处理或大圆角滚压后的曲轴,轴颈圆跳动量在按表 3 所规定的公差等级的基础上,2～5 缸机曲轴允许再增加 0.02 mm,6 缸机及其以上曲轴允许再增加 0.03 mm。

表 3 圆跳动公差等级

序号	项目[a]	公差等级[b]
1	曲轴中间主轴颈	8
2	装主动齿轮轴颈	8
3	装飞轮端的圆柱或圆锥形轴颈	8
4	止推凸台端面	8
5	装飞轮端端面	7
6	装油封轴颈	8
7	装风扇带轮轴颈	9

[a] 组合式曲轴按产品图样要求。

[b] 公差等级按 GB/T 1184—1996 表 B4 的规定。

3.5.3.6 曲轴上装正时齿轮的键槽中心面对第一连杆轴颈轴线和主轴颈轴线组成平面的角度偏差为±30′。

3.5.3.7 曲轴上各连杆轴颈轴线和主轴颈轴线组成的平面对第一连杆轴颈轴线和主轴颈轴线组成的平面的角度偏差为±20′。

3.5.3.8 曲轴连接飞轮一端的端面应平整，其平面度公差为 0.05 mm，表面不得有凸起。

3.5.4 静、动平衡

每根曲轴应做平衡试验。单缸、双缸和转速小于 1 000 r/min 的曲轴允许只做静平衡试验，其余均做动平衡试验。其静、动不平衡量按产品图样规定。

3.5.5 清洁度

应清除曲轴润滑油道内和各部位的金属杂质及其他杂物，确保油道清洁和畅通。曲轴的清洁度应符合整机制造厂的规定。

3.5.6 缺陷磁痕

曲轴经磁粉检测出的缺陷磁痕允许极限值、退磁应符合 JB/T 6729 的规定。

3.5.7 弯曲疲劳强度

曲轴需通过本体弯曲疲劳试验，应达到该曲轴产品图样或技术文件上的弯曲疲劳要求。

3.5.8 扭转疲劳强度

曲轴需通过本体扭转疲劳试验，应达到该曲轴产品图样或技术文件上的扭转疲劳要求。

3.5.9 耐久试验

曲轴经按 GB/T 19055 或 GB/T 1147.2 等相关标准的规定进行耐久试验后，其主轴颈和连杆轴颈的直径磨损量应不大于 0.025 mm。

3.5.10 表面质量

主轴颈和连杆轴颈与曲柄连接的过渡圆角处应圆滑过渡，连接处不应有明显接痕；曲轴的工作表面应光洁，不准许有碰痕、锈蚀、凹陷、振纹和其他肉眼可见的铸、锻造及加工缺陷；曲轴的油封配合面不准许出现螺旋线；精加工的磨削(包括精磨和抛光)表面不准许有磨削烧伤；曲轴的硬化层表面不准许有压痕。

4 检验方法

4.1 化学成分

按 GB/T 223 系列标准方法或供需双方协商的标准方法测定元素的含量。

4.2 非金属夹杂物

钢的非金属夹杂物的标志纯度按 GB/T 10561—2005 进行评级。

4.3 淬透性

钢的淬透性按 GB/T 225 进行测定。

4.4 力学性能

4.4.1 取样部位

在曲轴本体上或与抽检曲轴同一炉次、同一包次的样棒上取样。当在本体上取样时，球铁曲轴推荐在小头端平衡铁上取样，锻钢曲轴推荐在小头端轴颈上取样。供需双方有协议要求的，应按协议要求取样。

4.4.2 检验方法

4.4.2.1 本体布氏硬度按 GB/T 231.1 的规定。

4.4.2.2 拉伸试验按 GB/T 228.1 的规定。

4.4.2.3 冲击试验按 GB/T 229 的规定。

4.5 淬硬层表面硬度、深度及宽度

4.5.1 取样部位

在曲轴本体上取样。

4.5.2 检验方法

4.5.2.1 淬硬层表面硬度

按 GB/T 230.1 的规定。

4.5.2.2 淬硬层深度

可采用下述两种方法之一进行检验，当两种方法测量结果有矛盾时，以硬度法为准：

a) 硬度法：锻钢曲轴按 GB/T 5617 的规定；球铁曲轴按 GB/T 4340.1 的规定，在切开面上，测量从表面到硬度为表面硬度的 80％处的距离作为淬硬层深度。

b) 金相法：经过酸浸的曲轴显微磨片用金相显微镜观察时，调质钢件淬火后在淬硬层深度范围内应包含 20％的索氏体组织；正火态钢件和非调质钢件淬火后在淬硬层深度范围内应包含 50％的马氏体组织；球铁曲轴淬火后的淬硬层深度范围内应包含 35％的珠光体组织。

4.5.2.3 硬化层宽度

可采用下述两种方法之一进行检验，当两种方法测量结果有矛盾时，以硬度法为准：

a) 硬度法：按 GB/T 230.1 的规定，沿样品轴向测量表面硬度，测量至图样要求的硬化区边界的硬度值，然后用游标卡尺测量其尺寸范围即为硬化层宽度。

b) 金相法：在样品切面上用 3％～5％硝酸酒精溶液腐蚀，用金相显微镜观察从表面 100％马氏体测至 50％马氏体＋50％屈氏体为止。

4.6 氮化曲轴的氮化层深度和表面硬度

4.6.1 取样部位

在轴颈中间位置径向或同一热处理、同一炉次的样棒上切取金相试样。两者有矛盾时，以本体试样为准。测定氮化层深度时，将其通过轴线切开，在切开面上进行检测。

4.6.2 检验方法

4.6.2.1 氮化层深度

按 GB/T 11354—2005 的规定，其中球铁曲轴的氮化层深度采用金相法检定。

4.6.2.2 氮化层表面硬度

按 GB/T 4340.1 的规定。

4.7 金相显微组织

4.7.1 取样部位

在曲轴本体上或同一热处理、同一炉次的样棒上切取金相试样。两者有矛盾时，以本体试样为准。

4.7.2 试验方法

按 GB/T 13320—2007、GB/T 11354—2005、JB/T 9204—2008、JB/T 9205—2008 的规定。

4.8 表面粗糙度

4.8.1 主轴颈和连杆轴颈的表面粗糙度用表面粗糙度仪测量，也允许用其他方法测量，以表面粗糙度仪测量为准。

4.8.2 轴颈过渡圆角的表面粗糙度用样板比较测量或其他方法测量。

4.9 尺寸及公差

4.9.1 主轴颈和连杆轴颈直径用精度不低于±0.004 mm 的量具测量。

4.9.2 齿轮键槽中心面、各连杆轴颈轴线和主轴颈轴线组成的平面对第一连杆轴颈轴线和主轴颈轴线组成平面的角度偏差，应在零级平板上用标准V形铁支承，用高度尺、四等量规、杠杆千分表或数字式千分表进行测量。

4.10 几何形状和位置公差

曲轴上各加工部位的几何形状和位置公差按 GB/T 1958 进行检验。

4.11 表面质量检查

曲轴的表面质量采用目测，对于有争议的，应采用仪器检测确定。

4.12 静、动平衡

曲轴的动平衡用动平衡机测量，静平衡用专用装置测量。

4.13 清洁度

曲轴清洁度按照 GB/T 3821 进行检验。

4.14 缺陷磁痕

缺陷磁痕按 JB/T 6729 的规定进行检测。

4.15 弯曲疲劳试验

按 QC/T 637 或产品图样和有关技术文件规定进行。

4.16 扭转疲劳试验

按 JB/T 12662 或产品图样和有关技术文件规定进行。

5 检验规则

5.1 每根曲轴应经检验部门检验合格后方能出厂。

5.2 需方抽查产品质量时，应按 GB/T 2828.1 的规定抽检，检验项目、组批原则、抽样方案、判定与复验规则按制造厂与需方商定的技术文件。

6 标志、包装、运输和贮存

6.1 标志

6.1.1 经检验合格的曲轴均应标明制造厂厂标或商标。标志的部位、尺寸和方法按产品图样规定。

6.1.2 经检验合格的曲轴，均应附有检验员签章的产品质量合格证。合格证上应注明：

a) 制造厂名称、商标；
b) 零件名称及零件号；
c) 检验日期和检验员签章；
d) 执行标准号。

6.1.3 包装箱外表面应标明：

a) 制造厂名称、商标及地址；
b) 零件名称；
c) 装箱日期、总质量及数量；
d) “小心轻放”“防潮”等字样或标识。

6.2 包装

曲轴在包装前应清洗和油封或做其他防腐处理，保证在正常运输中不致损伤零件。

6.3 运输

在运输过程中，要防磕碰、防雨、防潮。

6.4 贮存

曲轴应存放在通风和干燥的仓库内。在正常保管情况下，自出厂之日起，制造厂应保证曲轴在12个月内不锈蚀。

6.5 其他

标志、包装、运输、贮存也可由供需双方商定。

附 录 A
（规范性附录）
球墨铸铁等温淬火金相

A.1 组织形态

球墨铸铁经等温淬火处理得到以贝氏体为主的基体组织。常见的组织形态有：下贝氏体、上贝氏体、下贝氏体＋马氏体、贝氏体＋铁素体，见表 A.1 和图 A.1。

检查的试样用 2%～4%硝酸酒精溶液浸蚀，放大 500 倍观察。

表 A.1 球墨铸铁等温淬火常见基体组织

名称	说　　明	图号
下贝氏体	贝氏体呈针状	A.1a)
上贝氏体	贝氏体呈羽毛状	A.1b)
下贝氏体＋马氏体	含有下贝氏体与马氏体的混合组织	A.1c)
贝氏体＋铁素体	含有贝氏体与铁素体的混合组织	A.1d)

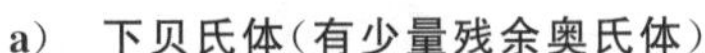

a) 下贝氏体(有少量残余奥氏体)

b) 上贝氏体(有少量残余奥氏体)

图 A.1 组织形态图(500×)

c） 下贝氏体＋马氏体

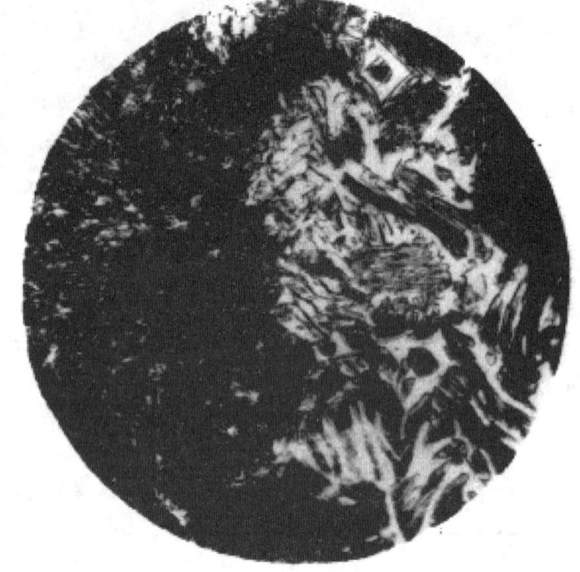

d） 贝氏体＋铁素体

图 A.1（续）

A.2 贝氏体分级

A.2.1 按球墨铸铁等温淬火时等温温度不同，将贝氏体分为上贝氏体和下贝氏体两类级别。

A.2.2 检查的试样用2%～4%硝酸酒精溶液浸蚀，放大500倍观察，以观察五个视场中多数情况为依据。

A.2.3 下贝氏体分级：按下贝氏体的长度分为五级，见表A.2和图A.2。

表 A.2 下贝氏体分级

级别	下贝氏体特征	下贝氏体长度 μm	图号
1级	细小针状	≤10	A.2a)
2级	细针状	＞10～20	A.2b)
3级	中等针状	＞20～30	A.2c)
4级	粗针状	＞30～40	A.2d)
5级	粗大针状	＞40	A.2e)

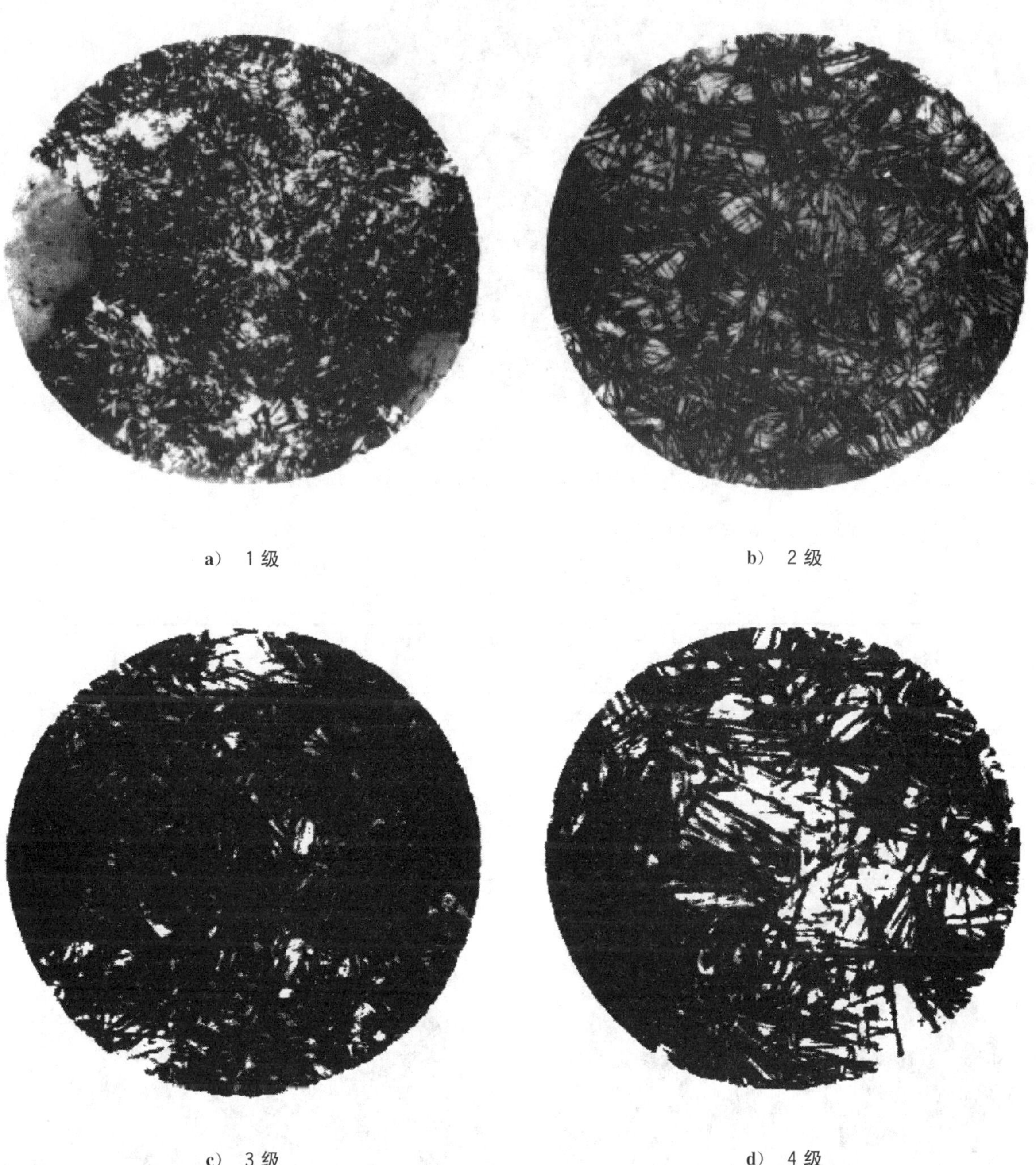

a） 1级

b） 2级

c） 3级

d） 4级

图 A.2 下贝氏体分级图(500×)

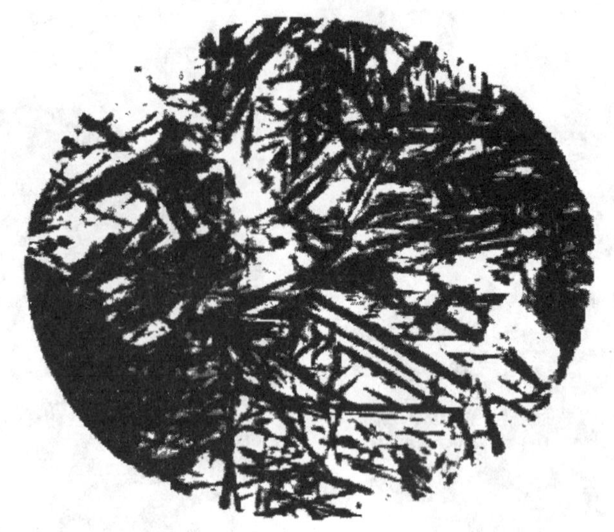

e) 5级

图 A.2(续)

A.2.4 上贝氏体分级:按上贝氏体的长度分为五级,见表 A.3 和图 A.3。

表 A.3 上贝氏体分级

级别	上贝氏体特征	上贝氏体长度 μm	图号
1级	细小羽毛状	≤10	A.3a)
2级	细羽毛状	>10～20	A.3b)
3级	中等羽毛状	>20～30	A.3c)
4级	粗羽毛状	>30～40	A.3d)
5级	粗大羽毛状	>40	A.3e)

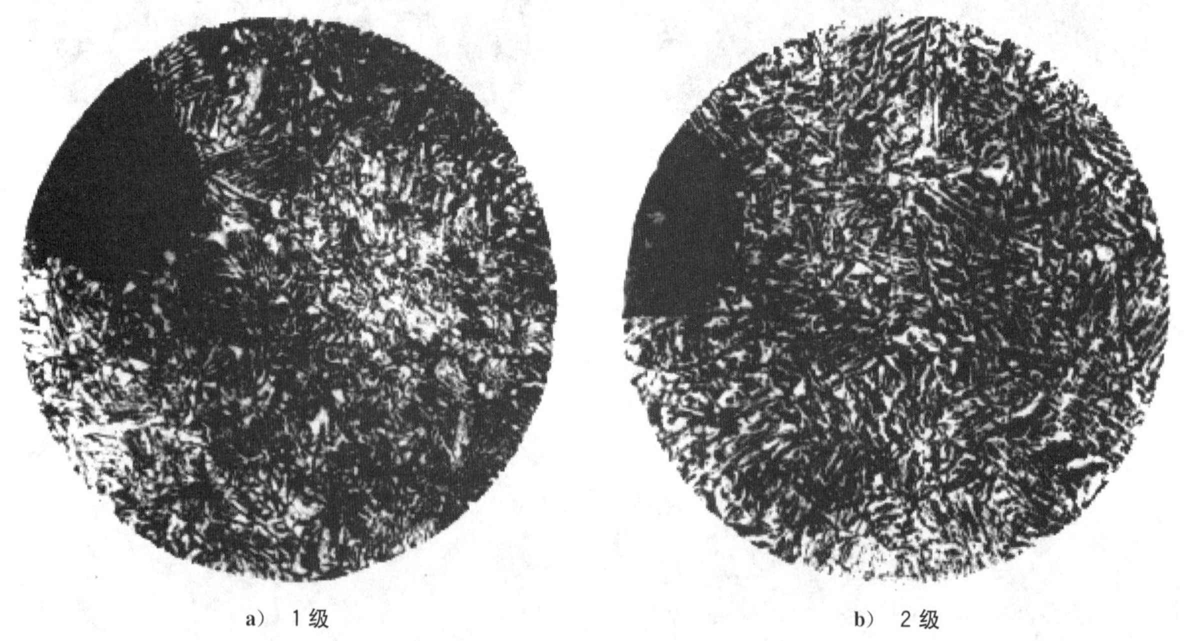

a) 1级　　b) 2级

图 A.3 上贝氏体分级图(500×)

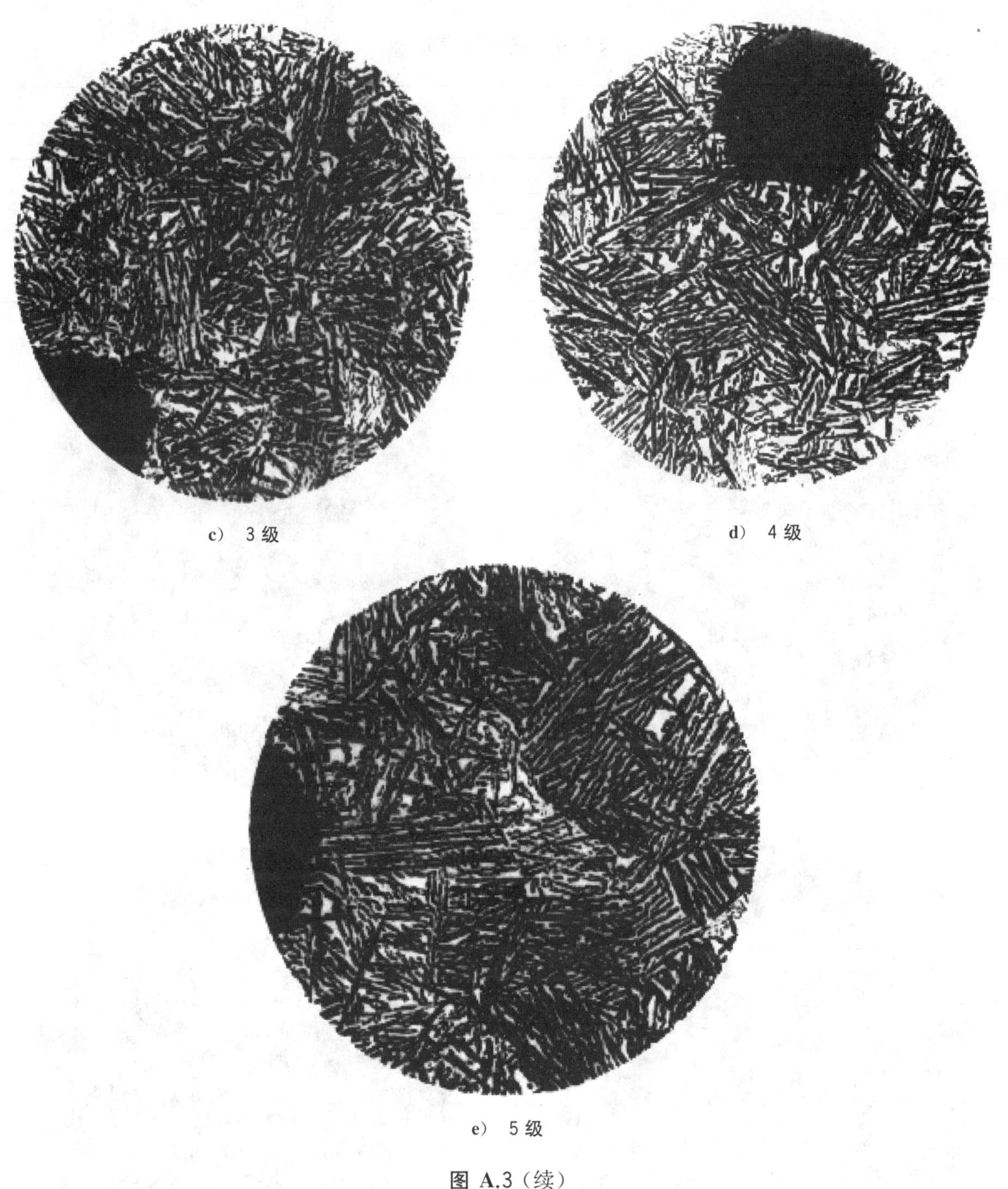

c） 3级

d） 4级

e） 5级

图 A.3（续）

A.3 白区数量分级

A.3.1 白区指等温淬火后出现的马氏体和残余奥氏体组织。通常它分布在球墨铸铁共晶团的边界上。

A.3.2 检查的试样用2%～4%硝酸酒精溶液浸蚀，放大100倍观察，以观察五个视场中的多数情况为依据。

A.3.3 白区数量分为四级，见表A.4和图A.4。

A.3.4 当白区中存在碳化物、磷共晶，应在报告中另行注明。

表 A.4 白区数量分级

级别	白区数量 %	图号
1 级	≤5	A.4a)
2 级	>5～10	A.4b)
3 级	>10～15	A.4c)
4 级	>15	A.4d)

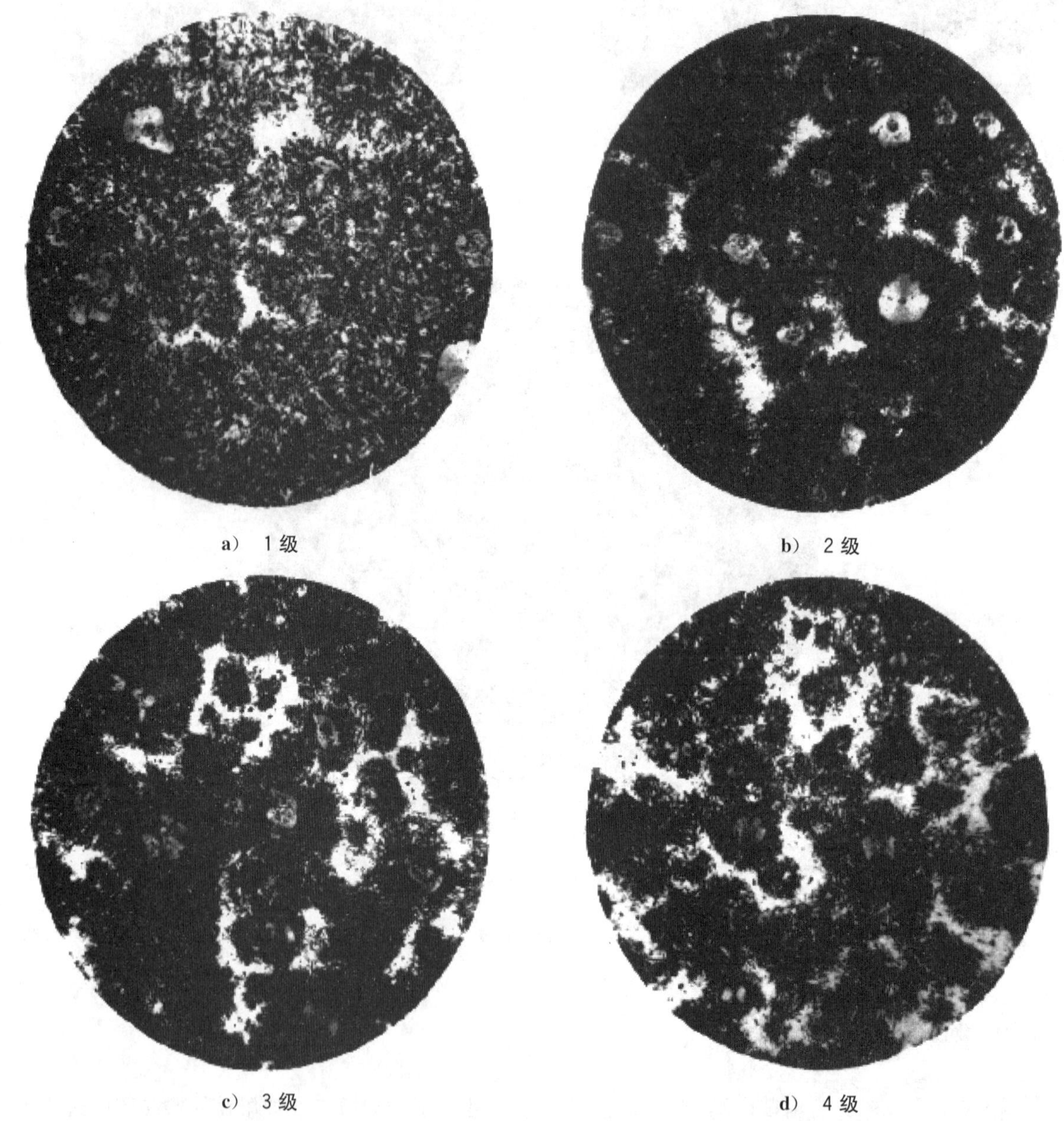

a) 1 级　　b) 2 级

c) 3 级　　d) 4 级

图 A.4 白区数量图(100×)

A.4 铁素体数量分级

A.4.1 当在等温转变组织中存在铁素体,应按其数量评定级别。

A.4.2　检查的试样用2%～4%硝酸酒精溶液浸蚀，放大100倍观察，以观察五个视场中的多数情况为依据。

A.4.3　铁素体数量分三级，见表A.5和图A.5。

表A.5　铁素体数量分级

级别	铁素体数量	图号
1级	≤5	A.5a)
2级	>5～10	A.5b)
3级	>10～15	A.5c)

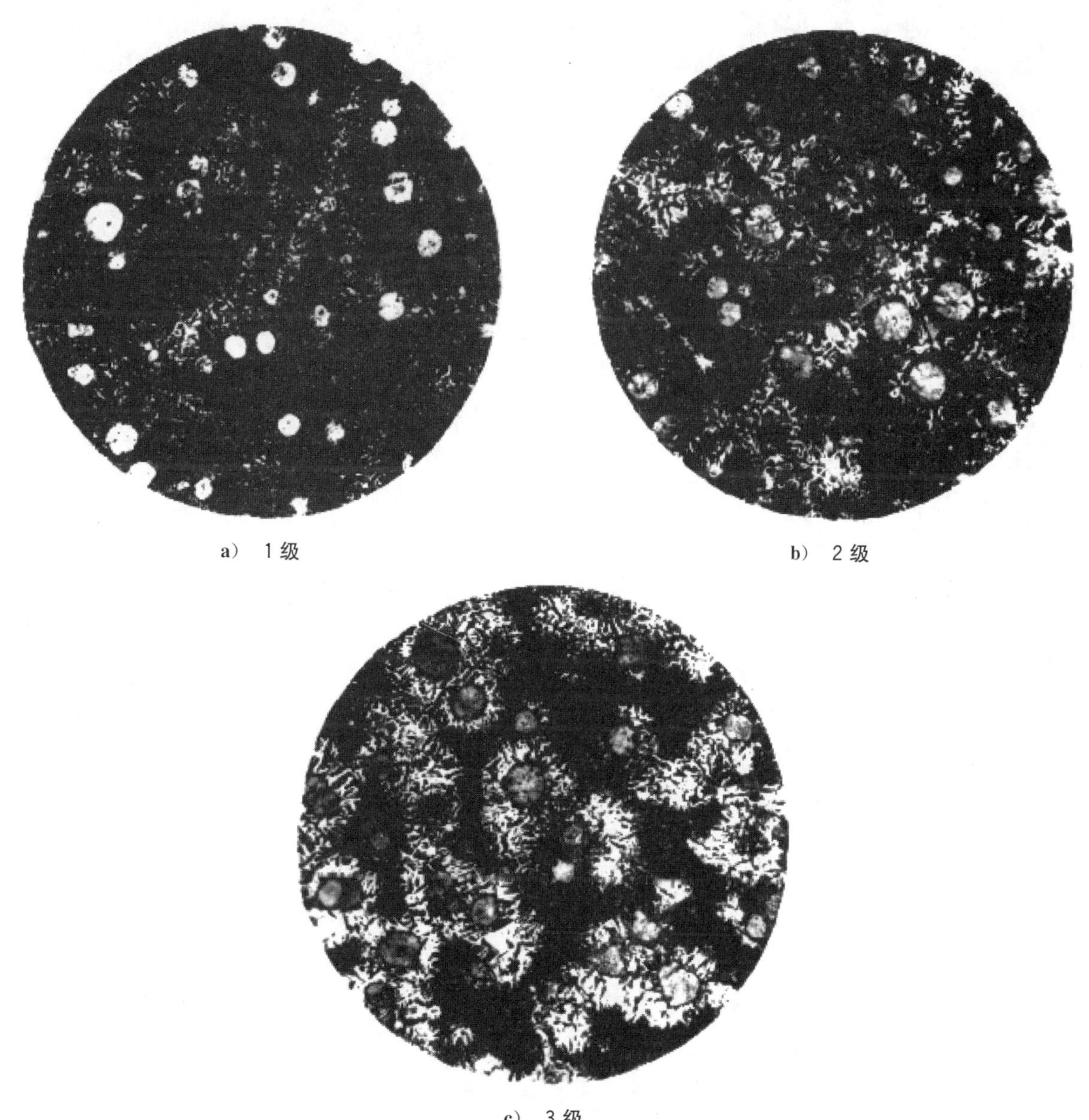

a)　1级

b)　2级

c)　3级

图A.5　铁素体数量图(100×)

ICS 27.020
J 92

中华人民共和国国家标准

GB/T 23340—2018
代替 GB/T 23340—2009

内燃机　连杆　技术条件

Internal combustion engines—Connecting-rods—Specification

2018-02-06 发布　　2018-09-01 实施

中华人民共和国国家质量监督检验检疫总局
中国国家标准化管理委员会　发布

前　言

本标准按照 GB/T 1.1—2009 给出的规则起草。

本标准代替 GB/T 23340—2009《内燃机　连杆　技术条件》。

本标准与 GB/T 23340—2009 相比，主要技术变化如下：

——修改了内燃机锻钢连杆范围描述(见第 1 章，2009 年版的第 1 章)；

——增加了规范性引用文件(见第 2 章)；

——修改了连杆螺栓、衬套等组成部件的描述(见 3.1，2009 年版的 3.1)；

——增加了连杆体和连杆盖采用的材料规定(见 3.2)；

——修改了连杆体和连杆盖的热处理方式以及硬度范围的规定(见 3.3，2009 年版的 3.3)；

——修改了 40Cr 材料的性能要求(见 3.4，2009 年版的 3.4)；

——增加了 50Mn 等材料的性能要求(见 3.4)；

——修改了金属宏观组织的表述形式(见 3.5，2009 年版的 3.5)；

——修改了锻钢连杆金相组织规定(见 3.6.1 和 3.6.2，2009 年版的 3.6)；

——修改了连杆主要部位及加工表面粗糙度的规定(见 3.7，2009 年版的 3.7)；

——修改了连杆表面质量的规定(见 3.10.1，2009 年版的 3.10.1)；

——修改了连杆硬度检测部位的规定(见 4.1.1，2009 年版的 4.1.1)；

——修改了连杆力学性能试样的规定(见 4.2.1.1，2009 年版的 4.2.1.1)；

——增加了表面粗糙度的检测仪器(见 4.5)；

——修改了检测尺寸公差的部位和连杆大小头孔中心距的检测规定(见 4.6.1、4.6.2，2009 年版的 4.6.1、4.6.2)；

——修改了每副连杆的描述(见 5.1，2009 年版的 5.1)；

——修改了助动词的等效表述形式(见 5.2，2009 年版的 5.2)；

——修改了标题的修饰词，删除了配对标识的内容(见 6.1.1，2009 年版的 6.1.1)；

——修改合并了包装盒和包装箱外部应标明的规定(见 6.1.2，2009 年版的 6.1.2、6.1.3)；

——修改了包装箱总质量的规定(见 6.2.5，2009 年版的 6.2.5)；

——修改了产品防锈规定(见 6.4，2009 年版的 6.4)。

本标准由中国机械工业联合会提出。

本标准由全国内燃机标准化技术委员会(SAC/TC 177)归口。

本标准起草单位：云南西仪工业股份有限公司、承德苏垦银河连杆有限公司、上海内燃机研究所、昆明云内动力股份有限公司、天润曲轴股份有限公司、上海汽车集团股份有限公司商用车技术中心。

本标准主要起草人：冀会平、邓伟、朱海清、沈红节、徐孝军、丛建臣、杨建辉、乔亮亮、黄永生、杨振东、孙军、张涛涛、管方楞、陈丽琼、李俊强、郭希华、尤晓阳。

本标准于 2009 年 3 月首次发布，本次为第一次修订。

内燃机　连杆　技术条件

1　范围

本标准规定了内燃机锻钢连杆(包括连杆体、连杆盖、连杆螺栓、连杆螺母和连杆衬套)的技术要求、检验方法、检验规则和标志、包装、运输、贮存。

本标准适用于气缸直径不大于 200 mm 的往复活塞式内燃机锻钢连杆(以下简称“连杆”)。

2　规范性引用文件

下列文件对于本文件的应用是必不可少的。凡是注日期的引用文件,仅注日期的版本适用于本文件。凡是不注日期的引用文件,其最新版本(包括所有的修改单)适用于本文件。

GB/T 228.1—2010　金属材料　拉伸试验　第 1 部分:室温试验方法

GB/T 229　金属材料　夏比摆锤冲击试验方法

GB/T 230.1　金属材料　洛氏硬度试验　第 1 部分:试验方法(A、B、C、D、E、F、G、H、K、N、T 标尺)

GB/T 231.1　金属材料　布氏硬度试验　第 1 部分:试验方法

GB/T 699　优质碳素结构钢

GB/T 1184—1996　形状和位置公差　未注公差值

GB/T 1958　产品几何量技术规范(GPS)　形状和位置公差　检测规定

GB/T 2828.1　计数抽样检验程序　第 1 部分:按接收质量限(AQL)检索的逐批检验抽样计划

GB/T 3077　合金结构钢

GB/T 3821　中小功率内燃机　清洁度限值和测定方法

GB/T 12362—2003　钢质模锻件　公差及机械加工余量

GB/T 13320—2007　钢质模锻件　金相组织评级图及评定方法

JB/T 6721.2　内燃机　连杆　第 2 部分:磁粉探伤

JB/T 7292.1　内燃机衬套　连杆衬套　技术条件

JB/T 7293.2—2010　内燃机　螺栓与螺母　第 2 部分:连杆螺栓　技术条件

JB/T 9764　内燃机　卷制连杆衬套　技术条件

JB/T 10174—2008　钢铁零件强化喷丸的质量检验方法

JB/T 11795—2014　内燃机　胀断连杆　技术条件

JB/T 12661　内燃机连杆疲劳试验方法

3　技术要求

3.1　总则

连杆应按经规定程序批准的产品图样及技术文件制造,并符合本标准的规定。连杆螺栓和连杆螺母应符合 JB/T 7293.2—2010 的规定。小头采用衬套结构的连杆,其所用连杆衬套应符合 JB/T 9764

和 JB/T 7292.1 的规定。如采用胀断钢材锻造的连杆可参见 JB/T 11795—2014 中的规定。

3.2 材料

连杆体和连杆盖应采用 GB/T 699 中规定的 45 钢(精选含碳量为 0.42%～0.47%)、50Mn 或 GB/T 3077 中规定的 40Cr、35CrMo、42CrMo 合金结构钢,也可采用机械性能不低于上述牌号的其他钢材制造。

3.3 硬度

经调质热处理或可控空冷热处理的连杆体或连杆盖的硬度为 230 HBW～320 HBW(或 22 HRC～32 HRC),同一连杆体和连杆盖的硬度差应不大于 35 HBW(或 5 HRC)。当有特殊要求时,硬度不宜高于 350 HBW(或 36 HRC)。

3.4 力学性能

连杆的力学性能应符合表 1 的规定。

表 1

材料牌号	抗拉强度 R_m N/mm²	下屈服强度 R_{eL} N/mm²	断后伸长率 A %	断面收缩率 Z %	冲击韧性 KU_2 J
45	≥750	≥550	≥15	≥40	≥60
50Mn	≥750	≥550	≥15	≥40	≥60
40Cr	≥780	≥600	≥15	≥40	≥60
35CrMo	≥820	≥630	≥15	≥42	≥80
42CrMo	≥830	≥650	≥12	≥44	≥80

3.5 金属宏观组织

连杆体和连杆盖纵剖面的金属宏观组织,采用楔横轧制坯时不准许有折叠、裂纹、分层、夹渣等缺陷(允许纤维方向与连杆中心线或外形有不大于 30°的夹角);采用辊锻制坯时其纤维方向应沿连杆中心线,并与外形相符,不得有紊乱、间断等现象。

3.6 金相组织

3.6.1 采用 GB/T 699 或 GB/T 3077 中规定的钢材制造的连杆,其金相组织应符合 GB/T 13320—2007 中的 1 级～4 级。

3.6.2 采用中碳钢制造的连杆,其脱碳层深度应不大于 0.2 mm;采用高碳钢制造的连杆,其脱碳层深度应不大于 0.3 mm。或按双方商定的产品图样的规定。

3.7 表面粗糙度

连杆各主要加工表面粗糙度 Ra 值应符合表 2 的规定。

表 2

单位为微米

部位		Ra
连杆大头孔		≤0.8
连杆小头孔	带衬套成品孔	≤0.63
	带衬套底孔	≤1.25
	不带衬套成品孔	≤0.8
连杆大头两端面		≤1.6
连杆大头分开面(非胀断结构)		≤1.6
连杆大头分开面(胀断结构)		按 JB/T 11795—2014 中的 4.11 的规定
螺栓孔支承面		≤3.2

3.8 尺寸公差

连杆各主要加工部位尺寸公差的公差等级应不低于表 3 的规定。

表 3

位置	公差等级
连杆衬套孔	IT6
连杆大头孔	IT6
连杆小头孔	IT7
连杆大小头孔中心距	IT8

3.9 形状和位置公差

3.9.1 连杆小头孔及连杆衬套孔轴线对连杆大头孔轴线的平行度按 GB/T 1184—1996 中下列等级制造：

a) 在大、小头孔轴线所决定的平面的垂直方向上的平行度不低于 6 级；

b) 在大、小头孔轴线所决定的平面的平行方向上的平行度不低于 7 级。

3.9.2 连杆下列各加工部位的形状和位置公差按 GB/T 1184—1996 中下列公差等级制造：

a) 连杆衬套孔的圆柱度公差等级不低于 6 级；

b) 连杆大头孔的圆柱度公差等级不低于 6 级；

c) 连杆小头孔的圆柱度公差等级不低于 7 级；

d) 连杆大头两端对连杆大头孔轴线的垂直度公差等级不低于 8 级；

e) 连杆体及连杆盖上螺栓孔支承端面对连杆大头分开面的平行度的公差等级不低于 8 级；

f) 连杆螺栓导孔或螺孔轴线对连杆大头分开面的垂直度的公差等级不低于 9 级。

3.10 表面质量

3.10.1 连杆非加工表面应光洁，不准许有裂纹、折叠、折痕、结疤、氧化皮及缺料等缺陷。杆身部位不准许有切边拉伤，分模面飞边高度应不大于 0.5 mm。允许有总数不多于 2 个，直径不大于 5 mm，深度为厚度尺寸公差的三分之一的凹坑，但位置不得在同一横截面上。连杆表面缺陷允许在尺寸公差范围内修整,经修整的部位应圆滑过渡,打磨宽度不小于深度的6倍,长度应在两端超出缺陷长度3 mm以上,其深度应符合GB/T 12362—2003的要求。

3.10.2 连杆不准许焊补。

3.10.3 连杆毛坯应经喷丸或其他表面强化处理,其喷丸弧高应符合JB/T 10174—2008的要求。

3.11 质量及质量差

连杆质量及整台内燃机上一组连杆的质量差,连杆大、小头质量的分配,应符合产品图样的规定。

3.12 缺陷磁痕

连杆经磁粉检测出的缺陷磁痕允许极限值应符合JB/T 6721.2的规定。

3.13 清洁度

连杆清洁度限值应符合产品图样要求。

3.14 疲劳强度

连杆疲劳强度应符合产品图样或技术协议要求。

4 检验方法

4.1 硬度

4.1.1 检测部位

在连杆杆身部位的检测取样应在杆部中段位置(切取的部位长度应不低于10 mm,并需磨平后检测),如图1中A处所示。在连杆小头加工部位的检测位置,如图1中B处所示。在连杆大头部位处的检测部位,如图1中C处所示。当检测部位B、C因加工后面积较小时,应以检测部位A的检测结果为准。

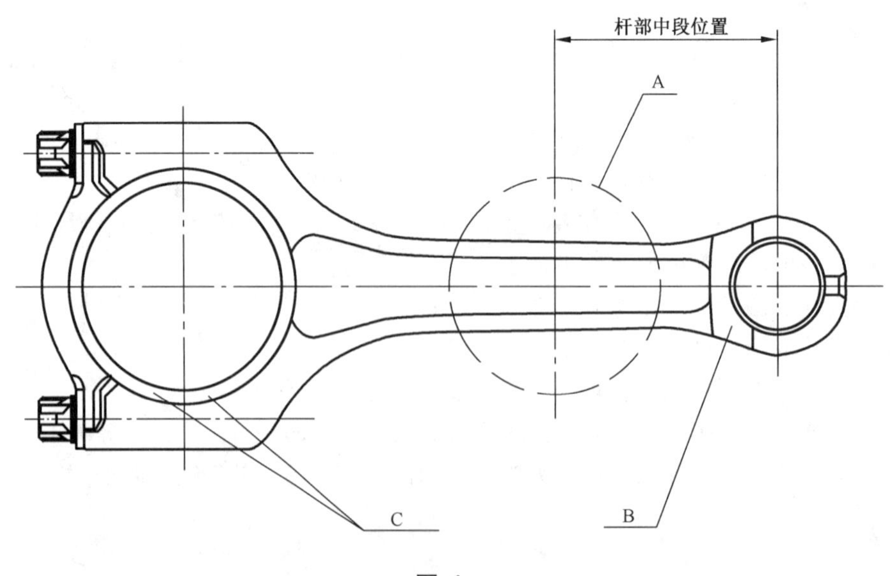

图1

4.1.2 检测方法

洛氏硬度检测按 GB/T 230.1 的规定，布氏硬度检测按 GB/T 231.1 的规定。

4.2 力学性能

4.2.1 抗拉强度、屈服强度、断后伸长率及断面收缩率

4.2.1.1 检测部位

在杆身上切取试样后，按图 2、表 4 尺寸加工成板形试样，或依据 GB/T 228.1—2010 的规定，按图 3、表 5 尺寸加工成圆形试样。在不能按上述尺寸取样时，允许采用非标准试样。

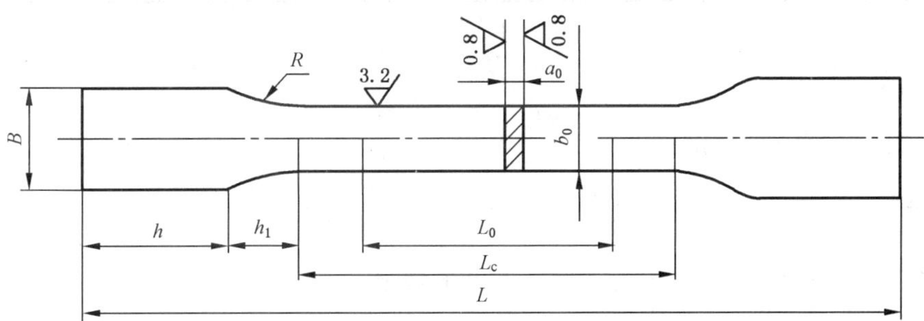

图 2

表 4　　单位为毫米

试样编号	a_0	b_0	B	h	h_1	L_0	L_c	L	R
1	3±0.02	20±0.1	30±0.1	40	12	45	55	159	20
2	3±0.02	20±0.1	28±0.1	30	10	36	46	126	20
3	2±0.02	12±0.1	28±0.1	40	12	68	78	183	20
4	2±0.02	10±0.1	20±0.1	40	12	26	36	140	20

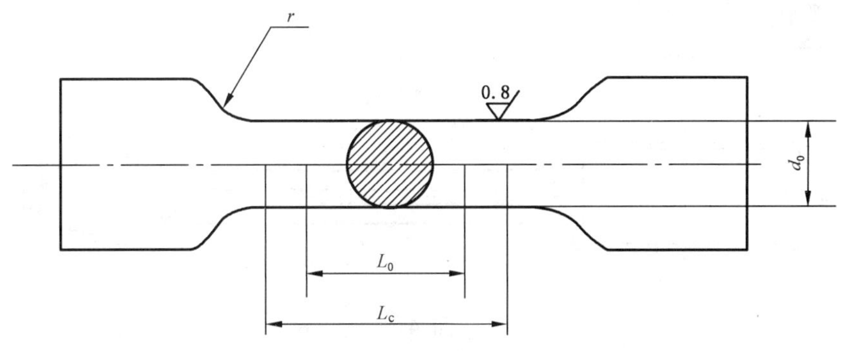

图 3

表 5

单位为毫米

d_0	r	L_0	L_c
20	$\geqslant 0.75d_0$	$5d_0$	$\geqslant L_0+d_0/2$ 仲裁试验:L_0+2d_0
15			
10			
8			
6			
5			
3			

4.2.1.2 检测方法

按 GB/T 228.1—2010 的规定。

4.2.2 冲击韧性

试样在连杆本体上截取,检测方法按 GB/T 229 的规定。

4.3 金相显微组织

4.3.1 检测部位

试样在连杆小头孔和杆身交接处截取,见图 4 中 $A—A$ 截面。

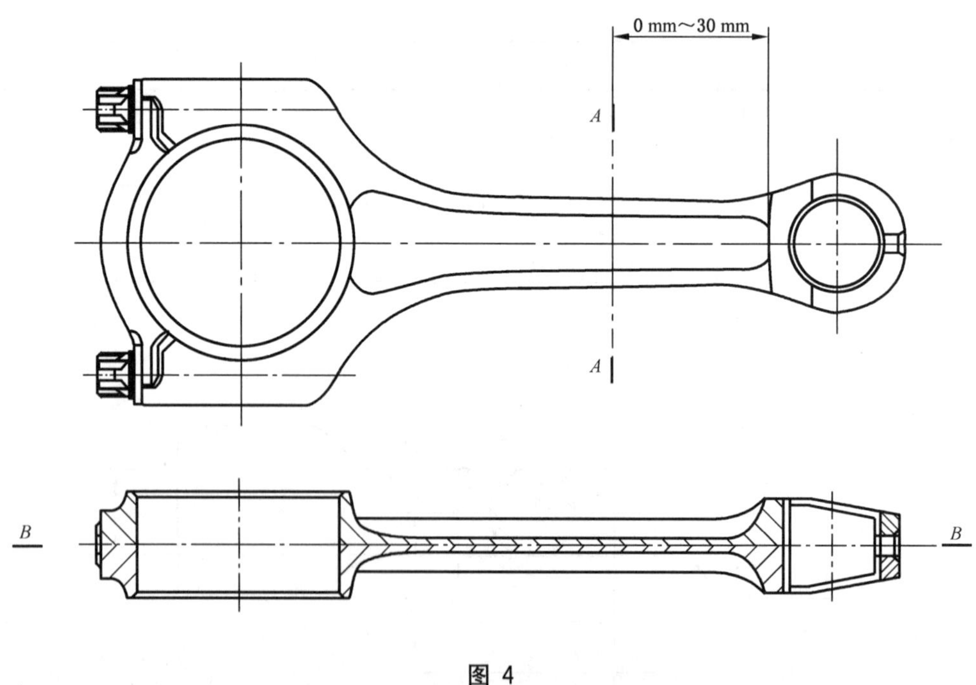

图 4

4.3.2 检测方法

磨取金相试样后,用 500 倍金相显微镜观测级别及脱碳层深度。

4.4 连杆纵剖面的金属宏观组织

4.4.1 检测部位

按图4中B—B截面切割、磨削。

4.4.2 检测方法

在锻造后剖开,用50%盐酸溶液腐蚀后检查。

4.5 表面粗糙度

用表面粗糙度仪或轮廓仪测量,也可用其他方法测量。

4.6 尺寸公差

4.6.1 连杆大、小头孔:用内径千分表或其他测量仪进行测量。

4.6.2 连杆大小头孔中心距:用专用计量检具或其他测量方法测量,有争议时使用三坐标测量仪裁定。

4.7 形状和位置公差

连杆上各加工部位的形状和位置公差按GB/T 1958进行测量。

4.8 表面质量

连杆的表面质量采用目测进行。

4.9 缺陷磁痕

缺陷磁痕按JB/T 6721.2的规定进行检测。

4.10 清洁度

按GB/T 3821进行测定。

4.11 疲劳强度

按JB/T 12661进行测定。

5 检验规则

5.1 连杆应经检验部门检验合格后方能出厂。

5.2 需方抽查产品质量时,宜按照GB/T 2828.1的规定抽检,检验项目、组批原则、抽样方案、判定与复验规则按制造厂与需方商定的技术文件。

6 标志、包装、运输、贮存

6.1 标志

6.1.1 在每支连杆总成上应有(但不限于):

a) 制造厂名称代号或商标;

b) 质量或质量分组记号。

标志的部位,尺寸和方法按产品图样规定。

6.1.2　包装盒或包装箱外部上应标明:

a)　制造厂名称、商标和地址;

b)　产品名称、材料、型号;

c)　数量或毛重;

d)　包装、出厂日期或防锈有效期;

e)　"小心轻放""防潮"等字样或符号。

收货单位地址、产品质量等级或执行标准号视需要标注。

6.2　包装

6.2.1　连杆体应与连杆盖一并包装。

6.2.2　连杆一般采用纸盒、塑料袋或吸塑盘进行包装。

6.2.3　每个连杆应进行防锈处理,并用结实不透水的中性纸或塑料袋包扎好再装入盒内,每只包装盒内应装入同一机型,同一品种的产品。

6.2.4　每只包装盒内应附有经制造厂质量检验员签章的产品合格证。

6.2.5　用包装盒装好的连杆应装入有防水作用的干燥包装箱内,并保证在正常运输过程中不致损伤,箱子总质量不得超过 30 kg,或按供需双方商定执行。

6.3　运输

在运输过程中,要防磕碰、防雨、防潮。

6.4　贮存

连杆应存放在通风和干燥的仓库内。在正常保管情况下,自出厂之日起,制造厂应保证产品在 6 个月内不致锈蚀。

6.5　其他

标志、包装、运输、贮存也可由供需双方商定。

ICS 27.020
J 91

中华人民共和国国家标准

GB/T 23341.1—2018
代替 GB/T 23341.1—2009

涡轮增压器 第1部分：一般技术条件

Turbochargers—Part 1:Genernal requirements

2018-02-06 发布 2018-09-01 实施

中华人民共和国国家质量监督检验检疫总局
中国国家标准化管理委员会 发布

前言

GB/T 23341《涡轮增压器》分为两个部分：

——第1部分：一般技术条件；

——第2部分：试验方法。

本部分为GB/T 23341的第1部分。

本部分按照GB/T 1.1—2009给出的规则起草。

本部分代替GB/T 23341.1—2009《涡轮增压器　第1部分：一般技术条件》，与GB/T 23341.1—2009相比，除编辑性修改外主要技术变化如下：

——修改了规范性引用文件(见第2章，2009年版的第2章)；

——修改了术语和定义(见第3章，2009年版的第3章)；

——修改了技术要求(见第4章，2009年版的第4章)；

——修改了检验项目(见第5章，2009年版的第5章)；

——修改了检验规则(见第6章，2009年版的第5章)。

本部分由中国机械工业联合会提出。

本部分由全国内燃机标准化技术委员会(SAC/TC 177)归口。

本部分起草单位：湖南天雁机械有限责任公司、上海内燃机研究所、昆明云内动力股份有限公司、上海汽车集团股份有限公司商用车技术中心、常州平江电气设备有限公司、宁波威孚天力增压技术股份有限公司、无锡科博增压器有限公司、浙江金峰汽车零部件制造有限公司。

本部分主要起草人：胡辽平、计维斌、夏跃利、刘石源、乔亮亮、刘麟、眭振华、毕金光、沈艳、戴志辉、戴华、陈丽琼、吴涛、王剑。

本部分所代替标准的历次版本发布情况为：

——GB/T 23341.1—2009。

涡轮增压器
第1部分:一般技术条件

1 范围

GB/T 23341.1 的本部分规定了径流和混流式涡轮增压器(以下简称“增压器”)的术语和定义、技术要求、检验项目、检验规则、标志、包装、运输和贮存。

本部分适用于车用、船用、工程机械、农林机械、发电及其他用途的内燃机(包括柴油机、汽油机、天然气发动机等)用增压器。

本部分不适用于轴流式增压器。

2 规范性引用文件

下列文件对于本文件的应用是必不可少的。凡是注日期的引用文件,仅注日期的版本适用于本文件。凡是不注日期的引用文件,其最新版本(包括所有的修改单)适用于本文件。

GB/T 727 涡轮增压器 产品命名和型号编制方法

GB/T 1804—2000 一般公差 未注公差的线性和角度尺寸的公差

GB/T 2828.1 计数抽样检验程序 第1部分:按接收质量限(AQL)检索的逐批检验抽样计划

GB/T 6414 铸件 尺寸公差与机械加工余量

GB/T 25364.1—2010 涡轮增压器密封环 第1部分:技术条件

GB/T 26549—2011 涡轮增压器可变喷嘴环 通用技术条件

JB/T 6002—2007 涡轮增压器 清洁度限值及测定方法

JB/T 9752.3 涡轮增压器 第3部分:转子平衡品质及校验方法

JB/T 11325—2013 内燃机涡轮增压器执行器 技术规范

JB/T 11786—2014 涡轮增压器 压气机叶轮铸件 技术条件

JB/T 11787—2014 涡轮增压器 涡轮铸件 技术条件

JB/T 12335—2015 涡轮增压器 密封性试验方法

3 术语和定义

下列术语和定义适用于本文件。

3.1

基本型增压器 basic turbocharger

按新产品研制开发程序全新研制的并经定型鉴定的母型增压器。

3.2

变型增压器 transformed turbocharger

凡与基本型增压器的结构相同,只在压气机或涡轮机的通流部件或安装联接尺寸等方面有所改变的增压器。

3.3

基准曲线　benchmark curve

基本型增压器及其变型增压器，在产品定型时所确定的性能曲线。

注：包括压气机性能曲线、涡轮性能曲线和润滑油流量曲线。

3.4

增压比　compressor pressure ratio

π_c^*

压气机出口气体总压 p_c^* 与进口气体总压 p_1^* 之比。

$$\pi_c^* = \frac{p_c^*}{p_1^*} \tag{1}$$

3.5

涡轮膨胀比　turbine expansion ratio

π_T

涡轮进口气体总压 p_T^* 与出口气体静压 p_2 之比。

$$\pi_T = \frac{p_T^*}{p_2} \tag{2}$$

3.6

压气机绝热效率　compressor adiabatic efficiency

压气机效率

η_c

气体经压缩到一定的增压比时压气机进出口气体的绝热温升与实际温升之比。其物理意义为，气体经压缩到一定的增压比时绝热压缩功与实际压缩功之比。

$$\eta_c = \frac{T_1^*[(\pi_c^*)^{\frac{K-1}{K}} - 1]}{T_c^* - T_1^*} \tag{3}$$

式中：

T_1^*——压气机进口气体总温，单位为开[尔文](K)；

T_c^*——压气机出口气体总温，单位为开[尔文](K)；

K——空气绝热指数，$K=1.4$。

3.7

标准环境状况　standard ambient conditions

大气压力 p_0：100 kPa(750 mmHg)；

环境温度 T_0：298 K(25 ℃)。

3.8

压气机折合参数　compressor conversion parameter

为了加以比较压气机性能，当试验(实测)环境状况有别于标准环境状况时，其实测压气机流量和转速应按标准环境状况予以折算。

3.8.1

压气机折合流量　compressor conversion flow

折合后的压气机流量，用式(4)计算。

$$压气机折合流量\ G_{cnp} = G_c \frac{p_0}{p_1^*}\sqrt{\frac{T_1^*}{298}} \tag{4}$$

式中：

G_c——压气机实测流量，单位为千克每秒(kg/s)；

p_0——标准状态下的大气压力,单位为帕(Pa)。

3.8.2

压气机折合转速 compressor conversion rotate speed

折合后的压气机转速,用式(5)计算。

$$\text{压气机折合转速 } n_{\text{cnp}} = n\sqrt{\frac{298}{T_1^*}} \quad \cdots\cdots(5)$$

式中:

n——增压器实测转速,单位为转每分(r/min)。

3.9

涡轮相似流量 turbine resemble flow

$G_{\text{T}}\frac{\sqrt{T_{\text{T}}^*}}{p_{\text{T}}^*}$

衡量涡轮端流通能力大小的一个有因次的相似流量参数。涡轮实测流量乘上涡轮进口总温$\sqrt{T_{\text{T}}^*}$与涡轮进口总压 p_{T}^* 之比。

式中:

G_{T} ——涡轮实测流量,单位为千克每秒(kg/s);

T_{T}^* ——涡轮进口气体总温,单位为开[尔文](K);

p_{T}^* ——涡轮进口气体总压,单位为千帕(kPa)。

3.10

涡轮相似转速 turbine resemble rotate speed

$\frac{n}{\sqrt{T_{\text{T}}^*}}$

涡轮的实测转速与涡轮进口总温$\sqrt{T_{\text{T}}^*}$之比。

3.11

涡轮有效效率 turbine efficiency

涡轮效率

η_{T}

涡轮轴实际输出功与绝热膨胀功之比。

$$\eta_{\text{T}} = \frac{L_{\text{T}}}{L_{\text{Tad}}} \quad \cdots\cdots(6)$$

式中:

L_{T} ——涡轮轴输出功,单位为焦每千克(J/kg);

L_{Tad} ——涡轮绝热膨胀功,单位为焦每千克(J/kg)。

$$L_{\text{Tad}} = \frac{K_{\text{T}}}{K_{\text{T}}-1}R_{\text{T}}T_{\text{T}}^*\left[1-\frac{1}{\pi_{\text{T}}^{\left(\frac{K_{\text{T}}-1}{K_{\text{T}}}\right)}}\right] \quad \cdots\cdots(7)$$

如以压气机作测功器时,则:

$$\eta_{\text{T}} = \frac{\frac{K}{K-1}R(T_{\text{c}}^* - T_1^*)G_{\text{c}}}{\frac{K_{\text{T}}}{K_{\text{T}}-1}R_{\text{T}}T_{\text{T}}^*\left[1-\left(\frac{1}{\pi_{\text{T}}}\right)^{\frac{K_{\text{T}}-1}{K_{\text{T}}}}\right]G_{\text{T}}} \quad \cdots\cdots(8)$$

式中:

K_{T}——燃气绝热指数,当涡轮工质主要为燃气时,$K_{\text{T}}=1.34$;当涡轮工质为空气时,$K_{\text{T}}=K=1.4$;

R ——空气气体常数,单位为焦每千克开[J/(kg·K)],R=287 J/(kg·K);

R_T ——燃气气体常数,单位为焦每千克开[J/(kg·K)],当涡轮工质主要为燃气时,R_T=287.4 J/(kg·K)。当涡轮工质为空气时,$R_T=R$=287 J/(kg·K)。

当涡轮试验以自循环方式进行时,$\frac{G_T}{G_c}\approx 1.02$,则:

$$\eta_T = 0.87\frac{T_c^* - T_1^*}{T_T^*\left[1-\left(\frac{1}{\pi_T}\right)^{0.254}\right]} \qquad \cdots\cdots(9)$$

3.12

增压器总效率　total turbocharger efficiency

η_{Tc}

压气机效率与涡轮效率之乘积。

$$\eta_{Tc} = \eta_c \eta_T \qquad \cdots\cdots(10)$$

当试验采用自循环方式进行时,则:

$$\eta_{Tc} = 0.87\frac{T_1^*\left[(\pi_c^*)^{0.286}-1\right]}{T_T^*\left[1-\left(\frac{1}{\pi_T}\right)^{0.254}\right]} \qquad \cdots\cdots(11)$$

3.13

标定参数　design parameter

由增压器设计技术文件规定的各项技术参数,包括增压比 π_c^*、压气机流量 G_{cnp}、压气机效率 η_c、涡轮效率 η_T 或增压器总效率 η_{Tc}、增压器转速 n_{cnp}、涡轮进口温度 T_{Tb}等。

3.14

压气机流量范围　compressor flow range

压气机效率 $\eta_c \geqslant 0.60$ 所包含区域的压气机流量区域范围。

3.15

最高参数　maximum parameter

增压器的技术文件规定允许增压器长期使用的最高工作转速 n_{max}、最高涡轮进口温度 T_{Tmax}。

4　技术要求

4.1　总则

涡轮增压器产品应按经规定程序批准的产品图样及技术文件制造。

4.2　增压器产品配套要求

4.2.1　增压器产品的型号编制应符合 GB/T 727 的规定。

4.2.2　增压器制造商应向用户提供增压器产品主要技术参数和使用要求。

主要技术参数和使用要求如下:

a)　产品型号;

b)　增压器外形安装连接尺寸图样;

c)　增压器净质量;

d)　带有旁通阀或其他调节机构的增压器,应提供执行机构的设置参数及调节方式;

e)　增压器主要性能参数:增压比、压气机流量范围、压气机效率范围、最高工作转速、最高涡轮进口温度、涡轮效率和增压器总效率等;

f) 润滑油牌号,润滑油进口压力范围及油滤要求;

g) 带有冷却水系统的增压器,应提供冷却水安装及使用要求;

h) 带有电子元件的增压器,应提供电子元件的使用要求;

i) 增压器产品使用说明书。

4.3 增压器制造要求

4.3.1 增压器的压气机叶轮毛坯应符合 JB/T 11786—2014 第 3 章的规定。

4.3.2 增压器的涡轮叶轮毛坯应符合 JB/T 11787—2014 第 3 章的规定。在新设计和制造时,涡轮(成品)叶片一阶自振频率和分散度限值:

$$f_{min} > 5n_{max}$$

$$\delta < 8\%$$

$$\delta = \frac{f_{max} - f_{min}}{(f_1 + f_2 + \cdots + f_n)/n} \times 100\% \qquad \cdots\cdots (12)$$

式中:

f_{max} ——涡轮叶片一阶自振频率最大值,单位为赫[兹](Hz);

δ ——涡轮叶片一阶自振频率分散度;

f_{min} ——涡轮叶片一阶自振频率最小值,单位为赫[兹](Hz);

n_{max} ——增压器最高转速,单位为转每秒(r/s);

f_1、f_2、…、f_n ——涡轮第 1 个叶片、第 2 个叶片、…、第 n 个叶片一阶自振频率值,单位为赫[兹](Hz)。

4.3.3 增压器的喷嘴环应符合 GB/T 26549—2011 第 4 章的规定。

4.3.4 增压器的执行器应符合 JB/T 11325—2013 第 3 章的规定。

4.3.5 增压器的密封环应符合 GB/T 25364.1—2010 第 5 章的规定。

4.3.6 增压器的涡轮箱(壳)的流通能力,以样件涡轮壳为基准,允许偏差应符合表 1 的规定。

表 1 涡轮壳流通能力与样件涡轮壳的偏差

压气机叶轮直径/mm	<70	≥70~100	>100
涡轮壳流通能力	±3%	±3%	±2.5%

4.3.7 增压器的涡轮转子、压气机叶轮应作单件动平衡检测,转子总成应作组合平衡检测,平衡品质应达到 JB/T 9752.3 的规定。采用整体动平衡机或壳体振动试验检测时,转子总成可不作组合平衡检测,整体动平衡或壳体振动试验检测要求在涡轮增压器标定转速下许用振动速度值应≤4.5 mm/s。

4.3.8 增压器装配前,零部件应进行清洗。增压器整机清洁度应符合 JB/T 6002—2007 第 3 章的规定。

4.3.9 增压器装配应符合产品图样及技术文件的规定。转子应转动灵活,不准许有异响和卡滞现象。

4.3.10 带有旁通阀或其他调节机构的增压器,执行机构的工作参数应调整到符合技术文件规定范围。

4.3.11 增压器外观应保持清洁,轮廓完整美观,铸件表面无裂纹、夹渣等铸造缺陷。外表面如刷油漆,则要求油漆牢固、光亮,不准许起皮、剥落和漏漆。增压器各油、气、水进出口均需配置有效封口措施。包装应完整、牢固。

4.3.12 增压器外形尺寸和形位公差要求应符合图纸技术文件规定范围。未注机加尺寸公差按 GB/T 1804—2000 中 C 级执行;未标注毛坯面铸造尺寸公差按 GB/T 6414 中铸造尺寸公差 CT 10 执行。

4.4 增压器主要性能要求

4.4.1 增压器压气机性能

在相同压气机折合转速 n_{cnp} 下，压气机效率、增压比和压气机折合流量应符合压气机性能基准曲线，允许偏差范围应符合表 2 的规定。

表 2 增压器压气机性能偏差

压气机叶轮直径/mm	<70	≥70～100	>100
压气机效率	±3.5%	±3%	±2.5%
增压比	±3.5%	±3%	±2.5%
压气机折合流量	±3.5%	±3%	±2.5%

压气机的最高效率应符合表 3 的规定。

表 3 压气机的最高效率

压气机叶轮直径/mm	<70	≥70～100	>100
压气机最高效率	≥0.72	≥0.74	≥0.76

4.4.2 增压器涡轮机性能

在相同涡轮相似转速 $\frac{n}{\sqrt{T_{T}^{*}}}$ 下，涡轮效率、膨胀比和涡轮相似流量应符合涡轮机性能基准曲线，允许偏差范围应符合表 4 的规定。

表 4 增压器涡轮机性能偏差

压气机叶轮直径/mm	<70	≥70～100	>100
涡轮机效率	±3.5%	±3%	±2.5%
膨胀比	±3.5%	±3%	±2.5%
涡轮机相似流量	±3.5%	±3%	±2.5%

涡轮机的最高效率应符合表 5 的规定。

表 5 涡轮机的最高效率

压气机叶轮直径/mm	<70	≥70～100	>100
涡轮机最高效率	≥0.68	≥0.70	≥0.72

4.4.3 增压器自循环性能

增压器在自循环工作状况下，在相同的压气机折合转速 n_{cnp} 下，压气机效率、增压比和压气机折合流量、膨胀比、增压器总效率应符合增压器自循环的基准曲线，允许偏差应符合表 6 的规定。

表 6　增压器自循环性能偏差

压气机叶轮直径/mm	<70	≥70～100	>100
增压比	±3.5%	±3%	±2.5%
压气机流量	±3.5%	±3%	±2.5%
压气机效率	±3.5%	±3%	±2.5%
膨胀比	±3.5%	±3%	±2.5%
增压器总效率	±3.5%	±3%	±2.5%

4.4.4　涡轮增压器噪声

涡轮增压器在压气端不装空滤、涡轮出气端不装消音器，增压器在标定参数下的噪声声压级应符合表 7 的规定。如需方对噪声限值有特殊要求的，按供需双方协商噪声限值执行。

表 7　增压器噪声声压级限值

压气机叶轮直径/mm	<70	≥70～100	>100
噪声(声压级)/dB(A)	≤102	≤108	≤114

4.4.5　增压器润滑油流量特性

涡轮增压器的润滑油流量特性曲线应符合基准曲线，允许偏差在±15%范围内。

4.4.6　增压器的壳体包容性

增压器的壳体包容性包括了压气机壳体包容性和涡轮箱壳体的包容性：

a）压气机壳体包容性：增压器转速运行到标定转速的 1.2 倍，压气机叶轮轮毂在此转速下破裂，散块应被完全包容在压气机壳体内，不准许任何叶轮散块向外飞逸；

b）涡轮箱壳体包容性：增压器转速运行到标定转速的 1.2 倍，涡轮叶轮在此转速下破裂，散块应被完全包容在涡轮箱壳体内，不准许任何涡轮散块向外飞逸。

4.4.7　增压器压气机叶轮、涡轮叶轮超速破坏性能

压气机叶轮、涡轮叶轮进行超速破坏时的转速应达到：

$$n_p \geqslant 1.3 n_b \qquad (13)$$

式中：

n_p——增压器压气叶轮、涡轮叶轮破坏时的转速，单位为转每分(r/min)；

n_b——增压器标定转速，单位为转每分(r/min)。

4.4.8　增压器可靠性

经过 200 h 可靠性耐久热循环试验后拆检增压器，检查增压器可靠性试验前后的性能变化及关键零件的磨损情况：

a）可靠性试验前后对比压气机性能和涡轮性能或自循环性能，允许各项性能偏差在±3%范围以内；

b）涡轮转子应转动灵活，无卡滞现象；

c) 压气机端、涡轮端无漏油现象；

d) 压气机叶轮和涡轮叶片无擦壳、飞裂现象，叶轮叶片无裂纹、变形；

e) 涡轮壳所有外表面无裂纹，内流道隔墙上出现裂纹不准许多于3处，深度≤1 mm，长度不穿透外壁面三分之一壁厚；

f) 浮动轴承、止推轴承、转子轴承颈、密封件等关键零件的磨损量小于设计最大允许磨损量的80%。

4.4.9 增压器密封性

增压器密封性应满足：

a) 静态密封应符合JB/T 12335—2015中3.5的要求；

b) 涡轮增压器在压气机端不装空滤，进气总压 $p_1^* \geq -8$ kPa时，压气端不漏油。

5 检验项目

涡轮增压器按批准的产品图样及技术文件制造，按表8中规定的内容进行检验。

表8 检验项目

序号	检验项目	型式检验	出厂检验	抽查检验
1	外观质量/外型安装尺寸	√	√	√
2	重要零部件： 材料成分/力学性能 重要尺寸/形位公差 表面粗糙度等	√	—	√
3	涡轮(成品)叶片一阶自振频率	√	—	√
4	转子动平衡/整体动平衡/振动质量	√	√	√
5	增压器装配质量	√	√	√
6	增压器清洁度	√	√	√
7	带有旁通阀或其他调节机构参数	√	√	√
8	压气机性能	√	—	√
9	涡轮性能	√	—	√
10	涡轮壳流通能力	√	—	√
11	增压器自循环性能验	√	√	√
12	增压器噪声	√	√	√
13	增压器润滑油流量	√	—	—
14	增压器可靠性	√	—	—
15	增压器壳体包容试验	√	—	—
16	增压器压气机叶轮、涡轮叶轮超速破坏性能	√	—	—
17	密封性	√	√	√

6 检验规则

6.1 出厂检验

6.1.1 为保证产品质量，制造商在出厂前按技术文件规定进行的检验称为出厂检验。

6.1.2 出厂检验的项目按表 8 的规定。

6.1.3 出厂检验的样机按同型号、生产条件和生产时间基本相同的单位产品组成一批。增压器清洁度和外型安装尺寸检验每一批抽取的样机数量为 2 台。其余检验项目每一批按 GB/T 2828.1 正常检验一次抽样方案，一般检验Ⅱ水平，接收质量限 AQL＝0.40，不合格判定数 Ac＝0 的规定，进行抽样检查。不合格项目及分类按制造商技术文件规定。

6.2 型式检验

6.2.1 在投入批量生产之前，制造商对新设计或主要零部件结构或材料作重大改变的增压器进行制造要求、性能测定和可靠性试验的检验称为型式检验。

6.2.2 型式检验的项目按表 8 的规定。

6.2.3 型式检验时，随机抽取样机数量为 2 台按表 8 中 1～13 项及第 17 项进行各项试验，随机抽取样机数量 1 台进行表 8 中第 14 项试验，分别抽取样机 3 台或 3 台以上按表 8 中第 15 项和第 16 项进行试验。

6.3 抽查检验

6.3.1 制造商、客户或质量检测机构在规定的时间(或批量)内，对产品按技术文件规定进行的检验称为抽查检验。

6.3.2 抽查检验的项目按表 8 的规定。

6.3.3 抽查检验的样机数量为 1～2 台。客户抽检时，若制造商与客户达成协议的按双方商定的协议执行。质量检测机构抽检时，按质量检测机构的规定执行。

6.3.4 压气机性能和涡轮特性试验的抽检，批量生产的增压器(相同系列型号)，月产量不小于 1 000 台，每半年进行一次抽检试验，月产量小于 1 000 台时，每一年进行一次抽检试验。性能试验曲线不少于两条等转速线，其中包括产品设计(最高)参数及最高压气机效率在内。检验的样机数量为 1 台。

6.3.5 增压器自循环性能试验、增压器噪声试验、增压器清洁度测定的抽检，批量生产的增压器(相同系列型号)，月产量不小于 1 000 台，每一个月进行一次抽检试验，月产量小于 1 000 台，每 3 个月进行一次抽检试验。检验的样机数量为 2 台。

7 标志、包装、运输和贮存

7.1 标志

7.1.1 产品标志

每台增压器应在明显部位钉有铭牌或刻上产品标记，内容包括：

a) 产品名称；

b) 产品型号；

c) 产品编号、总成号或客户号；

d) 制造商名称、商标。

7.1.2 包装箱标志

包装箱外应标识内容包括：

a) 产品名称、型号、数量、出厂日期、执行标准号；

b) 产品编号、总成号或客户号；

c) 包装箱尺寸：长(mm)×宽(mm)×高(mm)；

d) 总质量，单位为 kg；

e) 制造商名称、地址、电话；

f) 防雨防潮、向上及小心轻放标志。

7.2 包装

7.2.1 增压器的进出油口、进出气口、进出水口，应装有封盖或堵头。

7.2.2 增压器采用内外两层包装。内包装采用塑料薄膜袋，外包装应牢固，能可靠固定增压器，纸箱包装应有可靠的封箱措施。

7.2.3 增压器应随带产品合格证、产品使用说明书、出厂检验单、质保卡等，带有备件或一箱装有多台的还需有装箱清单，一并装入包装箱内。

7.3 运输

增压器允许使用一般交通工具运输。在运输过程中，防止日晒、雨淋、剧烈碰撞，应轻放、轻卸。

7.4 贮存

增压器应贮存在干燥、通风、无腐蚀性物质的清洁仓库内，妥善保管，油封有效期为一年。

ICS 27.020
J 91

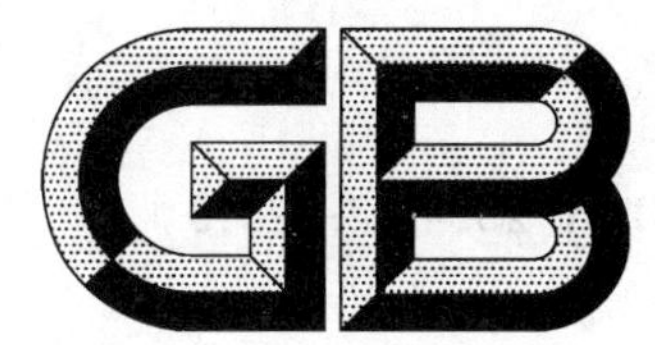

中华人民共和国国家标准

GB/T 23341.2—2018
代替 GB/T 23341.2—2009

涡轮增压器　第2部分:试验方法

Turbochargers—Part 2:Test methods

2018-02-06 发布　　　　2018-09-01 实施

中华人民共和国国家质量监督检验检疫总局
中国国家标准化管理委员会　发布

前　言

GB/T 23341《涡轮增压器》分为两个部分：

——第 1 部分：一般技术条件；

——第 2 部分：试验方法。

本部分为 GB/T 23341 的第 2 部分。

本部分按照 GB/T 1.1—2009 给出的规则起草。

本部分代替 GB/T 23341.2—2009《涡轮增压器　第 2 部分：试验方法》，与 GB/T 23341.2—2009 相比，除编辑性修改外主要技术变化如下：

——修改了规范性引用文件(见第 2 章，2009 年版的第 2 章)；

——修改了试验的一般条件(见第 5 章，2009 年版的第 5 章)；

——修改了试验项目和方法(见第 6 章，见 2009 年版的第 6 章)；

——修改了附录 A、附录 B 和附录 C (见附录 A、附录 B 和附录 C，见 2009 年版的附录 A、附录 B 和附录 C)；

——增加了附录 D(见附录 D)。

本部分由中国机械工业联合会提出。

本部分由全国内燃机标准化技术委员会(SAC/TC 177)归口。

本部分起草单位：湖南天雁机械有限责任公司、上海内燃机研究所、昆明云内动力股份有限公司、无锡科博增压器有限公司、宁波威孚天力增压技术股份有限公司、上海汽车集团股份有限公司商用车技术中心、常州平江电气设备有限公司、浙江金峰汽车零部件制造有限公司。

本部分主要起草人：刘石源、计维斌、吴涛、胡辽平、沈艳、刘麟、毕金光、刘康、戴志辉、乔亮亮、戴华、周夕中、王剑。

本部分所代替标准的历次版本发布情况为：

——GB/T 23341.2—2009。

涡轮增压器　第2部分:试验方法

1　范围

GB/T 23341的本部分规定了径流和混流式涡轮增压器(以下简称"增压器")试验装置的技术要求和台架性能试验的一般方法。

本部分适用于车用、船用、工程机械、农林机械、发电及其他用途的内燃机(包括柴油机、汽油机和天然气发动机等)用增压器。

本部分不适用于轴流式增压器。

2　规范性引用文件

下列文件对于本文件的应用是必不可少的。凡是注日期的引用文件,仅注日期的版本适用于本文件。凡是不注日期的引用文件,其最新版本(包括所有的修改单)适用于本文件。

GB/T 2624(所有部分)　用安装在圆形截面管道中的差压装置测量满管流体流量

GB/T 23341.1—2018　涡轮增压器　第1部分:一般技术条件

JB/T 6002—2007　涡轮增压器　清洁度限值及测定方法

JB/T 9752.3　涡轮增压器　第3部分:转子平衡品质及校验方法

JB/T 12334—2015　涡轮增压器　噪声测试方法

JB/T 12335—2015　涡轮增压器　密封性试验方法

3　术语和定义

GB/T 23341.1界定的以及下列术语和定义适用于本文件。

3.1

热吹试验　hot blast test

将外源压缩空气加热后输入涡轮,利用高温气体的热膨胀作功驱动增压器运转的试验。

3.2

自循环试验　self cycle test

将增压器运转产生的压缩空气加热后输入涡轮,利用高温气体的热膨胀作功驱动增压器运转的试验。

3.3

压气机喘振流量　compressor surge flow

增压器转速恒定,当压气机流量减小到某一值时,压气机出口压力和转速出现剧烈的波动现象,此时对应的流量值。

3.4

压气机阻塞流量　compressor choke flow

增压器转速恒定,随增压比的减小,出现压气机流量不再增加现象,此时对应的流量值。

4 试验装置的技术要求

4.1 试验台管道

4.1.1 试验台管道为圆截面,内壁光滑,不准许有管道截面积突变、急转弯、漏气。管道内气流速度应小于0.3马赫数。与压气机或涡轮机连接的进出口接管的管径应相等。当压气机或涡轮机进出口为非圆截面时,应按面积相等的当量直径确定。所有连接锥管,其锥角应小于12°。

4.1.2 测量管应紧靠压气机或涡轮机进出口,应采用等径直管,长度不小于5倍管径,截面积不小于增压器相应进出口截面积。当涡轮机为双流道进口,涡轮机进气管为叉形管时,其测量点不准布置在叉管上。

4.1.3 加热管道与测量管道应用隔热材料包裹,以减少传热影响。

4.2 转速测量

增压器转速应采用不干扰流动的方法测量。如压气机叶轮锁紧螺母充磁的非接触式电磁传感器管外测速或光电转速测量仪。仪表精度±0.2%满量程。

4.3 压力测量

4.3.1 压气机或涡轮进出口气体的静压测量,采用内壁平直、光滑的圆形截面测量管,管道面积不小于相连接的进出口面积,管长不少于5倍管径,静压测点前平直段长度(顺气流方向)不少于2倍管径。进出口气体的总压除可用总压测针直接测量外,也可由已被测出的静压、总温和流量通过计算求得。仪表精度±0.2%满量程。

4.3.2 润滑油压力测量,仪表精度±2%满量程。

4.3.3 环境大气压力测量,仪表精度±0.2%满量程。

4.4 温度测量

4.4.1 压气机和涡轮进出口温度应采用带有滞止护套的电测温度计在圆形截面测量管内测定。测点应布置在静压测点后(顺气流方向)0.5倍管径的位置,并与测压点相互错开。电测温度计应垂直插入,深度为测量管径的1/3(以滞止护套管孔口位置计算)。当测量管径较小,不能插入温度计本身规定的深度时,允许插入测量管径的1/2位置。

4.4.2 压气机性能测量时仪表精度±0.3%满量程,涡轮性能测量时仪表精度±0.5%满量程。涡轮进出口温度其他测量时仪表精度±1%满量程。

4.4.3 润滑油温度测量,仪表精度±2%满量程。

4.4.4 环境大气温度测量,仪表精度±1%满量程。

4.5 流量测量

压气机流量测量可采用气体质量流量计或标准孔板流量计或端面进气双纽线流量计测量,标准孔板流量计安装在压气机出口管道上,端面进气双纽线流量计安装在压气机进口管道上。涡轮流量测量可采用气体质量流量计或标准孔板流量计测量,流量计安装在燃烧室前面的进气管道上。标准孔板流量计的设计、制造、安装、使用以及流量的计算应符合GB/T 2624的规定,端面进气双纽线流量计或其他型式的流量计应校验后才能使用。仪表精度±0.5%满量程。

5 试验的一般条件

5.1 试验用增压器应符合产品技术文件要求，经检验合格。

5.2 试验用测量仪表应经授权的计量部门检定、校准并附有合格证，且在检定周期有效期内。

5.3 柴油机用增压器至少采用 CD40 或同等级别润滑油；汽油机和天然气用增压器至少采用 SL15W-40 或同等级别润滑油。

5.4 试验时，除有特殊规定外，应按下列参数控制：

a) 润滑油进口油压为 0.25 MPa～0.5 MPa，进口油温为 60 ℃～100 ℃，出口油温≤120 ℃。

b) 压气机进口压力≥−6 kPa。

c) 涡轮出口背压一般≤3 kPa(对于要求高背压机型，按专用技术条件实施)。当允许试验管道有排气抽风时，涡轮出口负压一般≤1 kPa，但全部试验过程环境条件应保持一致，避免由此带来测量误差。在做涡轮性能试验时，不准许采用排气抽风装置，且涡轮出口背压≤600 Pa。

d) 冷却水进口温度为 75 ℃～85 ℃；冷却水进口压力为 0.1 MPa～0.2 MPa。

e) 试验转速偏差应控制在±0.5%转速范围内。

6 试验项目和方法

6.1 压气机性能试验

6.1.1 试验条件

压气机性能试验应在能调节工况和可测量参数的专用台架进行。试验台和试验条件应符合第 4 章和第 5 章的规定。

6.1.2 试验方法

6.1.2.1 试验采用外气源热吹方式，压气机壳不包裹绝热材料。

6.1.2.2 压气机性能试验按标准环境状况等折合转速进行，压气机折合参数按 GB/T 23341.1—2018 中的式(4)、式(5)计算。增压器的等折合转速范围从最高允许转速到低转速，或从低转速到最高允许转速换算成 7 条等折合转速线，等折合转速按增压器叶轮线速度分挡可按照 530 m/s、480 m/s、440 m/s、380 m/s、320 m/s、240 m/s、160 m/s 进行分挡。对于有特殊要求的压气机，允许扩大增压器等折合转速线范围，或允许进行 7 条以上等折合转速线试验。

增压器的线速度按式(1)进行计算：

$$v=\frac{\pi Dn}{60\times 10^{3}} \tag{1}$$

式中：

v ——压气机叶轮线速度，单位为米每秒(m/s)；

D——压气机叶轮出口直径，单位为毫米(mm)；

n ——增压器转速，单位为转每分(r/min)。

6.1.2.3 试验时，每条等折合转速线均从喘振流量到阻塞流量逐点测量，在喘振流量至阻塞流量之间，测点不少于 6 点，均匀分布。当压气机接近喘振区运行时，压气机的出口总压波动范围在 10%以上，此时增压器伴有规律的异响，应缓慢地调整压气机空气流量，把压气机的出口总压波动控制在 2%以内，测出压气机喘振流量点。

6.1.3 试验步骤

按以下试验步骤进行试验：

a) 将检验合格的增压器装在试验台上，并装好各联接管路。

b) 打开润滑油泵预热润滑油，各控制参数达到5.4的要求。

c) 开启外气源进行冷吹5 min，检查各连接部位不得有漏气、漏油等现象，增压器运转不得有异常声响。

d) 调整压气机的进气量使增压器转速上升到点火转速，点火，对增压器进行热吹，并调节风源和燃油或燃气使增压器在标定转速下运转5 min，检查增压器运转是否平衡，是否有漏气、漏油现象，声响是否正常。

e) 调节风源和燃油或燃气，选取一条等折合转速线，找到喘振点和堵塞点后，均匀的把两个区间段的流量分成6个以上的点进行试验。试验时，每个测点取值应在试验控制参数调整到规定值并且稳定3 min(喘振点可缩短时间)，才能进行测量，每点测5次，计算时取平均值。

f) 做完一条等转速线后才进行下一条等转速线试验。

g) 试验完后，关闭燃油或燃气阀门，然后用冷气源吹冷增压器，增压器停止运转后才关闭润滑油泵。

6.1.4 测量参数

试验时，测量下列参数：

a) 压气机进口气体总压；

b) 压气机进口气体总温；

c) 压气机流量或压气机流量计气体压差；

d) 压气机出口气体总压；

e) 压气机出口气体总温；

f) 增压器转速；

g) 润滑油进油温度；

h) 润滑油出油温度；

i) 试验时的大气压力和环境温度。

6.1.5 数据处理

根据试验所测得的参数，按GB/T 23341.1—2018中的相关公式计算出压气机折合流量、压气机效率、增压比，然后以压气机折合流量 G_{cnp}(kg/s)为横坐标，增压比 π_c^* 为纵坐标，选取压气机效率 η_c 大于50%的点，以不同的等折合转速 n_{cnp}(r/min)、等压气机效率 η_c 效率圈绘制出压气机性能曲线；如图1所示，在压气机特性图上标注增压器压气机和压气机叶轮的型号等参数信息。压气机性能试验数据可参照附录A格式记录。

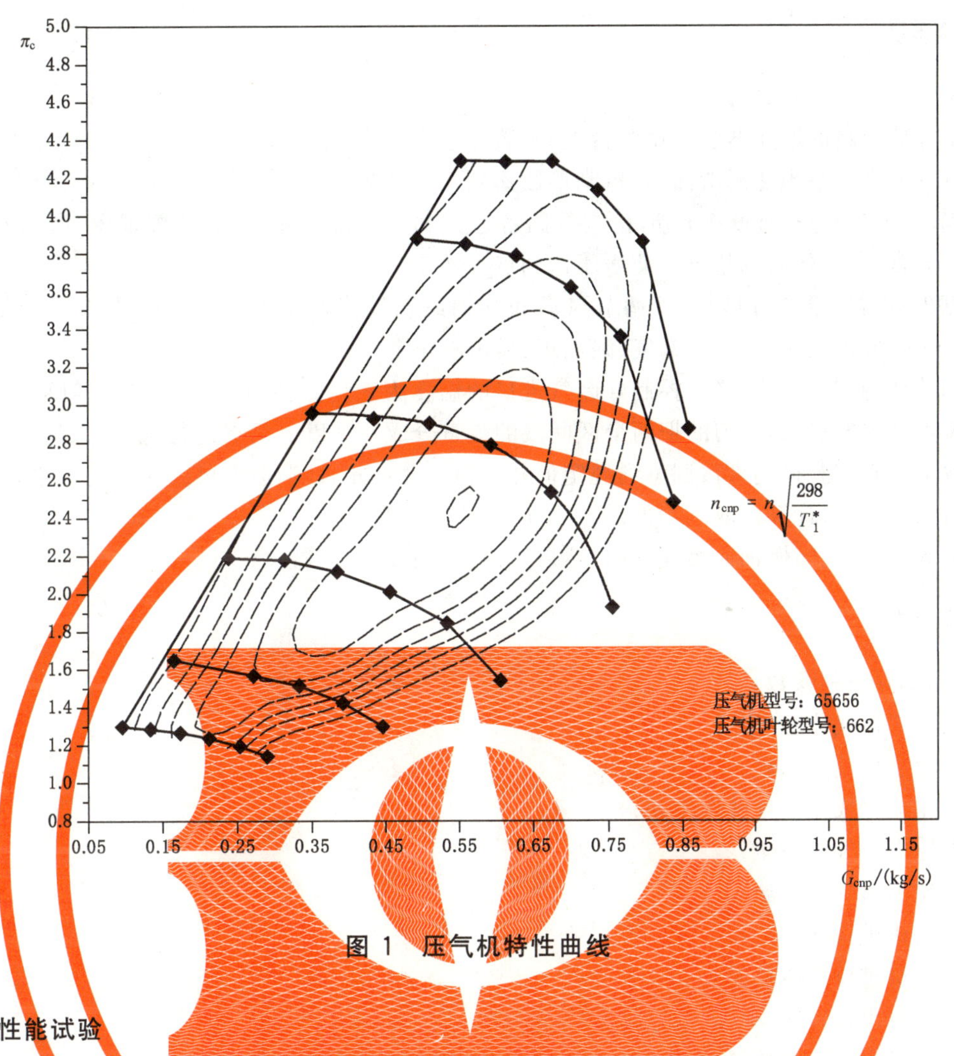

图1 压气机特性曲线

6.2 涡轮性能试验

6.2.1 试验条件

试验应在能调节工况和可测量参数的专用台架进行。试验台和试验条件应符合第4章和第5章的规定。

6.2.2 试验方法

6.2.2.1 涡轮性能试验按在等涡轮相似转速$\frac{n}{\sqrt{T_T^*}}$进行下试验，每种增压器的涡轮相似转速线可以从最高允许转速到低转速，或从低转速到最高允许转速换算成7条等折合转速线，进行分挡。分挡可以按压气机的线速度换算成规定试验温度下的等涡轮相似转速下进行分挡。

6.2.2.2 试验时，每条等涡轮相似转速线均从其最小相似流量点到最大相似流量点逐点测量，其中最小相似流量点与最大相似流量点分别对应为压气机喘振点与阻塞点，在最小相似流量点至最大相似流量点之间，测点不少于6点，均匀分布。

6.2.2.3 涡轮性能试验试验时，如带有放气阀门的增压器，放气阀门处于关闭状态下进行。如涡轮端带有可调喷嘴的增压器，应分别调整喷嘴的位置从最大位置到最小位置，不少于3种开度位置，每种开度位置下分别进行涡轮特性试验。

6.2.2.4 控制废气进口温度恒定为一定值进行涡轮性能试验。柴油机用增压器废气进口温度推荐按600 ℃±20 ℃，天然气和汽油机用增压器废气进口温度可以参照900 ℃±20 ℃。

6.2.3 试验步骤

按以下试验步骤进行试验：

a) 将检验合格的增压器装在试验台上，并装好各联接管路。

b) 打开润滑油泵预热润滑油，各控制参数达到5.4的要求。

c) 起动外气源进行冷吹5 min，检查管路各连接部位不得有漏气、漏油等现象，增压器运转不得有异常声响，随后调整风量使增压器到点火转速。

d) 点火对增压器进行热吹，并调节风源和燃油或燃气使增压器在标定转速和燃气温度下运转5 min，要求运转平衡，无漏气、漏油现象，声响正常。

e) 调节风源和燃油或燃气，控制好废气进口的温度为一恒定值，选取一条等相似转速线，找到喘振点和堵塞点后，均匀的把两个区间段的流量分成6个以上的点进行试验。试验时，每个测点取值应在试验控制参数调整到规定值并且稳定3 min后(喘振点可缩短时间)，才能进行测量，每点测5次，计算时取平均值。

f) 试验完后，关闭燃油或燃气阀门，然后用冷气源吹冷增压器。

6.2.4 测量参数

试验时，测量下列参数：

a) 涡轮进口气体总压；

b) 涡轮进口气体总温；

c) 涡轮流量或流量计气体压差；

d) 涡轮出口气体静压；

e) 涡轮出口气体静温；

f) 压气机进口气体总压；

g) 压气机进口气体总温；

h) 压气机出口气体总压；

i) 压气机出口气体总温；

j) 增压器转速；

k) 润滑油进油温度；

l) 润滑油出油温度；

m) 润滑油流量；

n) 试验时的大气压力和环境温度。

6.2.5 数据处理

根据试验所测得的参数，按GB/T 23341.1—2018中的相关公式计算出涡轮相似流量、涡轮效率、膨胀比；以膨胀比π_T为横坐标，选取涡轮机效率η_T为大于50%的点，分别以涡轮相似流量$G_T\frac{\sqrt{T_T^*}}{p_T^*}$和涡轮效率$\eta_T$为横坐标，绘制不同的等涡轮相似转速$\frac{n}{\sqrt{T_T^*}}$下的涡轮相似流量性能曲线和涡轮效率绘制涡轮效率性能曲线，如图2、图3所示。在涡轮特性图上标注增压器涡轮机的一些特征参数，如涡轮机和涡轮叶轮的型号等参数信息。涡轮性能试验数据可参照附录B格式记录。

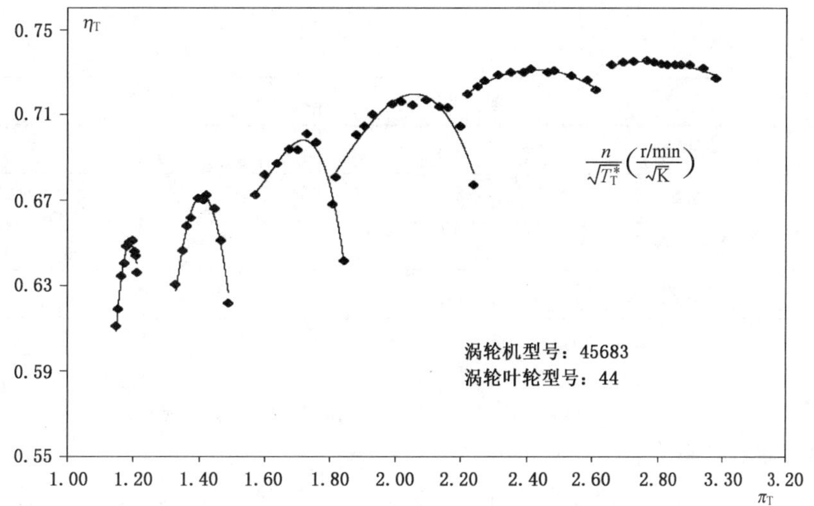

图 2　涡轮效率特性曲线图

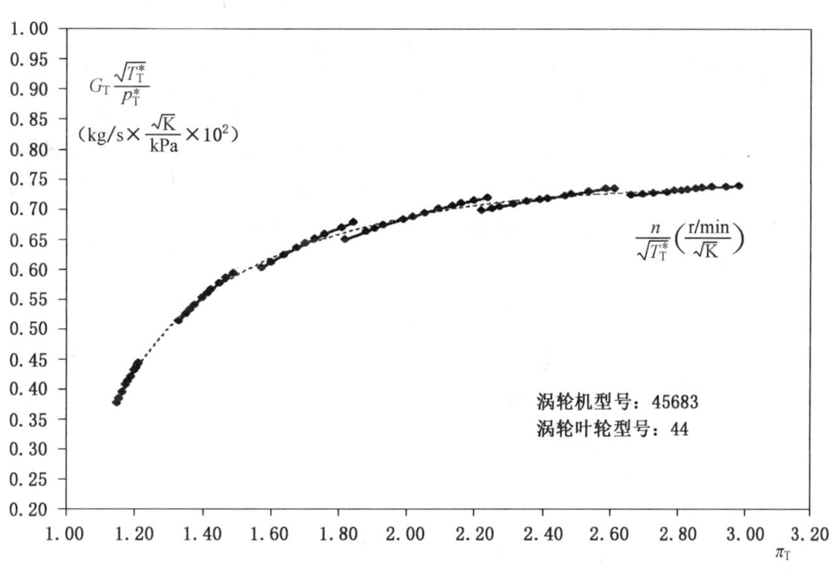

图 3　涡轮流量特性曲线图

6.3　增压器自循环性能试验

6.3.1　试验条件

试验台和试验条件应符合第 4 章和第 5 章的规定。

6.3.2　试验方法

自循环性能试验在增压器专用试验台架上采用外气源冷吹、热吹和自循环方式进行。自循环性能试验按表 1 顺序连续进行。

表 1 自循环性能试验表

序号	项目名称	增压器转速	运行时间/min	备注
1	冷吹试验	$0.3n_b \sim 0.5n_b$	2	外气源冷吹
2	热吹试验	$0.5n_b \sim 0.8n_b$	3	外气源热吹或自循环
3	自循环试验	n_b	8	自循环测各参数
4	超速试验	$1.1n_b$	3	自循环或外气源热吹

6.3.3 试验步骤

按以下试验步骤进行试验：

a) 把检验合格的增压器安装在自循环试验台架上，并联接好各种管道。

b) 打开润滑油泵预热润滑油，各控制参数达到 5.4 的要求。

c) 打开涡轮箱进口的进气阀，通过调整增压器进气压力来调节增压器的转速，让增压器进入冷吹状态。

d) 在冷吹过程中，检查增压器声响是否异常，是否有漏气、漏油现象。

e) 冷吹 5 min 后，调整增压器转速到适合点火的范围，启动燃油泵和点火设备。观察温度、转速、压力的变化情况，确认点火成功后关闭点火设备；然后调整涡轮箱进口的进气阀和燃油供给量，使增压器进入自循环工作状态。在该过程中应注意观察涡轮进口温度、压力、转速防止超温超速，避免事故发生。调整涡轮箱进口的进气阀和燃油供给量时应均匀、缓慢。确认增压器自循环成功后，关闭进气阀。

f) 把增压器的转速调整到需要试验时的工作转速，稳定运行 8 min～10 min 后，进行测试。

g) 测试完后，缓慢降下转速，关闭燃油阀、熄火，同时关闭自循环阀进行冷吹。试验完成后应在增压器停止运转后才能关闭润滑油泵。

6.3.4 测量参数

试验时，测量下列参数：

a) 压气机进口气体总压；

b) 压气机进口气体总温；

c) 压气机流量或流量计气体压差；

d) 压气机出口气体总压；

e) 压气机出口气体总温；

f) 涡轮进口气体总压；

g) 涡轮进口气体总温；

h) 涡轮出口气体静压；

i) 涡轮出口气体静温；

j) 增压器转速；

k) 润滑油出油温度；

l) 试验时的大气压力和环境温度。

6.3.5 数据处理

根据试验所测得的参数，按 GB/T 23341.1—2018 中的相关公式计算出增压比 π_c、压气机折合流量

G_{cnp}、压气机效率 η_c、增压器总效率 η_{Tc} 等增压器性能参数。自循环性能试验数据可参照附录 C 格式记录。

6.4 增压器噪声试验

按 JB/T 12334—2015 进行。

6.5 增压器润滑油供油量特性试验

6.5.1 试验条件

试验台应符合第 4 章的规定，试验条件应符合第 5 章中的规定外，还应符合以下规定：

a) 润滑油压力调整范围 0 MPa～0.7 MPa；

b) 润滑油温度调整范围 0 ℃～150 ℃；

c) 流量计精度为±0.5%。

6.5.2 试验方法

采用外气源热吹或自循环方式进行试验，分别按下列方法调整增压器的进油温度和进油压力：

a) 在增压器 $0.3n_{max}$、$0.5n_{max}$、$0.8n_{max}$ 转速下，润滑油进油温度为某一温度值（分别为 60 ℃～120 ℃范围内取不少于 4 个温度值，均匀分布），分别测量在不同的供油压力下（分别为 0.2 MPa、0.3 MPa、0.4 MPa、0.5 MPa）通过增压器的润滑油的质量流量；

b) 试验可采用称重法，也可采用润滑油流量计直接读出润滑油流量值。

6.5.3 试验步骤

按以下试验步骤进行试验：

a) 把检验合格的增压器安装在自循环试验台架上，并联接好各种管道。

b) 打开润滑油泵及润滑油加热器，设定增压器的进油压力值、进油温度值，并给增压器供油。

c) 开启外气源并点火，调整增压器转速到规定值。

d) 当增压器转速、增压器的进油压力、增压器进油温度到规定值开始测量。

e) 如果采用润滑油流量计则可以直接读出此时通过增压器润滑油流量值。如果是采用称重法，则要记录测量前器具重量，通过单位时间后，记录测量后的器具和润滑油的重量，两次重量相减，再除上单位时间，则可以得到通过增压器润滑油流量值。

f) 完成一种状态下的润滑油流量试验后，进行下一种状态试验，直至按要求完成所有的试验项目。

g) 测试试验完成后，关闭外气源和燃气开关，润滑油泵运行 5 min 后，关闭润滑油泵。

6.5.4 测量参数

试验时，测量下列参数：

a) 润滑油进油温度；

b) 润滑油进油压力；

c) 润滑油流量；

d) 增压器转速；

e) 试验时的大气压力和环境温度。

6.5.5 数据处理

根据测量参数，绘制出如图 4 所示的增压器润滑油供油量特性曲线。并在图上标注润滑油牌号及润滑油的相关参数。

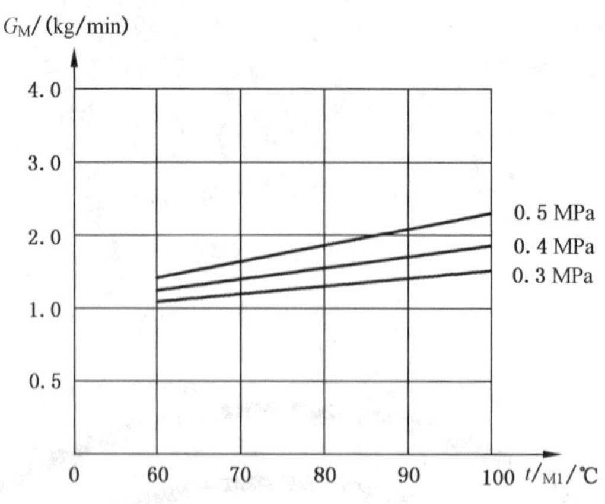

图 4　润滑油特性曲线

6.6　增压器的壳体包容性试验

6.6.1　试验条件

试验应在能调节工况和可测量参数的专用台架进行。试验台和试验条件除应符合第 4 章和第 5 章规定外，试验台还应添置安全防护装置和视频录制系统。

6.6.2　试验方法

增压器的壳体包容性试验包括压气机壳和涡轮箱壳体的包容性试验，按下述方法进行试验：

a）压气机壳包容试验在外气源热吹下试验，使增压器转速运行到标定转速的 1.2 倍，如此时压气机叶轮尚未破裂，可人为在轮背割槽或钻孔，使压气机叶轮轮毂在此转速下破裂，检查压气机壳体是否被叶轮打坏。

b）涡轮壳包容试验在外气源热吹下试验，使增压器转速运行到标定转速的 1.2 倍，如此时涡轮叶轮尚未破裂，可人为在轮背割槽或钻孔，使涡轮叶轮在此转速下破裂，检查涡轮壳体是否被涡轮叶轮打坏。

6.6.3　试验步骤

按以下试验步骤进行压气机壳体包容试验：

a）试验前对压气机壳、涡轮壳、背盘等进行补充加工，然后装配好整机；

b）把整机装在专用试验台架上，并联接好各管路，检查视频录制系统是否正常，防护罩是否装好；试验时，为了快速升高叶轮转速，可采用铝盖将压气机进口封住，以抽吸真空；

c）开启外气源对增压器进行冷吹，检查增压器各连接部位不得有漏气、漏油等现象，增压器运转不得有异常声响；

d）增压器在 $0.8n_b$ 转速稳定运行 5 min 以后，迅速增加转速直至叶轮飞散，记录叶轮破裂时增压压器的转速，并用秒表记录升速破坏过程的时间或对整个试验过程进行视频录制。

按以下试验步骤进行涡轮壳包容试验试验：

a）试验前用当量轮代替压气机叶轮，但应保持转子系统原动平衡精度要求，并允许去掉压气机壳；

b）把改装好的增压器装在专用试验台架上，并联接好各管路，检查视频录制系统是否正常，防护罩是否装好；

c) 开启外气源对增压器进行冷吹,检查增压器各连接部位不得有漏气、漏油等现象,增压器运转不得有异常声响;

d) 增压器在 $0.8n_b$ 转速稳定运行 5 min 以后,迅速增加转速直至涡轮叶轮飞散,记录下涡轮叶轮破裂转速,并用秒表记录升速破裂过程的时间,或对整个试验过程进行视频录制。

6.6.4 测量参数

试验时,测量以下参数:

a) 压气机叶轮、涡轮叶轮破裂时的转速;

b) 压气机叶轮、涡轮叶轮飞散破裂时迅速升速的时间;

c) 涡轮飞散破裂时涡轮进口气体温度;

d) 压气机叶轮飞散破裂时压气机进口气体温度;

e) 试验时的大气压力和环境温度。

6.6.5 数据处理

根据测量参数计算出增压器压气机叶轮或涡轮是否在规定的转速下破裂,拆检增压器,检查增压器的压气机壳或涡轮壳的包容程度。

6.7 增压器压气机叶轮、涡轮叶轮超速破坏性能试验

6.7.1 试验条件

试验应在能调节工况和可测量参数的专用台架进行。试验台和试验条件除应符合第 4 章和第 5 章的规定外,试验台还应添置安全防护装置和视频录制系统。

6.7.2 试验方法

按下述方法进行增压器压气机叶轮、涡轮叶轮超速破坏性能试验:

a) 增压器压气机叶轮超速破坏性能试验,在外气源热吹下试验,迅速使增压器转速运行到标定转速的 1.3 倍以上转速,压气机叶轮是否碎裂;

b) 增压器涡轮叶轮超速破坏性能试验,迅速使增压器转速运行到标定转速的 1.3 倍以上转速,涡轮叶轮是否碎裂。

6.7.3 试验步骤

按以下试验步骤进行压气机叶轮超速破坏性能试验:

a) 试验前对压气机壳、涡轮壳、背盘等进行补充加工,留取足够的间隙,保证压气机叶轮破裂前增压器不被损坏。

b) 把整机装在专用试验台架上,并联接好各管路,检查视频录制系统是否正常,防护罩是否装好。试验时,为了快速升高叶轮转速,可采用铝盖将压气机进口封住,以抽吸真空。如果压气端带有放气阀,应当把放气阀堵好,以免漏气。

c) 开启外气源对增压器进行冷吹,检查增压器各连接部位不得有漏气、漏油等现象,增压器运转不得有异常声响。

d) 增压器在 n_b 转速稳定运行 5 min 以后,迅速增加转速直至叶轮飞散,记录叶轮破裂时增压压器的转速,并用秒表记录升速破坏过程的时间或对整个试验过程进行视频录制。

e) 如果压气机叶轮没有破裂,增压器本身发生了故障,应重新进行试验,直至压气机叶轮破裂。

按以下试验步骤进行涡轮壳包容试验:

a) 试验前用当量轮代替压气机叶轮，但应保持转子系统原动平衡精度要求，并允许去掉压气机壳，如果涡轮箱带有放气阀门，应把放气阀堵好，以免漏气；
b) 把改装好的增压器装在专用试验台架上，并联接好各管路，检查视频录制系统是否正常，防护罩是否装好；
c) 开启外气源对增压器进行冷吹，检查增压器各连接部位不得有漏气、漏油等现象，增压器运转不得有异常声响；
d) 增压器在 n_b 转速稳定运行 5 min 以后，并调整驱动涡轮进口燃气温度达到涡轮壳的使用温度后，迅速增加转速直至涡轮叶轮飞散，记录下涡轮叶轮破裂转速，并用秒表记录升速破裂过程的时间，或对整个试验过程进行视频录制；
e) 如果涡轮叶轮没有破裂，增压器本身发生了故障，应重新进行试验，直至涡轮叶轮破裂。

6.7.4 数据处理

根据测量参数计算出增压器压气机叶轮或涡轮叶轮的破裂的安全系数，拆检增压器，检查增压器的压气机叶轮或涡轮叶轮的碎裂程度。

6.8 增压器可靠性试验

6.8.1 试验条件

试验应在能调节工况和可测量参数的专用台架进行。试验台和试验条件应符合第 4 章和第 5 章的规定。

6.8.2 试验方法

增压器可靠性试验采用外气源热吹和自循环方式，进行 200 h 可靠性耐久热循环考核试验。
a) 增压器 200 h 耐久热循环考核试验按表 2 顺序连续进行试验；
b) 增压器进行热循环考核试验时，其试验规范按图 3 要求连续进行。

表 2 增压器 200 h 耐久热循环考核试验顺序表

序号	试验项目	增压器转速	涡轮进口温度	运行时间	备注
1	标定参数运转试验	n_b	—	180 h	自循环工况
2	热循环运转试验	n_{max} 或 $1.1n_b$ n_{min} 或 $0.7n_b$	—	≥20 h	外气源热吹或自循环工况
3	超速超温试验	$1.2n_b$	$T_{Tmax}+50$ ℃	≥10 min	

6.8.3 试验步骤

按以下试验步骤进行增压器 200 h 可靠性耐久热循环考核试验：
a) 试验前对增压器的转子主轴颈、轴承、密封环等关键零件进行检验并详细记录，包括压气机叶轮、涡轮叶轮、转子轴的无损探伤检查，整机装配后的各种间隙等。试验前，如压气机和涡轮机有放气阀门，应堵好。
b) 可靠性试验前分别进行增压器的压气机性能试验和涡轮性能试验，或在标定转速下进行自循环性能试验。
c) 按表 2 和图 3 的试验规范进行试验。
d) 试验过程中观察增压器是否运行正常，不能出现异响；每隔 50 h 停机检查增压器轴向、径向间隙是否正常。试验过程中如果出现异常情况，应立即停止试验，排除故障后才能继续进行试验。

e) 可靠性试验后分别进行增压器的压气机性能试验和涡轮性能试验，或在标定转速下进行自循环性能试验。

f) 试验结束后拆检增压器，检查转子主轴颈、轴承、密封环等关键零件的尺寸，检查叶轮和叶片表面质量情况，检查是否有漏油现象，检查涡轮箱是否有裂纹等。

图5 热循环运转试验规范

6.8.4 测量参数

试验时，在标定参数运转试验中每1 h作一次检查和测量记录，润滑油流量每10 h作一次测量记录。热循环运转试验每1 h作一次测量记录，测量以下参数：

a) 压气机进口气体总压；
b) 压气机进口气体总温；
c) 压气机流量或流量计气体压差；
d) 压气机出口气体总压；
e) 压气机出口气体总温；
f) 涡轮进口气体总压；
g) 涡轮进口气体总温；
h) 涡轮出口气体静压；
i) 涡轮出口气体静温；
j) 增压器转速；
k) 润滑油进油温度；
l) 润滑油出油温度；
m) 润滑油进油压力；
n) 润滑油流量；
o) 试验时的大气压力和环境温度。

6.8.5 数据处理

6.8.5.1 根据试验时所测得的参数，按 GB/T 23341.1—2018 中的相关公式计算出根据测量参数计算出增压比 π_c、压气机折合流量 G_{cnp}、压气机效率 η_c、增压器总效率 η_{Tc} 等增压器性能参数。绘制出以上参数和润滑油流量等参数在 200 h 运转的监测曲线。

6.8.5.2 根据可靠性试验前后增压器的压气机性能曲线和涡轮性能曲线的对比或在进行自循环性能试验对比分析。

6.8.5.3 根据试验前后所测得的转子主轴颈、轴承、密封环等关键零件的尺寸和增压器的间隙情况，计算出它们磨损量情况。

6.9 涡轮壳流通能力试验

6.9.1 试验条件

试验应在能调节工况和可测量参数的涡轮壳流通能力试验专用台架进行。试验台架应经调试，仪器、仪表校核准确，运行测试可靠。

6.9.2 试验方法

试验采用外气源冷吹方式进行。选择合适直径的孔板，使 Δp_B 读数尽量不要小于 0.3 MPa，如果 Δp_B 值太小，可通过更换小的测量孔板增加 Δp_B 值。对有特殊要求的涡轮壳，可以调整 p_3 分别为 0.025 MPa、0.03 MPa、0.035 MPa 等数值。涡轮壳流通能力试验原理图参见附录 D。

6.9.3 试验步骤

按以下试验步骤进行试验：

a) 将被测涡轮壳装在试验台架上；

b) 选择适当的测量孔板，正确安装在压力管和叉形管之间；

c) 检查排气阀，应处于开启位置；

d) 开启冷却水；

e) 启动压缩机，运转 3 min～5 min，检查是否有漏气；

f) 调整涡轮箱进口压力 p_3 为一恒定值，记录下孔板前压力 p_{B1} 和孔板前后压差 Δp_{B1}；

g) 拆下涡轮箱；

h) 检查测量孔板前的温度，当温度误差＞10 ℃时，用样件涡轮箱检验台架；

i) 每次产品试验前后，用样件涡轮箱校验台架，用两次 K 值平均值作为标准数据。

6.9.4 测量参数

试验时，测量以下参数：

a) 涡轮壳进口压力；

b) 孔板前压力；

c) 孔板前后压差；

d) 试验时的大气压力和环境温度。

6.9.5 数据处理

根据测量参数，按式(2)分别计算出受检涡轮壳与样件涡轮壳的流通能力值，进行受检涡轮壳与样件涡轮壳的流通能力值的比较，并按产品技术件规定，做出试验结论。

$$K=\sqrt{\Delta p_{B1}(p_{B1}+p_0)} \qquad \cdots\cdots(2)$$

式中：

K ——衡量涡轮壳流通能力值的参数；

p_0 ——试验时的大气压力，单位为兆帕（MPa）；

p_{B1} ——孔板前压力，单位为兆帕（MPa）；

Δp_{B1}——孔板前后的压差，单位为兆帕（MPa）。

6.10 增压器清洁度测定

按 JB/T 6002—2007 第 4 章进行增压器清洁度测定。

6.11 增压器动平衡试验

按 JB/T 9752.3 进行试验。

6.12 增压器密封性试验

按 JB/T 12335—2015 第 5 章进行增压器密封试验。

附 录 A
（资料性附录）
压气机性能试验记录表

增压器压气机性能试验记录表参见表 A.1。

表 A.1 增压器自循环试验试验记录表

增压器压气机性能试验记录表										
增压器型号			压气机型号			压气机叶轮型号				
试验人员			试验时间			试验地点				
增压器折合转速 n_{cnp} r/min	试验时大气压力 p_0 kPa	试验时环境温度 T_0 ℃	压气机实测流量（或流量计压差） G_c（或 ΔH） kg/s（或 Pa）	压气机进口总压 p_1^* kPa	压气机出口总压 p_c^* kPa	压气机进口总温 T_1^* ℃	压气机出口总温 T_c^* ℃	增压比 π_c^*	压气机折合流量 G_{cnp} kg/s	压气机效率 η_c

附　录　B
（资料性附录）
涡轮性能试验记录表

增压器涡轮性能试验记录表参见表B.1。

表B.1　增压器涡轮性能试验记录表

<table>
<tr><td colspan="16">增压器涡轮性能试验记录表</td></tr>
<tr><td colspan="2">增压器型号</td><td colspan="2"></td><td colspan="3">涡轮机型号</td><td colspan="3"></td><td colspan="3">涡轮型号</td><td colspan="3"></td></tr>
<tr><td colspan="2">试验人员</td><td colspan="2"></td><td colspan="3">试验时间</td><td colspan="3"></td><td colspan="3">试验地点</td><td colspan="3"></td></tr>
<tr><td>增压器实测转速
n
r/min</td><td>试验时大气压力
p_0
kPa</td><td>试验时环境温度
T_0
℃</td><td>涡轮实测流量（或流量计压差）
G_T（或 ΔH）
kg/s（或 Pa）</td><td>压气机进口总压
p_1^*
kPa</td><td>压气机出口总压
p_c^*
kPa</td><td>压气机进口总温
T_1^*
℃</td><td>压气机出口总温
T_c^*
℃</td><td>涡轮进口总压
p_T^*
kPa</td><td>涡轮出口静压
p_2
kPa</td><td>涡轮进口总温
T_T^*
℃</td><td>涡轮出口静温
T_2
℃</td><td>膨胀比
π_T</td><td>涡轮相似流量
$G_T\frac{\sqrt{T_T^*}}{p_T^*}$
$\mathrm{kg/s}\frac{\sqrt{\mathrm{K}}}{\mathrm{Pa}}$</td><td>涡轮相似转速
$\frac{n}{\sqrt{T_T^*}}$
$\frac{\mathrm{r/min}}{\sqrt{\mathrm{K}}}$</td><td>涡轮效率
η_T</td></tr>
<tr><td></td><td></td><td></td><td></td><td></td><td></td><td></td><td></td><td></td><td></td><td></td><td></td><td></td><td></td><td></td><td></td></tr>
<tr><td></td><td></td><td></td><td></td><td></td><td></td><td></td><td></td><td></td><td></td><td></td><td></td><td></td><td></td><td></td><td></td></tr>
<tr><td></td><td></td><td></td><td></td><td></td><td></td><td></td><td></td><td></td><td></td><td></td><td></td><td></td><td></td><td></td><td></td></tr>
<tr><td></td><td></td><td></td><td></td><td></td><td></td><td></td><td></td><td></td><td></td><td></td><td></td><td></td><td></td><td></td><td></td></tr>
<tr><td></td><td></td><td></td><td></td><td></td><td></td><td></td><td></td><td></td><td></td><td></td><td></td><td></td><td></td><td></td><td></td></tr>
<tr><td></td><td></td><td></td><td></td><td></td><td></td><td></td><td></td><td></td><td></td><td></td><td></td><td></td><td></td><td></td><td></td></tr>
<tr><td></td><td></td><td></td><td></td><td></td><td></td><td></td><td></td><td></td><td></td><td></td><td></td><td></td><td></td><td></td><td></td></tr>
</table>

附　录　C
（资料性附录）
增压器自循环试验试验记录表

增压器自循环试验试验记录表参见表 C.1。

表 C.1　增压器自循环试验试验记录表

<table>
<tr><td colspan="17">增压器自循环试验试验记录表</td></tr>
<tr><td colspan="2">增压器型号</td><td colspan="2"></td><td colspan="3">压气机型号</td><td colspan="3"></td><td colspan="4">涡轮机型号</td><td colspan="3"></td></tr>
<tr><td colspan="2">试验人员</td><td colspan="2"></td><td colspan="3">试验时间</td><td colspan="3"></td><td colspan="4">试验地点</td><td colspan="3"></td></tr>
<tr><td>增压器编号</td><td>增压器折合转速 n_{cnp} r/min</td><td>试验时大气压力 T_m kPa</td><td>试验时环境温度 T_0 ℃</td><td>压气机实测流量（或流量计压差） G_c（或 ΔH） kg/s（或 Pa）</td><td>压气机进口总压 p_1^* kPa</td><td>压气机出口总压 p_c^* kPa</td><td>压气机进口总温 T_1^* ℃</td><td>压气机出口总温 T_c^* ℃</td><td>涡轮进口总压 p_T^* kPa</td><td>涡轮出口静压 p_2 kPa</td><td>涡轮进口总温 T_T^* ℃</td><td>涡轮出口静温 T_2 ℃</td><td>增压比 π_c^*</td><td>压气机折合流量 G_{cnp} kg/s</td><td>压气机效率 η_c</td><td>增压器总效率 η_{Tc}</td></tr>
<tr><td></td><td></td><td></td><td></td><td></td><td></td><td></td><td></td><td></td><td></td><td></td><td></td><td></td><td></td><td></td><td></td><td></td></tr>
<tr><td></td><td></td><td></td><td></td><td></td><td></td><td></td><td></td><td></td><td></td><td></td><td></td><td></td><td></td><td></td><td></td><td></td></tr>
<tr><td></td><td></td><td></td><td></td><td></td><td></td><td></td><td></td><td></td><td></td><td></td><td></td><td></td><td></td><td></td><td></td><td></td></tr>
<tr><td></td><td></td><td></td><td></td><td></td><td></td><td></td><td></td><td></td><td></td><td></td><td></td><td></td><td></td><td></td><td></td><td></td></tr>
<tr><td></td><td></td><td></td><td></td><td></td><td></td><td></td><td></td><td></td><td></td><td></td><td></td><td></td><td></td><td></td><td></td><td></td></tr>
<tr><td></td><td></td><td></td><td></td><td></td><td></td><td></td><td></td><td></td><td></td><td></td><td></td><td></td><td></td><td></td><td></td><td></td></tr>
<tr><td></td><td></td><td></td><td></td><td></td><td></td><td></td><td></td><td></td><td></td><td></td><td></td><td></td><td></td><td></td><td></td><td></td></tr>
</table>

附　录　D
（资料性附录）
涡轮壳流通能力试验原理图

增压器涡轮壳流通能力试验原理图参见图D.1。

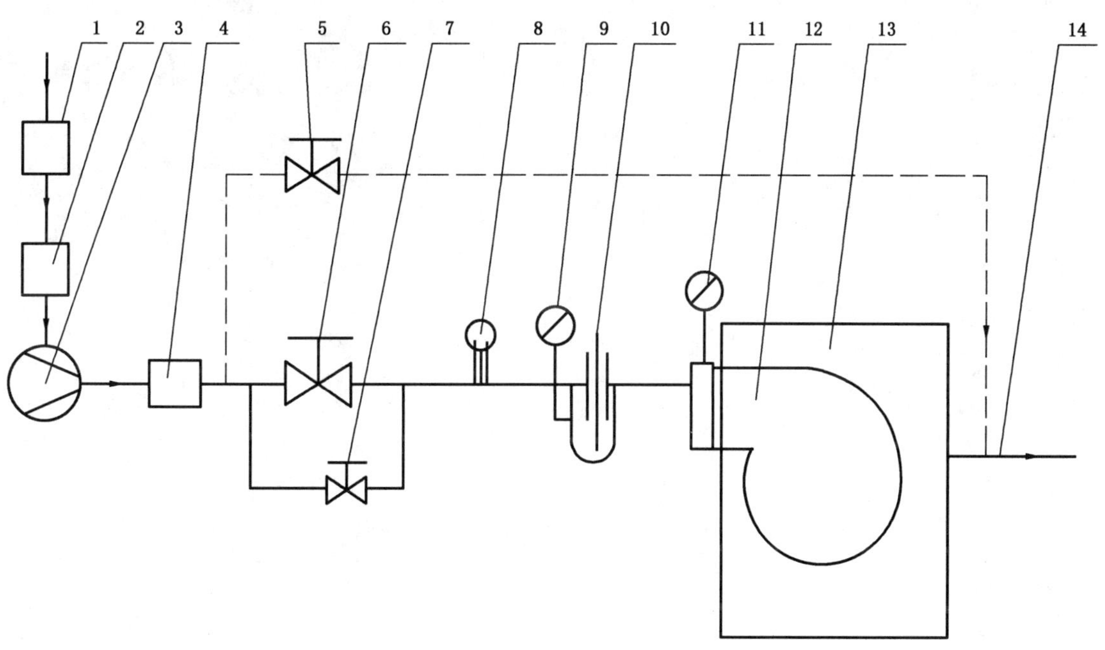

说明：

1——空气过滤器；
2——消音器；
3——空气压缩机；
4——消音室；
5——旁通阀门；
6——节流阀；
7——旁通阀门；
8 ——温度传感器；
9 ——压力表或压力传感器；
10——测量孔板；
11——高精度压力表或压力传感器；
12——涡轮箱；
13——消音罩；
14——排气管。

图D.1　涡轮壳流通能力试验原理图

ICS 91.100.10
Q 62

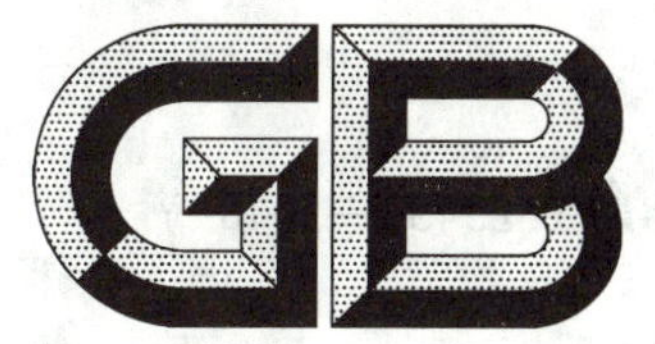

中华人民共和国国家标准

GB/T 23456—2018
代替 GB/T 23456—2009

2018-06-07 发布　　2019-05-01 实施

国家市场监督管理总局
中国国家标准化管理委员会　发布

前　言

本标准按照 GB/T 1.1—2009 给出的规则起草。

本标准代替 GB/T 23456—2009《磷石膏》，与 GB/T 23456—2009 相比，主要技术变化如下：

——修改了附着水（H_2O）指标（见 4.1，2009 年版的 4.1）；

——修改了二水硫酸钙（$CaSO_4 \cdot 2H_2O$）指标（见 4.1，2009 年版的 4.1）；

——修改了水溶性五氧化二磷（P_2O_5）、水溶性氟离子（F^-）指标（见 4.1，2009 年版的 4.1）；

——增加了水溶性氧化镁（MgO）、水溶性氧化钠（Na_2O）、氯离子（Cl^-）、pH 值指标（见 4.1、4.3）；

——修改了水溶性五氧化二磷（P_2O_5）、水溶性氟离子（F^-）测定方法（见 5.3、5.4，2009 年版的附录 A）；

——增加了水溶性氧化镁（MgO）、水溶性氧化钠（Na_2O）、氯离子（Cl^-）、pH 值测定方法（见 5.5、5.6、5.7、5.9）；

——删除了规范性附录 A。

本标准由中国建筑材料联合会提出。

本标准由全国轻质与装饰装修建筑材料标准化技术委员会（SAC/TC 195）归口。

本标准负责起草单位：河南建筑材料研究设计院有限责任公司、中国磷复肥工业协会、四川宏达股份有限公司、泰山石膏有限公司。

本标准参加起草单位：金正大生态工程集团股份有限公司、鲁西化工集团股份有限公司、武汉理工大学、秦皇岛华瀛磷酸有限公司、江苏一夫科技股份有限公司、湖北宜化化工股份有限公司、铜陵化学工业集团有限公司、上海每天生态科技发展有限公司、泰安市产品质量监督检验所、郑州郑东新型建材有限公司、登封市嵩基水泥有限公司、河南聚源新型建材有限公司、湖北兴发化工集团股份有限公司、河南赛利特建筑材料有限公司、河南高择新型建材有限公司。

本标准主要起草人：郑建国、叶学东、杨新亚、鲜云芳、任绪连、白召军、相利学、李筠乐、李书海、顿磊、解艳俊、欧运凤、刘永川、王志强、唐永波、虞云峰、胡成军、李涛、陈汉发、屈松杰、白海丹、王德伦、胡鹏、郑光明、蔡云香、赵龙生。

本标准所代替标准的历次版本发布情况为：

——GB/T 23456—2009。

磷 石 膏

1 范围

本标准规定了磷石膏的分类和标记、要求、试验方法、检验规则及包装、标志、运输和贮存。

本标准适用于以磷矿石为原料，湿法制取磷酸时得到的，主要成分为二水硫酸钙($CaSO_4 \cdot 2H_2O$)的磷石膏。

2 规范性引用文件

下列文件对于本文件的应用是必不可少的。凡是注日期的引用文件，仅注日期的版本适用于本文件。凡是不注日期的引用文件，其最新版本(包括所有的修改单)适用于本文件。

GB/T 5484—2012 石膏化学分析方法

GB 6566 建筑材料放射性核素限量

JC/T 2073 磷石膏中磷、氟的测定方法

3 分类和标记

3.1 分类

产品主要按二水硫酸钙含量由高到低分为一级、二级、三级。

3.2 标记

按产品名称、标准编号及分类的顺序标记。

示例：一级磷石膏标记如下：磷石膏 GB/T 23456—2018 一级。

4 要求

4.1 基本要求

产品的基本要求应符合表1的规定。用于石膏建材时应满足一级或二级指标的要求。

表1 基本要求

项目	指标		
	一级	二级	三级
附着水(H_2O)(湿基)/%	≤15	≤20	≤25
二水硫酸钙($CaSO_4 \cdot 2H_2O$)(干基)/%	≥90	≥80	≥65
水溶性五氧化二磷(P_2O_5)(干基)/%	≤0.20	≤0.30	≤0.50
水溶性氟离子(F^-)(干基)/%	≤0.10	≤0.20	≤0.30
水溶性氧化镁(MgO)(干基)/%	≤0.10	≤0.30	—

表 1（续）

项目	指标		
	一级	二级	三级
水溶性氧化钠（Na_2O）（干基）/%	≤0.06	≤0.10	—
氯离子（Cl^-）（干基）/ %	≤0.02	≤0.04	—

4.2 放射性核素限量

产品的放射性核素限量应符合 GB 6566 中 A 类装饰装修材料的要求。

4.3 pH 值

产品的 pH 值由供需双方商定。

5 试验方法

5.1 附着水（H_2O）

按 GB/T 5484—2012 第 9 章进行。烘干条件为：在（40±2）℃的恒温干燥箱内烘干，首次烘干时间为 2 h。

5.2 二水硫酸钙（$CaSO_4 \cdot 2H_2O$）

5.2.1 结晶水含量

采用 5.1 附着水（H_2O）测定后的试样，按 GB/T 5484—2012 第 10 章测定结晶水含量（H）。

5.2.2 二水硫酸钙（$CaSO_4 \cdot 2H_2O$）含量计算

二水硫酸钙（$CaSO_4 \cdot 2H_2O$）含量按式（1）计算，计算结果精确至 0.01%。

$$G = 4.778\,5 \times H \qquad \cdots\cdots (1)$$

式中：

G ——二水硫酸钙（$CaSO_4 \cdot 2H_2O$）含量，%；

4.778 5 ——以结晶水含量换算为二水硫酸钙（$CaSO_4 \cdot 2H_2O$）含量的系数；

H ——结晶水含量，%。

5.3 水溶性五氧化二磷（P_2O_5）

按 JC/T 2073 进行。

5.4 水溶性氟离子（F^-）

按 JC/T 2073 进行。

5.5 水溶性氧化镁（MgO）

按 GB/T 5484—2012 第 27 章进行。

5.6 水溶性氧化钠(Na_2O)

按 GB/T 5484—2012 第 28 章进行。

5.7 氯离子(Cl^-)

按 GB/T 5484—2012 第 29 章进行。

5.8 放射性核素限量

按 GB 6566 进行。

5.9 pH 值

按 GB/T 5484—2012 第 25 章进行。

6 检验规则

6.1 检验分类

6.1.1 出厂检验

出厂检验项目为附着水(H_2O)、二水硫酸钙($CaSO_4 \cdot 2H_2O$)含量、水溶性五氧化二磷(P_2O_5)、水溶性氟离子(F^-)、pH 值。

6.1.2 型式检验

型式检验项目为第 4 章规定的全部项目。有下列情况之一时,应进行型式检验:

a) 原材料、工艺、设备有较大改变时;

b) 产品停产半年以上恢复生产时;

c) 正常生产满一年时。

6.2 批量和抽样

6.2.1 批量

以 5 000 t 产品为一批,不足 5 000 t 也按一批计。

6.2.2 抽样

从堆场抽样时,应将约 500 mm 厚的材料外层去除,选择 20 个以上不同部位,共抽取约 10 kg 试样。混合后用四分法进行缩分至 2 kg。将抽取的样品分为两等份,一份作为试验样,一份作为备用样,密封保存。

6.3 判定

若检验结果符合第 4 章的全部要求时,则判为该批产品合格。若有两项(含两项)以上项目不符合要求,则判该批产品不合格。若只有一项项目不合格,则用备用样对不合格项进行复验。若复验合格,则判该批产品合格;如仍不合格,则判该批产品不合格。

7 包装、标志、运输和贮存

7.1 包装

产品可采用散装供货，也可采用包装供货。

7.2 标志

产品出厂应附有产品检验合格证。合格证上应标明：

a) 标记；

b) 生产厂名；

c) 生产地址；

d) 产品批号及批量；

e) 出厂日期。

7.3 运输

产品在运输时不得与其他物料混装，运输工具应保持清洁。

7.4 贮存

堆放场地应采取必要的防渗和防扬尘措施。

ICS 79.060.99
B 70

中华人民共和国国家标准

GB/T 23471—2018
代替 GB/T 23471—2009

浸渍纸层压秸秆复合地板

Laminated impregnated paper strawboard composite flooring

2018-06-07 发布　　2019-01-01 实施

国家市场监督管理总局
中国国家标准化管理委员会　发布

前　言

本标准按照 GB/T 1.1—2009 给出的规则起草。

本标准代替 GB/T 23471—2009《浸渍纸层压秸秆复合地板》。

本标准与 GB/T 23471—2009 相比，主要技术变化如下：

——修改了术语和定义(见第 3 章，2009 年版第 3 章)；

——修改了污斑、边角缺损、崩边指标值(见表 1，2009 年版的表 1)；

——修改了厚度偏差指标(见表 2，2009 年版的表 2)；

——修改了静曲强度、内结合强度、吸水厚度膨胀率、表面耐划痕、尺寸稳定性、表面耐香烟灼烧、表面耐干热、表面耐污染、表面耐龟裂和甲醛释放限量指标(见表 3，2009 年版的表 3)；

——修改了甲醛释放量试验方法(见 5.3.17，2009 年版 5.3.17)。

请注意本文件的某些内容可能涉及专利。本文件的发布机构不承担识别这些专利的责任。

本标准由国家林业和草原局提出。

本标准由全国林业生物质材料标准化技术委员会(SAC/TC 416)归口。

本标准起草单位：江苏洛基木业有限公司、南京林业大学、上海木材工业研究所有限公司、万华生态板业股份有限公司、山东新港企业集团有限公司、江苏中鑫德赛木业有限公司、德华兔宝宝装饰新材股份有限公司、黄河三角洲京博化工研究院有限公司、浙江升华云峰新材股份有限公司、浙江巨峰木业有限公司、德清誉丰装饰材料有限公司、江苏肯帝亚木业有限公司。

本标准主要起草人：沈鸣生、黄河浪、孙小苗、蒋海东、魏明、姚勇、谢序勤、陈建明、陶冶、陆斌、沈时初、孙凤亮、栾波、吕荣金、嵇建强、杨玉琪、郦海星。

本标准所代替标准的历次版本发布情况为：

——GB/T 23471—2009。

浸渍纸层压秸秆复合地板

1 范围

本标准规定了浸渍纸层压秸秆复合地板的术语和定义、要求、试验方法、检验规则以及标志、包装、运输和贮存。

本标准适用于浸渍纸层压秸秆复合地板的生产、销售、监督检验及流通。

2 规范性引用文件

下列文件对于本文件的应用是必不可少的。凡是注日期的引用文件，仅注日期的版本适用于本文件。凡是不注日期的引用文件，其最新版本(包括所有的修改单)适用于本文件。

GB/T 2828.1—2012 计数抽样检验程序 第1部分：按接收质量限(AQL)检索的逐批检验抽样计划

GB/T 15102—2017 浸渍胶膜纸饰面人造板

GB/T 17657—2013 人造板及饰面人造板理化性能试验方法

GB/T 18102—2007 浸渍纸层压木质地板

GB 18580—2017 室内装饰装修材料 人造板及其制品中甲醛释放限量

GB/T 21723—2008 麦(稻)秸秆刨花板

3 术语和定义

GB/T 15102—2017、GB/T 18102—2007 及 GB/T 21723—2008 界定的以及下列术语和定义适用于本文件。为了便于使用，以下重复列出了 GB/T 21723—2008 中的某些术语和定义。

3.1

麦(稻)秸秆刨花板 wheat/rice-straw particleboard

以麦(稻)秸秆为原料，以异氰酸酯(MDI)树脂为胶粘剂，通过粉碎、干燥、分选、施胶、成型、预压、热压、冷却、裁边和砂光等工序制成的板材。

[GB/T 21723—2008，定义 3.1]

3.2

浸渍纸层压秸秆复合地板 laminated impregnated paper strawboard composite flooring

以热固性氨基树脂浸渍的胶膜纸，覆贴在密度大于 0.85 g/cm^3 的麦(稻)秸秆刨花板表面，正面加装饰层、耐磨层，背面加平衡层，经热压加工而成的地板。

4 要求

4.1 分等

根据产品的外观质量分为优等品和合格品。

4.2 外观质量

4.2.1 外观质量要求应符合表 1 规定。

表 1 外观质量

缺陷名称	正面		背面
	优等品	合格品	
干、湿花	不允许	总面积不超过板面的 3%	允许
表面划痕	不允许		不允许露出基材
表面压痕	不允许		
透底	不允许		
分层缺陷	不允许		
榫舌缺损	不允许	允许有长度小于 5 mm 的榫舌缺损，累计不超过 2 个/块	
光泽不均	不允许	总面积不超过板面的 3%	允许
污斑	不允许		允许
鼓泡	不允许		≤10 mm^2，允许 1 个/块
鼓包	不允许		≤10 mm^2，允许 1 个/块
纸张撕裂	不允许		≤100 mm，允许 1 处/块
局部缺纸	不允许		≤20 mm^2，允许 1 处/块
崩边	不允许		宽度≤3 mm，允许
表面龟裂	不允许		
边角缺损	不允许		

4.2.2 每块地板不允许表 1 所列两种以上(包括两种)缺陷同时存在。

4.3 规格尺寸及偏差

4.3.1 地板幅面尺寸为(600 mm～2 430 mm)×(60 mm～600 mm)。

4.3.2 地板的厚度为 6mm ～15 mm。

4.3.3 地板的榫舌宽度不小于 2 mm。

4.3.4 其他规格尺寸的地板可由供需双方协议约定。

4.3.5 地板的尺寸偏差应符合表 2 规定。

表 2 尺寸偏差

序号	项 目	要 求
1	厚度偏差	公称厚度 t_n 与平均厚度 t_a 之差绝对值≤ 0.30 mm 厚度最大值 t_{max} 与最小值 t_{min} 之差≤ 0.30 mm
2	面层净长偏差	公称长度 l_n≤1 500 mm 时，l_n 与每个测量值 l_m 之差的绝对值≤ 1 mm 公称长度 l_n>1 500 mm 时，l_n 与每个测量值 l_m 之差的绝对值≤ 2 mm
3	面层净宽偏差	公称宽度 w_n 与平均宽度 w_a 之差绝对值≤ 0.10 mm 宽度最大值 w_{max} 与最小值 w_{min} 之差≤ 0.20 mm
4	直角度	q_{max}≤ 0.2 mm
5	边缘直度	s_{max}≤ 0.3 mm/m

表 2（续）

序号	项 目	要 求
6	翘曲度	宽度方向凸翘曲度 f_{w_1} ≤0.20%；宽度方向凹翘曲度 f_{w_2} ≤0.15% 长度方向凸翘曲度 f_{l_1} ≤1.00%；长度方向凹翘曲度 f_{l_2} ≤0.50%
7	拼装离缝	拼装离缝平均值 o_a≤ 0.15 mm 拼装离缝最大值 o_{max}≤ 0.20 mm
8	拼装高度差	拼装高度差平均值 h_a≤ 0.10 mm 拼装高度差最大值 h_{max}≤ 0.15 mm
注：表中要求是指产品拆包检验的质量要求。		

4.4 理化性能

理化性能应符合表 3 规定。

表 3 理化性能

序号	检验项目	单位	指标值	
			公称厚度/mm：6≤t<12	公称厚度/mm：12≤t≤15
1	静曲强度	MPa	平均值 ≥32.0	平均值≥27.0
			最小值≥26.0	最小值≥22.0
2	内结合强度	MPa	平均值≥1.00	平均值≥0.80
			最小值≥0.80	最小值≥0.64
3	含水率	%	3.0～10.0	
4	密度	g/cm³	≥0.85	
5	吸水厚度膨胀率	%	≤12.0	
6	表面胶合强度	MPa	平均值≥1.00	
			最小值≥0.80	
7	表面耐冷热循环	—	无裂纹、无鼓泡	
8	表面耐划痕	—	载荷 4.0 N，试件表面连续划痕不得超过 90%	
9	尺寸稳定性	mm	≤0.7	
10	表面耐磨	r	商用级：≥9 000	
			家用Ⅰ级：≥6 000	
			家用Ⅱ级：≥4 000	
11	表面耐香烟灼烧	—	5 级：无明显变化	
12	表面耐干热	—	5 级：无明显变化	
13	表面耐污染	—	5 级：无明显变化	
14	表面耐龟裂	—	5 级：用 6 倍放大镜观察表面无裂纹	
15	抗冲击	mm	≤10	
16	甲醛释放限量	mg/m³	≤0.06	
17	耐光色牢度(灰度样卡)	级	≥4	

5 试验方法

5.1 规格尺寸及偏差

按 GB/T 18102—2007 中 6.1 的规定进行。

5.2 外观质量

按 GB/T 15102—2017 中 6.1 的规定进行。

5.3 理化性能

5.3.1 试样和试件的制取及尺寸规定

按 GB/T 18102—2007 中 6.3.1 的规定进行。甲醛释放限量试件按 GB 18580—2017 中第 5 章的规定进行。

5.3.2 密度

按 GB/T 17657—2013 中 4.2 的规定进行。试件不需要平衡处理。

5.3.3 含水率

按 GB/T 17657—2013 中 4.3 的规定进行。

5.3.4 吸水厚度膨胀率

按 GB/T 17657—2013 中 4.5 的规定进行。试件不需要平衡处理。

5.3.5 静曲强度

按 GB/T 17657—2013 中 4.7 的规定进行。试验时,试件正面朝上,只测纵向试件。试件不需要平衡处理。

5.3.6 内结合强度

按 GB/T 17657—2013 中 4.11 的规定进行。试件不需要平衡处理。

5.3.7 表面胶合强度

按 GB/T 17657—2013 中 4.15 的规定进行。试件不需要平衡处理。

5.3.8 表面耐划痕

按 GB/T 17657—2013 中 4.39 的规定进行。试件不需要平衡处理。

5.3.9 表面耐冷热循环

按 GB/T 17657—2013 中 4.37 的规定进行。

5.3.10 尺寸稳定性

按 GB/T 18102—2007 中 6.3.10 的规定进行。

5.3.11 表面耐磨

按 GB/T 17657—2013 中 4.43 的规定进行。

5.3.12 表面耐香烟灼烧

按 GB/T 17657—2013 中 4.45 的规定进行。

5.3.13 表面耐干热

按 GB/T 17657—2013 中 4.46 的规定进行。

5.3.14 表面耐污染

按 GB/T 17657—2013 中 4.41 的规定进行。试验污染物为 GB/T 17657—2013 中表 6 中带“＊”标记的污染物。

5.3.15 表面耐龟裂

按 GB/T 17657—2013 中 4.36 的规定进行。

5.3.16 抗冲击

按 GB/T 17657—2013 中 4.51 的规定进行。落球高度为 1.75 m。

5.3.17 甲醛释放限量

按 GB 18580—2017 的规定进行。

5.3.18 耐光色牢度

按 GB/T 17657—2013 中 4.30 的规定进行。

6 检验规则

6.1 检验分类

6.1.1 产品检验分出厂检验和型式检验。

6.1.2 出厂检验包括：

a) 外观质量检验；

b) 规格尺寸检验；

c) 理化性能检验项目：内结合强度、静曲强度、密度、表面耐磨、吸水厚度膨胀率。

6.1.3 型式检验包括第 4 章表 1、表 2、表 3 所列的全部检验项目。

6.1.4 有下列情况之一时，应进行型式检验：

a) 当原辅材料及生产工艺发生较大变动时；

b) 停产三个月以上，恢复生产时；

c) 正常生产时，每年型式检验不少于两次；

d) 新产品投产或转产时；

e) 质量监督管理部门提出型式检验要求时。

6.2 组批原则

同一班次、同一规格、同一类产品为一批。

6.3 抽样方法

6.3.1 规格尺寸抽样

6.3.1.1 厚度偏差、面层净长偏差、面层净宽偏差、直角度、边缘直度和翘曲度的检验抽样方案采用GB/T 2828.1—2012 中的正常检验二次抽样,检验水平为Ⅰ,接收质量限(AQL)为 6.5,抽样方案见表4。按 5.1 对样品 n_1 进行检验,不合格品数 $d_1 \leqslant Ac_1$ 时接收,$d_1 \geqslant Re_1$ 时拒收。若 $Ac_1 < d_1 < Re_1$,检验样本 n_2,前后两个样本中不合格品数 $d_1+d_2 \leqslant Ac_2$ 时接收,$d_1+d_2 \geqslant Re_2$ 时拒收。

表 4 规格尺寸抽样方案

单位为块

批量范围 N	样本量		第一判定数		第二判定数	
	n_1, n_2	n_1+n_2	接收 Ac_1	拒收 Re_1	接收 Ac_2	拒收 Re_2
~150	5	10	0	2	1	2
151~280	8	16	0	3	3	4
281~500	13	26	1	3	4	5
501~1 200	20	40	2	5	6	7
1 201~3 200	32	64	3	6	9	10
3 201~10 000	50	100	5	9	12	13

6.3.1.2 拼装离缝、拼装高度差检验的样本数为 10 块,该 10 块样本从检验规格尺寸的同批产品中随机抽样。按 5.1 进行检验,检验结果符合表 2 要求时接收,否则拒收。

6.3.2 外观质量抽样

外观质量检验抽样方案采用 GB/T 2828.1—2012 中的正常检验二次抽样方案,其检验水平为Ⅱ,接收质量限(AQL)为 4.0,抽样方案见表 5。按 5.2 的规定对样本 n_1 进行检验。不合格数 $d_1 \leqslant Ac_1$ 时接收,$d_1 \geqslant Re_1$ 时拒收。若 $Ac_1 < d_1 < Re_1$,检验样本 n_2,前后两个样本中不合格品数 $d_1+d_2 \leqslant Ac_2$ 时接收,$d_1+d_2 \geqslant Re_2$ 时拒收。

表 5 外观质量抽样方案

单位为块

批量范围 N	样本量		第一判定数		第二判定数	
	n_1, n_2	n_1+n_2	接收 Ac_1	拒收 Re_1	接收 Ac_2	拒收 Re_2
≤150	13	26	0	3	3	4
151~280	20	40	1	3	4	5
281~500	32	64	2	5	6	7
501~1 200	50	100	3	6	9	10
1 201~3 200	80	160	5	9	12	13
3 201~10 000	125	250	7	11	18	19

6.3.3 理化性能抽样

6.3.3.1 理化性能检验的抽样方案见表 6，初检样本检验结果有某项指标不合格时，允许进行复检一次，在同批产品中加倍抽取样品对不合格项进行复检，复检后全部合格，判为合格；若有一项不合格，判为不合格。

表 6 理化性能抽样方案

单位为块

提交检查批的成品数量	初检抽样数	复检抽样数
≤1 000	3	6
≥1 001	6	12
注：如样品规格小，按以上方案抽取的样品不能满足试验要求时，可适当增加抽样数量。		

6.3.3.2 在初检和复检试样中，任意三块地板组成一组。

6.4 综合判定

6.4.1 地板试样的密度、含水率、吸水厚度膨胀率、尺寸稳定性的平均值满足标准要求，该地板试样的密度、含水率、吸水厚度膨胀率、尺寸稳定性判为合格，否则判为不合格。

6.4.2 地板试样的静曲强度、内结合强度、表面胶合强度的平均值与最小值均满足标准规定要求，该地板试样的静曲强度、内结合强度、表面胶合强度判为合格，否则判为不合格。

6.4.3 地板试样的耐光色牢度、甲醛释放限量、表面耐划痕、抗冲击、表面耐磨、表面耐冷热循环、表面耐香烟灼烧、表面耐干热、表面耐污染腐蚀、表面耐龟裂的每一试件达到标准规定要求，该地板试样的上述性能判为合格，否则判为不合格。

6.4.4 当地板试样所需进行的各项理化性能检验均合格时，该批产品理化性能判为合格，否则判为不合格。

6.4.5 产品外观质量、尺寸偏差和理化性能检验结果均符合表 1、表 2、表 3 相应等级要求时，该批产品判为合格，否则判定为不合格。

7 标志、包装、运输和贮存

7.1 标志

应在产品适当部位或包装上标记生产厂家名称、地址、产品名称、执行标准、商标、规格型号、生产日期或批号、等级、甲醛释放限量标识、表面耐磨等级、数量。

7.2 包装

产品出厂时应按产品规格、等级分别包装。包装要做到产品免受磕碰、划伤和污损。包装要求亦可由供需双方商定。

7.3 运输和贮存

产品在运输和贮存过程中应平整堆放，防止污损，不得受潮、雨淋和曝晒。贮存时应按规格、等级分别堆放，每垛应有相应的标记。